本书由广东省重点领域研发计划项目（项目编号：2019B110205005）资助出版

中国水环境治理产业发展研究报告（2021）

ANNUAL REPORT ON THE DEVELOPMENT OF WATER ENVIRONMENT GOVERNANCE INDUSTRY IN CHINA（2021）

水环境治理产业技术创新战略联盟
深圳市华浩淼水生态环境技术研究院　主编

中国环境出版集团 · 北京

图书在版编目（CIP）数据

中国水环境治理产业发展研究报告 . 2021 / 水环境治理产业技术创新战略联盟，深圳市华浩森水生态环境技术研究院主编 .—北京：中国环境出版集团，2022.3

ISBN 978-7-5111-5094-3

Ⅰ. ①中… Ⅱ. ①水… ②深… Ⅲ. ①水环境—环境综合治理—产业发展—研究报告—中国—2021 Ⅳ. ① X321.2

中国版本图书馆 CIP 数据核字（2022）第 042561 号

出 版 人 武德凯
责任编辑 田 怡
责任校对 任 丽
封面设计 彭 杉

出版发行 中国环境出版集团
（100062 北京市东城区广渠门内大街 16 号）
网 址：http：//www.cesp.com.cn
电子邮箱：bjg1@cesp.com.cn
联系电话：010-67112765（编辑管理部）
发行热线：010-67125803，010-67113405（传真）
印 刷 北京中科印刷有限公司
经 销 各地新华书店
版 次 2021 年 12 月第 1 版
印 次 2021 年 12 月第 1 次印刷
开 本 787 × 1092 1/16
印 张 23.5
字 数 485 千字
定 价 168.00 元

中国电建集团西北勘测设计研究院有限公司

马若菡　吕　鹏　杨　宵　谭蕾蕾　焦露慧　蔚世力　薛树红

中国电建集团北京勘测设计研究院有限公司

王玉双　潘　鑫　马　壮　金楚烨　魏　祎　张　通　张莉颖　卢　俊　孟　壮

深圳市深港产学研环保工程技术股份有限公司

胡钰彬

建华建材（中国）有限公司

葛明明　于碧澎　高　健　吴孙星

中国电建集团华东勘测设计研究院有限公司

赵思远

国合千庭控股有限公司

吴林蔓　闵时雨

一带一路环境技术交流与转移中心（深圳）

文　雯　柳金阳

序

我国水资源相对短缺且分布不均，人均淡水资源仅为世界人均水资源占有量的1/4，被联合国列为13个贫水国之一。发展水环境服务产业，加强水资源的保护和有效利用，开拓再生水，增加水资源量，对我国经济社会的发展具有重要的意义。我国废水排放总量呈持续上升趋势，目前已超过700亿t/a。废水中包含大量污染物，给水环境造成严重影响，进一步加剧了水资源的紧缺，水环境治理的重要性不断提升。近年来，政府对水环境治理和水资源综合利用日益重视，财政支出不断增加。同时，国家环保政策法规的不断推出，推动了工业企业加大结构调整力度，也推进了清洁生产，进一步促进了工业企业污染深度治理。

我国水环境治理行业发展趋势表现为污水处理市场规模增长，具有良好的市场发展空间；市场化改革不断深入，行业效率不断提升；污水排放标准不断提升，管理运营与技术不断升级；行业并购整合加速，成为业务规模扩张的主要方式之一；新一代信息技术快速发展，推动行业向"智慧水务"发展；水生态环境综合治理模式兴起，推动行业内企业向综合服务商发展；碳达峰与碳中和推动行业向节能降耗发展。当前我国水环境治理行业仍面临严峻挑战，主要包括管网建设不足，缺乏产业配套的融资工具等。

水环境治理产业技术创新战略联盟（以下简称水环境联盟）组织编写的《中国水环境治理产业发展研究报告（2021）》（以下简称《产业报告

（2021）》）聚焦于当下大众重点关心的水环境治理相关领域的内容，重点探讨了水系统安全管理、水美乡村建设、高原湖泊水生生态系统保护、绿色低碳型污水处理技术、绿色丝路基金建设等，深入分析了我国水环境治理产业的现状、问题及前景。书中汇集了行业内专家们的最新工作成果，总结了目前我国在水环境治理方面的一些成功经验与优秀工程案例。

希望《产业报告（2021）》总结梳理的中国水环境治理产业发展的最新情况能为从业者们提供行业发展的参考信息，为促进中国特色水环境治理产业发展贡献一份力量。

2021年12月于深圳

前 言

近年来，国家对环境保护的重视程度日益提高。随着生态文明制度建设的全面推进，“绿水青山就是金山银山”作为核心理念和基本原则被全面贯彻到生态文明建设的各项制度中。党的十九大报告明确提出建设生态文明是中华民族永续发展的千年大计，明确要加快生态文明体制改革，建设美丽中国，为人民创造良好生产生活环境，为全球生态安全做出贡献。在此大背景下，国家相继出台多项政策，加大对环保治理的支持，并进一步加大环保投资总额，提高水环境治理工程建设与运营的市场化、规范化和现代化水平。

水环境联盟是在政府相关部门的指导和支持下成立的技术创新合作组织，现有成员单位 173 家，涵盖了国内外知名高校、科研院所和水环境治理产业链各个环节的优秀企业。为全力推动水环境治理产业的发展，水环境联盟实体机构——深圳市华浩森水生态环境技术研究院（以下简称华浩森研究院）发起编写了《中国水环境治理产业发展研究报告》（以下简称《产业报告》）并定期对外发布。

2019 年，华浩森研究院组织 14 家单位共同完成了《产业报告（2019）》的编写，报告对水环境治理和水环境治理产业做出了明确界定，成功打造了“生态环境产业绿皮书”的品牌，在行业内产生了一定的影响力。2020 年，华浩森研究院组织 10 家单位共同完成了《产业报告（2020）》的编写，报告结合社会热点问题对水环境治理产业的发展进行深入剖析，并针对“十四五”

时期水环境治理产业发展前景提炼出“十大热点”。

2021年，结合水环境治理行业热点以及水环境联盟成员单位的最新成果，《产业报告（2021）》展开了水美乡村建设、高原湖泊水生生态系统保护、绿色低碳型污水处理技术、绿色产业基金等方面的专题研究。此外，《产业报告（2021）》还将水环境联盟评选出的“水环境治理优秀工程案例”简介收入附录，以促进水环境治理产业相关技术的发展和创新。

《产业报告》是首部系统梳理我国水环境治理产业的研究报告，可以帮助相关领域的从业人员了解目前我国水环境治理产业的发展情况，也可以作为科技工作者携手改善水环境现状的参考。《产业报告》的成果将有利于水环境治理技术的融合与推广，促进我国水环境治理产业的高质量发展。借由本书的出版，编者希望水环境联盟的各成员单位根植于水环境治理的伟大事业，发挥好治水标杆作用，以高标准赋能水环境治理高质量发展，为我国生态文明建设做出更大的贡献！

由于编制时间有限，书中难免有疏漏，恳请读者批评、指正。

目　录

第一章　水环境治理产业背景综述

第一节　中国水环境现状形势与治理需求

一、中国水环境及其治理现状

（一）中国水环境污染防治历程

我国在水污染防治领域的研究起步较晚。水污染防治产业的发展大概可分为以下几个阶段。

1. 以点源为主的水污染防治阶段（改革开放至 1995 年）

改革开放初期是我国构建水环境管理体系的重要时期，涉水的环境保护法律法规、标准和政策制度等管理性文件在 20 世纪 80 年代相继出台。在这个阶段，水污染防治以单纯治理工业污染为主，要求工矿企业实施达标排放，但同时我国环境监管能力较弱，工矿企业达标排放情况并不乐观。全国水环境质量状况经历了从中华人民共和国成立初期基本清洁，到 20 世纪 80 年代局部恶化，再到 20 世纪 90 年代全面恶化的变化过程。

2. 重点流域治污阶段（“九五”至“十二五”时期）

从 1996 年划定“三河三湖”六个重点流域开始，我国每五年制定一次重点流域水污染防治规划，“十二五”采用的是水污染物总量控制和环境质量改善双约束的规划目标指标体系，在全国层面实施总量控制目标考核，在重点流域层面实施规划水质目标完成情况和规划项目实施进展情况的考核；确定了饮用水安全保障、工业污染治理、城镇生活污染治理、环境综合整治、生态恢复和风险防范六方面的规划任务。

3.《水污染防治行动计划》实施后的系统治污阶段（2015 年至今）

党的十八大后，依据全面深化改革、全面依法治国的重要战略部署和落实《中华人民共和国环境保护法》要求，2015 年，国务院印发并实施了《水污染防治行动计划》（以下简称“水十条”），使水污染治理发生了历史性和转折性变化，其最大亮点是系统推进水污染防治、水生态保护和水资源管理，即“三水”统筹的水环境管理体系，为健全污染防治新机制做了有亮点、有突破的探索。

（二）中国水环境污染治理现状

1. 水体污染治理现状

在政策方面，中共中央办公厅、国务院办公厅印发了《关于构建现代环境治理体系的指导意见》（以下简称《指导意见》）和《省（自治区、直辖市）污染防治攻坚战成效考核措施》（以下简称《考核措施》），其中《指导意见》提出了健全环境治理领导责任体系、环境治理企业责任体系等七大体系；《考核措施》明确了党政主体责任落实情况、生态环境质量状况及年度工作目标任务完成情况等五方面内容，并对依规、依纪、依法问责、追责做出规定。两项文件的发布为全面加强生态环境保护、持续改善生态环境质量、推进美丽中国建设提供了强大的政治保障。2021 年 11 月，《中共中央、国务院关于深入打好污染防治攻坚战的意见》中要求深入打好碧水保卫战，实现地表水Ⅰ～Ⅲ类水体比例达到 85%，近岸海域水质优良（一类、二类）比例达到 79% 等一系列目标。

在资金支持和引导方面，国务院办公厅印发了《国务院办公厅关于印发生态环境领域中央与地方财政事权和支出责任划分改革方案的通知》；生态环境部联合发改委、国家开发银行发布了《关于推荐生态环境导向的开发模式试点项目的通知》，开展生态环境导向的开发模式（EOD）试点，探索生态环境治理项目与资源、产业开发项目的有效融合。

在税收方面，开展水资源税改革试点，采取费改税方式，不断完善政府绿色采购政策，优化执行机制，扩大政府绿色采购范围。此外，设立国家绿色发展基金，充分发挥财政资金引导作用和市场在资源配置中的决定性作用，深入推动建立多元化投入机制，加快推进生态环境治理体系和治理能力现代化。

在优化市场配置和资源方面，为支持和引导地方建立流域横向生态补偿机制，财政部陆续牵头出台《关于加快建立流域上下游横向生态保护补偿机制的指导意见》《中央财政促进长江经济带生态保护修复奖励政策实施方案》《支持引导黄河全流域建立横向生态补偿机制试点实施方案》，建立奖励激励机制，鼓励流域上下游之间构建机制。此外，科技部等六部门联合印发《关于营造更好发展环境　支持民营节能环保企业健康发展的实施意见》，进一步优化节能环保领域市场营商环境，保障民营企业公平公正参与竞争，推动民营节能环保企业健康发展。

在配套实施方面，围绕“涉水”污染防治攻坚战剩下的“硬骨头”和实施过程中的短板，在水环境质量改善、基础设施建设、农业污染源、城镇（园区）污水处理四方面出台了一系列举措：针对“水环境质量改善地区间不平衡”，生态环境部印发了《流域水污染物排放标准制订技术导则》（HJ 945.3—2020），规范和指导流域水污染物排放标准制定工作。针对“部分地区环境基础设施欠账大、城市收集管网不配套”，国家发展改革委印发了《国家发展改革委关于加快开展县城城镇化补短板强弱项工作的通知》，瞄准包括城镇污水管网建设等市场不能有效配置资源、需要政府支持引导的公共领域，以补齐城乡污水收集和处理设施短板，进一步推进城镇污水管网全覆盖，加强生活源污染治理力度。针对“农业污染源”问题，农业农村部办公厅、国家卫生健康委办公厅、生态环境部办公厅联合印发《农村厕所粪污无害化处理与资源化利用指南》和《农村厕所粪污处理及资源化利用典型模式》，以降低氮磷负荷为着力点，因地制宜地推进农村改厕和污水治理，改善农村人居环境。针对“城镇（园区）污水处理”的合理管控，生态环境部印发了《关于进一步规范城镇（园区）污水处理环境管理的通知》，依法明晰了地方人民政府、纳管企业和运营单位的各方责任，推动了各方履职尽责，规范了环境监督管理。此外，还发布了《电子工业水污染物排放标准》（GB 39731—2020）以及钢铁、啤酒、硫酸、磷肥、铅、锌、锡、锑、汞等工业产品水污染物排放的标准修改单，进一步控制行业污染物对污水集中处理设施的影响。

2. 城镇污水处理现状

住房和城乡建设部发布了《新冠肺炎疫情期间加强城镇污水处理和水环境风险防范的若干建议》，针对公众和业界对新冠病毒可能存在粪—口和气溶胶传播途径的疑虑和担忧，从病毒暴露风险防范关键环节、现行排放标准与再生水标准、水专项成套技术支撑、从业人员风险防范工作要点等方面深入研讨，提出了具有针对性的对策和建议，及时为疫情之下的城镇污水治理工作提出指导意见。

中共中央办公厅、国务院办公厅发布了《关于构建现代环境治理体系的指导意见》，提出健全环境治理的领导责任体系、企业责任体系、全民行动体系、监管体系、市场体系、信用体系以及法律法规政策体系等内容，健全价格收费机制。按照补偿处理成本并合理盈利原则，完善并落实污水、垃圾处理收费政策。严格执行《中华人民共和国环境保护税法》，促进企业降低水污染物排放浓度。

国家发展改革委、财政部等五部委联合印发《关于完善长江经济带污水处理收费机制有关政策的指导意见》，严格开展污水处理成本监审调查，健全污水处理费调整机制，加大污水处理费征收力度，推行污水排放差别化收费，创新污水处理服务费形成机制，降低污水处理企业负担，探索促进污水收集效率提升新方式。对推动城镇污水治理企业的健康、良性发展发挥了极大的促进作用。

在第十三届全国人民代表大会第三次会议上，政府工作报告中的“今年发展主要目标和下一阶段工作总体部署”中提到，“要打好蓝天、碧水、净土保卫战，实现污染防治攻坚战阶段性目标”。污染防治持续推进，打好碧水保卫战仍是现阶段国家重点部署内容。

中国共产党第十九届中央委员会第五次全体会议通过的《中共中央关于制定国民经济和社会发展第十四个五年规划和二〇三五年远景目标的建议》中指出，要推动绿色发展，促进人与自然和谐共生，持续改善环境质量，治理城乡生活环境，推进城镇污水管网全覆盖，基本消除城市黑臭水体。全面实行排污许可制，推进排污权、用能权、用水权、碳排放权市场化交易。

生态环境部发布《关于进一步规范城镇（园区）污水处理环境管理的通知》，困扰污水处理厂多年的"进水超标导致出水超标"问题终于迎来解决方案。虽然污水处理厂还是不能完全免责，但有了统一标准。国务院常务会议审议通过《排污许可管理条例》，明确根据污染物产生量、排放量、对环境的影响程度等因素，对排污单位实行排污许可分类管理，规范排污许可证申请审批程序，要求排污单位建立环境管理台账记录制度，公开排放信息，强调加强事中事后监管，对违法行为加大处罚力度，采取按日连续处罚和停产整治、停业、关闭等措施从严处理，提高违法成本。同时，我国第一部流域法律——《中华人民共和国长江保护法》（以下简称《长江保护法》）经第十三届全国人民代表大会常务委员会第二十四次会议表决通过，并于2021年3月1日起施行。

新冠肺炎疫情对行业影响深远。政府针对小型村镇污水治理设施安全运行的注意事项与对策措施，编制并发布了《村镇污水疫情期强化病菌灭活及消毒应急方案》；结合临时隔离点案例实际情况，编制并发布了《新冠疫情防控临时隔离点污水消毒应急处理设施方案》。

城镇黑臭水体整治初见成效，农村污水治理任重道远。2015年4月，国务院印发《水污染防治行动计划》，提出到2020年，地级及以上城市建成区黑臭水体均控制在10%以内，到2030年，城市建成区黑臭水体总体得到消除的控制性目标。当前，我国农村污水有效处理率依然不高，部分地区水体污染形势依然严峻，随着PPP模式进一步规范、环保督察和专项行动持续加码，农村污水处理市场需求将加速释放，行业发展潜力依然较大。

污泥处理处置的能源化、资源化利用发展迅速。当前"污泥脱水干化+焚烧""污泥厌氧消化+沼渣脱水干化+土地利用"等技术陆续在我国重点地区的大中型城市得到示范应用，为下一步我国污泥无害化处理处置技术路线的明确奠定了基础，同时也为污泥处理处置先进技术的进一步推广应用提供了良好机遇。资源化、能源化是污泥处理处置未来追求的主要目标，拓宽了污泥处理产物的出路。在探索污泥中有价值资源的回收与利用等方面，它将成为污泥处理处置领域工艺技术研究和发展的主要方向。

地方国企进军生态环境领域，行业竞争加剧。"2020中国环境企业50强"榜单显示，国资占比已高达80%，地方国资和一大批央企纷纷进入生态环境领域，地方环保集团公司的成立和央企环保版块的持续加强，使行业竞争加剧。

各地纷纷建成多座地下再生水厂并投入使用，表现出城市的污水处理厂正逐步向环境友好、绿色低碳、循环再生、生态环保的方向发展，污水处理厂的邻避效应将逐渐变为邻利效应。

（三）水体污染控制与治理科技重大专项实施现状及成效

水体污染控制与治理科技重大专项（以下简称水专项）是为实现我国经济社会又好又快发展，调整经济结构，转变经济增长方式，缓解我国能源、资源和环境的“瓶颈”制约，根据《国家中长期科学和技术发展规划纲要（2006—2020 年）》设立的 16 个重大科技专项之一，旨在为我国水体污染控制与治理提供强有力的科技支撑，为我国“十一五”期间主要污染物排放总量减少 10% 的约束性指标的实现提供科技支撑。

根据《国家中长期科学和技术发展规划纲要（2006—2020 年）》的要求，按照“自主创新、重点跨越、支撑发展、引领未来”的环境科技指导方针，水专项从理论创新、体制创新、机制创新和集成创新出发，立足我国水污染控制和治理关键科技问题的解决与突破，遵循集中力量解决主要矛盾的原则，选择典型流域开展水污染控制与水环境保护的综合示范。针对解决制约我国社会经济发展的重大水污染科技“瓶颈”问题，重点突破工业污染源控制与治理、农业面源污染控制与治理、城市污水处理与资源化、水体水质净化与生态修复、饮用水安全保障以及水环境监控预警与管理等水污染控制与治理关键技术和共性技术。通过湖泊富营养化控制与治理技术综合示范、河流水污染控制综合整治技术示范、城市水污染控制与水环境综合整治技术示范、饮用水安全保障技术综合示范、流域水环境监控预警技术与综合管理示范、水环境管理与政策研究及示范，实现示范区域水环境质量改善和饮用水安全的目标，有效提高我国流域水污染防治和管理技术水平。

水专项是中华人民共和国成立以来投资最大的水污染治理科技项目，总经费概算 300 多亿元。在中共中央、国务院的领导下，在原国家科教领导小组的协调和指导下，原国家环保总局和原建设部牵头，精心组织，合力推进，水专项自 2006 年起实施，到 2020 年顺利完成。水专项领导小组精心设计，循序渐进，分三个阶段进行组织实施：第一阶段目标主要是突破水体“控源减排”关键技术；第二阶段目标主要是突破水体“减负修复”关键技术；第三阶段目标主要是突破流域水环境“综合调控”成套关键技术。

1. 湖泊主题实施现状及成效

我国湖泊富营养化及流域水污染问题十分突出，严重影响湖区人民的生产生活与饮用水安全，极大地制约了区域社会经济的可持续发展。考虑我国湖泊类型众多，且位于不同地理区域并处于经济发展不同阶段，处在不同的富营养化发展过程并具有各自生态特征的特点，选择富营养化类型、营养水平、湖泊规模、形成机理和所处地区不同的典型湖泊，开展综合诊断，制定与湖泊营养水平、类型、阶段和地区经济水平相适应的富营养化湖泊综合整治方案，选择具有典型性和代表性的湖泊水域及流域重点集水区开展工程示范。逐步实现由湖泊及其集水区的重点控源与局部湖区水质改善向湖泊整体水环境质量明显改善转变的战略目标，为我国当前与今后大规模开展不同类型湖泊富营养化治理提供成套技术与管理经验。

选择太湖流域开展湖泊流域水污染控制与湖泊富营养化治理综合示范。选择云贵高原湖区的湖泊——滇池，发展中地区大型湖泊——巢湖，开展重污染湖泊的研究、治理与工程示范。选择大型水库——三峡水库，开展水污染与水华控制技术示范。我国是一个多湖泊国家，富营养化类型多，营养水平差异大，选择湖泊水污染与富营养化共性关键技术开展研究与示范。

经过15年的研究，我国全面掌握了流域污染源和社会经济发展情况，及其与湖泊水质变化、富营养化之间的响应关系，初步提出了我国湖泊水污染和富营养化治理的基本理论体系框架，研发了不同类型湖泊水污染治理和富营养化控制自主创新的关键技术，形成了湖泊水污染和富营养化控制的总体方案。攻克了一批具有全局性、带动性的水污染防治与富营养化控制关键技术；选择太湖流域作为综合示范区，其他不同类型典型湖泊和水库作为本专项技术示范区，有效控制了示范湖泊、水库的富营养化，实现了研究示范区水质显著改善，同时形成了符合我国国情的湖泊流域综合管理体系，为我国湖泊水污染防治与富营养化全面控制、水环境状况的根本好转奠定了技术基础。到2020年年底，为确保湖泊流域污染物排放总量得到有效削减、水环境质量得到明显改善、饮用水安全得到有效保障提供了成套技术与成功经验。

2. 河流主题实施现状及成效

针对我国主要流域水系经济发展的阶段性特点，以影响我国河流水功能与水生态系统健康的耗氧有机物、氮磷营养物、重金属等主要污染物为控制与治理目标，选择不同污染程度、不同污染源类型、不同主要污染物种类、不同水体功能和不同生态功能的河流水系或典型河流河段，综合分析了河流点、面污染负荷，河流水质演变过程，水体功能和水生态系统退化的特征；建立了围绕水质功能和水生态保护目标的河流水质综合管理技术体系；开发了重点行业和不同类型农业面源污染物削减关键技术；研发了河流污染治理、生态修复和生物多样性保育的工程技术系统；通过技术集成和综合示范，达到大幅度削减入河污染物负荷、显著改善河流水质、初步恢复水生态系统功能结构的目标；总结形成了不同经济发展阶段下我国不同地域河流污染防治和综合治理的技术体系。

选择松花江作为高风险污染源较多，跨国界、跨省界污染的河流水污染防治技术示范区；选择辽河流域作为工业密集、污染负荷高的河流水污染防治技术示范区；选择海河流域作为水量紧缺、水源补给复杂、水环境严重恶化的河流、草型湖泊水污染综合治理技术示范区；选择淮河作为闸坝控制、水污染事件多发、防洪防污矛盾突出的河流污染控制示范区和南水北调东线输水湖泊生态保育示范区。形成在不同发展阶段下我国不同地域河流污染防治和综合治理的技术体系，为我国河流水污染控制与管理提供技术支撑。

针对我国河流水污染严峻的现状，选择不同地域、类型、污染成因和经济发展阶段的典型河流，创立了符合不同水质目标和功能目标的河流管理支撑技术体系，制定了与我国不同区域经济水平和基本水质需求相适应的污染河流（段）水污染综合整治方案；重点突破了一批清洁生产、水循环利用和点、面源污染负荷削减关键技术及集成技术，污染河流（段）治理与生态修复的集成技术，以及河流污染预防、控制、治理与修复的技术系统；选择具有典型性和代表性的河流开展了工程示范。到2020年年底，通过分阶段、分重点实施，实现了由河流水质功能达标向河流生态系统完整过渡的国家河流污染防治战略目标。

3. 城市水环境主题实施现状及成效

针对我国城镇污水处理设施不足、水循环系统脆弱、水环境质量下降、水功能退化等问题，在水环境保护的国家重点流域，选择若干个在我国新时期经济建设中具有重要战略地位、不同经济发展阶段与特点、不同污染成因与特征的城市和城镇群，结合国家水污染物排放总量削减目标、示范城镇水污染控制与水环境质量改善发展目标，以降低COD、氨氮、总氮和总磷排放总量为核心指标，系统研究了影响城镇水环境质量的突出因素、控制途径和系统解决方案，开展了城市水环境系统决策规划与管理、城镇污水收集与处理、地表径流污染控制、工业园区污染源控制、城市水功能恢复与生态景观建设、城市水环境设施监控管理等方面的技术研发、技术集成和综合示范，突破了城市水环境综合整治系统的整体设计、全过程运行控制和水体生态修复技术，形成了一系列基于城市水环境系统良性循环理念的综合整治技术方案，初步建立了我国城市水污染控制与水环境综合整治的关键技术体系、运营与监管技术支撑体系，建立了相应的研发基地、产业化基地和管理平台，为实现跨越式发展，构建新一代城市水环境系统提供了强有力的技术支持和管理工具。

选择环太湖河网地区、海河流域典型城市、三峡库区城市和巢湖流域城市四类综合示范区，开展技术的集成创新与综合示范，并开展城市水环境整治的共性技术和综合管理技术研究。

通过实施城市水污染控制与水环境综合整治关键技术研究与示范课题，识别出我国城市水污染的时空特征和变化规律，建立了不同使用功能的城市水环境和水排放的标准与安全准则。

4. 饮用水主题实施现状及成效

基于我国水体普遍遭受污染的现实状况，针对不同水源类型、不同水质特征和不同供水系统存在的安全隐患，研究并构建集水源保护、净化处理、安全输配、水质监测、风险评估、应急处置于一体的饮用水安全保障技术和监管体系，通过技术研发、技术集成和综合示范，持续提升我国饮用水安全保障能力。

选择山东、浙江、济南、杭州、东莞等省市，开展国家、省、市三级饮用水监测、预警和应急体系建设示范。选择无锡作为太湖饮用水水源的示范区，选择上海作为黄浦江、长江等河流饮用水水源的示范区，选择嘉兴作为河网饮用水水源的示范区。针对引黄水库饮用水水源地污染问题和当地水源的水质特性，选择济南、青岛、东营 3 个城市作为综合示范区。针对珠江下游地区饮用水水源污染的季节性变化特征，选择广州、深圳、东莞 3 个城市作为综合示范区。围绕“三河、三湖、一江、一库”地区，选择部分典型城市和村镇，开展饮用水安全保障共性和适用技术示范。

针对我国饮用水水源普遍污染、水污染事件频繁发生、饮用水监管体系不健全、饮用水安全保障存在严重缺陷等突出问题，配合《全国农村饮水安全工程“十一五”规划》《全国城市饮用水安全保障规划（2006—2020）》的实施，以《生活饮用水卫生标准》（GB 5749—2006）为依据，结合典型区域的水源污染和供水系统特征，通过关键技术研发、技术集成和应用示范，构建针对水源保护、净化处理、输配全过程的饮用水安全保障技术体系，以及集水质监控、风险评估、运行管理、应急处置于一体的标准和监督管理体系，为全面提升我国饮用水安全保障技术水平、促进相关产业发展以及强化政府监管能力提供科技支撑。到 2020 年年底，通过技术研发、技术集成和综合示范，提升了我国饮用水安全保障能力，为保障人民群众的饮水安全和身体健康提供了技术支撑。

5. 监控预警主题实施现状及成效

针对当前我国水环境管理技术体系不健全的紧迫问题，结合国家污染物总量控制预监控需要的“三大体系”建设的技术需求，系统地开展流域水生态功能区划理论与方法研究，建立水生态功能区划分指标体系和全国水生态功能分区技术框架，完成重点流域水生态功能一级、二级区划，示范流域三级区划和污染控制单元划定方案编制。建立具有分区差异性的水质基准与标准制定技术框架，结合示范流域水环境质量管理目标，制定特征污染物的基准与标准。通过对流域水生态功能分区、水质目标管理、水环境监控预警和水污染治理综合决策等技术综合集成，构建我国流域水环境管理技术体系。到 2020 年年底，在全国七大流域形成了确保水生态系统安全的流域水环境监控管理模式。

按照国家确定的水污染防治重点流域，选择太湖、滇池、巢湖、辽河、淮河、海河、松花江、三峡库区等开展综合示范。

针对我国流域水环境问题，通过实施“流域水污染防治监控预警技术与综合示范”研究，促进了流域水污染防治监控的理念创新、技术创新和管理创新，以流域水质保障与水生态安全为目标，以强化流域水质系统管理，形成监控、预警能力为重点，开展了流域水生态功能区划、流域水质目标管理、水环境监测、水环境风险评估、水环境预警和流域水污染防治综合决策等技术研究，构建了适合我国水污染特征的流域水污染防治综合管理体系，建立了水污染控制技术评估系统和评估技术平台，支撑了流域水环境管理和决策，保障了国家环境与经济社会的协调和可持续发展。到2020年年底，实现了面向水生态系统安全保障的流域水环境管理模式和管理体制的转变，形成了基于流域水生态功能分区水污染控制、水环境监测、水环境质量预警、水环境监察与监管的水质目标管理成套技术方法与规范。

6. 战略与政策主题实施现状及成效

针对水污染防治工作中涉及的决策支持、体制机制、环境政策问题，从流域、河流、城市水环境管理制度设计以及水资源配置、污水处理到环境资源配置等各个环节，选择太湖流域、辽河流域和苏州市作为研究示范区，研究出适应我国经济社会特点的财政、税收、价格、投资、处罚、补偿和信息公开等水环境管理政策体系，为流域水污染控制目标的实现提供经济技术保障。主要开展了水环境保护战略决策、水环境管理制度设计、流域水污染防治投融资政策、流域水污染防治的价格与税费政策、排污许可证制度、跨界污染协同管理、流域水污染赔偿和生态补偿设计、水污染防治的公众参与和信息公开制度、流域农业面源污染防治政策法规体系、城市水污染治理基础设施建设与产业发展政策、饮用水安全保障管理政策体系等研究。

战略与政策主题研究以提高水环境管理效能和改善水专项示范区域水质为导向，围绕构建水环境管理决策技术平台、理顺水环境管理“生产关系”、提高水环境管理政策“生产力”三大支撑，明确了国家中长期水污染控制路线图，提出了水环境管理体制创新、制度创新、政策创新的主要方向，改进和完善了水污染控制管理机制，增强了市场经济手段在水污染控制中的作用，明确了政府、企业在水环境保护中的责任，提高了水污染控制的投入和效率，强化了监督管理和政策执行能力，提高了经济政策的实施效果和执行效率，为实现水专项示范区水质改善和国家水污染防治目标提供了长效管理体制和政策机制。

到2020年年底，全面构建了适合我国国情的水环境综合管理技术体系，建立了完整的国家环境管理基础平台、水环境综合管理体制，全面提升了流域水污染管理能力和政策执行能力，确保了示范区域污染物排放总量得到有效削减、水环境质量得到明显改善、饮用水安全得到有效保障，促进了流域经济社会可持续发展；培养了一批不同层次、高水平的专业人才，涌现出一批具有世界水平的水环境管理和政策研究专家。

二、水环境治理需求

“十四五”期间，水环境治理应统筹水资源、水生态、水环境“三水”治理，深入打好污染防治攻坚战，持续改善环境质量。同时亟待科技创新支持。就涉水环境治理技术的中长期发展而言，可归结为“点”“线”“面”“体”4个维度。

在“点”上，环保设施领域“卡脖子”的关键核心部件、材料和药剂（如各类污水处理专用机械和设备中核心部件、水处理药剂、催化剂、膜组件、吸附材料等环保产品）仍将有极大的市场需求。

在"线"上，围绕固定污染源全过程管理和多污染物协同控制，优化细分行业绿色减排与水污染全过程控制技术、传统污水处理厂与"云"无缝衔接技术将有效弥补 IT 层和 OT 层之间的断层，进一步促进污水厂向智能、安全、时效、协同的方向转型升级。

在"面"上，围绕陆海统筹，流域、区域性污染控制问题，流域水生态重建与功能恢复技术原理和方法、农业面源治理、智慧水系统构建将进一步发展，生态环保基础设施建设与 5G、人工智能、工业互联网等产业融合的市场机制将进一步完善。

在"体"上，围绕地下水、地表水、土壤污染协同防治，打通地上和地下，形成地表水和地下水环境治理技术合力，将推进解决系统性跨介质污染物处理的技术问题。

"十四五"期间，水环境治理方向和具体需求主要有以下几个方面：

（1）团体标准重要性将进一步提升。经过国家一系列的标准改革工作和多年的积累，城镇污水治理领域的标准数量和质量已基本满足行业需求，但现行标准由政府主导制定偏多，且大多为推荐性标准，在快速反映需求方面还有不足，因此标准化工作将进一步加强。目前，与国际接轨，更大地发挥国际通用的团体标准的重要作用，将是标准化工作的一个重要趋势。

（2）黑臭水体治理仍有较强的行业需求。经过几年的努力，当前我国城市黑臭水体治理已初见成效，未来工程重点将有所转移，主要集中于农村及非建成区黑臭水体治理及黑臭水体运营维护方面，预计黑臭水体治理在行业内仍有较强的需求，需要统筹上下游、左右岸、干支流，系统推进城乡黑臭水体治理。加强农业农村和工业企业污染防治，有效控制入河污染物排放。强化溯源整治，杜绝污水直接排入雨水管网。推进城镇污水管网全覆盖，对进水情况出现明显异常的污水处理厂，开展片区管网系统化整治。因地制宜地开展水体内源污染治理和生态修复，增强河湖自净功能。

（3）长江经济带的发展给生态环境治理和城镇污水治理带来重大发展机遇。国家"十四五"生态环境保护规划明确提出，改善长江生态环境和水域生态功能，推进长江经济带高质量发展，使长江经济带成为我国生态优先绿色发展的主战场、畅通国内国际双循环的主动脉、引领经济高质量发展的主力军。长江经济带的生态环境治理和城镇污水治理必将迎来重大发展机遇。

（4）打好黄河生态保护治理攻坚战。全面落实以水定城、以水定地、以水定人、以水定产要求，实施深度节水控水行动，严控高耗水行业发展。维护上游水源涵养功能，推动以草定畜、定牧。加强中游水土流失治理，开展汾渭平原、河套灌区等农业面源污染治理。实施黄河三角洲湿地保护修复，强化黄河河口综合治理。加强沿黄河城镇污水处理设施及配套管网建设，开展黄河流域"清废行动"，基本完成尾矿库污染治理，使黄河干流及主要支流生态流量得到有效保障。

（5）强化陆域海域污染协同治理。持续开展入河、入海排污口“查、测、溯、治”，到 2025 年，基本完成长江、黄河、渤海及赤水河等长江重要支流排污口整治。完善水污染防治流域协同机制，深化海河、辽河、淮河、松花江、珠江等重点流域综合治理，推进重要湖泊污染防治和生态修复。沿海城市加强固定污染源总氮排放控制和面源污染治理，实施入海河流总氮削减工程，建成一批具有全国示范价值的美丽河湖、美丽海湾。

（6）推进重点海域水环境综合治理。巩固深化渤海综合治理成果，实施长江口—杭州湾、珠江口邻近海域污染防治行动，“一湾一策”实施重点海湾综合治理。深入推进入海河流断面水质改善、沿岸直排海污染源整治、海水养殖环境治理，加强船舶港口、海洋垃圾等污染防治。推进重点海域生态系统保护修复，滨海湿地和岸线得到有效保护。

（7）精准治污、科学治污和依法治污成为趋势。碧水保卫战已经由“坚决打好”向“深入打好”转变，需要切实解决实际突出的污水治理相关问题，为人民群众做好服务，持续改善人民的生活环境。

（8）污水再生利用工作全面启动，再生水利用行业稳步发展。国家高度重视节水工作，坚持节水优先策略，努力推动再生水循环利用技术的创新和发展，出台多项政策推动再生水的循环利用，积极寻求多种途径缓解我国水资源紧缺矛盾。

（9）协同推进水生态修复与水污染防治。生态文明建设是一项系统工程，生态保护和污染防治密不可分，需要统筹部署、协同发力。我国前期在水污染治理方面取得初步成效，深入打好污染防治攻坚战，实施生态修复。高效的水生态修复技术将在改善流域生态面貌方面起到更加重要的作用。

第二节　中国水环境治理产业发展情况

一、水环境治理产业发展现状

（一）城镇污水系统提质增效

2020—2021 年是《城镇污水处理提质增效三年行动方案（2019—2021 年）》的关键时期，各地围绕消除污水收集处理空白区、提高污水收集率和入厂浓度、消除黑臭水体等方面，加快补齐污水处理设施短板。2019 年，我国污水处理能力已超过 2.1 亿 m^3/ 日，污水处理总量达到 700 亿 m^3。但与之形成反差的是，在城市污水处理厂平均进水 BOD 浓度方面，仍有约 70% 的城市年均值不足 100 mg/L，较多地市的污水收集和处理存在系统性问题，一方面基础设施历史欠账尚未补齐，据统计，全国仅污水管网就有约 1 万亿元的投资缺口，加上雨水管网共超过 2 万亿元。另一方面，已建设的污水管网系统普遍存在底数不清、错接混接的问题，在这一轮行动中，各地市推进了一批“污水零直排”“管网系统提质增效摸排”类型项目进行集中整治。在工程措施结束后亟须健全管网专业运行维护管理机制，推行周期性排查监测并强化日常运维。

《“十三五”全国城镇污水处理及再生利用设施建设规划》（以下简称《“十三五”规划》）中规划总投资额约 7 344 亿元，其中，用于城镇污水处理及再生利用设施建设投资约 5 644 亿元，占比 77%；用于黑臭水体治理的控源截污设计的设施建设共投资 1 700 亿元，占比 23%。而新建配套污水管网与新增污水处理设施投资约达 3 640 亿元，占规划总投资近半数。由此可见，在“十三五”期间，水环境治理主要着眼点在以城镇新建产能及管网配套为主体的控源截污上。根据住房和城乡建设部发布的城乡建设统计年鉴，2018—2020 年我国排水与污水处理情况分别见表 1-1～表 1-3。

表 1-1　2018 年全国排水与污水处理统计情况

指标	城市	县城	建制镇	乡
排水管道长度 / 万 km	68.3	19.98	17.68	2.41
建成区排水管道密度 /（km/km^2）	9.99	8.82	6.77	6.46
污水年排放量 / 亿 m^3	521.1	99.43	—	—
污水处理厂数量 / 座	2 321	1 598	7 687	1 678
污水处理厂处理能力 /（亿 m^3/ 日）	1.69	0.34	0.22	0.010
污水年处理量 / 亿 m^3	497.6	90.64	—	—
污水处理率 /%	95.49	91.16	53.18	18.75
对污水进行处理的建制镇（乡）比例 /%	—	—	53.17	30.53

数据来源：住建部 2018 年城市建设统计年鉴。

表 1-2　2019 年全国排水与污水处理统计情况

指标	城市	县城	建制镇	乡
排水管道长度 / 万 km	74.4	21.34	18.82	2.49
建成区排水管道密度 /（km/km^2）	10.5	9.27	6.95	7.41
污水年排放量 / 亿 m^3	554.6	102.3	—	—
污水处理厂数量 / 座	2 471	1 669	10 650	1 830
污水处理厂处理能力 /（亿 m^3/ 日）	1.79	0.36	0.25	0.011
污水年处理量 / 亿 m^3	536.9	95.71	—	—
污水处理率 /%	96.81	93.55	54.43	18.21
对污水进行处理的建制镇（乡）比例 /%	—	—	59.67	33.3

数据来源：住建部 2019 年城市建设统计年鉴。

表 1–3　2020 年全国排水与污水处理统计情况

指标	城市	县城	建制镇	乡
排水管道长度 / 万 km	80.3	22.39	19.84	2.35
建成区排水管道密度 /（km/km^2）	11.11	11.56	7.2	7.18
污水年排放量 / 亿 m^3	571.4	103.76	—	—
污水处理厂数量 / 座	2 618	1 708	11 374	2 170
污水处理厂处理能力 / 亿 m^3/ 日	1.93	0.38	0.27	0.011
污水年处理量 / 亿 m^3	557.3	98.62	—	—
污水处理率 /%	97.53	95.05	60.98	21.67
对污水进行处理的建制镇（乡）比例 /%	—	—	65.35	34.87

数据来源：住建部 2020 年城市建设统计年鉴。

2019 年与 2020 年，我国城市排水管道长度分别较上年增长 8.93% 与 7.93%，建成区排水管道密度分别增大 5.11% 与 5.81%；污水处理方面，城市污水处理厂数量分别增长 6.46% 和 5.95%，污水处理厂处理能力分别提升 5.92% 和 7.82%，污水年处理量分别增加 7.90% 和 3.80%，污水处理率分别增加 1.32% 和 0.72%。

2019 年与 2020 年，我国县城排水管道长度分别较上年增长 6.81% 与 4.92%，建成区排水管道密度分别增加 5.10% 与 24.70%；污水处理方面，县城污水处理厂座数分别增长 4.44% 和 2.34%，污水处理厂处理能力分别提升 5.88% 和 5.56%，污水年处理量分别增大 5.59% 和 3.04%，污水处理率分别增加 2.39% 和 1.50%。

2019 年与 2020 年，我国建制镇排水管道长度分别较上年增长 6.45% 与 5.42%，排水管道密度分别增长 2.66% 与 3.60%；污水处理方面，建制镇污水处理厂座数分别增长 38.55% 和 6.80%，污水处理厂处理能力分别提升 13.64% 和 8.00%，污水处理率分别增长 1.25% 和 6.55%。

2019 年与 2020 年，我国乡一级排水管道长度分别较上年增长 3.32% 与减少 5.62%，排水管道密度分别增长 14.71% 与减少 3.10%；污水处理方面，污水处理厂座数分别增长 9.06% 和 18.58%，污水处理厂处理能力不变，污水处理率分别减少 0.54% 和增大 3.46%。

目前，《“十三五”规划》制定的城市和县城污水处理目标已提前完成，但乡镇与农村地区污水处理短板依然明显。相关数据显示，我国农村污水排放量呈现逐年上升的趋势。虽然建制镇与乡一级的排水与污水处理情况有所改善，污水处理率均有不同程度的增长，然而较《“十三五”规划》中的目标（建制镇污水处理率达到 70%）仍存在较大的差距。

（二）黑臭水体治理

1. 城市黑臭水体治理现状

2015 年 4 月，国务院印发《水污染防治行动计划》，提出整治城市黑臭水体，要求采取控源截污、垃圾清理、清淤疏浚、生态修复等措施，加大黑臭水体治理力度。地级及以上城市建成区于 2015 年年底前完成水体排查，于 2020 年年底前完成黑臭水体治理目标。直辖市、省会城市、计划单列市建成区要于 2017 年年底前基本消除黑臭水体。为严格落实水污染防治工作责任，强化监督管理，加快改善水环境质量，2016 年环境保护部、国家发展和改革委员会等 11 部门联合发布《水污染防治行动计划实施情况考核规定（试行）》，将地表水、黑臭水体、饮用水水源、地下水、近岸海域五方面内容作为水环境质量目标完成情况考核内容。其中，规定了省、自治区地级及以上城市在 2016—2020 年黑臭水体消除比例分别达到 30%、60%、80%、90%、95%；直辖市、省会城市、计划单列市在 2016 年和 2017 年建成区黑臭水体的消除比例分别达到 40% 和 90%，2018 年及以后不低于 90%。

住建部与生态环境部全国城市黑臭水体整治信息发布监管平台等公布数据显示，截至 2019 年年底，全国地级及以上城市建成区黑臭水体排查数量为 2 899 条，黑臭消除比例为 86.7%。其中，36 个直辖市、省会城市、计划单列市等重点城市黑臭水体消除比例达 96.2%，259 个其他地级城市黑臭水体的消除比例为 81.2%。流域方面，黄河流域与长江流域地级及以上城市黑臭水体消除比例较为接近，分别为 88.5% 和 87.0%。重点城市黑臭水体消除比例较高，以深圳市为例，截至 2019 年年底，深圳 159 条黑臭水体、1 467 条小微黑臭水体全部消除黑臭，五大河流考核断面水质全部达到Ⅴ类及以上，曾经污染最严重的茅洲河、深圳河水质分别达到 1992 年、1982 年以来最高水平。

尽管 2019 年黑臭水体整治成效显著，但仍有部分城市存在较为严重的“黑臭”问题，甚至出现反弹现象。生态环境部发布的《关于 2020 年 1—9 月水环境目标任务完成情况的函》中指出，江西、山东等 15 省（区、市）部分城市黑臭水体消除比例低于 90%，治理进度滞后。为此，各地采取了多种措施，进一步加快黑臭水体消除的进度。2020 年上半年，北京市全市 142 条黑臭水体全部完成治理，在全市 25 个国家考核断面中，Ⅰ～Ⅲ类断面占 64%，劣Ⅴ类断面占 4%，动态达到《“十三五”规划》目标要求；安徽省设区市建成区 231 条水体消除黑臭工作也已基本完成；江西省住房和城乡建设厅、生态环境厅部署开展城市黑臭水体治理“回头看”工作，要求 2020 年年底前，各设区市必须完成黑臭水体长治久清工作，各地务必于 11 月底前完成整治任务，12 月底前完成效果评估；山东省印发了《关于进一步巩固城市黑臭水体治理成效的通知》，要求各城市主管部门安排专人对每条城市黑臭水体进行全方位、无死角的巡查，并将城市黑臭水体日常监管纳入数字城管，确保能及时发现、及早整治新出现的城市黑臭水体。

生态环境部2021年3月例行新闻发布会公布结果显示，截至2020年年底，全国地级及以上城市建成区黑臭水体排查数量为2 914条，其中黑臭消除比例已达到98.2%。

2. 农村黑臭水体治理现状

农村的黑臭水体问题是在其振兴发展过程中面临的一大“拦路虎”。为全面推进乡村振兴、加快农业农村现代化，农村黑臭水体亟待消除。在城市黑臭水体治理快速发展的同时，2018年，中共中央办公厅、国务院办公厅下发了《农村人居环境整治三年行动方案》；2019年，生态环境部会同水利部、农业农村部下发了《关于推进农村黑臭水体治理工作的指导意见》，同年，生态环境部下发了《农村黑臭水体治理工作指南（试行）》，希望以农村房前屋后的河塘沟渠为重点抓手，采取综合措施，逐步恢复水生态，消除黑臭水体。根据《农业农村污染治理攻坚战行动计划》的要求，在2025年前优先形成一批可复制、可推广的农村黑臭水体治理模式，加快推进农村黑臭水体治理工作。到2035年，基本消除我国农村黑臭水体。

农村黑臭水体的形成与农村污水的不恰当处理有关，农村生活污水的处理措施、出水情况和污染状况与城市生活污水大为不同，需要制定有针对性的处理及排放标准，但目前农村生活污水的排放标准仍然存在许多不足。2019年以前，由于没有农村生活污水处理的水污染物排放标准，大部分的农村污水处理工作都是按照《城镇污水处理厂污染物排放标准》（GB 18918—2002）进行。然而，无论是控制指标的选取还是排放限制的设定，都与目前农村生活污水的现状有较大出入。2018年，生态环境部、住房和城乡建设部联合印发了《关于加快制定地方农村生活污水处理排放标准的通知》，为制定各省（区、市）农村生活污水处理设施的排放标准提供了新思路和新动力，同时对各省（区、市）相关标准制定出台的时间提出了详细的要求。目前，全国各个省级的农村污水处理设施污染物排放标准依据污水规模、排入水体功能等方面的特点明确了相应的要求。根据农村黑臭水体的判别标准，当NH_3-N＜15 mg/L、DO＞2 mg/L、透明度＞25 cm时，即不是黑臭水体，但是受纳水体如果是流动性差、自净能力低的河、湖、塘等，即使进行处理后污水全部达到农村生活污水处理设施水污染物排放一级标准，但由于长时间的污染物累积，农村黑臭水体现象仍然无法彻底解决。

农村水环境复杂，黑臭水体成因多，治理范围广，治理方式不可照搬城市治理模式，也不能采用一刀切的排放标准，需要各地方配合，调查黑臭水体形成的原因，再结合实际环境情况，合理确定农村污水处理设施的排放水质标准和指标，齐心协力、扎实落实水体治理任务。

目前，各地纷纷因地制宜地开展黑臭水体治理工作，为后续更多农村的黑臭水体治理提供先行经验。截至2021年9月中旬，山东省从“建、运、管、筹”四个维度扎实推进农村黑臭水体治理工作，2021年新增4 000个农村生活污水治理行政村任务中已完成2 418个，巩固提升1 500个农村生活污水治理行政村任务中已完成765个，500处农村黑臭水体治理中已完成420处。截至2020年6月底，天津市困难村、经济薄弱村168条黑臭水体治理主体工程全部完工；重庆市生态环境局采用控污截源、清淤疏浚和生态修复实施整治，实施“千沟万塘”黑臭水体专项整治工程等项目，疏通了次级河流“毛细血管”，通过对全市39个涉农区县、9 000多个涉农村社进行了黑臭水体摸底调查，排查了约16万条水体数据，建立了全市农村水体数据库及农村黑臭水体数据库，共筛选出160条需要治理的农村黑臭水体清单，市生态环境局联合相关部门编制了《重庆市农村黑臭水体整治实施方案》，进一步推动黑臭水体治理；安徽省宿州市充分利用媒体优势，开设黑臭水体治理专题、开通群众反映线索热线、设立农村黑臭水体意见簿，接受群众投诉建议，实现黑臭水体整治宣传乡村全覆盖，同时在全市范围内开展全面摸排造册，加大财政资金投入，采取探源截污、垃圾清理、清淤疏浚、生态修复等措施，加大治理力度，此外还健全长效机制，全面推行“河湖长制”，设立了各级河长、湖长，落实管护责任，探索建立社会监督机制，充分激发了社会公众参与积极性。

（三）水环境综合治理

《水污染防治行动计划》《关于全面推行河长制的意见》《重点流域水污染防治规划（2016—2020年）》等文件的出台，持续推动全国的流域治理产业的全面发展。

从区域角度来看，目前，水环境综合治理项目主要布局在长江经济带，重点聚集在广东地区，而东部地区城市水环境治理的资本支持最大。从项目数量来看，2018—2019年投资额超10亿元的水环境综合治理项目31个，主要聚集在广东地区；2019—2020年投资超10亿元的水环境综合治理项目33个，依然聚集在广东地区。从四大经济区的投资额分布来看，2019—2020年投资额10亿元以上的水环境综合治理项目主要集中在东部地区，累计投资1 310.6亿元，其次是中部与西部地区，投资额范围为430亿～589亿元，东北地区投资额最少。

从流域角度来看，流域水环境综合治理项目主要集中在珠江流域和长江流域，2019—2020年投资额大于10亿元的流域综合治理项目共33个，治理流域包括海河、淮河、黄河、澜沧江、长江及珠江水系。其中，以珠江流域水环境综合治理项目最多，中标额大于10亿元的项目达到20个，其次是长江流域治理，中标额大于10亿元的项目达7个。

根据生态环境部公布的数据，2021年1—9月，全国3 641个国家地表水考核断面中，水质优良（Ⅰ～Ⅲ类）断面比例为81.8%，同比上升1.2个百分点；劣Ⅴ类断面比例为1.2%，同比下降0.9个百分点。主要污染指标为化学需氧量、高锰酸盐指数和总磷。从流域角度来看，2021年1—9月，长江、黄河、珠江、松花江、淮河、海河、辽河七大流域及西北诸河、西南诸河和浙闽片河流水质优良（Ⅰ～Ⅲ类）断面比例为83.7%，同比上升1.2个百分点；劣Ⅴ类断面比例为1.0%，同比下降1.0个百分点。主要污染指标为化学需氧量、高锰酸盐指数和总磷。其中，西北诸河、西南诸河、长江流域和浙闽片河流水质为优；珠江、辽河和黄河流域水质良好；淮河、海河和松花江流域为轻度污染。监测的 210 个重点湖（库）中，水质优良（Ⅰ～Ⅲ类）湖库个数占比 71.9%，同比下降 0.3 个百分点；劣Ⅴ类水质湖库个数占比 6.2%，同比上升 0.9 个百分点。主要污染指标为总磷、化学需氧量和高锰酸盐指数。209 个监测营养状态的湖（库）中，中度富营养的 11 个，占 5.3%；轻度富营养的 46 个，占 22.0%；其余湖（库）为中营养或贫营养状态。其中，太湖为轻度污染、轻度富营养，主要污染指标为总磷；巢湖为轻度污染、中度富营养，主要污染指标为总磷；滇池为轻度污染、中度富营养，主要污染指标为化学需氧量、总磷和高锰酸盐指数；丹江口水库和洱海水质均为优，中营养；白洋淀为轻度污染、轻度富营养，主要污染指标为化学需氧量。与 2020 年同期相比，滇池水质有所好转，太湖、巢湖、丹江口水库、洱海和白洋淀水质均无明显变化；巢湖营养状态有所下降；太湖、滇池、丹江口水库、洱海和白洋淀营养状态均无明显变化。

二、水环境治理产业发展面临的问题

（一）支撑行业可持续发展的收益模式仍不成熟

与细分领域中污水处理行业较为成熟的计价收费机制不同，水环境综合治理领域的很多项目较少甚至无法实现经营性收入，因此在前些年多以政府投资推动工程实施。但由于水环境综合治理，尤其是流域治理类项目所需要投资金额巨大，而且各地政府的财政预算水平存在较大差异，多数内陆地区政府财政实力相对东南沿海地区较弱，PPP 模式的流域治理项目迅速成为政府缓解财政压力的“救命稻草”与企业扩大经营的“生长激素”。

经过 PPP 项目大爆发的几年，部分地方财政支出也逐渐开始触及 10% 的一般公共预算支出比例红线。水环境 PPP 业务也随之进入调整期，然而除了显性的政府财政支出问题外，水环境 PPP 项目的主要问题还是在于收益模式不明晰。一方面，缺少完善的绩效考核指标。在不同水环境治理阶段，对应的绩效考核指标是不相同的，而在项目初期设定目标过程中，很难将项目全生命周期的质量要求充分体现出来，对于后期运营考核指标的考量仍较不成熟。另一方面，缺少完善的利益回报机制，由于水环境治理技术涉及面广，治理效果影响因素多，难以保证最终的实施效果，在不完善的依效付费机制下，抑制了对社会资本的吸引力，给企业投资带来了较大风险和挑战。

（二）治理目标日趋多元化背景下，产业整体技术与管理含量有待提升

传统水环境治理的主要内容以管网、污水处理厂等项目建设为主，对技术力量、管理经验、建设团队的要求相对较低。水环境综合整治是一项系统工程，任务重、内容多、周期长，随着全国水环境的逐年改善，中央和地方对水环境治理目标提出了更为多

元化的需求。因此，对企业的综合能力提出更高的要求。

在技术层面上，由于传统水环境治理产品与设备市场的进入技术门槛较低，在前些年环保需求爆发时期，大量低端技术、低档产品进入市场，造成市场同质化竞争，从一定程度上制约了产业的稳定发展，缺乏突破性的技术迭代，“低档过剩、高档缺少”的问题尤为突出。另外，由于环保产业市场的特殊性，少数高水平、高档次的技术和产品难以形成品牌效应，导致企业研发投入积极性不高。而在管理层面，水环境综合整治要求对流域水环境进行系统管理，涉及面更广，以往的经验难以支撑新时期的需求。

三、水环境治理产业发展趋势

（一）碳达峰、碳中和背景下水环境治理产业的高质量发展

2021 年 3 月 5 日，《2021 年国务院政府工作报告》中指出，扎实做好碳达峰、碳中和各项工作，制定 2030 年前碳排放达峰行动方案，优化产业结构和能源结构。2021 年 10 月 26 日，国务院发布《2030 年前碳达峰行动方案》，提出了重点实施能源绿色低碳转型行动、节能降碳增效行动、工业领域碳达峰行动、城乡建设碳达峰行动、交通运输绿色低碳行动等“碳达峰十大行动”，确保 2030 年前碳达峰、2060 年前碳中和目标如期实现。

实现碳达峰、碳中和背景下“治水”的高质量发展，是水环境治理产业可持续发展的必然趋势。水环境治理行业的碳达峰、碳中和行动能够深入落实“节水优先、空间均衡、系统治理、两手发力”治水思路，以节约和保护水资源为核心，创新治水理念与技术，降低水利工程能源资源消耗，减少水利规划、设计、建设、管理等方面产生的环境污染，以最小的成本获得最大的经济和环境效益，在持久水安全、优质水资源、健康水生态、宜居水环境、先进水文化等多个方面实现升级，从而实现水资源永续利用和水利事业可持续发展的水利目标，有力推进我国社会经济、生态环境等多方面的可持续发展。

从碳循环角度分析水环境治理产业的碳达峰、碳中和，进而有效制定水利行业的碳达峰、碳中和行动方案。在增加生产者的碳汇方面，积极推进水系连通与跨流域调水工程，提升雨、洪水资源利用率，通过水生态修复、加强水源涵养区和湿地保护，有效提高植被覆盖率，中和二氧化碳排放。开展生态友好型和资源节约型的规划设计，降低供水、水处理和污水处理的能源资源消耗。大力发展技术创新，大力研究体现低碳理念的新技术、新设备、新材料、新工艺，减少水利设施运行管理时泵站的电能消耗，提高能源利用效率。

（二）流域水生态保护和修复

习总书记在中共中央政治局第二十九次集体学习时强调，要完整、准确、全面贯彻

新发展理念，保持战略定力，站在人与自然和谐共生的高度来谋划经济社会发展，坚持节约资源和保护环境的基本国策，坚持节约优先、保护优先、自然恢复为主的方针，形成节约资源和保护环境的空间格局、产业结构、生产方式、生活方式，统筹污染治理、生态保护、应对气候变化，促进生态环境持续改善，努力建设人与自然和谐共生的现代化。2020 年，生态环境部启动了《重点流域水生态环境保护“十四五”规划》的编制工作，明确将“有河有水、有鱼有草、人水和谐”作为规划的重要目标。这标志着水环境治理方向在“十四五”阶段将从传统水污染治理逐步走向生态修复。但从实际来看，不少地方目前仍处于消除劣Ⅴ类或者保证Ⅴ类或Ⅳ类河湖水质阶段，与“清水绿岸、鱼翔浅底”的目标还有距离。在规划的起步阶段，不少地方面临着巩固提升上阶段水污染治理成效和启动河湖生态修复的双重任务，因此，要做到“可渔、可游、亲民”需要中央及各级地方政府持续的资金投入。《全国重要生态系统保护和修复重大工程总体规划（2021—2035 年）》也提出了制定激励社会资本投入生态保护和修复的政策措施，吸引社会资本积极参与重大工程建设和管理，探索重大工程市场化建设、运营、管理的有效模式。

在《全国重要生态系统保护和修复重大工程总体规划（2021—2035 年）》等上位政策支撑下，实施“PPP+EOD”“PPP+EOD+GSF”等 PPP 改良模式，广泛带动社会资本投资，实现合作共赢。为深入贯彻落实党中央、国务院关于全面加强生态环境保护、深入打好污染防治攻坚战的决策部署，推进生态环境治理体系和治理能力现代化，提升环保产业可持续发展能力，探索将生态环境治理项目与资源、产业开发项目一体化实施的项目组织实施方式，根据《关于同意开展生态环境导向的开发（EOD）模式试点的通知》（环办科财函〔2021〕201 号），同意天津市静海区生态修复治理与健康产业城市主动健康综合体等 36 个项目开展生态环境导向的开发（EOD）模式试点工作，期限为 2021—2023 年。2021 年 10 月，生态环境部、国家发展改革委与国家开发银行进一步联合征集第二批 EOD 项目，积极探索、创新生态环境治理项目组织实施方式，促进生态环境高水平保护和区域经济高质量发展。

（三）城乡市政基础设施建设

1. 城乡供水一体化

《中共中央 国务院关于抓好“三农”领域重点工作确保如期实现全面小康的意见》提出，对标全面建成小康社会，加快补上农村基础设施和公共服务短板，就保障农村饮用水安全，助力全面建成小康社会，推进城乡供水一体化方面提出明确要求，即全面完成农村饮用水安全巩固提升工程任务。在城市郊区、平原地区和人口密集地区，推进城乡供水一体化和农村供水规模化，实现农村供水与城市供水同标准、同保障、同服务。

相较城市供水市场，农村供水尚有较大的市场空间和发展潜力。据统计，截至2018年年底，我国城市供水普及率达到98.5%，而同期全国农村自来水普及率为81%。对此，中央为支持中西部地区农村饮水工程建设，通过调整水利投资结构等方式，近两年已增加中央补助资金60亿元。从工程实施层面来看，2017—2019年三年内城乡供水一体化PPP项目每年保持在百亿元规模左右，发展势头稳定；而截至2020年上半年，成交规模已经接近百亿元。目前，城乡供水一体化项目有两个特点比较突出：一是EPC实施模式占比大幅提高，已接近60%，沿海发达地区（如山东、福建等区域）项目多选用EPC模式实施；二是地方国企在城乡供水领域的强势地位进一步得到加强，2020年上半年数据显示，地方国企项目数量和成交金额占比分别达到77%和76%，这与地方政府需要快速完成城乡供水覆盖任务有较大关系，可以看出，地方国企是履行地方政府行政指令的最佳主体。

2. 厂—网—河（湖）一体化

《城镇污水处理提质增效三年行动方案（2019—2021年）》中提出，积极推行污水处理厂、管网与河湖水体联动“厂—网—河（湖）”一体化、专业化运行维护，保障污水收集处理设施的系统性和完整性。

厂—网—河（湖）一体化运营不仅是污水系统提质增效的保障，也是黑臭水体整治全生命周期管理的重要一环。目前，我国多数城镇的排水管理、污水处理厂运维和河湖管养是由各自独立的、不同的单位部门进行管理，这就导致了城镇排水系统厂网在进行城镇排水工作时出现很多问题，正常的排水系统功能无法发挥作用、排水系统末端的城市水体水质无法稳定达标。而且由于污水处理厂与城镇排水系统相互分离，因此城市排水系统的污水收集和污水处理厂的污水处理能力严重不匹配，大大降低了污水处理效率或导致污水被直接排入水体，使水体污染问题得不到合理控制。因此，要想提高城市排水系统的水体处理工作质量，就需要在充分了解城镇排水系统工作特性的基础上进行排水系统一体化的综合运营管理，从而更好地发挥城镇排水系统在污水治理工作中的作用。近年来在广东、安徽、雄安等地区，城市厂—网—河（湖）一体化运维实践取得了较好的效果，预期在“十四五”期间，更多的城市将推行这一管理模式。

（四）非传统水资源开发利用

随着经济发展和社会进步，各行业对水资源的需求不断增加。国家高度重视节水工作，积极寻求多种途径缓解城市水资源紧缺矛盾。因此非传统水资源的开发利用成为国家关注的重点，2019年国家发改委、水利部颁布的《国家节水行动方案》中提出：强制推动非传统水纳入水资源统一配置，逐年提高非传统水利用比例，并严格考核。到2022年，缺水城市再生水利用率达到20%以上，缺水城市非传统水利用占比平均提高2个百分点。

非传统水资源主要有再生水、雨水和海水等。根据住建部的统计数据，截至2018年我国再生水利用量为854 507万m^3，整体利用率为16.4%。而全国669个城市里，有470个缺水城市，还有110个严重缺水城市。从再生水利用区域分布情况来看，排名前6的省级行政区分别为广东、山东、北京、江苏、河南、河北，其余省（区、市）再生水利用量均在30 000万m^3以下，占比均在4%以下，有着广阔的开发前景。在雨水资源利用方面，随着海绵城市建设工作的全面展开和指标任务的布置，国家及地方政府将持续加大雨水滞蓄利用工程的投资力度，蓝绿结合地打造现代化新型都市水务行业。在海水资源利用方面，鼓励高耗水行业和工业园区用水要优先利用海水，在离岸有居民的海岛实施海水淡化工程。沿海严重缺水城市可将海水淡化水作为市政新增供水及应急备用的重要水源。但受当前需求和成本的限制，海水淡化利用还处于以小规模工业开发利用为主的阶段。

（五）海绵城市建设

依据国务院办公厅印发的《关于推进海绵城市建设的指导意见》，到2030年，城市建成区80%以上的面积达到目标要求。需在2020年20%面积达到海绵城市标准的基础上平均每年提升6%，建设时间紧、任务重。“十四五”的提前谋划和布局，是实现2030年远期工作目标的基础和关键。

截至2019年年底，全国已有538个设市城市编制实施了海绵城市建设专项规划。其中，94%的地级及以上城市编制实施了海绵城市建设专项规划，并已在约1.2万km^2的城市建成区启动了海绵城市建设和改造工作。全国30个海绵城市建设试点城市共完成海绵城市建设项目4 979个，建成区面积近1 000 km^2。通过海绵城市建设，我国城市防灾减灾能力得到明显提高。“十四五”期间，各地将在总结试点经验的基础上，融入并更新海绵城市建设理念，因地制宜、扬长避短、尽快推广、合理保障，走内涵式、集约型、绿色化的高质量发展路子，探索人水和谐的现代城市治理路径。

第三节　水环境治理产业科技创新体系研究分析

一、水环境治理产业科技创新现状与问题

从水环境治理产业的发展环境来看，第一，全球碳中和已成为当今世界发展的主题，我国也提出了2030年碳达峰、2060年碳中和的目标，对各行各业节能降碳发起了全面挑战。在此背景下，绿色、低碳、循环成为新的经济增长点，水环境治理产业功能与使命将从完成末端处理，转变为实现环境治理、生态修复、应对气候变化三者协同发展，进而带来环境治理方式、产业发展指标、技术需求方向的一系列变革，推动

水环境治理产业进入转型升级的窗口期和机遇期。第二，《中华人民共和国国民经济和社会发展第十四个五年规划和二〇三五年远景目标纲要》对“推动绿色发展，促进人与自然和谐共生”提出提升质量和稳定性、绿色转型等要求，《关于推进污水资源化利用的指导意见》《“十四五”城镇污水处理及资源化利用发展规划》等文件的相继发布，进一步指明了未来水环境治理产业的走向。第三，我国的节能环保产业当前已经具备大规模迅猛发展的良好条件和机遇，环保技术以及装备、一些关键和共性技术手段已经形成产业化态势，如环保领域的污泥干化发电技术等已经日渐成熟。第四，我国已出台了一系列与环保产业发展相关的法律法规以及政策措施。党和国家都特别关注生态环境保护工作的落实，也在这一方面陆续出台了大量促进产业发展的政策措施，同时还增加了资金方面的投入，使产业发展具备良好的外部环境。第五，双循环新发展格局背景中，环保产业将是对外交流合作的重要发力点。

随着环境治理需求大幅提升和双循环环保发展新格局全面开启，现阶段中国的环保产业，尤其是水环境治理产业，发展水平还比较低，与治理需求相比还有较大差距。具体表现在以下 4 个方面：

（一）核心技术欠缺

20 世纪 90 年代，水环境治理产业新局面在中国全面开启，至目前为止，历经 30 多年的发展，已经构建了相对完整的产业体系，形成较大的产能规模。部分走在环保领域前列的发达国家已积累了大量成熟技术、工艺和装备，对这些技术的引进、消化、模仿、本地化微改良成为长期以来国内水环境治理企业的主要技术获取方式，我国原创技术少、技术装备水平仍然总体滞后于国外发达国家，尤其是在材料、工艺等核心技术领域仍然无法适应治理市场的需求。

（二）自主创新能力不强

目前，我国的环保企业虽然数量众多，但中小型企业居多，具备国际竞争力的龙头企业较少。受企业规模、资金、人才、市场等因素制约，大多企业不具备开展自主研发的条件，以小微企业为主的产业组织特征导致产业内技术创新动力不足，由此导致相当一部分核心技术仍然难以实现突破。此外，尖端领域的基础研究投入大、见效慢、产业化路径不清，导致企业往往没有动力涉足其中。

（三）科研机构研发成果产业化水平较低

现阶段，我国环保科技的主要研发力量仍然来自各科研院所与大学，优秀技术成果的产业化尚未形成有效的机制，产学研平台的欠缺使新的科技成果往往难以在短时间内实现成果转化。技术交易、转移和扩散的市场化机制也尚未形成，科技成果转化率低，阻碍了产品、设备的大规模产业化。

（四）科技创新机制缺乏

有效的制度安排在科技创新中能起到积极的引导、激励和保障作用。但目前我国科技创新还有很多不尽如人意的地方，如科技创新产业结构不尽合理、科技创新服务体系不够完善等，大大影响了科技创新的动力和活力。从全国范围来看，在创新综合能力、知识创造、知识获取、企业创新、创新环境、创新绩效等方面，还存在地域上的不平衡等问题。在科技创新动力机制、科研成果转化机制、创新人才培养机制、金融支持机制等方面尚需整体推进、相互融合、动态调整，以保障有效实施。

二、国际水科技创新的先进模式及经验

（一）荷兰莱瓦顿水科技园（Water Campus Leeuwarden）的创新生态系统

莱瓦顿水科技园集水技术领域教育、科研和技术产业化于一体，是政府基于对城市可持续发展的考虑设立的一个项目，旨在通过政策驱动、公共投资，促进水技术集群创新生态体系的建立。

莱瓦顿水科技园由以下机构组成：3 个主要执行机构——欧洲卓越可持续水技术中心（Wetsus）、促进高校与企业合作的水专业技术中心（CEW）、水务联盟（Water Alliance）；4 个合作方——莱瓦顿市政府、弗里斯兰省政府、水技术创新中心、水技术应用中心；以及执行合伙机构的会员企业和研究机构以及合作伙伴。此外，莱瓦顿水科技园还在其 50 km 半径内提供各类废水在相关环境下的演示场地，举办每两年一次的欧洲水科技周活动并提供各种金融工具，特别是专门的水基金和补贴计划。围绕“技术需求产生—形成创意—技术创新—技术验证—示范应用—市场化推广”全链条，莱瓦顿水科技园构建了完整的水科技创新生态系统。

以下重点以欧洲卓越可持续水技术中心（Wetsus）为核心，系统总结莱瓦顿水科技园的水科技创新组织模式及经验。

1. Wetsus 简介及运行成效

Wetsus 由欧洲创新计划，荷兰经济发展部、环境部与北荷兰省等共同设立。自 2003 年成立至今，Wetsus 持续推进尖端科技与商业价值相结合，建立了全球最大的水技术协同创新网络，其平台上还有包括代尔夫特理工大学、瓦赫宁根大学、英国帝国理工学院等世界一流大学在内的 22 家全球知名高校及研究机构，包括壳牌石油、联合利华、DHV、帕克等知名企业在内的全球 100 余家企业会员，其中也有 50 余家中小企业。截至 2015 年，Wetsus 项目的学术引用影响因子为 2.4，达到世界级水平，是世界平均水平的 1.5 倍；近年来 Wetsus 的专利转化率持续在 40% 以上。以创业为转化路径，

2010—2015 年，荷兰在水处理科技方面共成立了 110 家企业，其中 27 家是由 Wetsus 直接孵化，55 家接受过 Wetsus 孵化培育体系的帮助辅导。Wetsus 通过其成功的组织模式，推动了各种突破性技术概念的发展和示范项目的落地，成为全球水科技领域最有活力的创新型研发组织之一。

2. Wetsus 模式的成功要素

（1）在研发端，采用以需求驱动的多学科研究计划的合作模式和参与方式。Wetsus 的研发项目由企业提出需求、支付费用，经专门团队论证评估可行性并执行，企业全程参与并跟进项目，确保了研究方向和行业发展始终相关；由来自不同国家、不同大学和研究机构、不同学科背景的专家教授及经 Wetsus 严格选拔招录的博士生构成的项目核心实施主体，在 Wetsus 的多学科实验室和平台上开展紧密的研发合作和互动，增加了取得突破性成果的可能性。博士生能够从中清晰地认识产业发展的过程和定位未来的职业角色，而 Wetsus 对于博士生的综合培训教育计划，也使博士生建立起高级项目经理的素质配置。

（2）技术研发、中试验证、市场推广全链条协作的技术创新生态系统。为鼓励尖端技术聚集形成集群并促进创新成果最大化地转变成商业价值，Wetsus 与水务公司以及商业、教育及政府部门，特别是与卓越水专业技术中心（CEW）和水务联盟（Water Alliance）协同合作，为其大量的国际研究项目创造了良好的创新生态环境。其中，CEW 主要面向成熟度中等的技术，为创新技术提供中试或者演示支持，对技术提出优化建议、工程化推广指导意见。而 Water Alliance 主要为水处理中小企业提供对接营销和业务发展支持，在距离 Wetsus 半径 50 km 范围内，为初创企业提供海水淡化、水质监测、污水处理和医疗废水处理等不同原水环境下的技术测试、放大和演示场地，加速其新技术进入市场的进程。以上共同形成了“基础应用研究—应用技术开发—示范验证”完整的技术创新链条，成功构建了 Wetsus 的创新生态系统，产生了天然合资企业形式的协同作用、新的创造力和设施资源共享条件。

（3）创业孵化培育体系。Wetsus 认为创业是将新技术推广到市场最有效的方式，而初创企业和中小企业对于将开创性的成果引入市场起决定作用。Wetsus 围绕对接 Wetsus 的技术创新合作网络、为创业企业提供孵化器支持、帮助科技成果转化和创业企业对接水技术领域的种子基金和风险基金、为企业及个人提供相应的商务培训和 BeStar 商业加速项目以及针对中小企业的优惠政策等，建立了较为完善的创业孵化培育体系。通过创业孵化培育体系，Wetsus 不断地将更多的新技术引入市场实现商业化，同时也促进了孵化企业和项目成员之间合资企业的产生。

（4）在运行机制方面，以小型研究项目为基础，建立高度信任的合作网络与机制。企业会员与研究团队建立紧密的项目小组，基于不同合作模式的专用合作协议以及不同参与方式的知识产权制度设计，保护和强化了各参与成员方对利益分配的合理预期，增强了对项目团队的信任。如企业与研究团队需签订中长期合作协议；又如项目成员对其他成员的一票否决权，使一个主题研究小组（通常由用户企业、设备供应企业或者技术服务企业组成）内部之间没有同质性的竞争。基于此，研发取得突破性成果，即可以实现全产业链的应用，加速技术产业化的进程。

（二）美国罗得岛创新中心区的创新模式

美国罗得岛州，土地面积超过 3 000 km^2，人口 100 多万。历史上，罗得岛因其交通优势，一度是美国最大的纺织业基地，但随着美国工业空心化，纺织业早就被金融业、医疗服务业、旅游业等取代。美国最大的药妆店连锁企业西维斯健康公司（CVS）的总部、著名的常青藤联盟之一——布朗大学、全美公认排名第一的艺术类院校——罗得岛设计学院（Rhode Island School of Design）均坐落于此，州首府为普罗维登斯。

普罗维登斯在城市中心开发建设面积约为 200 万平方英尺（18.5 万 m^2）的创新中心，包括办公、酒店、商业、住宅等项目。成立专门的管理委员会，委员会的成员由州长提名，并全部经罗得岛州参议员批准，委员会的成员们既有拥有资深经验的地产项目开发人，也有专业的企业经理人，还有高校的高级教授，涵盖了一个新兴园区发展所需的全部专业方向。

在委员会的设计中，创新中心区主要由横向和纵向两种联系链条组成：一条是垂直的技术关联链条，主要是指技术创新成果由上游的高校和科研院所研发出来后，经由中游的企业或者部门设计产品及生产流程，最后由下游的企业实现产品的规模化生产和销售；另一条是水平的同类企业和机构之间的模仿、合作和知识流动而形成的关联链条。上游的高校和科研院所之间的合作与交流，有利于加快技术创新的步伐，使技术创新的成果多样化；中游的产品及生产流程的设计以及工程设计部门与企业之间的交流与合作，可以优化产品的设计、科学化生产流程，可以加速技术创新成果商品化的进程；而下游的高新技术产品生产企业之间的交流与合作，可以增强高新技术产品的市场开拓能力，加快实现产品生产的规模化。

创新中心区的优势主要源于其聚集效应，即大规模聚集创新要素。第一，以金融为切入点，将企业、科研机构、高校、金融机构、行业协会、中介组织和相关机构聚集在创新设计区，也将金融机构与集聚区内其他组织紧密地联系在了一起。由于地理空间的邻近性，更由于高新技术产业园区产业集聚结成的社会网络，增加了银行等金融机构对企业信息的了解，大大减少了银行等金融机构由于对企业相关信息了解得不充分而不提供贷款和不进行投资的情况的发生，快速促进了其发展。第二，采用启动区策略，引入专门围绕研究型大学开发知识社区的地产开发商——威克斯福德（Wexford），建立商业办公楼 Point 225，楼内设有布朗大学专业研究学院、剑桥创新中心（CIC），同时汇集了提供指导和资金的学者、初创企业和高管，在这里落户的公司可以从周围的机构和城市（如波士顿）获得出色的劳动力和人才。CIC 开业以来，已有 30 多家公司进驻该区。创新中心区内汇集了各行业高新技术企业，形成了不同程度的产业集聚，产业集聚有利于知识的溢出和共享，增强了企业之间的合作互补效应。高密度的创新要素聚集促进了创新，成为新想法的催化剂。

三、国内的创新体系实践——江苏省产业技术研究院

江苏省产业技术研究院（江苏产研院，JITRI）成立于 2013 年，定位于科学到技术转化的关键环节，着力破除制约科技创新的思想障碍和制度藩篱，探索促进科技成果转化的体制机制，打通科技成果向现实生产力转化的通道，以市场化、平台化、专业化、国际化为导向，持续融合创新。JITRI 按照“研发作为产业、技术作为商品”的理念，积极发挥两个桥梁的作用［包括“高校（科研机构）与工业界的桥梁”和“全球创新资源与江苏的桥梁”］，从创新资源供给和企业技术需求两端精准发力，构建集研发载体与产业需求和创新资源于一体、产学研用深度融合的产业技术创新体系，营造包括人才生态、金融生态、空间生态在内的产业创新生态，在产业技术研发机构治理体系构建，研发载体建设，人才引进、培养和激励，财政资金高效使用等方面探索了一系列改革举措。充分发挥“人才—技术—资本—产业—市场”五位一体的优势，在创新资源集聚方面发挥了重要作用。

（一）构建产业技术创新体系

JITRI 持续打造集创新资源、企业需求和研发能力于一体，以市场为导向、产学研用深度融合的产业技术创新体系。在研发载体端，JITRI 在江苏无锡、常州、南京等地新建 58 家研究载体，推进长三角集成创新平台的建设，启动并实施了一批重大项目。在创新资源端，JITRI 与哈佛医学院、慕尼黑大学物理系、萨斯喀彻温大学等 55 家海外知名高校（院系）和 52 家国内双一流高校建立了战略合作关系，并建设了以 4 个海外孵化器为主的 8 个海外平台；与以色列顶级风险投资机构 OurCrowd 达成深度合作，完成对其孵化器的投资；举办集萃英国创新周活动，与英国利物浦大学等院校围绕“需求引领，模式创新”开展合作战略对话。在产业需求端，与省内细分行业龙头企业累计建立 113 家企业联合创新中心。

（二）营造产业创新生态

JITRI 从人才、金融和空间 3 个方面，营造促进产业技术研发与转化的创新生态。

1. 人才生态

JITRI 构建由战略科技人才（顶尖人才）、领军人才（项目经理）、骨干研发人员（集萃研究员）和集萃研究生（博士后）等共同组成的人才体系。通过选聘行业专家等方式引进产业领军人才，以全职加盟研究所的形式选聘一流的专业技术人才，以产业技术需求为课题与海内外大学实施研究生联合培养，并通过“一所两制”的方式，兼顾高水平创新研究与高效率技术开发转移人员聘用管理，建立以技术研发升值收益为核心的股权激励机制，激励技术团队创新。

2. 金融生态

JITRI 设立了江苏产研院公司作为对外投资的平台，一方面按照市场化逻辑，以小股东身份参与重大集成创新平台和研发载体公司的管理；另一方面作为重大项目“拨投结合”权益转化的实施主体，通过市场手段提升财政资金的使用效能。江苏产研院公司积极利用自有资金，通过支持研发载体公司联合专业基金管理公司共同设立早期创投基金等方式，围绕创新链部署资金链，引导社会资本向早期科创企业流动。另外，江苏产研院公司通过分别与中国银行、江苏银行、南京银行、北京银行、国信集团、朗泰资本、海创投资等金融和投资机构建立战略合作关系等方式，撬动社会资本，构建有利于研发产业发展的金融生态。

3. 空间生态

在南京江北新区和苏州相城区，依托研发产业园区推进创新综合体建设，集聚长三角地区的优势资源，打造促进创新资源集聚与深度融合的空间载体，实现信息共享交流、提供技术综合解决方案、交叉融合创新创业等核心功能。

四、国内的创新体系实践——国合环境高端装备制造基地

Wetsus 围绕“技术需求产生—形成创意—技术创新—技术验证—示范应用—市场化推广”全链条，以水科技园的形式构建了完整的水科技创新生态系统。美国罗得岛创新中心区通过聚集效应聚集创新要素，以垂直的技术关联链条和水平企业机构模仿、合作及知识流程形成高密度创新园区，进行驱动创新。JITRI 构建集研发载体与产业需求和创新资源于一体、产学研用深度融合的产业技术创新体系，营造包括人才生态、金融生态、空间生态在内的产业创新生态，推进科技成果转化及产业化。而国合环境高端装备制造基地（IEM BASE）创新模式，集聚了 Wetsus 创新成果生命全周期模式和美国罗得岛创新中心区创新要素聚集效应两大优势特征，在 JITRI 的“产—学—研—用 + 创新生态”的基础上，聚焦环保产业细分领域，着眼环保行业供需侧不平衡等问题进行改革，以打造高端装备为目标，形成了新的创新体系。

国合环境高端装备制造基地（以下简称国合基地）成立于 2017 年，是我国唯一以发展环保产业为特色的国家级高新技术产业开发区——中国宜兴环保科技工业园推动

环保产业转型升级、提升国际国内合作水平的主要载体平台，通过组建生态创新联合体，采用市场化运营的方式，致力于打造国际领先的环保产业技术转化平台、产业孵化平台、智能制造平台。2019 年，国合基地正式写入《苏南国家自主创新示范区一体化发展实施方案（2019—2020 年）》，成为江苏省重点推进建设的重大创新平台（重大产业技术创新平台）。国合千庭控股有限公司统筹负责基地总部平台的运营、管理及生态链公司的投资、监管。目前，国合千庭控股有限公司下属 23 家生态链公司（中外合资 7 家），主要覆盖传统水务、水环境综合治理、固危废处置、装备供给、供应链服务、环境技术咨询服务等。

国合的创新模式为“三国三合”，即与国家合拍、与国际合作、与国企合力。融入国家发展战略，为环保产业发展贡献智慧；引入与原创相融合，创新和输出中国特色生态环境技术；与国企优势互补、资源共享，形成融通发展机制，创造具有中国特色的“混改”典型范例。

国合基地绿色产业孵化器规划建设完善的创新创业服务体系，全面贯彻落实创业帮扶政策，不断完善一站式综合服务平台，构建创业管理全覆盖的一站式综合服务平台，以专利孵化、金融服务、政策咨询等专业服务助力企业健康发展，提高企业创业成功率，加快企业科研成果转化。同时，孵化器通过服务模式创新，不仅在管理方面给企业提供咨询服务，还在战略布局、上市辅导等方面为企业提供支持，充分满足高成长企业的个性化需求，从而加速企业成长。

（一）构建“国合基地绿色产业国际合作创新模式”，推动绿色产业环保领域国际合作交流与国际绿色技术转移转化，形成“引进来＋本土化＋走出去”的服务闭环

国合基地通过与英国、日本、德国、韩国等国政府和知名研究机构进行交流、技术引进、互相访问、共建孵化器、建立合资公司等，提升国合基地在水环境治理产业核心智库的影响力及产业孵化能力。2019 年 5 月，国合基地与英国埃塞克斯郡政府、剑桥清洁技术联盟三方共同签订合作谅解备忘录，三方将在中、英两地开展清洁技术领域的多项合作；国合基地、中韩环境产业发展促进协会、日本机械振兴协会三方开展纵深合作，联合运营的“日韩海外项目孵化器”，发挥海外离岸孵化器作用，系统性地帮助日韩中小技术型企业来华发展，推动中日韩环境领域企业间友好交流。2019 年 7 月，国合基地与弗若斯特沙利文建立合作，进一步提升国合基地在清洁技术产业领域的核心智库能力；同年 9 月，德国弗劳恩霍夫协会、宜兴环科园、国合基地签订三方合作协议，计划引进全球顶尖的弗劳恩霍夫工业 4.0 智能制造体系，在国合基地进行环保装备智能制造首条示范生产线试点，致力于打造特色产业园中园。

（二）优势互补，以国合环保装备制造为实业基础，以科技成果转化为技术驱动，与国内多方权威机构、院校合作

2021 年 6 月 7 日，国合基地与上海技术交易所举行战略合作签约仪式暨绿色装备联合创新中心揭牌仪式。双方将在技术交易、金融科技、区域拓展三方面开展深度合作，共建绿色装备联合创新中心。2020 年 12 月，国合基地与中国科学院国家遥感应用工程技术研究中心、江南大学三方正式签署合作协议，共建“环境空天”联合实验室。该联合实验室定位于产学研结合的应用科研机构，三方在环保数据融合与环境修复领域实现“补链强链”，共同研究基于遥感空天一体化监测技术的水环境修复工程的实际应用。2021 年，国合基地与一带一路环境技术交流与转移中心（深圳）签订战略合作协议，以共同成立科技成果转化与产业孵化投资平台公司的形式，共同探索、构建粤港澳大湾区—无锡两地的环境产业协同发展模式，推进绿色产业创新基地建设，为国家绿色“一带一路”建设服务。

国合基地成立以来积极与国内高等院校建立产学研合作，共建联合实验室和研究生工作站，与天津大学、湖北大学、四川大学、东南大学、河海大学等进行课题研究合作、人才联合培养、实习基地共建。

（三）与国企、上市公司、头部民企进行合资混改，探索中国特色生态创新联合体发展模式，实现要素资源的重组和激活

2020 年 7 月，国合基地与头部民企新希望集团全资控股的环保上市公司——兴源环境科技股份有限公司，合资设立了兴源国合装备制造江苏有限公司，实现优势互补、强强联合。2021 年，国合基地与云南滇中新区洽谈合作，计划合作共建滇中国合绿色产业协同创新中心，以混合所有制形式组建合资公司进行市场化运营，结合云南省本地环境治理需求，延伸创新服务职能，探索科技成果转化与产业化的可行路径，在滇中新区孵化、产业化一批拥有绿色产业细分领域核心技术与治理能力的科技型企业，服务本地区及全国各省（自治区、直辖市）环境污染治理需求，致力于打造国内领先的绿色产业集成创新服务平台。

（四）通过平台业务模式创新，进行多维度、多区域、多元化服务，形成产业协同共建发展模式

1. 国际绿色技术转移转化

结合国合基地建立的多国别领事馆、非政府组织（NGO）、行业协会与外企合作资源优势，通过国际技术转移转化的方式，精选国际上领先的绿色技术，落户中国进行孵化。

2. 绿色产业创新技术投资孵化

采用“同行者模式”开展生态链企业投资、孵化、运营，建立孵化器 + 加速器 + 创新基地相结合的创新模式，推行“早期参与、一路同行、价值链接”的特色环保产业孵化模式。区别于传统 VC/PE 投资机构的财务 / 战略投资人角色，国合控股作为出资方全程参与合资公司组建、股权设计、股东方选择、经营团队组建与提升、知识产权（专利技术 / 非专利技术）合法参与及有效保护、核心战略梳理及建议、核心客户伙伴关系搭建等，以创业团队同行者心态参与投资前、投资中、投资后各孵化培育阶段，引导和帮助企业在设立初期建立严谨、审慎的内控合规管理体系，建立资本市场对接通道。

3. 绿色产业创新技术成果评价和服务

构建外国专家与国内专家联合会商评审制度，通过主动寻找和公开征集等方式，对行业优质技术和产品进行评价，公布评价结果，并为评价为优秀的企业提供资金、市场、项目对接服务。

4. 绿色产业新技术新装备研制转化

国合基地链接全球清洁技术和绿色技术领域的优质技术和人才资源，依托我国拥有完整产业链的优势，打造一批 2.0 版本的高附加值生态产品。国合基地内部设立共享型生产研发中心——国合精工。孵化企业可通过内部委托有偿服务的方式采购国合精工的专业化服务进行柔性定制，实现首台（套）装备的基地内研制转化，完成技术本土化改良和生产制造，通过这个过程，可以切实保护孵化企业的知识产权，并实现技术图纸的产品化、产业化，依托中国制造的优势，极大地提升技术产品的性价比和竞争力，实现进口替代。

5. 孵化培育与宽容示范相结合

国合基地坚持与国企、上市公司、头部民企携手合作，践行“国进民进、整合融合”的发展理念，通过优势互补、资源共享，形成融通发展机制，在生态环境领域探索并实践中国特色的“混改”典型范例。国合基地成立以来，与国合基地进行混改合资合作的国企、科研机构、高等院校覆盖范围持续扩大，初步探索并形成了“供给侧孵化，需求侧混改”的合作模式，打造具有中国特色的生态创新联合体发展模式。依托国合基地构建的混改平台合作渠道，构建宽容示范的首台（套）应用场景，在帮助所孵化的技术型企业快速链接甲方客户的同时，也为甲方客户延伸产业链、构建现代化供应链体系提供助力，从而实现双赢。

实践表明，江苏省产业技术研究院、国合环境高端装备制造基地等一批国内创新平台已经围绕水环境治理产业科技创新体系迈出了实践探索的第一步，随着两碳（“2C”）时代的到来，水环境治理产业即将迎来供给侧改革的春天，产业发展对新技术、新装备、新模式、新理念的需求将呈现出井喷式发展的态势。如何通过创新模式整合资源渠道，探索国外领先技术引进、吸收、再提升的融通机制，提升企业技术创新能力，实现核心技术突破，将成为水环境治理从业企业必须思考的问题。期待水环境治理产业孕育出创新型、高质量发展的生态产业集群，对水环境治理产业技术先进化、产业链现代化起到促进作用。

第二章　中国水环境综合治理市场分析

第一节　水环境综合治理概述

一、概念与背景

水环境综合治理行业与传统的水环境治理的不同之处在于该行业是从全流域水环境管理的理念出发，通过顶层设计和规划，将传统碎片化的单体污水治理项目集中打包为系统性工程。“十三五”时期水环境综合治理产业集中爆发，流域水环境治理上升到前所未有的高度，行业治理思路由末端点源控制向流域水污染综合防治转变。随着国家对生态文明建设的重视以及海绵城市建设、城市黑臭水体整治专项行动的开展，水环境综合治理市场正式开启。

进入“十四五”时期，《全国重要生态系统保护和修复重大工程总体规划（2021—2035 年）》《中华人民共和国长江保护法》等国家重点环保政策、法律陆续落地，推动水环境治理市场空间快速释放。原来，我国的水环境综合治理项目主要集中在重要河流水环境综合治理和城市黑臭水体治理上，步入“十四五”时期，水环境综合治理需要从效果治理向生态治理转变。

二、城市水环境综合治理工作内容

十三届全国人大四次会议通过的《中华人民共和国国民经济和社会发展第十四个五年规划和 2035 年远景目标纲要》明确提出，深入打好污染防治攻坚战，建立健全环境治理体系，推进精准、科学、依法、系统治污，协同推进减污降碳，不断改善水环境质量。

做好水生态环境保护工作，必须准确把握新发展阶段内涵，找准工作定位，科学谋划“十四五”目标任务。总体来看，对比“十三五”，“十四五”水生态环境持续改善的总体目标不变，内涵更加丰富和亲民，任务更加艰巨。水环境治理力度不变，重点工程更注重生态修复。

新发展阶段是实现人与自然和谐共生的重要阶段。2018 年全国环境保护工作会议强调，以改善生态环境质量为核心，为人民群众提供更多优质生态产品。积极开展重点流域水生态环境保护“十四五”规划编制工作，从群众最关心、最期盼的事情做起，着力构建水资源、水生态、水环境“三水”统筹的规划指标体系。

在水资源方面，以生态流量的保障为重点，力争在“有河有水”方面实现突破。确定了达到生态流量（水位）底线要求的河湖数量、恢复“有水”的河流数量 2 项指标。

在水生态方面，以维持河湖生态功能需要为重点，力争在“有鱼有草”方面实现突破。确定了水生生物完整性指数、河湖生态缓冲带修复长度、湿地恢复（建设）面积、重现土著鱼类或水生植物的水体数量 4 项指标。

在水环境方面，有针对性地改善水环境质量，努力在“人水和谐”上实现突破。确定了地表水优良（达到或优于Ⅲ类）比例、劣Ⅴ类水体比例、水功能达标率、城市集中式饮用水水源达到或优于Ⅲ类比例、城市建成区黑臭水体控制比例 5 项指标。

其中恢复“有水”的河流数量、重现土著鱼类或水生植物的水体数量和城市建成区黑臭水体控制比例 3 项亲民指标是老百姓能切实感受到的。

进入新发展阶段，需要构建流域统筹、区域协同的水生态环境治理体系。“十三五”时期污染防治力度加大，生态环境明显改善，水生态环境保护工作取得了新的历史性成就，全面建成小康社会生态环境目标任务高质量完成。尽管“十三五”时期水环境质量明显改善，但与建设美丽中国的目标相比，水生态环境保护结构性、根源性、趋势性压力总体上尚未得到根本缓解，改善成效并不稳固，水生态环境保护形势依然严峻。“十四五”时期，要着力构建河湖统领、“三水”统筹、四个“在哪里抓落实”的水生态环境保护工作体系，统筹水资源、水生态、水环境治理，实现“一河一策”，精准治污。

“十三五”时期，围绕促进实现流域水环境综合治理目标，重点实施城镇污水处理设施建设、城镇垃圾处理及配套等水污染防治工程，水环境实现了大幅改善。随着绿色发展理念深入落实，“十四五”时期水生态环境保护工作将在水环境治理的同时，更加注重水生态修复。

在水资源方面，坚持节水优先，提升水源涵养和水土保持能力，推进河系连通，合理利用引调水，强化再生水循环利用，保障重点河湖生态水量。重点实施水系连通、人工湿地水质净化等工程。在水生态方面，坚持以保护优先、自然恢复为主，修复受损河湖水生态系统，增强水生态系统韧性，重点实施河湖生态缓冲带建设、河湖水生植被恢复等工程。在水环境方面，补齐污水治理基础设施短板，重点实施城镇污水处理设施改造、配套管网建设等工程。

三、城市水环境综合治理现状与成效

传统水环境治理采用“末端治理”的思路，以污水处理厂建设等单体项目为主，在“十二五”期间取得了显著成效。末端治理能减缓水环境的恶化速度，或短时间内使水环境得到优化，但治标不治本，结构型、复合型、压缩型水污染问题不断凸显，面源污染问题日益突出，氮、磷等主要污染物排放量仍处于高位，可见末端治理绝非长久之策。进入“十三五”以后，我国水环境治理的方式逐步从传统的单体项目治理转向综合治理，治理理念逐步转变为“源头减排、过程控制、末端治理”，将碎片化的单体项目集中打包，加强顶层设计，转变为系统性工程，这种方式不但有利于提高资金效率，而且有利于改善水环境，实现可持续发展。目前我国在水环境综合治理方面取得的成效如下。

（一）污水处理技术的创新与集成水平不断提高

污水处理技术融合了生物学、物理学、化学、环境科学、材料学、自动控制等多学科技术，实现了从简单的消毒沉淀，到去除有机物、脱氮除磷，再到深度处理回用的持续发展。近年来，随着我国环境保护法律法规不断完善，监管日趋严格以及对出水水质要求的提高，曝气生物滤池技术、膜技术等开始得到加速推广与应用。

同时，随着互联网、物联网等技术和产品的成熟，行业内开始开发和应用基于云平台、“物联网 +”等技术的智慧水务系统。

（二）新业务与新模式发展迅速

随着经济的发展以及民众对环境改善要求的提高，水污染治理开始向纵深发展。其中，城市污水治理开始广泛进入提标改造阶段；村镇污水处理市场需求量大、面广且增长明显；黑臭水体、河道的治理成为现阶段各地政府的重要民生工程；工业污水治理领域的无害化处理及资源回收业务发展较快。

在发展模式方面，随着水资源需求的不断增长、污水处理技术的发展和排放标准的不断提高，再生水逐步成为一种稳定的淡水资源，广泛应用于工业生产、农业灌溉和服务业等诸多领域。污水处理的模式也逐渐从传统的“收集—处理—达标排放”转变为新型的“收集—处理—再利用”，实现再生水资源化，成为缓解区域性水资源短缺的战略选择。

第二节　城市水环境综合治理市场现状

一、粤港澳大湾区

2015 年以来，以习近平同志为核心的党中央高度重视粤港澳大湾区的发展和建设。2016 年，“十三五”规划纲要明确提出推动粤港澳大湾区和跨省区重大合作平台建设。2017 年，《深化粤港澳合作 推进大湾区建设框架协议》在我国香港签署。2019 年 2 月，《粤港澳大湾区发展规划纲要》（以下简称《规划纲要》）出台。

只有生态资源才是长远发展的基础。《规划纲要》指出，要发挥大湾区山青水秀生态美的优势，加快推动形成绿色循环低碳的生产生活方式，建立跨区域生态建设和环境保护联动机制，筑牢生态安全屏障，全面提升森林、河湖、湿地、草原、海洋等自然生态系统的稳定性和生态服务功能，推动经济社会与资源环境协调发展。与东京湾区、纽约湾区、旧金山湾区相似，粤港澳大湾区拥有港阔水深的优质海港，并据此形成发达的海港经济区。作为我国改革开放的最前沿，粤港澳大湾区是市场化程度和国际化水平最高、私营经济活力最强、创新驱动发展全国领先的重要区域之一，在区位、产业以及制度方面具有明显优势，科技基础雄厚，国际资源丰富，资本、人才集聚效应明显，具备建成世界一流湾区的条件。

在“绿水青山就是金山银山”的时代背景下，《规划纲要》特别指出，要加强环境保护和治理，加强东江、西江、北江等重要江河的水环境保护和水生生物资源养护，强化深圳河等重污染河流系统治理，推进城市黑臭水体环境综合整治，贯通珠江三角洲水网，构建全区域绿色生态水网。可以预见，粤港澳大湾区在水环境综合治理业务领域具有巨大的潜力。

目前，随着全面消除黑臭水体工作的逐步深入，粤港澳大湾区水环境虽有了较大程度的改善，但从监测数据来看，区域内江河、湖泊、近岸海域水环境污染仍然不容乐观，水污染防治任务依然艰巨。

粤港澳大湾区在全面完成黑臭水体整治后，水环境治理工作将逐渐向水质提升、生态修复方面转变，同时将进一步加强海域生态治理、开展“万里碧道”工程建设等，因此水环境治理市场空间仍然广阔。

二、长三角经济区

2010 年 5 月，国务院正式批准实施《长江三角洲地区区域规划》，将长江三角洲的范围确定为江、浙、沪，明确了长江三角洲地区发展的战略定位，即亚太地区重要的国际门户、全球重要的现代服务业和先进制造业中心、具有较强国际竞争力的世界级城市群。《2010 中国城市群发展报告》提出，经过 10～20 年的建设，我国要将“长三角城市群”建成综合竞争力最强的世界级城市群。

2016 年 5 月，国务院常务会议通过《长江三角洲城市群发展规划》，要求在长三角一体化建设中，优化提升长三角城市群生态环境，必须把生态环境建设放在突出重要位置，紧紧抓住治理水污染、大气污染、土壤污染等关键领域，带动区域生态环境质量全面改善，在治理污染、修复生态、建设宜居环境方面走在全国前列，以生态保护提供发展新支撑。实施生态建设与修复工程，深化大气、土壤和水污染跨区域联防联治，建立地区间生态保护补偿机制。

“十三五”期间，我国积极建设长江绿色生态廊道，推进全流域水资源保护和水污染治理，加强流域重点生态功能区保护和修复，基本实现长江干支流沿线城镇污水、垃圾全收集、全处理。

长三角经济区是我国经济发展最活跃的地区之一，也是我国城镇集聚程度最高的城市化地区，集中了全国 1/4 的经济总量，被视为我国经济发展的重要引擎。长江经济带、“一带一路”都以长三角为龙头展开。长江的黄金水道流经 29 个主要城市，把长三角引向内陆腹地，是世界与中国内地连接的重要门户。

作为区域经济一体化下的“世界制造业基地”，长三角经济区在实现经济持续快速增长的同时，也面临着严峻的生态环境问题。随着党中央生态文明建设的逐步推进和人民群众对于生态环境质量要求的日益提高，长三角经济区作为我国经济最发达的地区，面临着巨大的生态环境治理压力。

综合来看，长三角经济区地方政府信用程度高，投资环境优越，生态环境市场容量大。同时，政府财政资金充裕，有能力以 EPC 模式开展大规模的水环境综合治理。

三、长江经济带沿线重点城市

长江经济带发展战略作为我国新一轮改革开放转型实施新区域开放开发的重要战略，得到了党中央和国务院的高度重视。2014 年 9 月，国务院印发《国务院关于依托黄金水道推动长江经济带发展的指导意见》，部署将长江经济带建设成为具有全球影响力的内河经济带、东中西互动合作的协调发展带、沿海沿江沿边全面推进的对内对外开放带和生态文明建设的先行示范带。

2016 年，《长江经济带发展规划纲要》（以下简称《纲要》）正式印发，提出了“一轴、两翼、三极、多点”的格局。《纲要》总体要求要大力保护长江生态环境，加快构建综合立体交通走廊，推动创新驱动产业转型升级，积极推进新型城镇化，努力构建全方位开放新格局。2018 年 11 月，中共中央、国务院明确要求充分发挥长江经济带横跨东中西三大板块的区位优势，以“共抓大保护、不搞大开发”为导向，以“生态优先、绿色发展”为引领，依托长江黄金水道，推动长江上中下游地区协调发展和沿江地区高质量发展。

2017 年 7 月，环境保护部、国家发展改革委、水利部联合印发《长江经济带生态环境保护规划》（以下简称《规划》），为切实保护和改善长江生态环境，《规划》确立了 6 个方面的重点任务：确立水资源利用上限，妥善处理江河湖库关系；划定生态保护红线，实施生态保护与修复；坚守环境质量底线，推进流域水污染统防统治；全面推进环境污染治理，建设宜居城乡环境；强化突发环境事件预防应对，严格管控环境风险；创新大保护的生态环保机制政策，推动区域协同联动。

截至 2020 年，长江经济带生态环境明显改善，水资源得到有效保护和合理利用，河湖、湿地生态功能基本恢复，水质优良（达到或优于Ⅲ类）比例达到了 75% 以上，森林覆盖率达到 43%，生态环境保护体制机制进一步完善；长江黄金水道“瓶颈”的制约被有效疏畅、功能显著提升，基本建成了衔接高效、安全便捷、绿色低碳的综合立体交通走廊。

《规划》要求到2030年，长江经济带水环境和水生态质量应全面改善，生态系统功能应显著增强，水脉畅通、功能完备的长江全流域黄金水道应全面建成，创新型现代产业体系全面建立，上中下游一体化发展格局全面形成，生态环境更加美好、经济发展更具活力、人民生活更加殷实，在全国经济社会发展中发挥更加重要的示范引领和战略支撑作用。

长江经济带横贯我国东中西三大地带，经济腹地广阔，并与京沪、京九、京广、皖赣、焦柳等南北铁路干线交会，承东启西，接南济北，通达海外，区位优势明显。长江经济带是整个长江流域最发达的地区，也是全国除沿海开放地区以外，经济密度最大的区域，它对我国经济发展的战略意义是其他经济带无法比拟的。与沿海和其他经济带相比，长江经济带拥有广阔的发展空间，是我国今后15年经济增长潜力最大的地区。

随着社会经济快速发展，长江经济带的生态环境治理不容乐观，流域生态功能退化严重，沿江产业发展惯性较大，污染物排放基数高，岸线、港口乱占滥用，流域环境风险隐患突出。《纲要》明确指出，要严格执行“共抓大保护、不搞大开发”的思路，推动长江经济带走出一条生态优先、绿色发展之路。

四、京津冀区域

京津冀区域在我国经济社会发展中占有重要的战略地位，是推动我国经济发展的重要引擎。但该区域存在大面积雾霾频现、资源环境超载严重、生态恶化等诸多难啃的“硬骨头”。2014年2月26日，习近平总书记听取京津冀协同发展专题汇报时强调，实现京津冀协同发展是探索生态文明建设有效路径、促进人口经济资源环境相协调的需要。

2015年4月，中共中央政治局审议通过《京津冀协同发展规划纲要》，该文件指出，推动京津冀协同发展是一个重大国家战略，核心是有序疏解北京非首都功能，要在京津冀交通一体化、生态环境保护、产业升级转移等重点领域率先取得突破。要以绿色发展为引领，统筹山水林田湖草的整体修复，深度推进大气治理。未来区域内生态环境行业，特别是大气治理相关业务具有广阔的市场空间。

目前，以水资源短缺为代表的资源约束和以空气污染为代表的环境问题极大地制约了京津冀区域经济社会的发展。

同时，京津冀区域生态欠账多，在加快一体化进程的背景下，生态环境建设必将加速。未来，该地区将深入开展环境污染第三方治理试点工作，引导社会力量投入环境污染治理，实施国土生态整治、清洁水、大气污染防治等一批重点工程。

五、黄河流域

黄河流域在我国经济社会发展和生态安全方面占有十分重要的地位。因此，黄河流域高质量发展应综合体现在生态优先、市场有效、动能转换、产业支撑、区域协调、以人为本 6 个方面。但黄河流域是资源性缺水区域，流域生态保护存在水沙情势恶化、水土流失严重、泥沙大量沉积在黄河下游河床、周围生态环境脆弱、水资源紧张等严峻问题。实现黄河流域生态保护和高质量发展，应综合考虑经济、社会、生态等多方面因素，把黄河流域打造为贯通东西的生态经济带，使其成为我国经济发展的重要支撑。

2013 年 3 月，国务院正式批复《黄河流域综合规划（2012—2030 年）》（以下简称《综合规划》），根据流域经济社会可持续发展的需要，针对流域存在的主要水环境问题，研究开发、利用、节约、保护水资源和防治水旱灾害的总体部署，并提出流域综合管理的政策措施。《综合规划》提出：到 2020 年，黄河水沙调控和防洪减淤体系将初步建成，以确保下游在花园口洪峰流量达到 22 000 m^3/s 时堤防不决口，重要河段和重点城市基本达到防洪标准；到 2030 年，黄河水沙调控和防洪减淤体系基本建成，洪水和泥沙得到有效控制，水资源利用效率接近全国先进水平，流域综合管理现代化基本实现。

2019 年 9 月 18 日，习近平总书记在河南省郑州市主持召开黄河流域生态保护和高质量发展座谈会并发表重要讲话，明确指出黄河流域构成我国重要的生态屏障，是我国重要的经济地带，是打赢脱贫攻坚战的重要区域。黄河流域生态保护和高质量发展，同京津冀协同发展、长江经济带发展、粤港澳大湾区建设、长三角一体化发展一样，是重大国家战略，是贯彻落实区域协调发展的重要举措，也是践行习近平生态文明思想的重要抓手。

2020 年《政府工作报告》提出，编制黄河流域生态保护和高质量发展规划纲要，推进一批重大生态保护修复和建设工程，中游紧盯污染治理、减少人为干扰，下游加强湿地保护，推进防护林等工程。中共中央政治局 2020 年 8 月 31 日召开会议，审议《黄河流域生态保护和高质量发展规划纲要》，会议强调：要因地制宜、分类施策、尊重规律，改善黄河流域生态环境。要大力推进黄河水资源集约节约利用，把水资源作为最大的刚性约束，以节约用水扩大发展空间。

黄河流域高质量发展的战略重点是严格生态综合治理，促进区域可持续发展；加强区域分工，形成三大特色区域；促进产业转型升级，构建现代化产业体系，强化区域联系。为此，应加快培育建设青岛圈、济南圈、郑州圈、西安圈和太原圈五大都市圈，加强交通基础设施建设，深化区域合作，提高市场化程度，提升科技创新能力。

第三节　水环境综合治理市场前景分析

一、水环境综合治理市场格局变化

改革开放后，随着我国工业化和城镇化进程的快速推进，国民经济以及人口数量持续增长，生活污水、工业污水、农业废水等污（废）水的排放量不断上升，我国污水处理和水体污染治理市场需求显著增加，污水处理厂等固定资产投资不断增加，市场规模不断扩大，逐渐催生了一批从事专业污水处理或综合服务的企业或事业单位。

随着我国水生态环境保护市场化改革的推进，技术先进的外资企业开始积极进入我国水生态环境保护市场，传统的由地方政府主导、区域垄断的行业竞争格局被打破。目前，我国水生态环境保护行业内的市场竞争者主要包括大型国际水环境治理集团、大型国有或上市水生态环境保护企业以及细分领域内的专业化民营企业。在“十四五”期间，水环境综合治理市场的变化表现如下。

（一）水利基础设施建设进展速度加快

立足流域整体和水资源空间均衡配置，加强跨行政区河流水系治理保护和骨干工程建设，强化大中小微水利设施协调配套，提升水资源优化配置和灾害防御能力。

坚持节水优先，完善水资源配置体系，建设水资源配置骨干项目，加强重点水源和城市应急备用水源工程建设。

实施防洪提升工程，解决防汛薄弱环节，加快防洪控制性枢纽工程建设和中小河流治理、病险水库除险加固，全面推进堤防和蓄滞洪区建设。

加强水源涵养区保护修复，加大重点河湖保护和综合治理力度，恢复水清岸绿的水生态体系。

（二）打造数字经济新优势

推广“科技＋水环境技术”模式，构建智慧水利体系，以流域为单位提升水情测报和智能调度能力。央企作为国家中坚力量应该在水环境治理市场中占得先机，赢得主动权，发挥企业自身优势，成为我国水生态环境保护行业发展的新兴力量。

（三）改善农村人居环境与推进新型城市建设

在改善农村人居环境方面，具体分为以下 5 步。

（1）开展农村人居环境整治提升行动，稳步解决“垃圾围村”和乡村黑臭水体等突出环境问题。

（2）推进农村生活垃圾就地分类和资源化利用，以乡镇政府驻地和中心村为重点，梯次推进农村生活污水治理。

（3）推进农村水系综合整治。

（4）推进农村水源保护和供水保障工程建设。

（5）支持600个县整县推进农村人居环境整治，建设农村生活垃圾和污水处理设施。

在推进新型城市建设方面，以31个重点防洪城市和大江大河沿岸沿线为重点，提升改造城市蓄滞洪空间、堤防、护岸、河道、防洪工程、排水管网等防洪排涝设施，因地制宜建设海绵城市，全面消除城市易涝积水区段。

（四）构建绿色发展政策体系

绿色发展政策体系主要包括以下两方面。

（1）水污染防治和水生态修复：巩固地级以上城市黑臭水体治理成效，推进363个县级城市建成区1 500段黑臭水体综合治理。加强太湖、巢湖、滇池、丹江口水库、洱海、白洋淀、鄱阳湖、洞庭湖、查干湖、乌梁素海等重点湖库污染防治和生态修复，实施永定河、木兰溪等水体的综合治理，加快华北地区及其他重点区域地下水超采综合治理和黄河河口综合治理。

（2）城镇污水垃圾处理设施：新增和改造污水收集管网8万km，新增污水处理能力2 000万 m^3/d。加快垃圾焚烧设施建设，城市生活垃圾日清运量超过300 t地区实现原生垃圾零填埋，开展小型生活垃圾焚烧设施建设试点。

二、产业政策导向

（一）国家政策规划将持续推动生态环境治理和环保装备产业快速发展

我国将生态环境治理作为新时期发展的重要目标。“十四五”规划和2035年远景目标明确将“生态文明建设实现新进步”“生态环境持续改善”作为“十四五”时期的主要发展目标。国家主管部门为水环境治理提供多方面政策保障。

环保装备产业是生态环境治理的有力支撑，我国将环保装备的创新发展作为生态环境保护的技术基础和重要保障。工业和信息化部发布《关于加快推进环保装备制造业发展的指导意见》，提出攻克一批污染治理关键核心技术装备难点，使其基本达到国际先进水平，为绿色发展提供技术支撑。水污染防治装备方面，工业和信息化部将“低成本高标准、低能耗高效率污水处理装备”作为重点推广内容，将“黑臭水体修复、农村污水治理、城镇及工业园区污水厂提标改造”作为重点推进工作，拥有自主核心技术、能提供“高效率、低成本”工艺方案和环保装备的企业将受益于国家行业政策，迎来广阔的发展空间。

（二）水处理创新技术装备化将为行业成长和变革提供动力

行业传统工艺路线下装备化程度较低，影响了水处理创新技术的应用推广。污水处理行业传统发展模式为投资驱动型，主要依靠土建设施进行水质净化，长期存在污水处理设施投资大、成本高、占地广、建设施工效率低、一致性程度低等痛点，以 A^2/O 工艺为例，用户通常需要建设缺氧池、厌氧池、生化池、沉淀池等一系列设施，投资较大，运维成本较高，占地面积较大，不同项目污水处理设计存在差别还会导致污水处理项目一致性较低。

水处理技术的标准化和装备化可有效解决行业难题，节省建设投资和土地成本，在建设速度、场地适应性方面满足用户需求，标准化装备也有效保证了污水处理的稳定性。未来水处理技术装备化将进一步满足市政污水处理设施提标改造、黑臭水体治理等领域的需求，为行业成长提供技术支撑。

（三）未来将加速推广适应我国低碳发展战略的低耗高效污水处理装备技术

传统的污水处理过程“以能消能、污染转嫁”的方式加剧了温室气体的排放，研究显示，污水处理行业是高碳行业，碳排放量占全社会总排放量的1%～2%，高能耗及高碳排放量将成为污水处理技术面临的挑战之一。

碳中和是我国生态环境保护的中长期目标。我国提出了碳排放实现2030年前达到峰值，努力争取2060年前实现碳中和的目标。在生态环境治理整体协同推进的背景下，低耗高效的水处理装备技术有望迎来加速发展的战略机遇期。

（四）污水处理一体机在村镇污水市场将加速应用

农村环境治理已成为当前国家主抓的工作之一。2019年中央一号文件将农村生活污水治理作为实施乡村振兴战略和改善农村人居环境的重要任务。为响应生态环境部办公厅与住房和城乡建设部办公厅于2018年9月联合发布的《关于加快制定地方农村生活污水处理排放标准的通知》，各省、自治区、直辖市加速出台农村污水排放相关政策，2020年，四川、安徽、广东、山东、辽宁、浙江等地区农村污水排放标准开始施行。国家及地方层面密集出台政策推动了村镇污水治理市场快速增长。

由于农村人口集中度相对较低、工业经济强度较小，相对城镇区域，农村污染水体分散化特征更加明显。加之农村污染治理投资相较于城镇客观上存在一定差距，因此，相对市政污水领域，村镇污水处理市场对污水处理设备的成本、能耗、安装等方面要求更高。未来能实现就地安装、快速通水、高效净水、低耗运行、无人值守的污水处理一体机将在村镇污水市场加速应用。

（五）下游行业格局将进一步整合，市场集中度呈增长趋势

我国水环境治理行业在长期发展中呈现出区域性较强、市场化程度不高等特点，导致行业尤其是投资建设环节参与主体较多，呈现分散化特点。为推动行业发展，国务院印发《关于创新重点领域投融资机制鼓励社会投资的指导意见》等政策文件，推动环境污染治理市场化发展。国企、央企以及上市公司等资本实力较强、具备综合服务能力的水治理项目投资建设企业加快跨区域经营进程，市场占有率逐步提高。

随着下游行业市场集中度提升，从事污水处理技术及装备研发和生产的企业面临的客户群体也将以实力雄厚的大型企业为主，未来在项目规模、项目持续性方面将有较大提升。

三、机遇和挑战

受益于国家政策，我国在“十三五”期间水环境治理行业呈现快速发展态势，污水处理率不断提高，污水处理厂数量持续增加；但客观来看，由于起步较晚，我国水环境治理水平相比发达国家仍有较大提升空间，未来行业发展具有广阔的市场空间。水环境综合治理行业在“十四五”期间有以下的机遇与挑战。

（一）发展机遇

1. 受益于国家政策，产业发展前景整体向好

我国十分重视生态环境保护，将加快推动绿色低碳发展和持续改善环境质量作为“十四五”规划的建设目标，中央各部门和地方政府也持续出台相应政策、规划，扶持环保行业发展。水处理行业是环保行业的重要组成部分，受益于国家政策，整体产业前景将持续向好。

2.“河长制”“湖长制”等考核政策强化地方政府主体责任，加强投资力度

中共中央办公厅、国务院办公厅分别于 2016 年和 2017 年印发《关于全面推行河长制的意见》和《关于在湖泊实施湖长制的指导意见》。在各级行政区域的河流和湖泊全面推行省、市、县、乡四级河 / 湖长制，建立健全以党政领导负责制为核心的责任体系，切实加强河湖水环境综合整治，通过强化考核问责和社会监督等方式加强地方政府主体责任。水利部等 9 部门也发布了《“十三五”实行最严格水资源管理制度考核工作实施方案》，明确将水环境指标作为综合考核的重要依据并向社会公布考核结果。水环境治理工作被纳入考核体系健全了河湖管理保护长效机制，推动地方政府加大环境整治投资力度，促进了行业内企业的发展。

3. 创新技术面临广阔的市场空间

水环境治理行业普遍面临投资大、占地广、能耗高等问题，未来在污水处理设施快速增加和提标改造的需求下，传统工艺较难解决行业的需求痛点，对高效率、低能耗、低成本、装备化的技术需求将快速增加，行业将迎来较为广阔的市场空间。

（二）发展挑战

1. 水环境治理观念有待深化

近年来，我国将水环境治理作为经济社会建设的重要任务之一，但由于我国经济发展不均衡，东部和西部、城市和村镇的水环境治理水平差异较大。部分经济发展相对落后的地区仍未实现环境保护与经济建设统筹推进，水环境治理观念存在进一步深化空间，对新技术、新工艺的应用持相对保守态度，制约了相关项目开展和基础设施普及。

2. 管网建设仍需进一步提升

水环境治理是一个系统性工程，需要由市政管网将污水进行收集并运送至污水处理设施，而目前，管网建设存在滞后于水处理设施建设的问题。目前我国管网整体普及率不高，一方面污水处理设施进水量不足，另一方面仍有大量污水因缺乏管网的输送而直接排放。目前已有的管网也存在不同程度的老化问题，导致较多的污水处理厂建成后没有及时发挥环保效益，从而影响水环境治理行业的发展。

3. 缺乏产业配套的融资工具

水环境治理行业本身具有前期投资较大、回报周期较长的特性，需要找到风险偏小及投资回报、投资期限相匹配的配套融资工具加快其行业发展。目前，我国污水处理行业内相关企业主要依靠银行借款进行融资，融资渠道较为单一，其风险偏小，投资回报、投资期限有时也难以匹配，从而影响行业的快速发展。

4. 行业市场化竞争程度有待提高

水环境治理行业竞争核心为技术研发实力与产品先进性，在市场化程度较高区域，研发创新型企业具有显著的竞争优势，易获得客户的认可。但部分地区存在地方保护主义，行业市场化程度有待提升，企业之间的良性竞争机制还未完全形成，制约了行业的快速发展。

5. 下游需求受宏观经济、政府投入影响较大

水处理应用领域与宏观经济的运行发展、政府的财政资金投入密切相关。当前，受到经济下行压力、逆全球化风潮盛行及新冠肺炎疫情的影响，下游企业对扩大水处理项目建设较为谨慎，地方政府对水处理项目的投入也存在不均衡性，因此，上游企业的发展将受到一定影响。

四、城市水环境综合治理市场规模预测

（一）狂欢之后回归理性，“十四五”将维持每年700亿～1 100亿元的市场规模

进入“十三五”之后，中央政府对水环境综合治理的重视程度明显提升，《“十三五”重点流域水环境综合治理建设规划》中强调，地方政府应集中“打包”分类推进项目实施，努力解决项目碎片化问题，推动水环境治理领域加速从单体项目向综合性项目转变。与此同时，财政部发布《关于在公共服务领域深入推进政府和社会资本合作工作的通知》，提出在污水治理领域要“强制”使用PPP模式，大幅减小政府与企业的贷款难度及回款压力。体量大、投资高，加上宽松的融资渠道，使得水环境综合治理市场一度进入“狂欢”状态，项目数量激增，投资金额大幅增长。

从2017年开始，政府对PPP项目开展清库工作，部分环保企业由于项目被退库，加上融资环境收紧，资金链骤然承压甚至断裂，举步维艰。与此同时，地方政府新建水环境PPP项目的门槛也大大提高，促使市场在2018年达到顶峰后开始回归理性，过去几年过山车似的暴涨暴跌现象一去不复返。

展望未来，水环境综合治理市场有两大驱动因素：一是流域治理、污水处理、垃圾处理等细分工程的需求量；二是以上细分工程被打包为水环境综合治理项目的比例。“十三五”期间，一方面我国七大流域水质已得到明显改善，曾经是综合治理重点的流域治理项目将会有所缩减，细分工程的需求量将出现下降拐点；另一方面，污水、再生水、生活垃圾等单体项目被打包的比例将逐步提高，部分抵消了需求量下降的不利影响。据测算，“十四五”期间，水环境综合治理领域将有约4 500亿元的市场待释放，污水处理、垃圾处理将是最主要的细分领域。不过，9%的年复合增速相比“十三五”期间的23%有明显下滑（图2-1）。

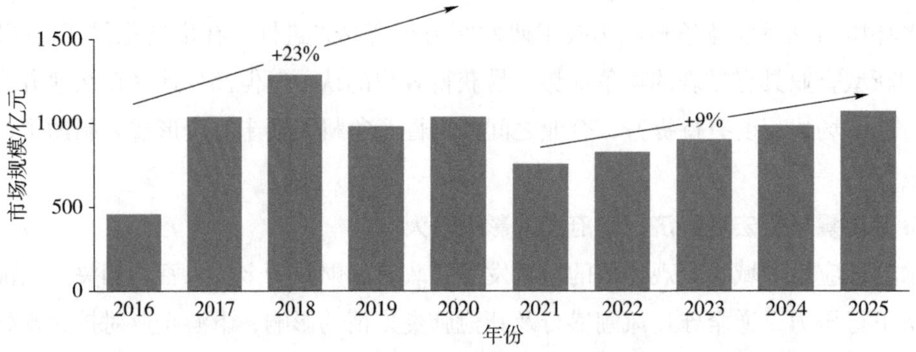

图2-1　水环境综合治理市场规模

资料来源：国家统计局、住建部。

（二）农村市场释放尚待政策红利，短期内“五水共治”的城镇治理仍是主战场

随着“十三五”各项任务相继完成，我国城镇水质整体趋向优良，污水处理率已超过 90%，地级及以上城市建成区的黑臭水体消除比例也达到 85% 以上。相比之下，农村水污染仍不容乐观，污水处理率只有 30% 左右，黑臭水体依然底数不清。表面上看，城镇水污染治理接近饱和，农村水污染治理市场机会巨大，但我们认为，农村水污染治理虽然空间大，但至今没有释放的途径。

（三）深耕运营、细水长流才是长久之计，污水厂的数字化转型既是重点更是未来

就目前而言，无论是 EPC、EPCO 还是 PPP 模式，企业在水环境综合治理项目的主要收入来源依然是工程建设，运营收入微薄，甚至入不敷出。然而随着治理的推进，水环境综合治理的工程业务必将逐步收缩，无论是央企还是传统环保企业，都应做好深挖运营价值的准备。在这一点上，传统环保企业较领先，央企更有可能通过并购重组方式在短时间内弥补这一短板。

第四节　水环境综合治理项目模式研究分析

一、传统水环境综合整治项目模式

回顾水环境综合整治乃至整个环保行业的历史，可以发现 EPC、PPP、BOT 等模式的兴起，均有其特定的背景。在新时代背景下，EOD 模式和 TOD 模式的出现让环保行业发展出现了新机遇。接下来本书将分别介绍各模式的特点，着重将 EOD、TOD 两种新模式与传统模式进行区分。

（一）EPC 模式

1. EPC 模式简述及发展

EPC（engineering procurement construction）是国际通用的工程总承包产业的总称，是指公司受业主委托，按照合同约定对工程建设项目的设计、采购、施工、试运行等实行全过程或若干阶段的承包。通常公司在总价合同条件下，对其所承包工程的质量、安全、费用和进度进行负责。在 PPP 模式兴起之前，水环境治理采取的主要是 EPC 模式。随着水环境 PPP 项目推进及落地过程中一些问题的暴露，水环境治理 EPC 模式也再次回到大众视野。

2. EPC 模式的水环境综合整治工程浅析

尽管 EPC 模式相对成熟，但对于体量大、内容多的水环境项目，不管是地方政府还是承接企业，仍有不少需要注意的问题。政府方面，关键在于资金的来源。水环境 EPC 项目体量较大，所以地方政府需要有充足的资金，不能进行融资，且 EPC 项目结束后政府还需设置机构或委托第三方对工程进行运营维护。所以，该类项目对地方财政实力要求很高，稍有不慎就易形成隐形债务。

此外，EPC 模式项目后期的运营服务及其质量，也是重要内容之一。目前，成功的水环境治理项目采用 EPC 模式的居多，新兴的 EPC+O（总承包＋运营）模式正在不断实践，传统的 PC 总承包也不少，也有在 EPC 模式后再单独对运营环节进行招标的案例，如清徐县白石河流域水环境综合治理项目，在 EPC 总承包结束后，再进行委托运营的招标，负责白石河污水处理厂和厂外余热管网、挡水坝、引水涵等的运营、维护、管理，运营期限为 5 年。对于这种模式，如何通过交易方式设定，将付费与效果挂钩以控制运营质量，是采购方需要重点考虑的问题。

对于企业来说，水环境 EPC 项目对于以工程见长的施工型企业有很大吸引力，在实际项目中也可以看到，最终承接项目的多为大型央企。如 2019 年，深圳市释放 10 个共 366.69 亿元项目额的黑臭水体项目，大部分采用 EPC 模式进行，其中 225.7 亿元花落中国电力建设集团有限公司（以下简称中电建）。2016 年，中电建以 EPC 模式中标了深圳市茅洲河（宝安片区）水环境综合整治项目，中标金额为 123 亿元，项目共有六大工程，包括管网、排涝、水质改善等 46 个子项目。近年来，深圳市通过 EPC 模式治理辖区水环境取得了良好效果。EPC 模式主要应做好以下几项工作：

（1）统一运行机制和行业标准。EPC 模式下，采用的是总承包管理的具体运行机制，由政府通过向社会购买服务的形式，利用市场化机制下第三方的专业技术力量，采取统一的水环境治理技术标准，有利于整合水环境治理资源，提升水环境治理效率。

（2）健全管理体系，强化质量管理。在 EPC 模式下，水环境治理工程通过层层签订管理协议书明确不同市场参与主体责任，设置健全的治理管理体系，有利于提升水环境治理质量。

（二）PPP 模式

1. PPP 模式简述及发展

PPP（public private partnership）模式被称为“公共私营合作制”，是指政府与社会资本之间为了提供某种公共物品和服务，以特许协议为基础，彼此之间形成一种伙伴式的合作关系，并通过签署合同来明确双方的权利和义务，以确保合作的顺利完成，最终使合作各方达到比预期单独行动更为有利的结果。PPP 模式以政府参与全过程经营的特点受到国内外广泛关注。该模式在政府与社会主体间建立起“利益共享、风险共担、全程合作”的共同体关系，政府的财政负担减轻，社会主体的投资风险减小。

PPP 模式能够有效解决流域水环境治理中存在的问题，实现公共资源的有效配置，目前国内有许多水环境综合整治 PPP 模式的项目。在 PPP 模式中，项目公司是流域水环境治理的终极责任人，对项目的设计、建设和运营各个环节负责。PPP 模式对环保企业技术、资金、管理及资源整合能力提出了更高要求。能够真正整合资源、筹措与项目周期匹配的长期资本且技术实力（工程能力或运营能力）强的企业在项目竞争中具有绝对的优势。PPP 模式既能满足地方政府在现有的财政预算内，充分利用社会资源、资本治理流域水环境的需求，又能使企业在充分利用自己的资本和技术完成政府的治理要求的过程中，按照治理绩效最终获得恰当的回报。

一直以来，我国城市水环境治理都是以政府为主导，包括建立污染物排放总量控制体系、集中力量治理重点流域的污染等。但是，过去的治理方法使得政府财政负担大，一旦资金不足会造成环境保护力度不够；而在资金足够的情况下，由于政府没有过多的实际治理经验，容易造成高投入、高污染和高损耗。为了解决传统治理方式带来的问题，越来越多的政府考虑推广 PPP 模式，该模式通过政府与私营企业间的合作，能够有效地降低治理成本，风险共担，利益共享，推动建设成“资源节约型、环境友好型”城市。

党的十八届三中全会提出允许社会资本通过特许经营等方式参与城市基础设施投资和运营，推动了 PPP 模式在我国的快速发展。随着“水十条”的提出，到 21 世纪中叶，生态环境质量有望全面改善，生态系统将实现良性循环。财政部、环境保护部联合发布《关于推进水污染防治领域政府和社会资本合作的实施意见》的明确提出，优化水资源综合开发途径，创新水环境综合治理模式，推广运用 PPP 模式。在“水十条”等政策的要求下，水环境综合治理的任务艰巨而又紧迫，PPP 模式下水环境综合治理项目潜在市场空间巨大。随着《关于规范政府和社会资本合作（PPP）综合信息平台项目库管理的通知》等政策的出台，强调以运营为核心、以绩效为导向，PPP 模式下水环境综合治理项目未来的发展趋势对水务公司制订和优化发展战略至关重要。

2. PPP 水环境综合整治工程浅析

在 PPP 模式下，水环境综合治理项目实际上常常是多种类型工程组合在一起打包实施。但是不管属于哪种类型的项目，在交易结构、付费机制、政府监管等方面都具有一定的共性。下面以盐城市某水环境综合治理 PPP 项目为例，说明 PPP 模式下水环境综合治理项目在实施过程中需要关注的关键点。

（1）项目概况

该项目建设内容主要包括水环境工程（黑臭水体、污水管网、泵站、雨污分流、生态湿塘、清淤疏浚、底泥处置）、水生态工程（河道生态修复、湿地）、水景观工程、水利工程及智慧水务工程。运营内容包括非经营性项目和准经营性项目，项目经营收入包括污水处理费、公园服务用房出租收入、水上游览费用、广告收入、场地特许经营费、停车费等。总体目标是通过水环境综合整治，提升环境容量，消除黑臭水体，改善区域水质，提高水安全等级，打造沿河景观带，挖掘当地水文化，实现“河海安澜、碧水畅流、岸绿景美、水韵盐阜、湿地之都”的良好愿景。

PPP 运作方式采用 DBOT+O&M，即新建项目“设计—建设—运营—移交”+存量项目“委托运营”，项目合作期为 20 年，其中建设期 3 年，运营期 17 年。项目估算总投资为 55.54 亿元，资本金比例为 20%，融资比例为 80%，股权结构为政府方出资 10%、社会资本方出资 90%。

（2）项目简评

①项目类型捆绑化

该项目包括 27 个子项目，覆盖水环境、水生态、水景观、水利及智慧水务等多个领域，并且各子项目之间存在直接或间接的联系。如果每个子项目单独设计为 PPP 模式实施，会导致主体众多、流程烦琐、考核复杂等问题，将这些子项目捆绑在一起打包实施，可一次性选择综合能力比较强的社会资本方，有利于本区域整体水环境业务的统筹监管。当然，项目类型捆绑化对项目实施方案设计水平和社会资本方的综合运营能力提出了更高要求。

②社会资本多元化

该项目综合多种类型的子项目捆绑打包实施，包含的子项目众多，对社会资本方的要求为联合体成员不超过四家，金融机构不得做牵头人，施工方具备市政一级与水利一级及以上资质，设计方具备工程设计综合甲级资质，竞价指标中建安费用下浮不低于 10%，运维费用下浮不低于 10%。仅一家社会资本方难以承接此类项目，所以由多家单位组成联合体承接此类项目成为有效途径，联合体成员可以包括设计单位、施工单位、运营单位、财务投资人等。然而，在项目实施过程中若联合体成员众多，利益关系复杂，也容易形成难以协调的局面。这种情况对于实施多元化发展的社会资本方来说就具有一定的优势。

③付费机制复合化

该项目由于子项目性质不同，付费方式也有所区别。主体工程（不含污水处理厂）和存量资产采用可行性缺口补助的回报机制，并按式（2-1）计算可行性缺口补助：

可行性缺口补助 = 主体工程可用性付费 + 主体工程和存量资产运维绩效付费 - 主体工程使用者付费　　式（2-1）

其中，“主体工程可用性付费”主要包括项目总投资、融资成本、税费及合理回报；“主体工程和存量资产运维绩效付费”主要包括运营维护成本、税费及必要的合理回报；“主体工程使用者付费”主要包括服务建筑出租收入、水上游览费用、广告收入、场地特许经营费、停车费收入等。

污水处理厂子项目采用使用者付费的回报机制。项目公司通过使用者付费收回投资并获得合理收益，收费源于政府向自来水用户和排污单位收取的污水处理服务费。污水处理服务费源于污水处理基础服务费和污水处理运维服务费。项目的付费机制复合化，明显加大了对社会资本方的绩效考核难度，每个子项目的运营效果都可能对付费产生影响。

④政府监管综合化

该项目监管方式主要包括履约管理、行政监管和公众监督等。履约管理主要由财政、审计、发改、国资等监管部门及项目实施机构承担，包括监督检查合同的履行情况以及违约处理的执行情况；行政监管主要由规划、国土、建设、安监、环保、交通、城管、水利、旅游部门承担，其他行业管理部门依法对工程建设、运营及相关活动进行监督管理，确保工程质量、安全和公益性效益，对运营期内运营维护绩效进行评价；公众监督主要包括媒体、协会、最终用户及非政府组织等，项目公司接受公众监督，行业主管部门接收公众对项目公司的意见或建议。项目综合性强，涉及多个专业领域，对政府监管能力也是极大的考验，监管必须是综合性、系统性的。

（三）BOT 模式

1. BOT 模式简述及发展

BOT（建设—运营—移交）是指政府部门就水环境治理项目与私人企业（项目公司）签订特许权协议，授予签约方的私人企业来承担水环境治理项目的投资、融资、建设、经营与维护。在协议规定的特许期限内，私人企业向设施使用者收取适当的费用，由此来回收项目的投融资，建造、经营和维护成本并获取合理回报；政府部门则拥有对水环境治理工程的监督权、调控权；特许期届满，签约方的私人企业将水环境治理完工工程无偿或有偿移交给政府部门。

20 世纪 80 年代，我国第一个 BOT 项目（深圳市沙角 B 电厂项目）的发展，其最重要的特点是“O”，即 operate——运营，未来收益或现金流来源体现出“O”的关键性。比如水环境综合整治中的污水处理和污泥处理项目的使用者付费模式，是形成运营收入的重要因素。

2. BOT 水环境综合整治工程浅析

BOT 模式引入国内 30 多年以来发展迅速，在 PPP 模式发展之前已经成为污水处理厂市场化投资的主流模式，积累了一批成功运作的项目案例。以博天环境中标的黄石市汪仁污水处理厂 BOT 项目为例，该项目是 2014 年度黄石市市政示范工程、2015 年度湖北省市政示范工程（金奖）。

黄金山工业新区作为黄石经济技术开发区的主要组成部分，园区内不同行业企业较多，主要涉及电镀、啤酒、印染、纺织、医药、电子、有色金属等行业。涉及重金属含量排放限定的有电镀工业和纺织染整行业，其污水需要满足所在行业污染物排放标准后才能排入汪仁污水处理厂。但在运营前期都会面临前期来水水量少、水质波动大等问题。博天环境从投资角度出发，将投资评估与项目管理相关部门进行责任挂钩，建立起责任长效追究机制，对项目审批部门、实施责任部门（建设、设计、施工、监理、质检等）、项目主管部门进行责任追究，保障项目决策正确、审查准确、工程质量优良、投资效益得到最大限度地发挥。该水厂一期处理规模 6 万 t/d，远期处理规模 18 万 t/d，特许运营期 30 年，已完成工程建设。

（四）BT 模式

1. BT 模式简述及发展

对于非经营性的基础设施和一些出于国家战略和安全需要而必须由政府经营的关键设施，国际上常常采用 BT（build transfer）模式进行建设。BT 模式是 BOT 模式的一种变换形式，采用 BT 模式的项目，其运作由建设单位完成后直接移交给政府，由政府分期购买并支付相应的回报。BT 模式不同于 BOT 模式之处在于 BT 模式不用承担项目经营的风险，因此在建筑市场上受到广泛欢迎，在我国，越来越多的工程项目采用 BT 模式。

2. BT 水环境综合整治工程浅析

陕西省渭河综合治理工程总投资约 215 亿元，投资数额庞大，为解决陕西省渭河综合治理资金“瓶颈”问题，地方政府部门对渭河建设工程采用不完全 BT 模式。下面以陕西省渭河综合治理为例，对渭河综合治理工程 BT 模式进行剖析和归纳。

（1）勘察设计、项目法人及工程监理控制。渭河治理实行不完全 BT 模式，政府加强了勘察设计、项目法人、工程监理控制，严格按照招标程序执行。

（2）招标投标控制。陕西省渭河治理工程从筹措资金、施工资质、承包人、项目法人等主体入手，在法律允许的框架内限定了 BT 承包人的准入条件，不但解决了建设资金问题和承包资质问题，也从根本上解决了后期合同纠纷处理中多个法律责任主体的问题。承包方的资金由其自行解决，减少了项目法人的项目管理工作量，从一定程度上也减少了工程投资。

（3）合同控制。陕西省渭河综合治理工程建设合同大多采用固定单价合同，工程量据实结算。工程竣工验收后，以工程审计部门最终审定的工程结算价款作为该工程最终建筑工程价款，本条款约定了合同结算借款的处理方案，即以国家审计部门审定为准。合同一般约定工程回购期为两年，分两期进行回购，回购期自建筑工程审计工作结束后次日起开始计算，每个回购期末支付总回购款的 50%，两年内支付完 BT 承包人回购款。建筑工程价款的年收益率为同期人民银行固定存款利率。合同一般约定建筑工程价款收益自建筑工程审计工作结束后次日起开始计算。

（五）DBO 模式

1. DBO 模式简述及发展

DBO（design build operation）模式是设计、建设和运营的简称，是一种国际通行的项目建设模式，具有“单一责任”和“功能保证”的特点，是支撑污水处理服务行业的典型模式，特别适合污水处理厂这样的成套装置的建设。DBO 模式的典型特点之一是单一责任主体比较明确。公司既要负责设计，也要负责后面的建设运营。专业化公司的设计和制造优势，可以缩短工期，提高运营效率，工程质量得到了保证。

DBO 模式并不是简单地将设计、建设、运营合为一体，而是注重其协同效应。DBO 合同的重心是“运营”这个环节，取向是鼓励承包商设计、建设、运营“一肩挑”。在 DBO 模式下，设计、建设、运营一体化采购，责任主体单一，承包商对设计、建设和运营各阶段除融资外的各项工作全盘负责，各阶段工作的责任主体保持同一性，有利于设计、建设的衔接，保证了工作的连贯性，工期和质量也能保证。同时，承包商由于对项目拥有较长期的运营权，因此其积极性会有所提高。责任主体的单一性和连贯性会减少业主合同管理的难度，提高工程项目的管理绩效。承包商不仅负责设计和建设，更要承担长达几年甚至十几年的项目运营，运营成本的高低将直接影响其收益，因此承包商有动力对全过程进行优化设计、优化建设，以降低项目全寿命周期成本，提高整体项目经济效益。

对于建设工期只需短则数月、长则几年，而运营时间要十几年甚至几十年的各类水环境综合整治项目来说，DBO 模式有其独特的优势。对于业主而言，DBO 模式可以简化项目管理程序、保证工程质量、优化项目的全寿命周期成本，降低工程管理和建设风险。而对于总包商而言，业主的一部分风险转嫁到总包商身上，因而项目的实施和管理难度相应增加。虽然 DBO 模式在欧美、中东以及我国的香港和澳门等地区都有了比较成功的案例，但目前国内的应用案例还比较稀少，人们对 BOT 模式和 EPC 模式的熟悉程度与应用范围远高于 DBO 模式，对于这种有悖于传统建设程序，在项目可行性研究或初步设计之后即可以开始招标，将工程设计也纳入招标范围的做法还较为陌生。其对业主和总包商在工程招标投标和施工管理等方面均提出了挑战。

2. DBO 水环境综合整治工程浅析

在水环境综合整治领域，DBO 模式目前在国内污水处理项目中有一些成功应用。下面以环巢湖生态修复二期项目为例，简述 DBO 模式在乡镇污水处理项目中的实际应用。

环巢湖生态修复二期项目中新建了 35 个污水处理厂，分为肥东、肥西、巢湖、庐江4个区域。其中安徽国祯环保节能科技股份有限公司、北京市市政工程设计研究总院、中铁四局集团有限公司组成的联合体中标肥东和庐江项目，共21座污水处理厂或设施。经过开展统一设计、统一建设、统一运营等烦琐而有序的工作，这些污水处理厂或设施目前已全部投入运营，正在为巢湖的生态修复做出贡献。

DBO模式成功应用于环巢湖生态修复二期项目，为县级区域分散型乡镇污水处理项目开辟了新的模式。从工程总承包角度看，DBO模式对乡镇污水处理项目具备特有的优点。DBO模式注重运营环节，有利于解决乡镇污水处理项目建成后的运营问题；DBO全寿命周期管理便于运营后期管理。作为一种商业投资模式，DBO模式在乡镇污水处理项目中提高了承包商的积极性，减少了政府的压力。建设期为承包商留有优化设计、建设、运营的空间，运营期为政府提供了更多的主动权。

（六）TOT模式

1. TOT模式简述及发展

TOT（transfer operate transfer）方式，即移交—经营—移交，是国际上较为流行的一种项目融资方式，通常是指政府部门或国有企业将建设好的项目的一定期限的产权或经营权有偿转让给投资人，由其进行运营管理；投资人在约定的期限内通过经营收回全部投资并得到合理的回报，双方合约期满之后，投资人再将该项目交还政府部门或原企业。

目前在国家很多特许经营项目中，如高速公路、高铁等项目的建设运营都采取了BOT或TOT模式，其中最主要的是BOT。在水环境综合整治领域，我国很多污水处理厂的建设运营采取的是BOT模式，比如南昌市几家主要的生活污水处理厂，其与TOT最大的不同是由运营企业来建设。BOT模式的最大好处是企业和政府都完全按市场化规律运作，运营成功率非常高，持续运营也十分稳定，并且BOT有十分成熟的经验，然而有些项目没有采用BOT而采用TOT的主要原因包括：（1）各县（市）污水处理量规模不一，建造一些小型污水处理厂利润空间较小，可能会导致无人建设；（2）项目总投资规模太大，涉及面广，有实力投资的运营商本不多，出于风险考虑不愿前来建设。

2. TOT水环境综合整治工程浅析

在水环境综合整治领域，城镇污水处理厂TOT项目是在目前政府已建成的项目中应用较多的一种投融资模式，具体是指政府将已建成的污水处理厂一定期限的经营权和（或）产权以特许经营权的方式有偿转让给投资单位，投资单位获得污水处理厂的特许经营权后可在当地注册成立项目公司，在双方约定的特许经营期内运营管理污水处理厂，通过收取污水处理服务费的方式获得投资收益，特许经营期满后再将污水处理厂的产权及特许经营权无偿移交给政府。政府和投资人通过TOT模式对城市污水处理厂进行市场化运作，实现共赢。下面将以西部某城镇污水处理厂项目为例，研究污水处理厂TOT项目实施的关键过程。

西部某城镇污水处理厂的可行性研究批复总设计规模为10万m^3/d，分两期建设，一期规模为5万m^3/d，其中预处理土建工程及公用建筑按照5万m^3/d规模一次建成，生化系统和设备按照2.5万m^3/d配备，形成设计规模2.5万m^3/d的污水处理厂投入运行，根据调查，其实际的平均污水处理量为1.8万m^3/d。出水标准执行《城镇污水处理厂污染物排放标准》（GB 18918—2002）一级B标准。该厂在项目转让前已在当地政府的管理下运行3年。

TOT模式下的污水处理厂项目的主要目标是实现政府和投资单位的双赢。根据招标文件，转让标的物为该污水处理厂一期一阶段项目，即规模为2.5万m^3/d的污水处理厂特许经营权，土地及其建筑物、构筑物以及设备等资产使用权，转让期限为自商业运营日起29年。由于污水处理厂TOT项目合同期为29年，投资项目操作过程工作量大且呈现出复杂的相关性，因此实施过程中尽职调查、技术分析、财务分析、风险分析是TOT项目的关键环节。尽职调查应从项目基本概况、人力资源、市场潜力、技术及资产状况、运行状况、财务状况、存在问题及建议等方面进行；技术分析重点考查污水处理厂工艺运行状况、运行水量、设备设施工况、技术指标达标情况及其稳定性、达标成本等，分析项目的技术可行性；财务分析以尽职调查和技术分析数据为基础，以水量、特许经营期时长、水价、运营成本、投资额及收益率等因素分析项目的经济可行性；风险分析分别就前期风险、技术风险、管理风险、合同风险等方面评价项目的风险是否可控。

（七）TBT模式

1. TBT模式简述及发展

TBT是将TOT和BOT两种融资方式组合起来，以BOT为主的一种融资模式。在TBT模式中，TOT的实施是辅助性的，采用TOT主要是为了促成BOT。TBT的实施过程如下：

（1）政府通过招标将已经运营一段时间的项目和未来若干年的经营权转让给投资人；

（2）投资人负责组建项目公司去建设和经营项目；

（3）项目建成并开始运营后，政府从BOT项目公司获得与项目经营权等值的收益；

（4）按照TOT和BOT协议，投资人相继将项目经营权归还政府。

2. TBT水环境综合整治工程浅析

以大连市某污水处理厂为例，对TBT模式的应用进行分析。该污水处理厂定位为城市二级处理工艺，处理规模8万t/d，建设期投资约8 500万元人民币。目前该污水处理厂出水只有少量回用，多数排海，水资源浪费严重。该厂存在的问题包括：一是出水水质部分指标不能满足 GB 18918—2002 中的二级标准，二是处理水量已不能满足日益增加的进水量。

政府通过立项对该污水处理厂进行 TOT 模式招标运营，并允许中标单位用 BOT 模式新建 1 座出水满足工业锅炉用水的工业水厂。投资者获得特许经营权后，首先要对原污水处理厂进行升级改造，改造内容包括：更换生化池填料，使出水达到 GB 18918—2002 中的一级 B 标准；增加填料数量，使处理水量达 12 万 t/d。改造投资估算为 1 000 万元人民币。把污水处理厂以成本 8 000 万元人民币进行转让，投资者须一次性交付资金。政府将以 4 000 万元入股工业水厂（即资金入股），其余 4 000 万元用于建设其他项目或安置原污水处理厂的闲置员工等。由于有政府资金的投入，投资者可节省大量的前期资金投入和贷款利息的开支。在有偿转让模式下，政府虽然有一定的资金投入，但收益是均衡的，自工业水厂运营开始获得收益，政府就会按投入资金的比例进行分成，直至特许经营期满为止。对于已建的污水处理厂来说，TBT 模式可以充分利用污水处理厂原有资产并将其改造，节省了拆除重建的资金；同时排放的废水可作为工业水厂的源水，减少污水处理厂因排放污水对水体和环境造成的污染。

（八）其他融资模式

1. PFI 模式

PFI（private finance initiative）融资模式是国际环境基础设施建设的新型融资模式，该模式可实现项目投资主体多元化，克服传统融资模式高投入、高资源消耗和低效率等弊端。PFI 是对 BOT 项目融资的优化，指政府部门根据社会对基础设施的需求，提出需要建设的项目，通过招标的方式，由获得特许权的私营部门进行公共基础设施项目的建设与运营，并在特许期（通常为 30 年左右）结束时将所经营的项目完好地、无债务地归还政府，而私营部门从政府或接受服务方处收取费用，以回收成本的项目融资方式。

2. IFC 模式

IFC（international finance corporation）是国际金融公司的简称，是世界银行的下属机构，成立于 1956 年，股本金来自包括中国在内的 156 个成员国，其宗旨是对会员国非公中小企业提供融资、投资和贷款。IFC 提供的贷款数额最高不超过 3 000 万美元，虽然 IFC 既不要求担保也不参与企业经营管理，但是它对申请贷款企业的条件要求非常苛刻：一是要求每个项目的资产总额不低于 2 500 万美元，二是产品必须在国际市场上有销路，三是技术必须是国际最先进的。也正因如此，IFC 的贷款具有标杆作用，其他金融机构对经过 IFC 审查通过的项目普遍比较信任，这为企业今后在金融市场融资提供了极大的便利。对于符合条件的中小企业来说，IFC 的投资或贷款不失为一个好的融资途径。

3. 信托融资模式

信托融资是指委托人基于对受托人的信任，将其财产权委托给受托人，由受托人按委托人的意愿以自己的名义为受益人的利益或者特定目的进行管理或者处分的行为。它的基本原理为项目发起人因资金短缺，依托信托机构针对具体项目设立信托计划，向社会筹集资金，筹集的资金通过信托机构投入项目。在这个融资过程中，购买信托计划的投资人就是信托关系里的委托人，信托机构则是信托关系里的受托人，通过发售信托计划汇集的资金就是信托财产，从信托财产投资项目中获取收益就是信托目的。

4. 供应链融资模式

供应链融资是把供应链上的核心企业及其相关的上下游配套企业作为一个整体，打通从供应商、制造商、分销商、零售商到最终用户的整个供应链链条，根据企业间的交易关系和行业特点，制定基于货权及现金流控制的一套整体金融解决方案。这种融资模式既突破了商业银行传统的评级授信要求，也无须另行提供抵押质押担保，而且通过打通了上下游的融资瓶颈，形成银行与供应链成员多方共赢的局面。

二、新型水环境综合整治项目模式

近年来，在城市水环境发展中，除了上述模式外，还出现了 XOD 模式。具体来说 XOD 模式遵循“以人为本”“效益统一”“多规合一”“优化布局”“绿色发展”等城市规划、建设的理念，通过规划引领，以空间规划为龙头，坚持实现经济社会发展规划、土地利用规划、基础设施建设规划和环境保护规划的“五规合一”，统筹生产、生活、生态三大布局，坚持集约发展，贯彻“精明增长”“紧凑城市”理念，能够切实提高城市发展的宜居性，从而推动城市发展由外延扩张式向内涵提升式转变。其中以 TOD、EOD 最为著名，下面将详细介绍两者相关情况。

（一）TOD 模式

TOD（Transit-Oriented-Development）是指以公共交通为导向的开发模式。TOD 中的公共交通主要是指地铁、轻轨等轨道交通及公交干线，该模式以公交站点为中心、以 400～800 m 为半径，在其中建立中心广场或城市中心，其特点在于集工作、商业、居住等为一体，实现用途混合，使居民和员工减少对私家车的依赖，方便选用地铁、公交、自行车、步行等多种绿色出行方式，从而建设低碳节能城市。

在 TOD 模式中，我们以我国香港为例进行深入探讨：港铁（MTR）是综合铁路系统，截至 2021 年，其路线总长度为 197.1 km，包括 9 条市区线和 95 个车站。其“地铁 + 物业”的独特开发模式已经成为世界范围内 TOD 开发的典范。从香港地铁建设之初，香港特区政府就秉承“量入为出”的财政理念，拒绝使地铁设施成为政府长期的财政负担。因此，港铁公司受“平衡财务”的驱动，在其后多年的运营实践中逐步摸索到地铁结合物业蕴含的巨大价值，并创造出“地铁+物业”的联合开发模式。通过港铁公司的统筹，这一模式将铁路规划、建设、运营与沿线上盖物业规划、建造、市场运作紧密结合起来，使地铁和物业达到最大程度上的协同。港铁在其站点周边的土地开发中始终坚持“3D”原则，即高密度（density）、多样性（diversity）与紧凑设计（design）。这种高密度、混合化开发不仅为港铁带来物业租售上的巨大收益，也为下层的轨道站点提供了充足的客流支撑。其中有三大支撑要素保证香港地铁 TOD 模式的成熟，包括体制设定、技术协调和策略保障。

首先，在体制上，香港特区政府通过立法，明确法规与政策要求，成功设定了轨道交通与城市建设、物业发展的联动。通过优化资源配置，使轨道交通建设从纯粹的公益性事业转化为具有商业经营功能和地产开发支持的良性发展实体，建立了轨道交通的良性发展机制，并最终实现拉动城市人口外移，优化城市结构。香港特区政府为适应人口高速增长，缓解住房与城市空间紧张的问题，自 20 世纪 50 年代就着手开展新市镇（卫星城）的规划建设，开辟了一批远离港九建成区、位于乡郊的功能性组团，并通过便捷的轨道交通，成功将城市中心区密集的人口逐步疏解至 9 个新市镇，验证了 TOD 开发模式的巨大成效。

其次，在技术上，通过规划强化市民生活方式对轨道交通的依赖。在站点出入口、周边地区优先布置一些综合性的、易于吸引人流的商贸、购物、居住等设施。在香港城市规划的土地分区计划大纲图和法定图则中，对轨道交通沿线土地利用均在规划上设置综合发展区（CDA），充分为地铁物业发展提供支持，使地铁公司能够通过主导站点周边地区规划，统筹商业、居住、办公等场景，满足高强度混合使用土地的需求，以此吸引、集聚客流，同时为更多市民提供便利交通，引导城市人口疏解。通过结合轨道站点设置社会停车场、公交总站等设施的方法，建立发达的综合交通换乘体系，充分提高轨道站点可达性，进而强化轨道交通对周边中远距离地区居民的吸引力。

最后，在策略上，香港特区政府坚守审慎的商业原则，利用和发挥市场的作用，通过允许港铁公司参与沿线土地开发经营，使其尽享由地铁建设带来的巨大土地增值效益，这也是港铁成功运营的最重要经验之一。

而在土地供给方面，长期以来土地资源的紧缺性迫使香港特区政府对包括轨道交通沿线在内的全港土地供应进行强有力的控制。这一土地供应政策使香港的地价一直居高不下，而且也保证了港铁公司在沿线土地开发中的效益。通常情况下，香港特区政府按照无地铁情况下的最低价将地铁物业发展用地出让给港铁公司，然后由港铁公司担当土地经营商的角色，按照有地铁情况下的市场地价进行操作，通过公开招标的形式寻求地产商合作。港铁公司在取得地契时即由选定合作的地产商支付地价，并开始根据港铁公司的发展要求兴建相关物业。地铁物业建成后，港铁公司可以选择现金、实物或现金与实物兼顾的形式分得物业发展收益。

（二）EOD 模式

1. EOD 模式发展背景和基本内涵

2020 年 9 月，国家发展改革委等 4 部门联合印发了《关于扩大战略性新兴产业投资 培育壮大新增长点增长极的指导意见》，指出“探索开展环境综合治理托管、生态环境导向的开发（EOD）模式等环境治理模式创新”，为绿色环保项目的市场化建设提供了新的思路。习近平总书记指出要“探索政府主导、企业和社会各界参与、市场化运作、可持续的生态产品价值实现路径”，因此要加快构建以生态产业化和产业生态化为主的生态经济体系。2021 年 2 月，国务院印发《国务院关于加快建立健全绿色低碳循环发展经济体系的指导意见》，要求坚持市场导向，在绿色发展中充分发挥市场的导向性作用和各类市场交易机制的作用。

根据《关于推荐生态环境导向的开发模式试点项目的通知》（环办科财函〔2020〕489 号），EOD 模式重在以生态文明思想为引领，以生态保护和环境治理为基础，采取产业链延伸、联合经营、组合开发等方式，推动公益性较强、收益性差的生态环境治理项目与收益较好的关联产业有效融合，将生态环境治理带来的经济价值内部化。可以预计，EOD 模式将在废弃矿山修复、农业农村综合开发、城乡供排水一体化、重点流域治理等行业迎来较大发展机遇。

2. 相关政策文件

在生态文明建设的总基调下，2014—2018 年，基于项目实践的 EOD 模式应运而生。2018 年 8 月以来，生态环境部、国家发展改革委、科学技术部、工业和信息化部和财政部等多部委发布的 EOD 相关政策见表 2-1。

表 2-1　EOD 相关政策

发布时间	部门	文件名称	主要内容
2018 年 8 月 30 日	生态环境部	《关于生态环境领域进一步深化“放管服”改革，推动经济高质量发展的指导意见》（环规财〔2018〕86 号）	推进环境治理模式创新，提升环保产业发展效果。探索开展生态环境导向的城市开发（EOD）模式创新，推进生态环境治理与生态旅游、城镇开发等产业融合发展，在不同领域打造标杆示范项目
2019 年 1 月 11 日	生态环境部、全国工商联	《关于支持服务民营企业绿色发展的意见》（环综合〔2019〕6 号）	探索生态环境导向的城市开发（EOD）模式和工业园区、小城镇环境综合治理托管服务模式。规范环保产业发展，指导招标投标机构完善评标流程和方法，加强行业和企业自律，避免恶意“低价中标”

发布时间	部门	文件名称	主要内容
2020年9月8日	国家发展改革委、科技部、工业和信息化部、财政部	《关于扩大战略性新兴产业投资 培育壮大新增长点增长极的指导意见》（发改高技〔2020〕1409号）	探索开展环境综合治理托管、生态环境导向的开发（EOD）模式等环境治理模式创新，提升环境治理服务水平，推动环保产业持续发展
2020年9月16日	生态环境部办公厅、国家发展改革委办公厅、国家开发银行办公厅	《关于推荐生态环境导向的开发模式试点项目的通知》（环办科财函〔2020〕489号）	坚持生态优先，践行绿色发展理念，开展EOD模式试点，探索将生态环境治理项目与资源、产业开发项目有效融合，解决生态环境治理缺乏资金来源渠道、总体投入不足、环境效益难以转化为经济收益等瓶颈问题，推动实现生态环境资源化、产业经济绿色化，提升环保产业可持续发展能力，促进生态环境高水平保护和区域经济高质量发展
2021年4月27日	生态环境部办公厅、发展改革委办公厅、国家开发银行办公室	《关于同意开展生态环境导向的开发（EOD）模式试点的通知》（环办科财函〔2021〕201号）	同意天津市静海区生态修复治理与健康产业城市主动健康综合体项目等36个项目开展生态环境导向的开发（EOD）模式试点工作，期限为2021—2023年。在试点工作开展过程中积极探索，创新生态环境治理项目组织实施方式，促进生态环境高水平保护和区域经济高质量发展
2021年10月13日	生态环境部办公厅、发展改革委办公厅、国家开发银行办公室	《关于推荐第二批生态环境导向的开发模式试点项目的通知》（环办科财函〔2021〕468号）	向各地征集第二批生态环境导向的开发模式（简称EOD模式）备选项目。通知提出了5项申报条件（需同时满足），每个省份申报数量原则上不超过3个，本次重点支持实施基础好、投资规模适中、项目边界清晰、反哺特征明显、环境效益显著的试点项目

3. 第一批生态环境导向的开发（EOD）模式试点

2021年4月27日，生态环境部办公厅、发展改革委办公厅与国家开发银行办公室联合印发《关于同意开展生态环境导向的开发（EOD）模式试点的通知》（以下简称《试点通知》），进一步发挥部行合作优势，探索投融资模式创新，支持一批生态环境导向的开发模式（EOD）试点项目，创新环境治理模式，推动环境产业发展，本次共有36个试点项目入选《试点通知》，具体情况见表2-2。

表 2-2 第一批生态环境导向的开发（EOD）模式试点项目名单

序号	省（区、市）	试点名称	试点实施单位
1	天津	静海区生态修复治理与健康产业城市主动健康综合体项目	天津健康产业国际合作示范区管理委员会、天津蔚蓝健康产业发展有限公司
2	河北	怀来永定河沿岸及官厅水库周边生态环境导向的开发项目	怀来县人民政府、永定河怀来生态发展有限公司
3	内蒙古	宁城县蚂蚁山生态环境治理建设项目	宁城县人民政府、赤峰市利奥生态科技有限公司
4		内蒙古杭锦旗库布其沙漠治理项目	杭锦旗人民政府、内蒙古库布其生态资源科技有限公司
5		乌梁素海全流域综合治理项目	巴彦淖尔市人民政府、内蒙古淖尔开源实业有限公司
6	辽宁	阜新市百年国际赛道城废弃矿区综合治理项目	阜新市新邱区人民政府
7	吉林	吉林市中新食品区黑土地保护治理与蓝靛果产业开发项目	吉林（中国—新加坡）食品区管理委员会
8	上海	金山区枫泾镇郊野村庄田园综合体项目	上海市金山区枫泾镇人民政府、上海太和水环境科技发展股份有限公司、上海开太鱼文化发展有限公司
9	江苏	泰兴高新技术产业开发区生态环境导向的开发项目	江苏省泰兴高新技术产业开发区管理委员会、泰兴市智光环保科技有限公司
10		徐州市丰县生态环境导向的开发项目	徐州市丰县人民政府、江苏振丰环保集团有限公司
11	浙江	衢州市柯城区“两溪”流域生态环境导向的开发项目	衢州市柯城区人民政府、衢州市柯城区国有资产经营有限责任公司
12		遂昌县仙侠湖流域生态环境导向的开发项目	遂昌县人民政府、遂昌县两山投资发展集团
13		湘湖片区生态环境导向的开发项目	浙江省萧山湘湖国家旅游度假区管理委员会、浙江湘旅控股集团有限公司
14	安徽	马鞍山市向山地区生态环境导向的开发项目	马鞍山市雨山区人民政府、江东控股集团有限责任公司
15		宿州30万亩农田残膜污染治理和生态塑料产业化项目	宿州马鞍山现代产业园区管理委员会、宿州妙顺环保科技有限公司
16		芜湖市湾沚区“两江四圩”区域生态环境导向的开发项目	芜湖市湾沚区人民政府、安徽水韵环保股份有限公司
17	福建	翠屏湖水生态修复与水生态资源绿色开发运营一体化项目	古田县人民政府、华川技术有限公司

序号	省（区、市）	试点名称	试点实施单位
18	江西	昌抚态何源田园综合体项目	抚州市昌抚合作示范区管理委员会、上海太和水环境科技发展股份有限公司、江西态何源农业发展有限公司
19	山东	日照水库流域生态保护与产业开发项目	日照市东港区人民政府、日照市水务集团有限公司
20		滨州市博兴经济开发区绿色融合发展项目	滨州市博兴经济开发区管理委员会、山东京博控股集团有限公司
21	河南	许昌市魏都区“无废城市”建设项目	许昌市魏都区人民政府、河南一起分类环保科技有限公司
22		漯河市城乡一体化示范区都市生态农业科技产业园综合开发项目	漯河市城乡一体化示范区管理委员会、漯河亿利政融生态农业科技有限公司
23	湖北	武汉东湖高新区生态环境导向的开发项目	武汉东湖新技术开发区管理委员会、中国（湖北）自由贸易试验区武汉片区管理委员会、长江生态环保集团有限公司
24		宜昌市长江宜都段生态环境导向的开发项目	宜都高新技术产业园区管理委员会
25		荆门市汉江流域钟祥段生态环境导向的开发项目	钟祥市人民政府
26	湖南	耒阳市（中国）油茶博览园生态环境导向的开发项目	耒阳市人民政府、湖南神农国油生态农业发展有限公司
27		湖南城陵矶临港产业新区水系综合整治（二期）项目	湖南城陵矶新港区管理委员会、湖南临港开发投资集团有限公司
28		长沙市望城区滨水新城核心区综合开发项目	长沙市望城区人民政府
29	广西	凌云县生态环境导向的开发项目	凌云县人民政府、百色北部新区发展有限公司
30	重庆	重庆市经济开发区生态环境导向的开发项目	重庆经济技术开发区管理委员会
31		重庆江津团结湖大数据智能产业园开发项目	重庆市江津区人民政府
32	四川	邛崃市白沫江水美乡村生态综合体开发项目	邛崃市人民政府
33		泸州市纳溪区永宁河流域生态综合治理项目	泸州市纳溪区人民政府
34		涪江遂宁主城区段环境综合整治与城乡一体化融合开发项目	遂宁市人民政府

序号	省（区、市）	试点名称	试点实施单位
35	陕西	西安高新技术产业开发区生态环境导向的开发项目	西安高新技术产业开发区管理委员会、西安高科集团有限公司
36	新疆	新疆生产建设兵团第 9 师 161 团生态环境导向的开发项目	新疆生产建设兵团第 9 师 161 团、新疆绿翔旅游发展有限责任公司

4. 相关案例

（1）在 2020 年 11 月 13 日，中国电力建设集团旗下的中电建生态环境集团有限公司（以下简称电建生态）以 100 亿元的投资规模拿下了长沙望城区大泽湖的项目，具体开发模式就是 EOD 模式。电建生态希望在总面积为 969 km^2 的土地上利用好滨江资源优势，务实推进重大项目建设，将滨水新城打造成“生态、智慧、活力”的新城；同时明确滨水新城片区开发时序以“集中集约优势资源、由南向北、成片推进”为原则，“以大泽湖片区为重点”，精准聚焦、靶向发力，加快推进片区发展。

（2）2019 年 8 月中交天津航道局、中交疏浚集团、中交生态环保投资有限公司、中交第四航务工程勘察设计院与中交（天津）生态环保设计研究院联合体 65 亿元中标蓟运河（蓟州段）全域水系治理、生态修复、环境提升及产业综合开发 EOD 项目。

（3）2020 年 11 月，中交疏浚集团牵头的联合体中标成都市首个城市合伙人片区综合开发项目怡心湖 C 区。该项目位于成都市中心城区双流区，是双流区打造的三大城市副中心之一——怡心湖副中心的重要组成部分。项目通过流域治理与域内片区开发相融合，创新采用“流域治理 + 片区开发”的 EOD 模式，致力于将项目打造成为成都数谷国际生态社区。

（4）2021 年 11 月，中交投资有限公司牵头的联合体中标成都芯谷杨柳湖片区综合开发 EOD 项目。该项目总规划占地面积 10.7 km^2，包含两部分：一是片区整体营造项目，包括片区内生态环境提升、基础设施及公服设施建设、运维、产业导入等；二是自营性产业载体项目开发，2022—2024 年，空港兴城产投公司预计在片区内进行工业用地、科研用地的开发，包括标准化厂房、科研楼、产业配套设施建设、运营等。为保障片区内未来产业的培养，招标人拟通过市场化方式获取约 360 亩工业用地、268 亩科研用地，进行产业载体项目的实施（具体以招标人实际拿地规模为准）。

（5）山东日照水库流域生态保护与产业开发项目（2021 国家级试点）。该项目实施以水质提升为目标的生态环境治理工程。对入库水质实施在线监测，重点实施项目区内村庄搬迁、入库河口固体废物拦截、陈疃河湿地和铨元河湿地修复等生态环境治理工程，提升水库流域生态系统的净化能力，打造水库生态屏障圈。

（6）三峡集团以 240 亿元投资的光谷生态大走廊项目。2019 年 9 月，长江生态环保集团与东湖高新区正式签订战略合作协议，确定采用“厂网河湖岸＋生态产业”模式开展全域合作。目前，长江生态环保集团已按照协议约定完成全区“三水共治”规划及实施方案，项目总投资约240亿元。在为东湖高新区做好全域水环境规划的同时，长江生态环保集团积极拓展环保领域相关业务，在地方政府的委托下开展实施其最为关注的生态环境治理项目——光谷生态大走廊项目。

第三章　水系统安全管理方法和技术研究

第一节　水系统安全管理方法和技术发展综述

水作为重要的战略资源，与社会经济发展紧密相关，是维系人类可持续发展的重要命脉，但在当前快速城市化进程中，水源涵养功能减弱、水质污染、洪涝灾害频发等一系列水系统安全问题的出现，对区域生态安全、粮食安全甚至国家安全造成了重大影响，水系统安全问题逐渐成为全世界关注的焦点。

一、水系统安全的概念

自水安全议题提出以来，国内外学者重点围绕水资源安全界定、水资源安全评价指标体系、水环境质量评价以及洪涝安全管理与应急预案等方面开展了大量理论方法及个案研究，从水资源、水环境及水灾害规避等方面有效提升了全社会对水安全问题的关注。

多年来，不同学者基于多学科视角，对水安全及其关联概念进行了界定。根据关注点的不同，可将其归纳为水资源安全、水生态安全、水环境安全、水灾害规避安全等方面。其中，水资源安全是对水资源能否满足合理的社会、经济及生态用水需求的综合评判，最终目标在于解决水资源的可持续供给问题；而水生态安全强调生态用水安全是对维持生态环境系统稳定和可持续发展用水的度量；水环境安全重点关注水质污染和水环境整体安全状况；水灾害规避安全则主要涉及不同尺度、不同地域的洪涝灾害风险的定性、定量评估及其综合管理与防范。

综合而言，水安全是指供给一个国家或地区乃至全球人类生存发展所需的有量与质保障的水资源、能够持续维系流域内人与生态环境健康、确保人民生命财产免受水旱灾害与水环境污染等侵害的能力。水系统安全的概念比较宽泛，它涉及供水系统安全、防洪系统安全、水质系统安全、水生态系统安全、跨境河流水系统安全等多个方面。大体上可以从防洪排涝安全、水资源保障安全、水环境安全、水生态安全等方向来论述水系统安全的内涵（图 3-1）。

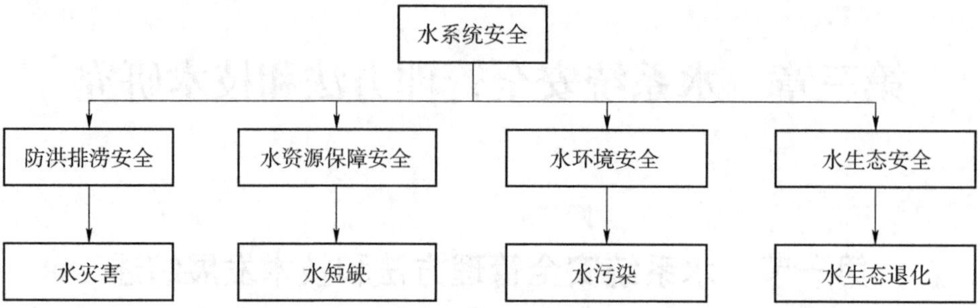

图 3-1　水系统安全的研究内涵

二、水系统安全管理方法发展概述

（一）国外水系统安全管理方法发展

21 世纪，全球气候变暖，极端天气带来的自然灾害更加频繁，呈现破坏力强、波及面广、经济损失大等特点，因此科学的水系统安全治理则显得尤为重要。水是城市中人们生产生活必不可少的自然资源，科学合理的水系统安全管理是城市正常运转的必要条件。在水系统安全管理的发展方面，有些国家在解决自身水系统安全问题的过程中走在了世界前列。

1. 荷兰的水系统安全管理

荷兰地处莱茵河、马斯河和斯凯尔特河三角洲，是出了名的低地国家，被称为水上王国。全国有将近 1/4 的土地海拔不到 1 m，1/4 的土地低于海面，海岸线长 1 075 km，沿海有超过 1 800 km 长的海坝和岸堤。荷兰的气候温和，年均降水量约 780 mm，年内分布较均匀，年际变化也不大，年均蒸发量约 680 mm。境内可再生水资源量为 110 亿 m^3，其中，地下水产水量 45 亿 m^3，地表水产水量 110 亿 m^3，地下水和地表水的重复计算量为 45 亿 m^3。加上从比利时和德国流入荷兰的地表水资源量 800 亿 m^3，荷兰总的可再生水资源量为 910 亿 m^3。荷兰在近几个世纪的快速发展过程中遭遇了各种水安全问题，包括海洋风暴潮侵袭、国土盐渍化、河水泛滥、水体污染、滨水空间恶化、城市内涝等。

（1）水系统安全管理机制

荷兰的水系统安全管理工作之所以能有条不紊地开展，与其水系统安全管理机制和管理法规密切相关。

荷兰水资源管理划分为 3 个层级，分别为国家层面的基础设施与环境部、省政府、市政府与水务局。荷兰水资源管理机制的特点在于一直以来的“一龙治水”，即与治水有关的工作都集中在某一层级的单一水资源管理部门，注重不同层级之间的交流合作，而不是同一层级的不同部门分别管理水资源的不同方面，如水质、水量、水利工程建设等。

（2）水系统安全管理法律

与此同时，水系统安全管理相关的法律、法规是治水政策得以持续推进和落实的重要保障。20 世纪之前，水资源管理的法律、法规一般是针对单一的水系统安全问题开展，涉及河流、地表水、地下水、河床、河道、海滩等多方内容，而在具体操作层面，出现管理实施部门权责不清、持续维护难度加大、执行力度不强等问题。21 世纪，治水策略需要从宏观到微观、综合全面地对水系统进行把握，因此需要严苛的法律框架进行约束。2009 年荷兰新《水法》颁布，对此前零散的法律内容进行整合，用于把控宏观层面的水资源管理战略。

（3）多层次的水安全治理系统

为了有效应对水安全问题，荷兰制订了多个国家层面和区域层面的战略计划，包括三角洲计划、气候适应性计划等。通过建立多层级防护体系，有效减缓水安全问题，第一道防护为荷兰北海岸线的堤坝体系，由不同等级规模的拦海大堤和堤防构成，属于工程防护；第二道防护是生态防护，包括森林、湿地、水公园等缓冲地带；第三道防护为人工防护，通常根据地区水安全问题特点，因地制宜地制定应对策略，包括区域整体地势抬高、建设外围挡水墙等，或从国家、区域层面开展韧性城市建设，优化雨水收集系统，打造海绵社区示范点。

（4）先进的防洪思路

荷兰的防洪思路主要体现在两个方面。一是经历了从早期依靠工程干预提高防洪标准，到 20 世纪末、21 世纪初通过生态措施减缓灾害影响的思路转变。“扩大河流空间”项目体现了流域治理中的“韧性规划”策略。城乡发展从“安全抵御洪水”向“与洪水安全共存”转变，人居城镇的建设顺应河流的自然发展形态，而非按照人工化的城镇布局或利用工程措施改造河流。二是水治理与荷兰空间规划系统在技术、行政、法规体系方面融合得更加紧密。水治理的核心理念与策略被纳入《国家基础设施与空间规划战略》和《水规划》的目标、措施和空间结构；《三角洲项目》提出了与空间规划自适应相结合的水治理目标，整合了雨洪安全和淡水供给、空间自适应城镇开发、水质提升、城镇景观塑造、气候自适应变化等多重目标，通过各类长短期结合的项目在地方进行空间落位，形成了多元价值诉求和社会多方参与的平台。

（5）水污染防治管理方法

荷兰的水污染防治主要经历了水污染、水污染处理、面源控制、水修复 4 个阶段，也走了先污染后治理的路。20 世纪 70 年代流经荷兰的 4 条河流全部受到污染，最严重时，莱茵河（河内）鱼虾绝迹。到 20 世纪 70 年代后期，欧洲各国本着谁污染、谁出钱治理的原则，签署了《环境公约》，水环境恶化的势头得以控制，水环境逐步改善。

为防治水污染，荷兰颁布了一系列关于污水管理和控制的法律。1970 年颁布了《地表水污染防治法》，该法是防治地表水污染的基本法，从法律上进一步明确了地表水排放污染许可制度，并依据“谁污染、谁付费”的责任对等原则实行有偿排污，且详细规定了违法排污的处罚细则。1982 年颁布了《地下水法》，该法是防止地下水污染的基本法，其规定了在国家有效监督下，各省对地下水开采、管理所承担的主要责任，并确定了地下水开采的注册、许可、上诉及开采征税制度。1986 年颁布了《土壤保护法》，该法明确提出对土壤恶化、地下水污染进行控制，并要求各省制定相应的地下水质控制（保护）规划。1989 年颁布了《水管理法》，规定国家、省政府和水务局等三级负责编制水资源的开发和治理规划，并要求历经 4～8 年修订国家层面上的水管理政策文件，省政府、水务局也制定了相应的水管理措施。1992 年颁布的《水董事会法》，是一部涉及管理机构的法律，明确了水董事会的组成、管理机制、管理权限以及与地方政府和中央政府的关系。通过上述法律的颁布实施，荷兰形成了一个包括地表水、地下水、土壤水、水资源开发利用规划、水务管理等一个完整的水污染防治管理与治理的法律体系。

2. 以色列的水系统安全管理

以色列地处中东地区东部，国土面积约 2.78 万 km^2，其中沙漠面积约占 2/3。淡水资源奇缺是以色列的一大特点。全国降水量少且分布不均匀，全国一半以上的面积年降水不足 180 mm，除每年 11 月至来年 3 月为雨季外，其余 7 个月连续都是干旱季节，而年际降水变化幅度也高达 25%～160%。以色列多年平均径流量为 20.45 亿 m^3，人均年径流量 403 m^3。然而，正是在这块贫瘠缺水的土地上，以色列人依靠科学用水，珍惜、利用好每一滴水，建成了现代农业，发展了现代工业，取得了举世瞩目的节水兴国的成就。以色列主要是通过以下管理方式解决国家的水安全问题的。

（1）不断完善水管理体制

2006 年之前，以色列水资源管理的权限分布在各个政府职能部门。2006 年，以色列政府对水资源管理的职能部门进行了调整，将分散在不同部门的水资源管理职能统一划拨到新组建的水与污水资源管理委员会，统筹全国水资源和水循环工作。同时还规定，政府在制定政策和采取措施的时候，必须征求由政府和生产商、供应商和消费者等公众代表组成的水资源理事会的意见。

（2）法律、政策保障，政府严格监管

以色列对水资源实施严格监管，出台了多部专门的法律、法规。1959 年颁布的《水资源法》是水资源管理的基本法，规定了全国水资源控制和保护的框架。根据《水资源法》的规定，以色列境内所有水资源均归国家所有，人人都有用水的权利，但不能使水资源盐化或者耗尽。1962 年出台的《地方政府污水管理法》规定了地方政府在规划、建造和管理污水处理系统中的权力和义务，强调了地方政府维护污水系统良好运作的责任。1971 年，以色列修改了《水资源法》，禁止任何人直接或间接污染水资源，授权环境部部长保护水质量，防止水污染，并为此颁布行政规章。

1981 年出台的《公共健康法典》规定了废水处理的有关内容，并对适宜灌溉废水的农作物列举了清单。而《关于饮用水卫生质量的规定》授权卫生部监管国内饮用水质量，并对水资源中化学物和微生物的浓度设置了上限。1995 年，以色列又出台相关法律，对开挖水井规定了限制条件，并对水井区域规定了三重保护。

（3）注重可持续发展，节流开源并重

以色列政府制定了可持续发展的战略规划，强调保护资源与环境，建立水、土、空气等生态系统“红线制度”，严格控制地下水的开采，注重水生态和水环境的保护，建立国家绿色核算体系。

由于近年来连续干旱，加利利湖水位已降至警戒红线以下，以色列政府不得不多次减少农业用水配额。对此，除了目前在建大型海水淡化工厂外，以色列还在研究从地中海、红海引水，以及进行人工增雨等。

（4）水资源分布格局的调整

以色列地表水资源分布很不均匀，80% 的水集中在北部地区，只有 20% 的水集中在南部地区，但全国 65% 的耕地在南部。以色列于 1953 年开始兴建国家北水南调输水工程。国家北水南调输水工程的投入使用，既缓解了地区间水资源的不平衡状况，也标志着以色列全国性水网工程的初步形成。国家输水系统好比大动脉，沿途连接了许多地区性水利工程，地区性的小型供水系统就好比毛细血管，形成了一个四通八达的供水网络，这些都为以色列统一调配使用水资源、实施水配额制度奠定了物质基础。

（5）技术创新，高效利用水资源

以色列农业科研始终围绕节水、开发高产作物进行，此外，还研发了地下盐碱水、城市废水灌溉技术。全国普遍使用两档厕所水箱、节水龙头、绿化滴灌专用水管等节水器具。以色列专家认为，有关安全供水、节水、提高水质量、储水和灌溉等水技术，有着巨大的市场需求和发展前景。

（二）国内水系统安全管理方法发展

1. 我国的水系统安全问题

我国多年平均水资源总量约为 28 000 亿 m^3，占全球水资源的 6%，名列世界第 4。但是，我国的人均水资源量只有 2 300 亿 m^3，仅为世界平均水平的 1/4，是全球人均水资源最贫乏的国家之一。然而，中国又是世界上用水量最多的国家。2019 年我国供水总量和用水总量均为 6 021.2 亿 m^3，其中，地表水源供应量 4 982.5 亿 m^3，地下水源供水量 934.2 亿 m^3，其他水源供应量 104.5 亿 m^3。

随着经济社会快速发展和全球气候变化影响加剧，我国水安全问题日益凸显，面临严峻挑战。

（1）水资源短缺矛盾加剧，严重制约经济社会发展。今后相当长的时期内，我国用水需求还将增长，水资源供需矛盾更加突出，保障供水安全的压力越来越大。

（2）水污染问题突出，水环境恶化加快水资源短缺。总体上看，水污染恶化的趋势尚未得到有效遏制，一些地方守着江河无水喝。

（3）水灾害频繁发生，洪涝、干旱威胁程度加重。受极端天气影响，近年来水旱灾害呈多发频发重发趋势。

（4）水生态退化，部分河流开发超出承载能力。全国水土流失面积达 295 万 km^2，约占国土面积的 30%，西北一些内陆河流开发利用已接近甚至超出水环境承载能力，全国地下水超采区面积达 23 万 km^2。

我国水安全形势严峻，从当前看，洪涝、干旱、水污染已经成为经济社会可持续发展的主要“瓶颈”；从长远看，如果处理不好，将对我国长远发展造成影响。

2. 我国的水系统安全管理体制

我国实行的是流域和行政区相结合的水管理体制，这一体制很好地兼顾了水资源自然特征和社会特征。并且经过多年实践，已基本形成了以法律为基础，水行政主管部门为主、多部门合作的水治理体制。

（1）中央层面的水治理体制现状

《中华人民共和国水法》规定，国家对水资源实行流域管理与行政区域管理相结合的管理体制。国务院水行政主管部门负责全国水资源的统一管理和监督工作。国务院有关部门按照职责分工，负责水资源的开发、利用、节约和保护的有关工作。《中华人民共和国防洪法》规定，国务院水行政主管部门在国务院的领导下，负责全国防洪的组织、协调、监督、指导等日常工作，其他有关部门按照各自的职责，负责有关的防洪工作。《中华人民共和国水土保持法》规定，国务院水行政主管部门主管全国的水土保持工作，林业、农业、国土资源等有关部门按照职责，做好有关的水土流失预防和治理工作。《中华人民共和国水污染防治法》规定，县级以上人民政府环境保护主管部门对水污染防治实施统一监督管理，水行政、国土资源等部门以及重要江河、湖泊的流域水资源保护机构，在各自的职责范围内，对有关水污染防治实施监督管理。

（2）流域层面的水治理体制现状

依据《中华人民共和国水法》等的规定，水利部在长江、黄河、淮河、海河、珠江、松辽、太湖流域分别设立流域管理机构，在所管辖的范围内，负有保障水资源开发利用、水资源监督和保护、防治水旱灾害、指导水文工作、协调水土流失防治、水政监察和水行政执法、农村水利及农村水能资源开发等职责。各省水行政主管部门负责本辖区的水资源统一管理。

（3）地方层面的水治理体制现状

地方总体上以地方水行政主管部门为主，相关部门配合，部分地方有创新。地方水行政主管部门与中央水行政主管部门的职能基本对口，分省、地（市）、县三级，实行分级管理。推行水务一体制的地区，把城市供水、排水、污水处理等职能纳入水行政主管部门统一管理。

3. 我国水系统安全管理的法律条例

自20世纪80年代以来，我国开始了依法治水、依法管水的努力，开展水安全管理的立法工作，全国人大及其常务委员会先后通过了《中华人民共和国水污染防治法》《中华人民共和国水法》《中华人民共和国水土保持法》《中华人民共和国防洪法》《中华人民共和国长江保护法》等法律，后续又进行了不断的完善修订，形成了我国的水安全管理法律体系，水资源的管理和利用步入规范化、法制化的轨道，为我国的水安全提供了有力的法律保障。同时，在我国的发展过程中针对不同层面水安全问题，国务院及各部委制定行政法规条例，不断强化对我国水系统安全的管理。

4. 我国水系统安全管理方法

（1）我国防洪减灾体系建设

中华人民共和国成立之前，我国江河泛滥，水利基础设施残缺不全，防洪能力非常薄弱。经过70多年几代人的前赴后继，我国的防洪工程体系不断得到完善。1998年长江特大洪水后，我国治水思路也发生了深刻转变，水利事业全面快速发展，防洪减灾非工程措施不断强化。目前，我国形成了以《中华人民共和国防洪法》为基础的法律法规及政策体系，以水行政主管部门为主导、多部门配合的防洪工程建设管理体系和以防汛指挥机构为首的应急管理体系；主要江河防洪工程体系基本建成，雨水情监测系统不断完善，洪水预报水平逐步提升，防洪调度实用有效，山洪灾害预警系统初步覆盖，避洪转移全面推行，防洪减灾成效显著，有力保障了国民经济长期快速平稳发展。

（2）水资源合理配置

我国水资源的地理布局呈南多北少、东多西少的局面，在时间的分布上，又呈夏秋季节多、冬春季节少的规律。这使我国的水资源分布在空间和时间上都呈现出极度不均匀的局面。因此需对我国的水资源进行合理的配置。

我国颁布的《全国水资源综合规划技术大纲》对水资源合理配置给出了一个比较权威的定义，即“在流域或特定的区域范围内，遵循有效性、公平性和可持续性的原则，利用各种工程与非工程措施，按照市场经济的规律和资源配置准则，通过合理抑制需求、保障有效供给、维护和改善生态环境质量等手段和措施，对多种可利用水源在区域间和各用水部门间进行的配置”。

（3）最严格的水资源管理制度

我国水资源面临的形势十分严峻，水资源短缺、水污染严重、水生态环境恶化等问题日益突出，并已成为制约经济社会可持续发展的主要“瓶颈”。2012年1月，国务院发布了《关于实行最严格水资源管理制度的意见》，我国将实行最严格水资源管理制度，加强水资源开发利用控制红线管理，严格实行用水总量控制。为保障政策顺利实施，我国建立了水资源管理责任和考核制度。同时健全了水资源监控体系，完善水资源管理体制并健全政策法规和社会监督机制。“十三五”以来水资源各项管控目标顺利实现，实施水资源消耗总量和强度双控行动，全国用水总量基本保持稳定，每年控制在6 100亿m^3以内。

（4）水污染防治行动计划

2015年，为了解决我国一些地区水环境质量差、水生态受损严重、环境隐患多等突出问题，保障国家水安全，中共中央政治局常务委员会会议审议通过了《水污染防治行动计划》，要求到2020年，全国水环境质量得到阶段性改善，污染严重水体较大幅度减少，饮用水安全保障水平持续提升，地下水超采得到严格控制，地下水污染加剧趋势得到初步遏制，近岸海域环境质量稳中趋好，京津冀、长三角、珠三角等区域水生态环境状况有所好转。到2030年，力争全国水环境治理总体改善，水生态系统功能初步恢复。到21世纪中叶，生态环境质量全面改善，生态系统实现良性循环。其基本涵盖了我国水安全的所有内涵。

（5）河湖长制

河湖长制以保护水资源、防治水污染、改善水环境、修复水生态为主要任务，构建责任明确、协调有序、监管严格、保护有力的河湖管理保护机制，为维护河湖健康生命、实现河湖功能永续利用提供制度保障。

2021年5月，水利部印发了《河长湖长履职规范（试行）》，作为指导性文件，坚持以解决河湖问题为导向，分类细化各级河长、湖长的主要职责任务，厘清了各级河长、湖长的履职重点和履职方式，对促进各级河长、湖长履职尽责，推动河长、湖长制落地生根见实效具有重要实践意义。

（6）《城镇污水处理提质增效三年行动方案（2019—2021年）》

为加快补齐城镇污水收集和处理设施短板，尽快实现污水管网全覆盖、全收集、全处理，住房和城乡建设部、生态环境部和发展改革委印发了《城镇污水处理提质增效三年行动方案（2019—2021年）》，提出经过3年努力，地级及以上城市建成区基本无生活污水直排口，基本消除城中村、老旧城区和城乡接合部生活污水收集处理设施空白区，基本消除黑臭水体，城市生活污水集中收集效能显著提高。

三、水系统安全技术发展概述

（一）国外水系统安全技术发展

1. 国外防洪排涝安全技术发展

（1）河道防洪技术发展

早期河道治理强调防洪和排涝，忽略了河道的生态功能，因而大量采用裁弯取直、固化河岸等手段，并使用混凝土、块石等硬质材料，影响了河流系统的自然形态、水生生境复杂度、生态水文过程的可持续性，带来河道淤积、自净能力减弱、生物多样性遭破坏等一系列问题。这些问题的出现促使西方国家不断反思传统河道治理技术，从而产生了“近自然河道治理”的理念。1938 年德国 Seifert 首先提出“近自然河溪治理”概念，20 世纪 50 年代德国创立“近自然河道治理工程学”，1965 年德国 ErnstBittmann 在莱茵河用芦苇和柳树进行生态护岸试验，20 世纪 80 年代德国、瑞士提出了“河流再自然化”概念，将河道修复至接近自然的程度。

在近自然河道治理理念倡导下，德国、美国、日本、法国、瑞士、奥地利、荷兰等国家纷纷大规模拆除了以前在河床上铺设的硬质材料，代之可以生长灌草的土质边坡，逐步恢复河道及河岸自然状态。在保障安全的前提下，生态型护岸技术逐步成熟。在工程措施之外，河流整治的防洪理念也不断发生转变，从“抵御洪水”“控制洪水”和“管理洪水”到“与洪水共存”“还河流以空间”不断变化，通过建设分洪道和降低河漫滩高程等措施予以实施。近年来又兴起了“洪水风险管理”“流域综合整治”等新江河治理模式，治理目标由过去以防洪为主逐渐转变为防洪减灾、水资源保障、改善环境及生态系统等多目标综合整治。

（2）城市防洪治理技术发展

早期城市防洪除涝主要依靠建设大规模排水系统，如伦敦和巴黎的下水道系统已经有 150 多年历史，然而这种措施难以适应城镇化快速发展带来的挑战，为此，西方国家在城市规划和建设过程中逐步形成了低影响开发（Low Impact Decelopment，LID）、海绵城市等理念，经过不断探索形成了现今较完善的城市雨洪管理体系。

LID 是由美国最佳管理措施（Best Management Practices，BMPs）发展而来的，是指在城市开发建设过程中采用源头削减、中途转输、末端调蓄等多种手段，通过渗、滞、蓄、净、用、排等多种技术，实现城市良性水文循环，提高对径流雨水的渗透、调蓄、净化、利用和排放能力，维持或恢复城市“海绵”功能。20 世纪 70 年代首先在美国出现“雨水花园”设计理念，90 年代在马里兰州乔治王子县形成真正意义的雨水花园，并推出第一部 LID 设计技术规范，现在美国已进入系统化、规范化 LID 应用阶段。类似的做法在其他国家不断出现，澳大利亚“水敏感城市设计”（Water Sensitive Urban Design，WSUD）、英国“可持续排水系统”（Sustainable Urban Drainage Systems，SUDS）、新西兰“低影响城市设计和开发”（Low Impact Urban Design and Development，LIUDD）等均强调在城市建设中充分考虑雨水资源利用与城市防洪除涝相结合，运用生态方法改善雨水系统条件，从源头上避免雨水的汇聚，全面、持久地提升城市的防洪排涝效能。

2. 国外水资源保障安全技术发展

早期，随着水利工程技术、混凝土筑坝技术的发展，在水资源相对丰沛地区，西方国家一般采取“以需定供”的原则，通过修建大量工程来加强对水资源的控制和调蓄，以满足经济社会对水资源的需求。然而，这些措施在不断提高水资源保障能力的同时，带来了一系列生态问题；河流的连通性受到了阻隔，无限制的水资源开发导致一些河流断流萎缩。随着一些国家意识到高用水量将无法实现水资源可持续利用，决定大力加强需水管理。美国从1978年开始实施需水管理策略，迅速收到效果，1980年，美国供水量达到顶峰后，逐渐回落并基本稳定在5 600亿m^3上下；加拿大、瑞典、荷兰、日本先后实施了需水管理措施，逐步实现供水安全，先后进入需水量零增长的过程。

3. 国外水环境安全技术发展

污水处理的需求是伴随着城市的诞生而产生的。城市污水处理技术，历经数百年变迁，从最初的一级处理发展到现在的三级处理，从简单的消毒沉淀到有机物去除、脱氮除磷再到深度处理回用。

随着城市化进程加快，生活污水通过传播细菌引发了传染病的蔓延，出于健康考虑，人类开始对排放的生活污水处进行处理。早期的处理方式采用石灰、明矾等进行沉淀或用漂白粉进行消毒。

18世纪中叶，欧洲工业革命开始，其中，城市生活污水中的有机物成为去除重点。1881年，法国科学家发明了第一座生物反应器，也是第一座厌氧生物处理池——moris池诞生，拉开了生物法处理污水的序幕。之后活性污泥法、脱氮除磷工艺、氧化沟工艺、两段法工艺、序批式活性污泥法等工艺不断研制而出，并投入应用。

近几十年，随着污染加剧，水资源短缺严重，人类对水质提出了更高的要求，污水深度处理与回用技术兴起。污水处理厂的侧重点不再是核算污染物的排放量，而是如何改善水质。膜技术开始显现其独特优势，主要工艺有生物滤池、生物转盘、生物接触氧化、生物流化床等。目前，应用较多的膜处理技术主要有微滤、超滤、反渗透和膜生物反应器技术。21世纪初的新加坡“Newater”水厂就是采用在二级处理后加超滤膜及反渗透膜的方式进行再生水回用处理。

4. 国外水生态安全技术发展

面对日益严重的水生态环境问题，进入20世纪以来，西方主要发达国家逐渐加强了水生态保护与修复，治理与修复的对象、手段、措施、范围经历了一个从点源向面源、从局部到流域、从工程到制度的不断演化过程。在治理对象上，早期点源污染问题较为突出，水生态治理以控制点源污染为主，随着点源污染逐步得到控制，非点源污染、洪泛平原污染沉积物等持久性的、相对难以察觉的和难以控制的污染成为主要问题。美国在控制非点源污染过程中，提出了“实施最佳管理实践”（BMP）理念，并且认识到系统解决水生态问题的有效途径是流域综合管理。在治理手段和范围上，随着发达国家水污染问题逐步得到缓解，水生态系统载体——河湖湿地生态退化、结构和功能受损得到重视，治理重点逐步转移到河流生态修复，并且从区域治理转变到流域系统修复，从仅注重水环境改善转变到兼顾河湖生态修复、水生动植物修复、栖息地保护、亲水空间建设的人—水—自然关系全方位改善。韩国清溪川整治、莱茵河“2000 年鲑鱼计划”、美国洛杉矶河修复、RushCreek 流域生态恢复等，均体现出以保持河流生态系统生态整体性为目标，实现河流景观与其周围环境相和谐的流域尺度下河流生态修复理念和做法。

（二）国内水系统安全技术发展

1. 我国防洪排涝安全技术发展

水利工作中最本质的问题，就是如何处理人与自然的关系。钱正英院士指出，从“靠天吃饭”“人定胜天”到“人与自然和谐共处”，代表人类在处理与自然关系中不同阶段的理念，在协调人与洪水关系的问题上，人们已经醒悟到，“洪水形成的灾害大大超出了人类的控制能力”“要完全消除洪水灾害是不可能的”。2002 年中国工程院提出的《中国防洪减灾对策研究》报告，重点分析并展望了 21 世纪我国大江大河的防洪形势，提出“要从无序、无节制地与洪水争地转变为有序、可持续地与洪水协调共处的战略”“要从以建设防洪工程体系为主的战略转变为在防洪工程体系的基础上，建成全面的防洪减灾工作体系”。2003 年年初，我国国家防总与水利部已经明确提出，我国的防洪“要从控制洪水向洪水管理转变”。

在防洪减灾领域，新技术发展涉及面较广。从洪水的监测、预测、预报、预警、预案制定，到汛期防洪工程调度、抢险方案拟定、会商决策指挥、信息传达与反馈；从防洪工程隐患探测、险情观测、查险排险，除险加固到抢险救灾；从洪水灾情测报、评估到洪水风险分析、风险图绘制、防洪影响评价；从抑制暴雨径流增长的雨水渗透、蓄滞技术，到重要设施、物品的耐淹减损技术等，新技术开发与应用都十分活跃。近年来，新技术与专业技术相结合，在防洪减灾领域里发展尤其迅速，如数据库技术、计算机网络技术、地理信息系统、遥感技术、洪水仿真技术、情景分析技术等，为防洪工程体系规划与设计、防洪安全评价与管理、洪水预报与调度、防汛指挥系统运行中大量信息的处理、储存、查询、调用、显示与共享，各种方案、预案的计算与评价，洪水风险分析与决策支持等，增添了新的技术手段。

2. 我国水资源保障安全技术发展

水资源保障安全具体体现在两个方面：一是水资源的合理配置，这主要是通过一些调水工程进行区域之间水资源的合理配置；二是通过水资源的集约利用来减少水资源的使用量、保障水资源的安全。

进入 21 世纪，我国大力推进节水型社会建设，实施最严格水资源管理制度，明确了“节水优先”的治水方针，水资源利用效率显著提升，总体水平处于世界平均水平，较国际先进水平还有一定的差距。2020 年我国人均综合用水量 412 m^3，万元 GDP 用水量为 57.2 m^3，相比 1997 年下降 84%；万元工业增加值用水量为 32.9 m^3，相比 1997 年下降 87%；耕地实际灌溉亩均用水量由 1997 年的 492 m^3 下降至 356 m^3，农田灌溉水有效利用系数为 0.565，下降趋势显著。用水效率已经优于中高等收入国家的平均水平，但与发达国家之间差距巨大。我国城镇管网漏损率在 15% 以上，远落后于 6% 的国际先进水平。非常规水资源利用量仅占全国总供水量的 1.2%，远低于中东和新加坡等国家水平。2019 年 4 月，国家发展和改革委员会、水利部联合印发了《国家节水行动方案》，为满足新时代水资源安全保障和高效集约利用要求，应进一步加大节水科技创新和产业转化能力，发挥科技对国家节水行动的支撑引领作用。我国也一直以技术创新来支撑节水工作。

3. 我国水环境安全技术发展

我国水环境安全分为污水处理系统的排水安全和生活饮用水安全。近年来，我国人民生活质量得到大幅度的提升，但随之而来的城市生活污水排放也大大增多，未经处理的污水排放对城市和水环境造成严重污染，影响了城市的可持续发展。另外，随着城镇化、工业化快速推进，资源环境面临巨大的压力，工业、生活和面源污染等给城市饮用水安全保障带来挑战。随着我国经济的快速发展，我国在城市排水安全和生活饮用水安全方面的技术也得到长足的发展，有效解决了我国的所面临的水环境安全问题。

（1）城市排水技术发展

污水处理是经济可持续发展和水资源保护不可或缺的一部分。目前，我国环境保护意识不断加强，环保整治力度不断加大，对污水处理积累了丰富的经验。目前，城市污水处理工艺大多采用一级处理与二级处理。

（2）我国饮用水安全技术发展

随着国民经济的发展和人民生活水平的提高，作为城镇基础设施重要组成内容的我国给水事业得到快速发展。随着给水事业的蓬勃发展，我国给水技术水平也有了相应提高。为适应给水事业的发展，我国进行了大量科研，取得了不少突破成果，并有一批有代表性的给水项目相继建成。供水水质要求的不断提高又为给水技术发展提出了新的要求。

4. 我国水生态安全技术发展

曾经，我国水环境受到严重污染，出现水体滞流、多处于厌氧状态、复氧能力差、淤积严重、透明度低、发生黑臭等现象。由于水体污染负荷远远超过受纳水体的环境容量和自净能力，导致水中 COD、NH_3-N 等污染物严重超标，水生生态系统结构遭到破坏，生物多样性锐减。同时，城市和农村污水中氮磷污染物未经有效去除，又成为水体发生富营养化的重要诱因，造成水体生态功能的衰退甚至丧失。“有水皆污”“河道黑臭”已经成为我国水环境治理亟待解决的环境顽疾。

经过多年的水环境治理研究和实践，我国积累丰富的水环境治理技术，形成了水体底质改善、水体生态修复、水体水动力调控和水体强化处理等技术形成的水环境治理技术体系。

第二节　我国代表性地区的水系统安全管理方法和技术

为了实现我国经济社会又好又快发展，缓解我国能源、资源和环境的“瓶颈”制约，我国从理论创新、体制创新、机制创新和集成创新出发，紧密围绕防洪排涝、水资源安全供给、水资源优化配置、水环境治理、水生态修复、饮用水安全保障、城市污水的处理与资源化等水安全问题，开展管理方面科学技术研究，促进科技成果应用，培育和发展水安全产业，形成了具有中国特色的水系统安全管理方法和技术。

本书以我国京津冀、长三角、珠三角地区的水系统安全管理方法和技术为代表，对我国的不同地域的水系统安全保障工作的成果进行论述。

一、京津冀地区水系统安全管理方法和技术

（一）京津冀地区水系统安全现状

京津冀地区是我国政治、经济、文化和科技中心，地区面积占全国 2.2%，人口占全国 8.0%，地区生产总值占全国 11.0%。但多年平均水资源量不足全国 1%，人均水资源量仅为全国平均值的 1/9，水资源条件与经济社会布局极不相称。更为严峻的是，随着气候变化和人类活动的影响，京津冀地区可利用水资源呈现显著衰减的趋势。京津冀地区是我国乃至全世界人类活动对水循环扰动强度最大、水资源承载压力最大、水资源安全保障难度最大的地区。从 20 世纪 90 年代以来，党中央和国务院不断推动京津冀地区的协同发展，政府间开展了各种形式和不同领域的区域环境治理合作探索。随着区域经济的稳步发展和人口的不断增加，生态环境问题，尤其是水系统安全问题成为区域可持续发展的突出矛盾。

（二）京津冀地区防洪排涝安全管理方法和技术

本书以北京市为例，详细论述北京市的防洪排涝体系建设。北京市地处华北平原北端，西部为太行山脉，北部为燕山山脉，中部为平原，地势西北高、东南低。北京中心城区是首都战略定位的集中承载地区，包括东城区、西城区、朝阳区、海淀区、丰台区、石景山区，总面积约 1 378 km^2。中心城区位于山前迎风区，暴雨频发，历史上曾发生过重大洪涝灾害。随着经济社会的发展，建立完善的防洪排涝体系，提高洪涝灾害应对能力，是北京中心城区的防洪排涝要求。

自中华人民共和国成立以来，北京中心城区的防洪排涝格局发生了一系列的变化，

防洪排涝工程规划建设的原则主要是提高治理标准，合理布置排水途径，分散洪水等。经过几十年的发展，北京中心城区形成了管网、河网、蓄滞洪区三大防洪排涝工程系统。雨水主干管道长约 2 300 km，66% 的雨水管道标准为 0.5 年一遇至 1 年一遇；四大骨干排水河道（清河、坝河、通惠河、凉水河）总长 580 km，河道排涝标准主要为 20 年一遇；城区已建成蓄滞洪区 7 个。河湖排水已基本实现了“西蓄、东排、南北分洪”的整体格局：利用西郊砂石坑、玉渊潭等河湖水系蓄滞城区西部洪水，通过通惠河将洪水向东排出城区，利用清河、坝河向城北分洪，利用凉水河向城南分洪。

（1）北京市防洪排涝工程体系

目前，北京市防洪排涝工程体系包括永定河、北运河、潮白河、大清河、蓟运河 5 大流域的 88 座水库，5 条骨干河道及 400 多条中小河道、12 处蓄滞洪区及 2 处分洪枢纽等防洪排涝工程。

（2）北京市防洪排涝总体思路

目前，北京市初步建成的“上蓄、中疏、下排，有效蓄滞利用雨洪”的防洪排涝工程体系尚不完善，5 大流域都存在薄弱环节。

在新的气候变化趋势和新的经济发展形势之下，北京市中心城、副中心、新城、重点村镇的防洪安全仍然承受着巨大的威胁。为此，北京市针对防洪排涝工程体系存在的问题，根据城市规划布局及京津冀协同发展的迫切需求，结合“海绵城市”建设中“渗、滞、蓄、净、用、排”的理念，围绕保护北京市中心城、副中心、新城、重点村镇的安全，同时保障下游地区防洪安全，按照各水系出境流量要求控制下泄流量。确定了北京市防洪排涝的总体思路为“流域控制、分区防守、洪涝兼治、化害为利”。

①流域控制

流域控制主要从 3 方面来体现：一是源头控制，以小流域为单元，通过水土保持、海绵设施、雨水利用等措施，实施雨水源头消减；二是过程控制，以 5 大水系干流为主线，各流域通过水库、蓄滞洪区及河道槽蓄等滞蓄、控泄措施，削减洪峰，实现流域洪涝水控制；三是末端控制，以干支流河道末端为节点，控制支流汇入干流的流量和干流出境，实现末端调控。“流域控制”的理念不仅体现在 5 大流域，而且落实到小流域，直至城区的每个雨水分区（图 3-2）。

②分区防守

“分区防守”就是根据河流水系形成的自然分区和城市空间布局，按照中心城、副中心、新城等不同的防护对象和防洪工程措施，分层次、分级别形成不同的防洪屏障，实现“分区防守”。如中心城靠永定河左堤来保障其 200 年一遇防洪标准，北京城市副中心依靠温榆河、北运河、潮白河等的综合设施来保障其 100 年一遇防洪标准，顺义新城依靠潮白河右堤防护。

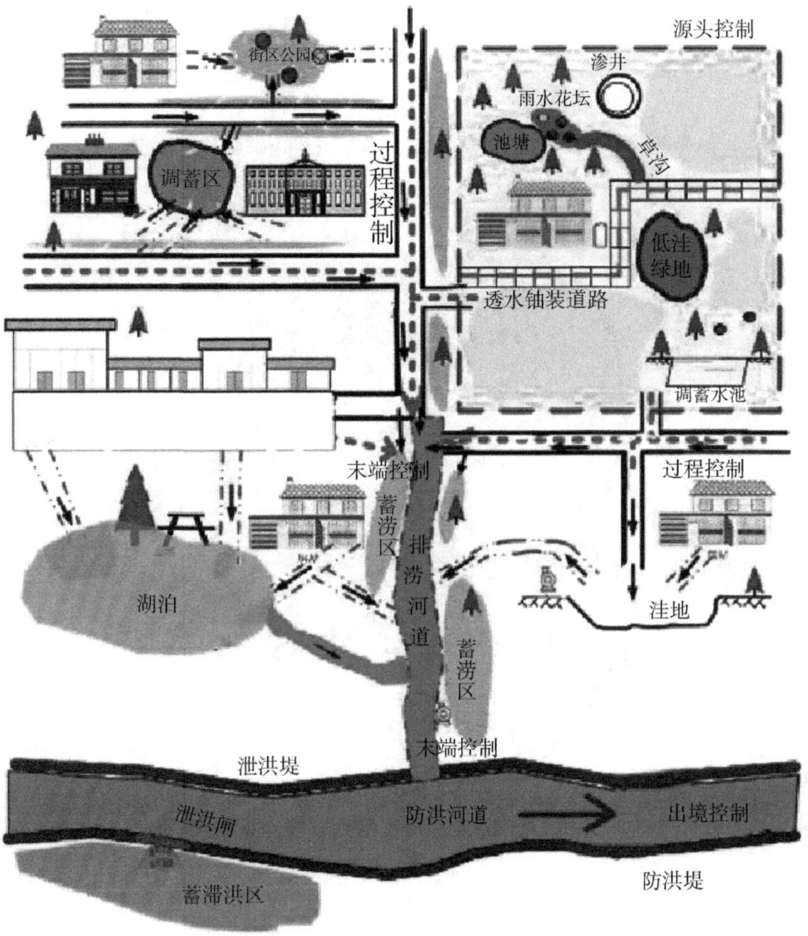

图 3-2 “流域控制”理念的概化示意

③洪涝兼治

“洪涝兼治”就是考虑洪涝水的产流过程、致灾程度不同，根据地形、河流特点对河道、蓄滞洪区进行分类：河道分为防洪、排涝河道，蓄滞洪区分为滞洪区和蓄涝区，并采取不同治理原则和措施进行治理。

涝水治理首先进行治涝区划，综合考虑河流水系、地形特点等因素，全市平原区在 5 大水系划分 12 个涝区，其中，北运河流域 7 个，潮白河流域 2 个，其余 3 个流域各 1 个。在涝区划分的基础上，再根据地形、河流、道路、行政边界及排水条件等因素，将地势平缓、低洼易涝区进一步划分出涝片。依据“高水高排、低水低排、自排为主、泵排为辅、蓄水利用”的原则，分涝片治理涝区（图 3-3）。

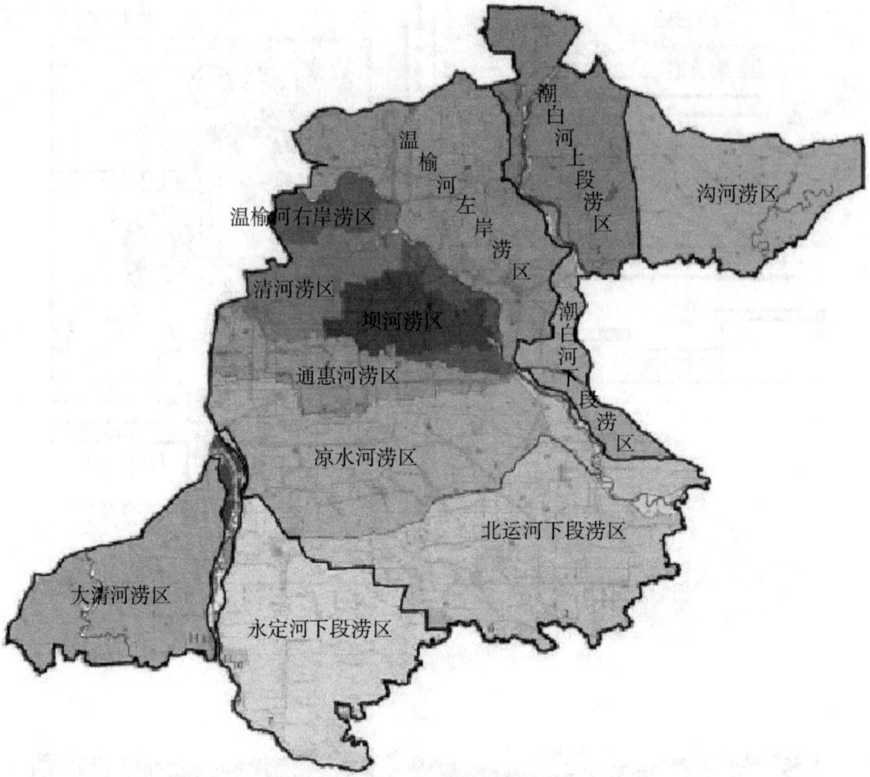

图 3-3　北京市平原涝区区划及涝水排出示意

④化害为利

“化害为利”就是通过修建水库、蓄滞洪区及雨洪利用等工程措施，对洪水进行科学调度和管理，实现洪水资源化。对于城市建设区，按“海绵城市”建设要求，采用源头消减、中途转输、末端调蓄等多种手段，提高城市对雨水的渗透、调蓄、净化、利用和排放的能力，达到城市水资源的良性循环。

（三）京津冀地区水资源保障安全管理方法和技术

以北京市为例，北京市按照协调发展理念和建设民生水务要求，加快城乡供水设施建设，推动城乡供水安全保障均等化。加快城市自来水厂及供水管网工程建设、实施农村饮水安全巩固提升工程。完善南水北调市内配套工程和水源储备与应急工程建设，统筹多水源优化配置，实现密云水库、南水北调、地下水与再生水联合水源保障格局。实施水源保护工程，加强饮用水水源地保护。北京市在水资源保障安全管理方面，初步建立了外调水、本地地表水、地下水、再生水、雨洪水五水共济的水源保障和供水体系。

①多源供给，构建多源多向互济供水格局

北京市在节水优先基础上，通过用足南水北调中线，开辟东线，打通西部应急通道，加强北部水源保护，深度挖潜非常规水资源利用，完善多元供给、统筹平衡、储备充分的首都水资源安全保障体系。

②兼容并蓄，强化水资源战略储备体系

南水北调中线通水后，北京市通过减少地下水开采、置换自备井，有序存蓄水库及回补地下等措施，增加当地水库储备水量，同时涵养地下水，逐步建立密云、官厅两大地表水库和密怀顺、平谷、西郊、昌平及房山等地下水库构成的北京水资源储备体系，保障枯水年的供水安全，提升重大突发事件能源应急响应和处置能力。

③精细调配，提高供水保证率及效益

有序推进输配水工程建设，实施大兴机场、丁家洼等配套水厂建设，推进河西支线、大兴支线等配套干支线工程，完善“一环、两脉、九厂、多点”联动的多源互济、分区联网供水设施布局，提升供水保障能力（图 3-4）。

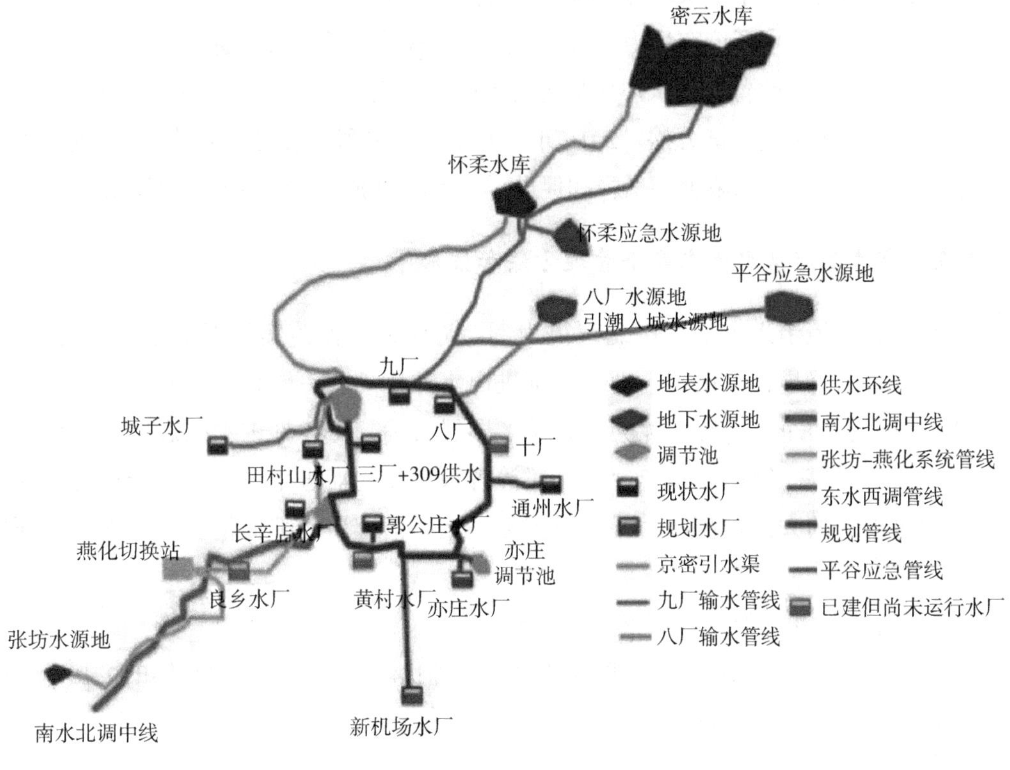

图 3-4　北京市地下水战备蓄水区空间布局

（四）京津冀地区水环境安全管理方法和技术

在水污染防治方面，以北京市为例。北京市围绕“疏解整治促提升”专项行动，清理整治“散乱污”企业。围绕两个治污三年行动方案和乡村振兴战略部署，统筹推进城乡地区污水收集处理设施建设，持续发力城乡污水治理。出台《北京市河道水质监测工作方案》，增加水质监测的河道断面数量，全面开展水污染源追溯工作。

（1）以水源保护为中心，开展清洁小流域建设

从2003年开始，北京市在水源地周边开展清洁小流域建设，实施污水、垃圾、厕所、河道和环境“五同步”治理，构筑“生态修复、生态治理、生态保护”三道防线。

（2）以消除黑臭水体为中心，开展黑臭水体专项整治工作

本着“标本兼治、一河一策”的原则，采用“控源截污、内源治理、活水补给、生态修复”等措施手段全面启动黑臭水体治理工作。

（3）以改善河湖水环境质量为中心，开展流域综合治理工程

北京市近年来实施的永定河绿色生态发展带建设、北运河流域综合治理工程以及潮白河流域综合治理工程等多个流域工程，通过河道截污治污、恢复新建湿地及建设绿色廊道等形式大幅改善北京市水环境，城区主要河道基本还清。

（4）以增加河湖水环境容量为核心，开展再生水补给及水系连通工程

再生水补给作为改善河道水环境最为有效的手段之一，随着北京市中心城和新城的污水处理厂升级改造而逐渐开展。2016年，北京再生水利用量突破10亿m^3，河湖再生水补给，对于河流污染物浓度的稀释和促进缓流水体增加流速起到重要的作用。

（五）京津冀地区水生态安全管理方法和技术

在水生态环境治理方面，以北京市为例。为深入贯彻落实习近平生态文明思想，践行“绿水青山就是金山银山”理念，推进山水林田湖草一体化保护修复，北京市紧紧围绕“安全、洁净、生态、优美、为民”发展目标，持续推进水生态监测评价、空间管控、保护修复、维护管理、生态补偿等各项工作，促进生态系统功能提升，为打造天蓝水清地绿的大国首都底色、建设国际一流和谐宜居之都提供优良的水生态环境支撑。

（1）水生态监测评价

建立监测站网，开展河、湖、库与流域监测评价。掌握全市重要水体的生物、生境和水质状况，发布水生态健康状况评价报告。

（2）水生态空间管控

编制印发水生态空间管控工作意见，推进重点河湖水库水生态空间管控规划编制，科学制定管控要求，加强水生态空间精细化管理。

（3）水生态保护修复

科学开展不同类型河湖水体生态保护修复技术研究与实践。编制一系列技术指南和手册，发布《北京市水生态修复技术要求（试行）》《北京市城市河道边坡水土保持技术要求（试行）》，在全市范围内培训和推广。

①季节性断流河道

探索永定河“以水开路、用水引路”治理理念，形成“湿河底、拉河槽、定河形、复生态”治理路径，提出小水基流、平滩、漫滩 3 种河槽形态的河形重塑技术和基于目标物种恢复的河流廊道生物栖息地构建技术，构建季节性断流河道生态修复技术体系（图 3-5）。

图 3-5　生态补水下的永定河修复

②浅水湖泊

面向再生水循环利用的浅水湖泊，提出以沉水植物为核心的水生态系统构建模式和运行维护技术，可有效改善再生水源水体水生态环境（图 3-6）。

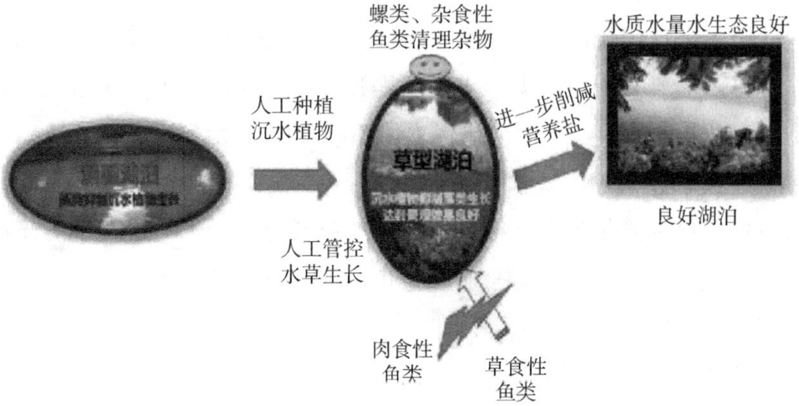

图 3-6　圆明园“沉水植物 + 贝螺 + 鱼”水生态系统构建

（4）生态补偿

全市推进京冀生态保护补偿工作，密云水库上游水源涵养区横向生态保护补偿机制有效实施，研究提出官厅水库上游永定河流域水源保护横向生态补偿机制。

二、长三角地区水系统安全管理方法和技术

（一）长三角地区水系统安全现状

长三角地区（长三角地区包括浙江省、江苏省、安徽省和上海市，本书的研究范围及相关数据不包括安徽省部分）是我国第一大经济区，人口密集、经济发达、城镇化率高，以全国2%的土地、11.4%的人口，创造了全国20%的GDP。区域内河网水系交织，湖泊密布，河网密度约2.5 km/km^2。水资源丰沛，过境水量多，水资源总量1.03万亿m^3，过境水量9 770亿m^3，本地水量537亿m^3，水利工程众多，仅太湖流域有10 000多座水利工程。

经过40多年的城镇化和工业化，地区经济和社会取得了长足的发展，但在一定程度上造成了生态系统超负荷运转和环境牺牲。尤其是高居不下的废水排放和源多面广的非点源污染，导致长三角区域河湖水系、近海水域普遍受到污染，水环境不断恶化，水生态严重退化。

（二）长三角地区防洪排涝安全管理方法和技术

随着科学技术的不断发展与管理水平的逐步提高，防洪非工程体系对于防洪减灾的作用越来越重要，成为现代洪水管理中不可或缺的组成部分。

以上海市城市防洪排涝体系建设为例。上海市位于长江流域和太湖流域下游，易受风、暴、潮、洪等多种灾害影响，是全国31个重点防洪城市之一。近年来，受自然和人为因素影响，风、暴、潮、洪"三碰头"和"四碰头"多重袭击概率增加。为加快构建与上海"社会主义现代化国际大都市"目标相适应的防洪除涝体系，提高上海市防汛安全水平，上海市形成了千里海塘、千里江堤和区域除涝等防洪除涝重要基础设施，与城镇雨水排水设施共同构成了上海防汛保安体系的"四道防线"。

（1）防洪排涝策略

上海市在长三角一体化新发展格局下，依托流域综合治理格局，统筹流域泄洪和本市防洪，洪涝分治，维持14个水利分片本市治理格局，"蓝、绿、灰、管"多措并举，守牢上海城市防汛安全底线。

（2）工程布局

上海市以流域综合规划和城市总体规划为依据，立足上海滨江临海地理区位和河口湾区潮汐特点，构建由"2江4河、1弧3环、1网14片"组成的行洪、挡潮和除涝的防洪除涝体系和布局。

同时按照城镇雨水排水规划，推进"绿色源头削峰、灰色过程蓄排、蓝色末端消纳、管理提质增效"的城镇雨水排水系统建设。

（3）管理措施

一是创新完善体制机制建设，充分发挥长三角一体化、河湖长制等体制优势，全面提升精细化管理水平。二是践行水生态文明建设新理念，落实海绵城市建设理念，探索防洪除涝工程与周边地块开发建设有机结合的政策机制突破。三是加快新技术推广应用，以“互联网＋智慧水网”建设为核心，全面提升防洪除涝运行、管理、决策和指挥的信息化和智能化水平。

（三）长三角地区水资源保障安全管理方法和技术

对于上海这样的超大型城市来说，确保城市发展和人民生活生产用水是重中之重。近30年时间里上海市根据实际情况通过建设多项原水工程，改变了以黄浦江、内河为水源，沿河分散取水的高风险原水供水状态，逐步构建了长江、黄浦江双水源，四大水库集中输水，多库连通的供水水源安全保障体系，解决了水质、水量、安全三大供水问题。

为了解决上海城市供水总量、饮用水水质和供应安全3大难题，市政府决定在长江口南北港分流口下方、长兴岛北侧建设青草沙水库。2010年青草沙水库建成，库容量4.3亿m^3，供水能力为719万m^3/d。2012年在上海长江口南支上段的北侧、崇明岛西南部建设东风西沙水库，有效库容为890万m^3，近期供水规模为21.5万m^3/d，远期原水供应规模为40万m^3/d。2014年1月正式实现通水，大大改善了崇明岛的原水供应。

为进一步提升城市原水供应安全保障能力，改善城市供水水质，2013年10月，上海市政府批复《黄浦江上游水源地规划》，将青浦、松江、金山、闵行和奉贤5区现有取水口归并于太浦河金泽水库和松浦水库取水口，形成“一线、二点、三站”连通格局，并实现正向和反向互联互通输水，保证供水安全。2015年年初，在黄浦江上游太浦河建设金泽水库，为西南五区的水厂提供原水。金泽水库于2016年12月建成供水，目前原水供应能力约250万m^3/d，最终原水供应能力将达到351万m^3/d。黄浦江上游水源地的建设为全面实现上海市“两江并举、多源互补”的水源地战略格局奠定了重要基础。

（四）长三角地区水环境安全管理方法和技术

随着长三角地区经济的快速发展，城市河道被侵占，入河污染负荷高，部分水系分割，河道连通性差，水动力弱；存在着河道水体黑臭，富营养化，水功能区达标率低的问题。城市河网水环境问题已成为制约经济社会可持续发展的“瓶颈”。

国家重点研发计划项目“长三角地区水安全保障技术集成与应用”提出了以流域为对象，坚持系统治理，打造生态、绿色、健康、智慧的水环境提升新模式（图3-7）。

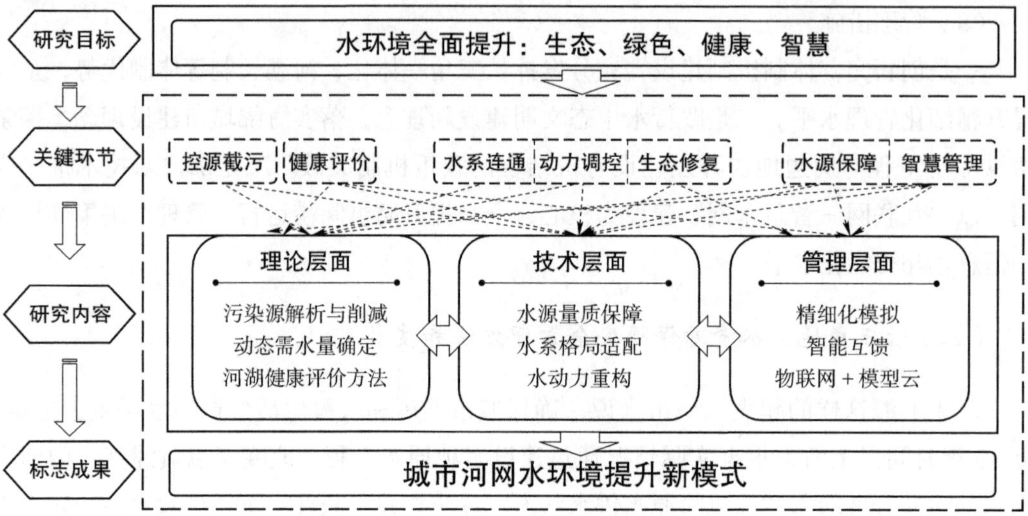

图 3–7 城市河网水环境提升新模式

（1）城市河网水环境提升理论

采用双稳定同位素方法，揭示城市产流、产污时空变化规律，解析入河负荷来源分布；提出入河污染负荷动态优化调控方法，理论指导控源截污，削减负荷。

首次划分了回字形、环状辐射形、多级圩形、辐射形、X 形、田字形等不同水系格局，建立满足水质目标的动态需水量计算方法，破解了河网动力驱动控制节点寻优的难点。通过在控制节点设置活动溢流堰，激活水系的流动性，提高水资源的利用效率。

提出了维持河道透明度适宜流速及敏感因子，探明了水动力与水质因子间作用机制与响应关系，创建了河道水体透明度计算方法，确定了河网水动力调控阈值，为水环境提升联控联调平台构建奠定了理论基础。

定义了河湖健康新概念，阐述了河湖长背景下河湖健康内涵—生态系统需完整、生态过程能恢复、河湖功能可持续，构建了河湖健康评价指标体系，并开展河湖健康评价工作。

（2）平原河网水动力多尺度分级智能模型研发

“平原河网水动力多尺度分级智能模型研发”课题研发改进了多尺度分级与双向嵌套、多源数据同化、参数智能识别、城镇化地区河网精细化模拟、异构模型组态等技术。基于云平台自主研发了长三角平原水网水动力多尺度分级智能模拟系统，实现了流域 - 区域、城市、圩区的多场景业务定制服务。

（3）长三角复杂江河湖水资源联合调度技术与应用

“长三角复杂江河湖水资源联合调度技术与应用”课题围绕长三角地区城市河网水环境提升存在的突出问题，揭示了河网水动力对水质指标的作用机制，提出了维持河道透明度的适宜流速及敏感因子，建立了水体透明度模拟方法、城市河网水体流动性指标与水质指标定量关系；揭示了河道底泥中有机污染物的释放规律，提出了底泥污染物削减过程中生物激发剂的适宜配方及投加工艺参数，研发了促进污染河道水体循环的沟槽环流和生物过滤装置，解决了平原河网地区半封闭水体的治理难题。

（五）长三角地区水生态安全管理方法和技术

2018 年 11 月，国家以上海青浦区、江苏吴江区、浙江嘉善县约 2 400 km² 的区域设立长三角生态绿色一体化发展示范区（以下简称示范区），其中先行启动区约 660 km²，并要求把保护和修复生态环境摆在优先位置，打造“生态价值”“绿色创新发展”“绿色宜居”3 个新高地，以“一河三湖”（即太浦河、汾湖、淀山湖、元荡）为重点，加强生态环境综合治理，构建优美和谐生态空间，建设世界著名文化生态湖区。

（1）治理思路与原则

上海片区的河湖既是示范区的生态绿色基底，也是上海重要的水源地，所以，水生态环境综合治理需要按系统治理的思维和流域治理的思路，总体以促进人与自然和谐相处、维护河湖健康、保障水资源可持续利用为主线，以保障水生态安全、防洪安全、供水安全为核心，统筹陆上、滨水、河湖及信息系统 4 个空间治理与管控，对标世界著名生态河湖群建设标准，通过雨污水源头治理与管控、清洁小流域与河湖生态修复、清洁水源与管网互连互通、防汛安全与水动力提升、智慧水务一体化管理协同 5 大治理措施，逐步实现水生态环境综合治理目标（图 3-8）。

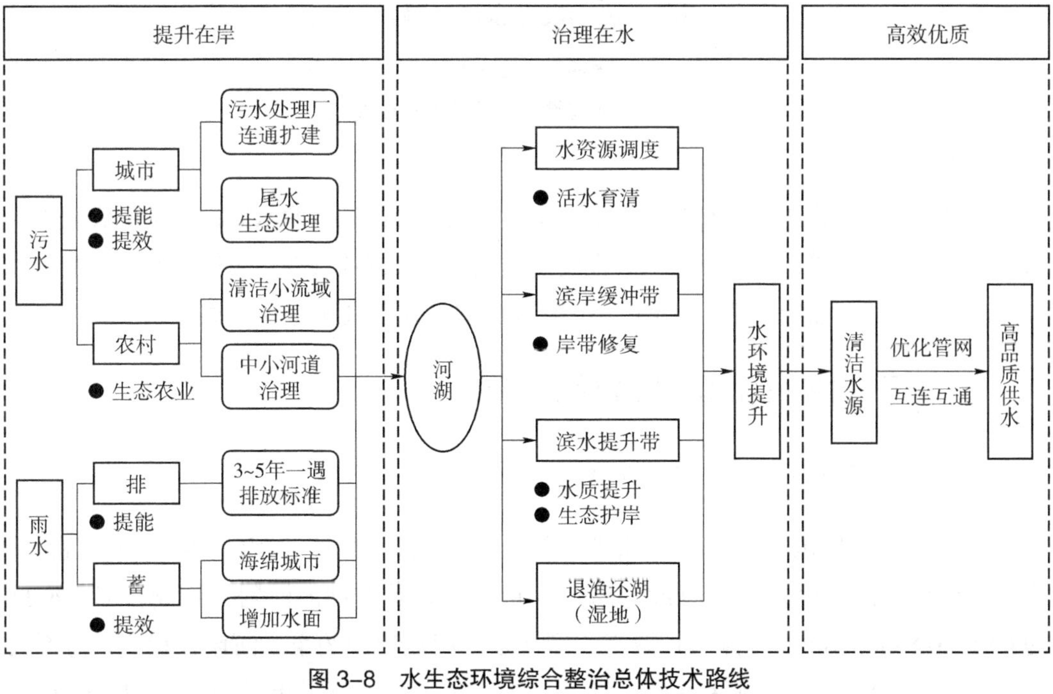

图 3-8　水生态环境综合整治总体技术路线

（2）技术措施

①雨污水源头治理与管控

雨水方面，在青松大控制片、商榻片、太北片、太南片 4 大水利分片布局基础上，坚持自排为主、强排为辅的排水模式，根据城市发展和排水设施建设情况，采用不同提标途径，形成“一网、一城、多区”的规划布局，并实施排水系统提标改造、雨水系统提质增效、初期雨水治理、海绵示范工程及智联化建设。

②清洁小流域与河湖生态修复

平原河网地区的河湖水系治理是一项复杂的系统工程。一方面是“污染在水里，根子在岸上”，另一方面是由于平原河网地区的河湖是连通的，单一的河道治理难以改善整体水环境，必须以系统治理的思维和流域治理的思路，通过“三道防线、五大措施”综合治理（图 3-9）。

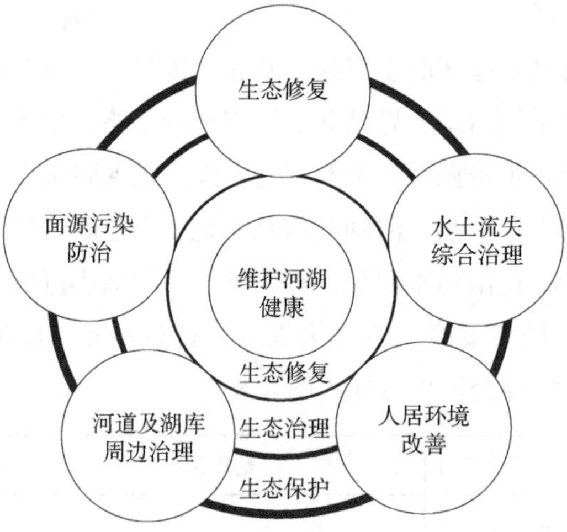

图 3-9　生态清洁小流域治理模式

③清洁水源与管网互连互通

为保障示范区供水安全和提高供水品质：一是提升河湖水源水质；二是形成双路供水管道；三是实现管网互连互通。研究建设直接由东太湖或其他水源供水的可行性，以及与嘉善、吴江、嘉定、松江、金山、市区相衔接的应急供水连通方案。

三、珠三角地区水系统安全管理方法和技术

（一）珠三角地区水系统安全现状

珠江三角洲地区包括广州、深圳、佛山、东莞、中山、珠海、惠州、江门、肇庆 9 个地级市，面积为 5.6 万 km^2。珠江三角洲水系是典型的河网三角洲，河网密度为 0.81～0.88 km/km^2，属深窄且微弯曲型河道。因受堤围约束，河床较稳定，分 8 大口门出海。珠江三角洲河网承泄西江、北江、东江三江河川年平均 3 004 亿 m^3 径流量，在三角洲内及其诸河产流 256 亿 m^3，使 8 大口门出海河川总径流量为 3 260 亿 m^3。根据《广东省统计年鉴》，2018 年，珠江三角洲地区常住人口 6 117.67 万，GDP 为 81 048.5 亿元。珠江三角洲地区人口和经济要素高度聚集。

目前，广东省正在深入推进粤港澳大湾区战略，积极构建“一核一区一带”区域格局，珠江三角洲地区作为粤港澳大湾区的重要组成部分，并作为区域布局中的重要“一核”，人口最多、产业最密集、经济体量最大、辐射带动能力最强，面临的水安全、水资源、水环境等问题也最为复杂。

（二）珠三角地区防洪排涝安全管理方法和技术

以深圳市为例。经过多年的发展，深圳市基本建成以水库、河道、河堤、滞洪区、海堤、水闸及泵站等设施为主体的防洪排涝工程体系（图 3-10）。

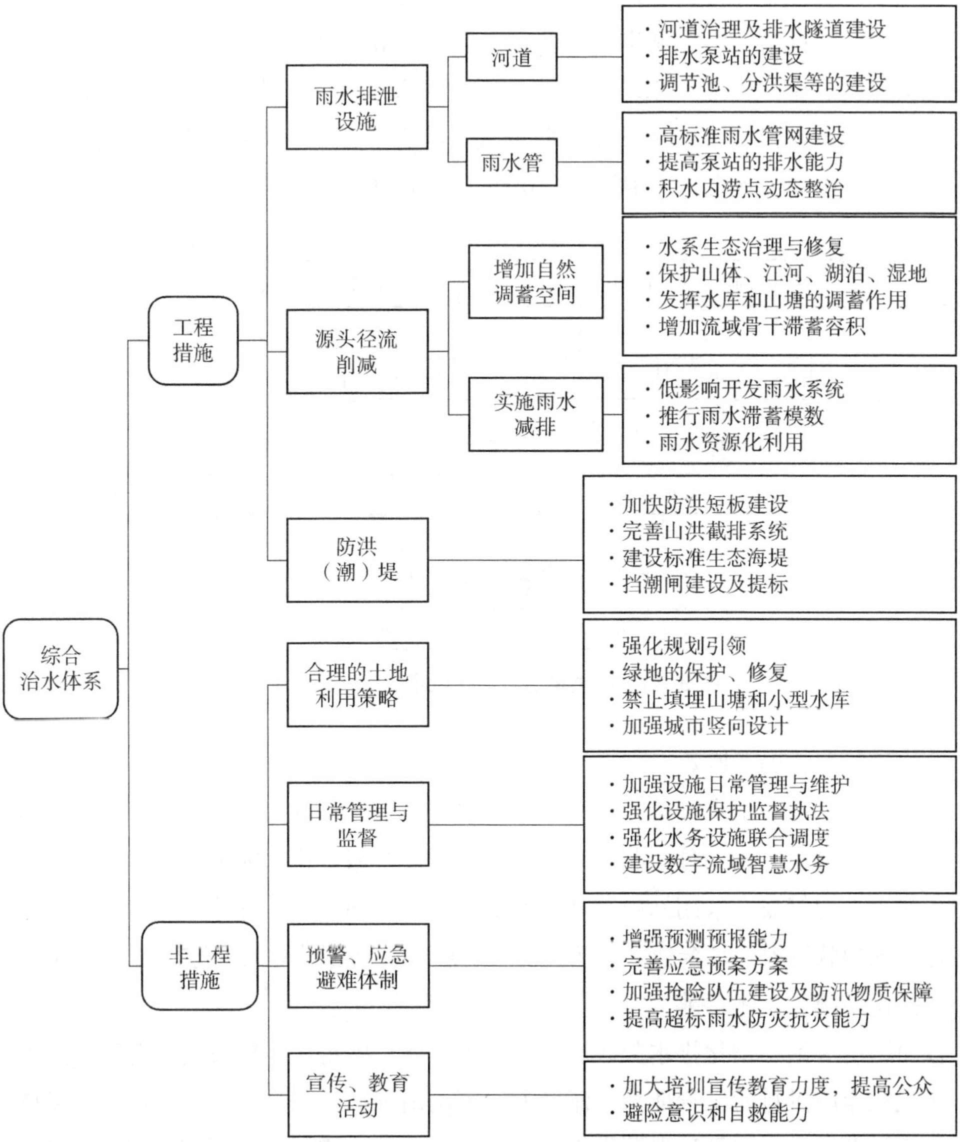

图 3-10　城市防洪排涝措施体系

（1）防洪排涝工程措施

①防洪工程系统

统筹建设城市防潮体系，西部结合前海与太空港的开发建设，东部结合国际生物谷坝光核心启动区开发建设，新建、加固海堤，完成部分薄弱地段海堤达标改造。目前全市（不含深汕）河道总长 999.91 km，海岸线总长 260.50 km，海堤总长 89.44 km，整体防洪潮能力为 100～200 年一遇。截至 2019 年年底，按现行规划标准，河道防洪达标率为 94%，防潮达标率为 85.9%。

②源头减排，增容蓄洪

深圳市注重低影响开发，强化源头管控，构建“体系完备、安全可靠”的城市防洪减灾体系——贯彻落实海绵城市建设理念，加大城市雨水径流源头减量的刚性约束，遵循“源头控制、中途蓄滞、末端排放”的原则，系统构建低影响开发、雨水排水系统、城市防洪（潮）排涝三位一体的城市防洪减灾综合体系，全面提升城市防洪排涝能力，充分发挥防洪御潮、景观、休闲等综合功能（图 3-11）。

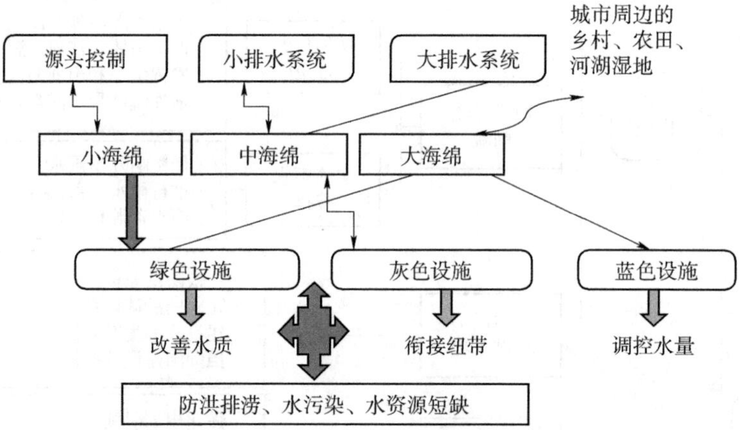

图 3-11　防洪排涝与海绵城市建设之间的关系

③河道管网，提标增效

新建、改造现有雨水管渠，提高城市雨水管网设计标准与覆盖密度，提高城市雨水管网达标率，打造完善的分流制雨水管渠系统，提升城市排水能力。按照国家相关要求标准，对于新建管渠，采用暴雨重现期不低于 3 年一遇标准设计雨水管道，对于不满足设计标准的现状管渠，结合地区改建、涝区治理、道路建设等工程进行逐步改造。

④深邃系统，立体蓄排

按照洪涝分治、细化排水分区思路，采用上截、中蓄、下排策略，合理利用地下空间，优化城市防洪排涝工程体系。流域上游利用山洪截流分洪、环库连通截流初雨；中游利用雨洪调蓄、暴雨管理滞蓄洪水；下游利用泵站、隧洞等统筹涝污排海减量，形成科学稳定的综合立体防洪排涝体系。

（2）防洪排涝非工程措施

①加强三防监测与管控

加强水文、积涝自动化监测和分析系统建设，建立三防指挥中心和三防险情灾情速报平台，及时、准确、全面掌握三防信息，加强预案管理、专业队伍建设、物资装备保障，重点提高城区暴雨积水警示和快速处置能力。加强极端灾害性天气应对策略研究，开展洪涝和台风灾害风险分析，编制全市洪涝灾害风险图和重点流域防洪调度方案。根据预案组织指挥调度、抢险救灾演练，提高极端天气条件下的防灾减灾指挥决策水平和抢险救灾能力。加大公益宣传，提升市民洪涝灾害的防范意识。

②水利信息化

深圳市防洪信息基础平台和防洪业务系统，运用网络信息技术、视频图像多媒体技术、自动化控制技术和数据库管理技术、水文模拟技术，实现数据采集、数据传输、数据存储、视频监控、自动化控制、预报调度等功能。

（三）珠三角地区水资源保障安全管理方法和技术

以深圳市为例。目前，深圳市主要靠从东江调水解决供水问题，全市每年约20亿 km^3 用水总量中约80%通过100多km长的东深供水工程和东江水源工程两大境外引水工程调入，其余20%由本地29座供水水库供给。

目前深圳市有境外引水量15.93亿 km^3，本地水资源量约3.5亿 km^3 以及非常规水资源，基本满足当前全市2 500万人口的用水需求，同时目前在建的珠三角水资源配置工程预计于2024年建成并投入使用，届时为深圳市再补充8.47亿 km^3 的境外取水量，按照人均水资源量统计，可满足额外520万以上人口全年需求，基本保障了未来较长时间的用水量，基本不会出现20世纪90年代以来的用水紧张局面。

（1）深圳市水资源安全管理思路

深圳市注重供水网络完善，聚焦水源保护，构建“调配灵活、安全可靠”的水资源保障体系——完善“两江并举、多源互补”的原水供应体系，加大供水水源地保护力度，提高城市发展基础支撑与保障能力。

（2）深圳市直饮水建设

按照深圳市建设中国特色社会主义先行示范区、创建社会主义现代化强国城市范例的定位，为更好地满足人民群众日益增长的美好生活需要，深圳市提出全面提升自来水水质，计划到2025年实现城市自来水可直接饮用目标。

①在水厂建设方面。为了给城市居民提供优质的饮用水，深圳市自2004年，梅林、笔架山和沙头角水厂等4座水厂相继建成深度处理工艺，较好地应对了水源水质变化，提升了出厂水质，为其他水厂升级改造提供借鉴。另外，2016年起，全市所有水厂在新建、扩建的同时将配套深度处理工艺，2017年，市政府批准了《深圳市给水

系统整合研究与规划》，将有计划地关停20多座水质标准不高的中小型水厂，计划到2025年，全市规划保留的30座水厂将全部建设深度处理工艺，为市民提供优质、稳定、可直接饮用的自来水。

②在供水管网建设方面。大力推进老旧用户供水管网更新改造，2008年启动了原特区外城中村社区供水管网改造工程，2013年启动了居民小区优质饮用水入户工程，到2020年，已完成全市范围内城中村社区和居民小区老旧供水管网改造工作，为直饮水入户奠定基础。

③在水质控制方面。出台了深圳市《生活饮用水卫生标准》（DB4403/T 60—2020），包含水质指标116项，其中常规指标52项，非常规指标64项。本标准与现行国家《生活饮用水卫生标准》（GB 5749—2006）相比，无论是指标数量还是指标限值要求上均有较大提升，重点对水质的感官愉悦性、健康安全性等指标提高要求。在水质考核过程中，管网水水质采样点设置要求管网末梢水比例不低于30%，重点关注用户龙头水水质，确保我市自来水更加安全、口感更好。该标准达到对标国际、国内领先的水平。

同时，在建设过程中，深圳水务采用智慧水务方法，实现直饮供水全流程数字化管控。通过云计算、大数据、人工智能和5G为代表的智慧化手段，构建了盐田直饮数字化管控系统，实现了从“源头到龙头”的水质安全监管一张图管理，实现了自来水直饮全流程数字化管控（图3-12）。

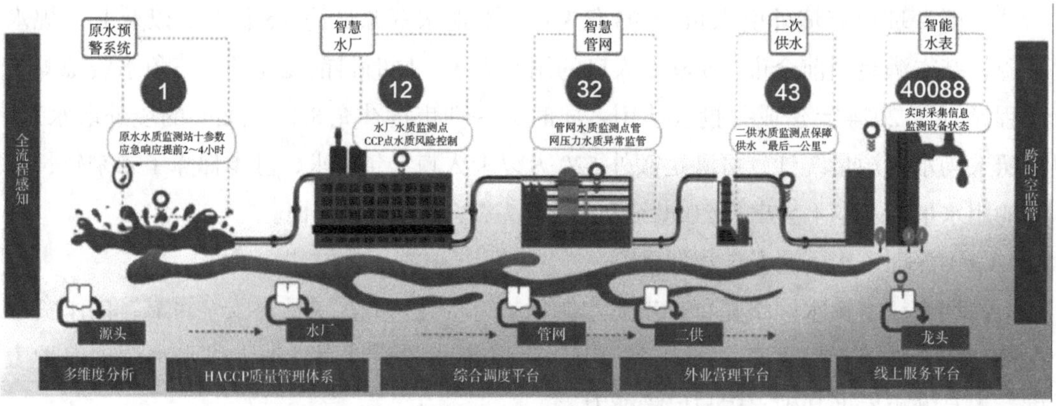

图3-12　从“源头到龙头”的水质安全监管图

（四）珠三角地区水环境安全管理方法和技术

以深圳市为例。深圳市是经济、产业、人口大市，也是空间资源、环境容量小市，以不足2 000 km^2的面积，承载了超过2.76万亿元的GDP和2 200万的管理人口，是产业最密集、人口密度最高的一线城市，污染负荷远远超过环境承载能力。2016年年初，深圳310条河流中有159个黑臭水体，在全国36个重点城市中数量最多，茅洲河、深圳河等5大河流水质都是劣Ⅴ类，高度发达的经济产业与水环境承载能力严重失衡。

为此，在2015年年底、2016年年底，深圳市委、市政府决定把水环境治理工作作为未来几年最大的惠民环境工程，实施“治水十策”和“十大行动”，全面发力打一场水污染治理攻坚战、持久战，为持续提升民生幸福水平，努力建成现代化国际化创新型城市提供支撑。

（1）创新流域管理体制机制

为打赢水污染治理攻坚战，针对当前存在的治水主体分散管理、防洪排涝调度不畅、污水治理协同不力、市区联动力度不足等问题，深圳市紧紧抓住体制机制创新这个“牛鼻子”，构建“全流域、全要素、全联动”流域体制，完善管理工作机制，为打造碧水蓝天生态空间，争当可持续发展先锋提供有力保障。一是着力重构职责，实现流域统筹调度管理；二是优化事权关系，理顺市级治水工作机制；三是强化市区联动，形成协同高效治水合力。

（2）水污染防治管理思路

深圳市注重提质治水，攻坚截污纳管，构建“水质达标、环境优美”的城市水环境体系——按照“削减存量、杜绝增量”的原则，以流域为单元，以河流黑臭水体、重点流域、近岸海域等敏感水域为重点，强化源头控制，雨污分流和沿河强化截污并举，水陆统筹、河海兼顾，结合片区排水管网完善、面源污染控制、排污口整治、水质改善新技术应用及严格土地开发建设，加强黑臭水体治理，实施河湖海水系连通，改善河流水生态环境，提升水环境承载力，为城市建设提供高质量的水环境保障。

（3）水污染防治管理措施

深圳市在“十三五”期间积极响应国家的污染防治攻坚战，用5年的时间，以超规模的人力、资金投入解决了深圳市改革开放40多年以来在水环境污染方面的历史欠账，在体制、机制、法制上创新了多种管理措施。

①实施全流域统筹、大兵团作战、“厂网河”全要素一体化治理，建立下沉督办机制、成立流域管理机构。

②以分类整治、精准管控为手段，开展涉水面源污染长效治理。

③以下沉协调督办和流域管理为抓手，构建全流域全要素全联动管理新模式。

④以河长制为引领，构建全民治水新格局。

⑤在科学性、系统性方面创新了治水的方式、方法。一是全流域治理；二是源头治理。

⑥在管理体系方面，提升精细化管理水平。首先，创新推行全市域排水管理进小区。出台《深圳经济特区排水条例》，对全市2万多个小区排水设施进行专业化管理。其次，对河流开展精细化、生态化、智能化养护，实现对所有水体的全天候、全覆盖巡查监管。最后，创新涉水面源污染分类治理机制。将涉水面源污染分为13类，分类制定整治标准规范，开展长效治理行动。严格实行排水分类许可备案制度，完成全市

37 万排水户排查登记。

（4）水污染防治技术体系

“十三五”期间，深圳对该市的各大流域进行了水环境综合整治，其中茅洲河是深圳市水污染最严重的河流之一。在广东省 2013 年 3 月启动的《南粤水更清行动计划（2013—2020 年）》中，茅洲河流域水环境综合整治工程被列入其中，并成为 10 个省级挂牌督办重点环境问题之一。经过“十三五”期间的治理，茅洲河的水体环境由治理前的各大小支流全部劣Ⅴ类提升到茅洲河共和村（国考）断面水质Ⅳ类。在深圳茅洲河水环境综合整治项目的实施过程，中电建生态环境集团有限公司紧紧围绕“流域统筹、系统治理”的水环境治理思想，深入研究水环境治理技术，为满足“治水治污”的功能需求，创新提出了针对城市水环境治理的一套切实可行的技术思路，即控源截污、内源削减、活水增容、水质净化、生态修复、长效维护。结合工程的实际工作，不断总结经验，提炼出了城市水环境综合治理 6 大技术系统（图 3-13、图 3-14）。

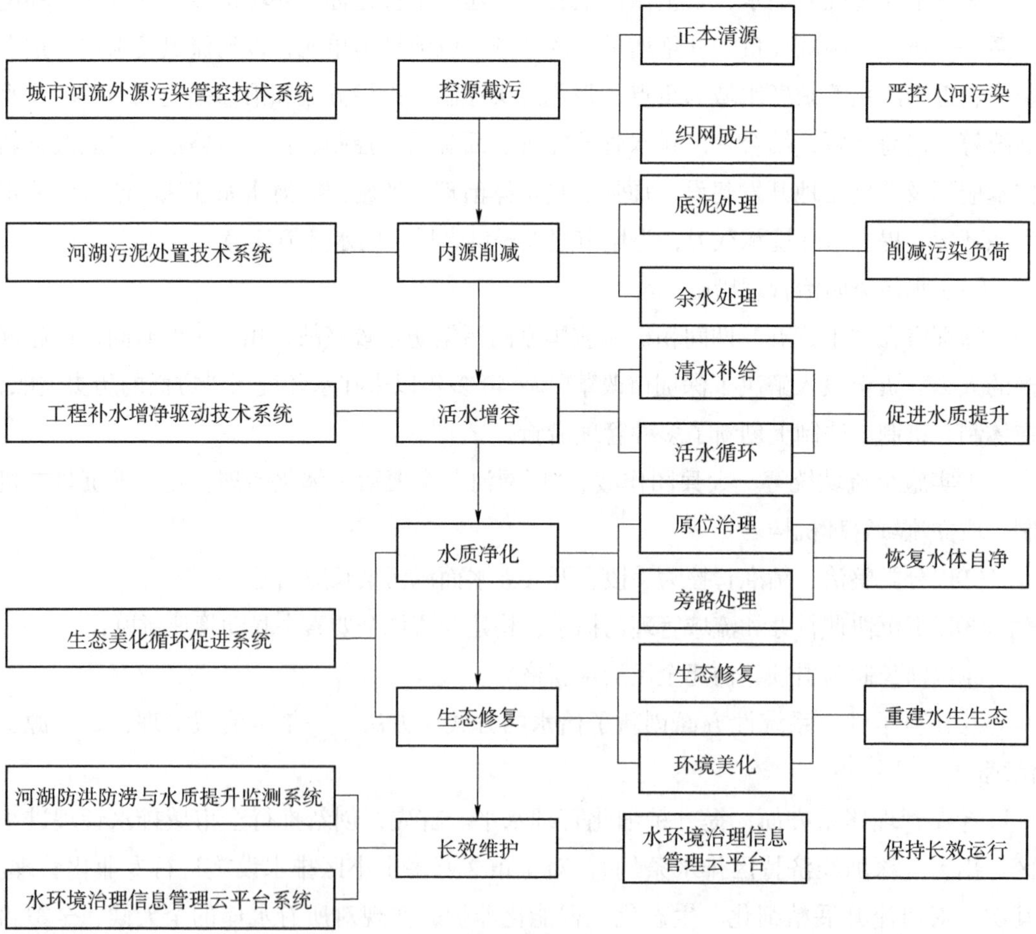

图 3-13　水环境治理 6 大系统技术思路

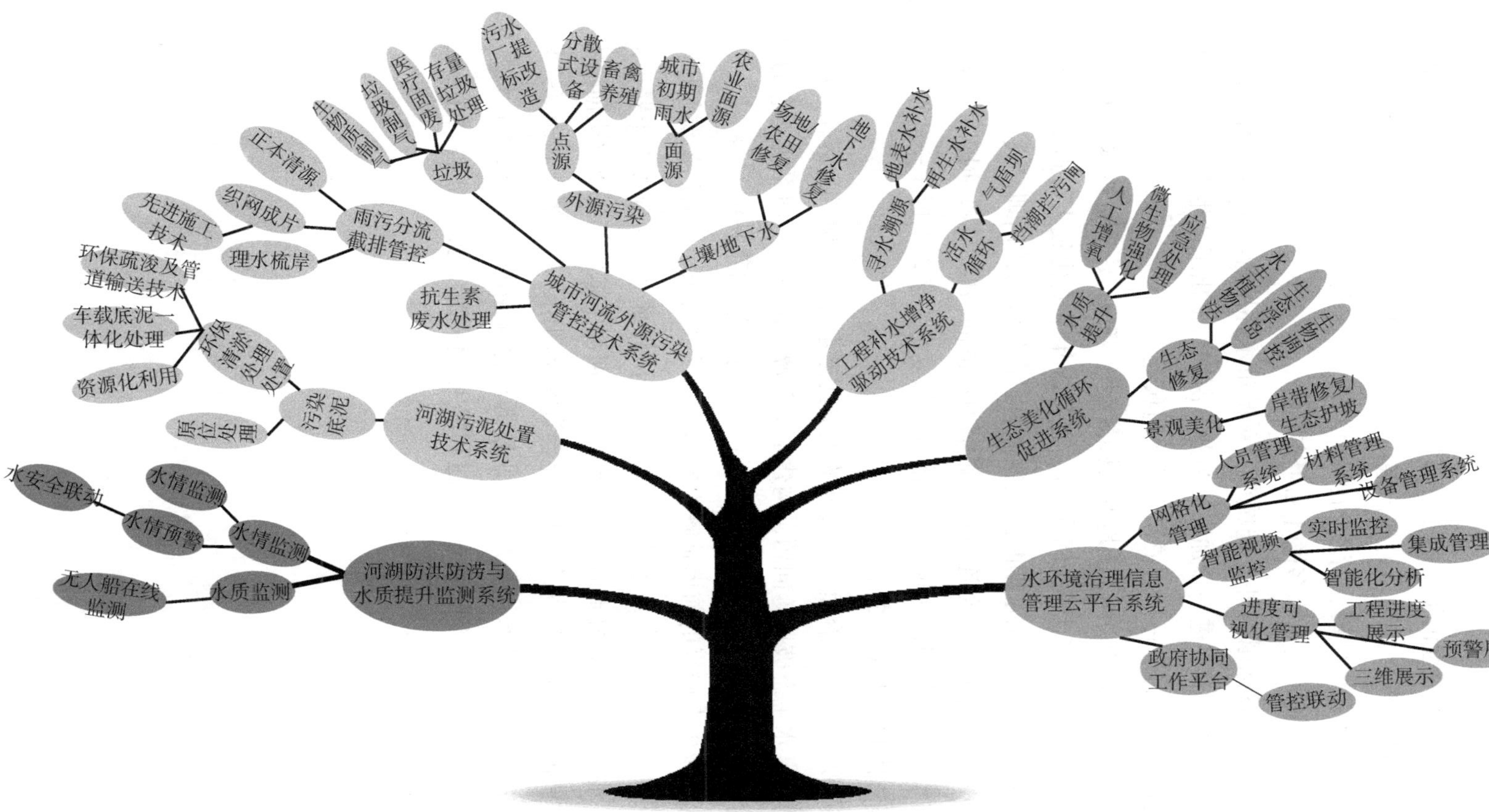

图 3–14 “6 大技术系统”分项树状图

（五）深圳市水生态安全管理方法和技术

深圳市河道属雨源性河流，雨水分布极不均匀，汛期洪水暴涨暴落，旱季河道几乎无水。20 世纪 90 年代，深圳市河道治理以防洪安全为核心，通过裁弯取直、浆砌石或混凝土护坡、河底和岸坡硬化等水利工程技术，使深圳市河道普遍达到一定的防洪标准，但河道渠化使其丧失生物多样性和生态功能。

当前，深圳市对标国内外先进城市，对城市水环境现状进行了研判，在水生态方面，河湖整体形象还需要进一步加强。为此，深圳市提出了“生态美丽河湖建设行动”，其中通过碧道建设，打造一批水清岸美的碧道典范。

深圳市城市化率达 100%，土地开发强度已达 45%，建成区内水系人为活动影响严重。由于深圳的河流大多为雨源型河流，且降雨年季变化较大，造成河流生态基流不足，硬化，暗渠化率高，枯水期断流现象普遍。在传统河道治理模式下，河流多为硬质护岸，阻断了河流的横向生态连通性，影响力河流的物质交换，损害了河流自净能力。为此，在“十三五”期间，深圳市大力治水，修复水生态，形成了一套符合城市自身的水生态修复方法和技术（图 3-15）。

以茅洲河水环境综合治理工程典型的黑臭河道生态修复项目为例，针对城市高度开发下的水污染、水生态破坏等问题，构建了基于源—网—厂—河系统理念的流域生态修复体系，为我国流域水生态修复实践提供了有益的参考（图 3-16）。

茅洲河流域生态修复的前提是解决外部入河污水问题。入河污染源包括点源污染及面源污染，其中点源污染主要包括工业废水、生活污水等，面源污染主要包括道路、屋顶、绿地等地附着的污染物质形成的径流污染。河流生态修复主要解决河流本身生境问题，通过实施河道底泥生态清淤及无害化、资源化利用，消除黑臭底泥，修复底质栖息地环境；通过利用生态补水措施及再生水资源转化和循环利用，来增加水系生态基流，提升河流自净能力，改善流域生境；通过利用生态修复措施，将滨水廊道生态、生活与生产要素融入设计，促进水—城协同发展。

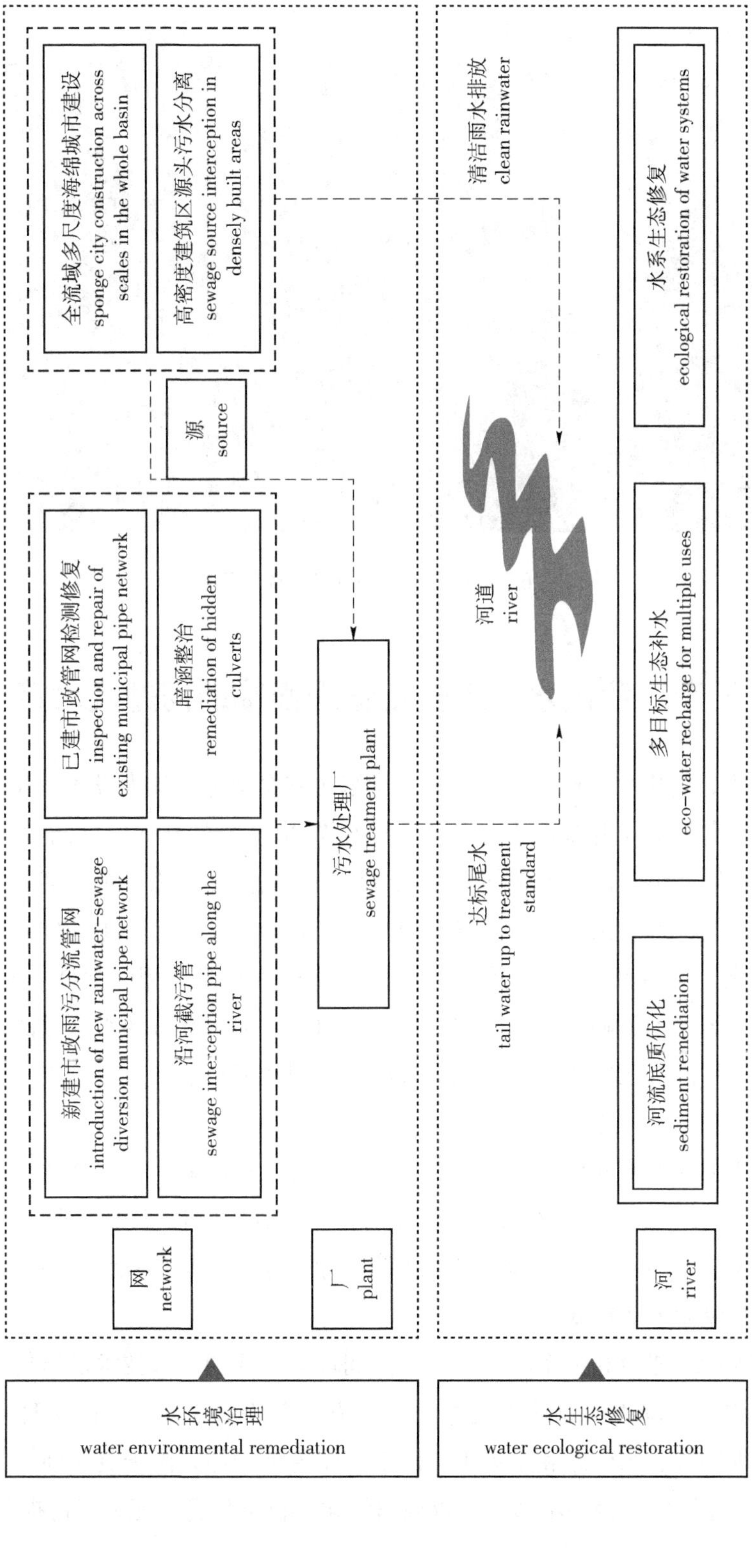

图 3-15　基于“源—网—厂—河”系统理念的流域生态修复技术路线

图 3-16　治理后的茅洲河两岸生态环境

第三节　我国水系统安全管理面临的问题及对策

21 世纪以来，党中央、国务院更加重视国家水安全保障，加大投入，深化改革，强化支撑，将我国水安全度由 2006 年的 0.494 提高至 2016 年的 0.656，目前处于基本安全级别向较安全级别升级阶段。但必须清醒地认识到，当前和未来一个时期我国水安全情势依然严峻，问题依然突出，矛盾依然尖锐。一是先天不足的水资源基础条件还将朝着不利的方向演化。人多水少，时空分布不均，与生产力布局不相匹配是我国基本水情。受气候变化和人类活动影响，未来我国海河、黄河、辽河等北方缺水流域的水资源量还将进一步衰减，江河源区冰川积雪退化造成西北河川径流自然调节能力进一步下降，南方极端水文时间发生频率还将进一步上升。

二是当前我国新老水问题交织，水安全保障形势依然严峻。全国现状：一般年份缺水约 500 亿 m^3，水功能区达标率仅为 60% 左右，生态良好河流比例不足 20%，地下水超采面积超过 30 万 km^2，粮食安全、能源安全与水安全保障需加强统筹协调，许多边远贫困地区水安全保障水平较低。

三是国家水治理能力和体系尚存在诸多薄弱环节。我国节水技术供给仍不充分，水资源节约与保护内生动力机制还不完善，南北方、东西部水安全保障治理水平尚不均衡，水资源、水环境、水生态和水灾害"四水"统筹治理体系尚未真正建立，市场对水资源配置的重要作用发挥得还不够，水资源精细化、科学化管理能力亟待提高。

一、防洪排涝安全管理

在水循环过程中，我国城市的地形、地貌、气候和水资源等条件极易形成洪涝灾害。快速城镇化和人类活动又带来河湖填塞萎缩、水土流失、地面硬化，产流增加、行洪蓄洪能力降低等一系列创伤和问题，城市“逢雨必淹”、城市“看海”愈演愈烈。各城市虽然建设了大量的防洪排涝工程，采取了非工程减灾措施，但内涝问题仍未得到有效解决，并且在局部区域具有加重的趋势。

（一）我国城市内涝防治中的主要问题

（1）法律法规不能满足快速城市化下的内涝灾害管理需求

我国防洪排涝法律、法规体系不够完善，针对排水规划建设、风险管理等的法规尚未出台，某些法律条文规定不够细致或可操作性不强，在实际工作中，存在“钻法律空子”的现象，影响正常的城市防洪排涝工作；一些法律、法规已颁布实施多年，不适应当前经济社会的发展，需要及时更新，另外，还存在有法不依和执法不严的现象，如挤占河湖水面搞房地产开发的现象仍然存在。

（2）防洪排涝规划、城市快速发展与洪涝防治需求不相适应

我国较多城市现行规划已不适应城市快速发展的需求，有的城市防洪规划编制较早，已远滞后于城市的发展，出现城市新区已扩展到城市防洪圈外、建成区在城市化后汇流关系发生变化、现有排涝系统已低于规划中的建设标准等问题，常造成城市防洪排涝工作的被动局面。另外，还存在防洪排涝规划与流域、区域及城市规划等不协调等问题。

（3）暴雨预报和预警系统建设有待提高

大部分城市仍存在降雨预报期短、精度低、时空分辨率不能完全满足防汛要求的问题，并且对城市局部短历时强降雨的预报较为困难，尚需加强。城市监测预警系统建设不均衡、标准不统一，部分城市建设的预报和预警系统不完善，集成度不高，散布在不同的计算机系统，尤其是区、镇街等基层预警系统建设还需完善。预警系统中对阈值的设置不合理，空间差异性考虑不足。

（二）我国城市防洪排涝对策

（1）建立风险管理制度

从法律、法规层面明确建立城市洪涝风险管理制度，改革完善现有的城市洪涝管理体制以适应洪涝风险管理的要求。从洪涝风险的危险性，承灾体暴露性和易损性 3 方面实施风险管理，建设标准适当的防洪排涝工程，科学调控洪水，借助预警预报等手段，提前规避洪涝灾害。

（2）完善灰色与绿色基础设施结合的工程措施体系

与传统城市防洪排涝工程（可归入灰色基础设施）不同，绿色基础设施是由水道、绿道、湿地、公园、森林等组成的维护生态环境与提高人民生活质量的相互连接的网络系统。合理的灰绿结合才能够综合发挥各自的优势，灰色基础设施构成城市洪涝防御体系的骨架，绿色基础设施可以分散布置在体系各处，提升城市的整体洪涝防御能力。

（3）注重非工程措施和信息化手段的运用

城市防洪排涝工程的防御能力是有限的，超标准事件难以避免，防洪排涝工程也有出险失效的可能，因此，还需要通过监测、预报、预警和调度等手段辅助发挥工程的效益，通过工程抢险、避险转移等应急措施减少灾害损失和风险。

二、水资源保障安全管理

（一）我国水资源安全管理存在的问题

（1）水资源利用效率不高

近40年，我国水资源利用效率有显著提高，用水增长速度大幅下降，由于我国尚处在工业化发展阶段，经济发展模式和产业结构在不断地调整和优化的过程中，还存在着用水粗放、效率不高和浪费严重的现象，目前，全国水资源利用效率平均大体接近世界平均水平，但是跟世界先进水平比，还有相当大的差距，比如万元GDP用水量、万元工业增加值用水量，约是国际上先进水平的两倍。同时国内不同区域也存在较大的差距，尤其是西部地区用水效率和效益与国内先进的海河地区相比差距非常大。

（2）水资源过度开发和不合理利用现象普遍存在

在水资源面临巨大的压力下，为保障经济社会持续发展，我国水资源开发利用率在不断提高，水资源过度开发及超采地下水、挤占生态环境用水等不合理利用水资源的问题越来越突出。长期累计性过度开发利用水资源已导致这些河流和相关地区生态环境的严重退化，引起一系列生态环境问题，成为经济社会可持续发展和水资源可持续利用的重要制约因素。

（3）气候变化和人类活动双重影响导致水资源安全形势更加严峻

受全球气候变化影响，水资源系统不确定性增加，严重威胁我国的水资源安全。据统计，近百年来，中国年平均气温升高了1.1℃，我国正经历以变暖为主要特征的气候变化，全球气候变化使我国水资源时空分布不均问题更加突出，暴雨洪涝灾害更加频繁，持续干旱现象更加严重，水利工程体系薄弱问题更加显露，应对水旱灾害的复杂性与难度更加凸显，水资源安全保障难度不断加大。

（4）供水安全保障仍存在较大风险和隐患

我国水资源时空分布很不均匀，水资源分布与人口、生产力布局以及土地等其他资源不相匹配，同时由于水资源年际、年内变化大，天然来水过程与经济社会用水要求的时段过程不一致，这些问题不仅给水资源的开发利用带来很大困难，也是造成部分地区水资源短缺的主要原因。

（二）我国水资源安全管理的对策

（1）深入落实节水优先方针

推进实施国家节水行动，狠抓强基础、快突破，推动用水方式由粗放低效向节约集约转变。

（2）强化水资源刚性约束

坚持以水而定、量水而行，将水资源刚性约束有关要求落到实处。围绕合理分水，加快确定全国重要河湖生态流量保障目标，推进江河流域水量分配，确定地下水取用水总量、水位管控指标，加快确定各地区可用的地表水量、地下水量、外调水量、非常规水量，建立明确具体的水资源刚性约束指标体系。

（3）实施水资源配置工程

水资源配置工程是解决我国水资源供需矛盾，实现水资源、经济社会、生态环境3大系统协同发展的重要手段。我国需要继续实施水资源配置工程，优化水资源配置格局，加强供水安全风险应对，逐步建成丰枯调剂、联合调配的国家水资源配置和城乡供水安全保障体系。一是推进重大引调水工程建设。二是推动综合性水利枢纽和调蓄工程建设。

（4）充分利用非常规水源

非常规水资源的利用，一是实施非常规水源配额管理，科学设定全国非常规水源配置总体目标；二是加强非常规水源利用基础设施规划与建设，将非常规水源开发利用基础设施作为区域总体规划、城市建设的强制性内容，纳入市政供排水体系。

三、水环境安全管理

（一）我国水污染防治安全管理存在的问题

目前，随着城市的发展，污水排放量不断增长，不仅消耗了大量水资源，也造成了严重的水污染，对生态环境造成了极大的破坏，因此，水污染防治工作就显得尤为重要。防治城市水污染，关键在于“十二字方针”：源头减排、过程阻断、末端治理。经过“十三五”期间对水污染防治的大力整治，我国水污染防治取得了巨大的成效，但仍然存在着一些问题。

（1）跨界流域协同治理成效不显

流域是一个完整的社会—经济—自然复合生态环境系统，是一个相对独立的生态循环圈。在水质修复和环境治理过程中，某一水域的水质改善会使整体流域水质逐渐向好；反之，遭受污染时污染物会在流域内频繁交换，以致污染扩散，治理难度倍增。流域水污染协同治理既遵循自然科学规律，又与协同发展的国家战略相符，是流域水污染治理的必由之路。但目前我国的水污染呈现出显著的跨界流域污染特征，跨界流域的水污染防治工作成效不显，其主要原因在于跨界立法的不协同。

（2）城市排水系统不够完善

经过多年的快速发展，我国的城镇污水处理设施已经基本实现了全面普及。2019 年我国城市及县城污水处理率已分别达到 96.81% 和 93.55%，已超过“水十条”中 2020 年的目标，部分城镇的污水处理量甚至远远超过供水量，表明我国大部分城镇污水处理设施能力可以满足居民生活污水处理需求。但排水管网不健全、不完善、管网质量差、运行不规范、养护不规范、养护不及时等导致的收集效率低下、污水处理厂进水浓度偏低的问题较为突出，已经成为影响行业发展和质量提升的重大问题。

（二）我国水污染防治安全管理的对策

（1）流域协同立法的对策

①针对流域制定相应的水污染防治条例

针对特定流域水污染治理现状，制定流域水污染防治条例应对流域管理机构进行赋权，明确其流域整体治理的宏观权力，并赋予其协调各地方立法、执法的权力，以解决当前流域缺失上位法规制的现状。

②构建常态化的地方立法协商机制

各个流域存在地方性法规和政策标准的内容差异，除了以上加强顶层设计以宏观视角促进地方立法协同手段外，还可尝试建立地方之间立法协商机制，使地方立法主体主动参与协同立法。

③建立常态化的法规条文清理机制

处于水污染协同治理首要地位的立法应跟上步伐，增强立法条文的合理性、前瞻性。对地方间存在差异和冲突的法规条文及时修改，对不合时宜的落后条款及时清理。

④推行地方间“契约性”立法

地方间可推行“契约性”立法，既保证地方性法规的稳定性，又能解决其滞后性。同时，“契约性”立法还能对当前流域治理中水权交易、排污权交易和生态保护补偿以制度支撑。

（2）针对城市排水系统不完善的对策

①解决污水收集率低的对策

旱季流速是管道运行状况的重要考核指标，不能合理控制管道旱季水位和流速，再好的管理质量也无法彻底解决低流速导致的颗粒物沉积问题。通过降低充满度和运行水位，将管道实际流速恢复至不低于设计流速或最小沉降流速是解决旱季沉降问题的最有效措施，也是快速提升居民生活污水集中收集率指标的最佳途径。

②解决城市污水冒溢的对策

A. 降低管道水位是避免污水冒溢的有效途径

分流制污水管道和合流制管道长期“满管流”是很多城市排水口或溢流口阶段性污水冒溢的重要原因。只有将其降低至管道控制水位线以下才可能真正意义上实现管道的低水位运行。

B. 定期清淤是解决污水管网冒溢的重要保障

为保障污水管网的正常运行和设施效能的稳定发挥，欧美等发达国家通常将管道淤积深度控制在不超过管道直径的 5%。因此需要控制污水管道内积泥深度，加强对污水管道清通养护工作。

③解决管道错接、混接问题的对策

A. 由于排水系统建设管理的复杂性，需系统性地针对排水系统管网进行排查。从污水厂—管网—用户逐级排查，重点排查污水厂、泵站、排口及地下暗涵等排水设施，且应分清层次以现状问题为突破，重点筛查污水厂进水浓度低、管道建设年代久的片区，逐步全面铺开系统以解决排水系统低效能问题。

B. 管道错接、混接是分流制排水系统独有的，居民楼宇的错接、混接多数是因为洗衣机或厨房搬迁至阳台导致的污水错接入雨水立管的问题。参照空调排水管道设计思路，在每一楼层合理预设接驳口，是避免错接、混接反复的重要保障措施。

四、水生态安全管理

（一）我国水生态系统修复存在的问题

水生态治理是生态治理的重要组成部分，针对水生态治理，《生态治理蓝皮书》建议，完善水生态治理体制机制、改进水生态治理制度、构建流域生态共同体、实行流域生态补偿、强化水生态功能区绩效考核与责任追究、注重水生态治理监测。目前我国的水生态系统修复仍然存在着一些问题。

（1）水生态环境管理体系尚不完善

水生态环境管理体系尚不完善，主要表现在以下几个方面：一是水环境目标管理体系不完善，风险管理薄弱；二是污染源管理与水体水质管理脱节，技术研发与应用脱节；三是监管预测预警体系和信息化平台建设仍存在不足，监测预警体系建设滞后，监测设备和技术落后、监测网络不健全、监测数据应用渠道不畅，监控能力仍然比较薄弱；四是基准标准研究基础薄弱。

（2）河流、湖泊、城市水体、饮用水水源保护有待加强

“有河皆干、有水皆污”尚未全面改善，主要湖泊水污染较为严重。传统水体污染

物还未得到全面控制，黑臭水体治理成效有待巩固，治理任务依然繁重。饮用水水源地安全以及饮用水引起的人畜健康问题突出，饮用水水源地存在潜在环境风险，饮用水标准的执行亟待加强。

（二）我国水生态系统修复的对策

为使我国水质实现整体改善，保障水生态系统健康、水资源供给和饮用水安全，可采取以下措施。

（1）改善流域水环境质量和保障水生态系统健康

以保护流域水生态系统健康和改善水环境质量为重点，针对当前我国大江大河流域水污染严峻形势，结合国家流域水污染防治规划和污染物减排统计、监测、考核“三大体系”建设的技术需求，统筹水量、水质和水生态；以源头控制、过程削减和水生态修复为主线，系统地开展水生态环境功能分区，计算流域水环境承载力，按照水生态系统健康的要求提出制定流域水环境质量目标和流域经济社会优化发展模式；建立流域水环境质量监控系统和水环境质量管理技术平台，建立污染源排放限值和最佳技术评估技术体系，污水分散处理技术评估平台；制定流域污染负荷削减总体技术方案。

（2）科学开展河流、湖泊、城市水体、饮用水水源分类保护

一是做好河流控源减排，保障生态流量；二是系统削减入湖污染负荷，解决湖泊营养化问题；三是解决黑臭水体问题，加强城市水体生态环境保护；四是加强饮用水水源地保护，优先保障饮用水安全。

（3）全面控制污染物排放，持续改善水生态环境质量

以山水林田湖草系统治理理念为引领，统筹开展区域工业污染源、城镇生活源和农业面源水污染的综合控制和再生水循环利用，打造系统治理的最佳效果，形成新型区域综合管控模式。

第四节　我国水系统安全管理方法和技术的战略需求

一、我国水系统安全的发展目标

（一）我国水系统安全的发展要求

水是经济社会发展的基础性、先导性、控制性要素，水的承载空间决定了高质量发展的成长空间。水安全是国家安全的重要组成部分，水系统既面临着洪涝干旱、工程失事等直接风险，也会影响粮食供应、能源供给、生态环境等领域的安全保障。

当前我国发展中的矛盾和问题集中体现在发展质量上，新时代、新阶段的发展必须

贯彻新发展理念，实现高质量发展。要把新发展理念贯穿补短板、强监管的各项工作，既要通过补短板，完善普惠共享的水利基础设施体系，夯实水利风险防控的物质基础，更要通过强监管，以严格的水利监管规范各类涉水行为，堵漏洞、强弱项，下好风险防控的先手棋，夯实高质量发展的水安全基础，提高水安全、水资源、水生态、水环境、水文化等领域公共产品的供给质量，不断提高人民生活品质，给人民带来更多实实在在的获得感、幸福感、安全感。

（二）我国水系统安全的发展目标

2021 年 3 月，我国发布了《中华人民共和国国民经济和社会发展第十四个五年规划和二〇三五年远景目标纲要》（以下简称《规划纲要》）。

《规划纲要》中提出要加强水利基础设施建设，立足流域整体和水资源空间均衡配置，加强跨行政区河流水系治理保护和骨干工程建设，强化大中小微水利设施协调配套，提升水资源优化配置和水旱灾害防御能力。坚持节水优先，完善水资源配置体系，建设水资源配置骨干项目，加强重点水源和城市应急备用水源工程建设。实施防洪提升工程，解决防汛薄弱环节，加快防洪控制性枢纽工程建设和中小河流治理、病险水库除险加固，全面推进堤防和蓄滞洪区建设。加强水源涵养区保护修复，加大重点河湖保护和综合治理力度，恢复水清岸绿的水生态体系。

《规划纲要》在生态环境方面提出要“深入打好污染防治攻坚战，建立健全环境治理体系，推进精准、科学、依法、系统治污，协同推进减污降碳，不断改善空气、水环境质量，有效管控土壤污染风险”。深入开展污染防治行动，完善水污染防治流域协同机制，加强重点流域、重点湖泊、城市水体和近岸海域综合治理，推进美丽河湖保护与建设，化学需氧量和氨氮排放总量分别下降 8%，基本消除劣Ⅴ类国控断面和城市黑臭水体。开展城市饮用水水源地规范化建设，推进重点流域重污染企业搬迁改造。地表水达到或好于Ⅲ类水体比例为 85%。全面提升环境基础设施水平，构建集污水、垃圾、固废、危废、医废处理处置设施和监测监管能力于一体的环境基础设施体系，形成由城市向建制镇和乡村延伸覆盖的环境基础设施网络。推进城镇污水管网全覆盖，开展污水处理差别化精准提标，推广污泥集中焚烧无害化处理，城市污泥无害化处置率达到 90%，地级及以上缺水城市污水资源化利用率超过 25%。

二、我国水系统安全管理方法和技术的需求

（一）我国水系统安全管理方法需求

（1）防洪排涝治理理念的需求

根据气象资料，笔者发现，近几十年来，我国各城市的年平均降水量与以往并没有

太大的差别。但是，一个地区一次连续降水量能占据年平均降水量的 30%～70% 的现象频繁发生。2021 年 7 月 17 日到 7 月 22 日，河南省出现了极端的特大暴雨，暴雨天气过程持续长达 6 天。其中郑州市观测到的最大过程累计降水量为 993.1 mm，郑州国家观测站最大日降水量达 624.1 mm，接近该站年平均降水量 641 mm，相当于一天下了将近一年的雨。2021 年 10 月 2 日至 7 日，山西省平均降水量达 119.5 mm，太原市平均降水量为 185.6 mm，而太原市年平均降水量为 456 mm。这意味着突发性和多发性的连续强降雨是必须要面对的现实。随着全球气候变化，"城市看海"的强度和频率都会突破我们的想象。另一现实是，整个流域同时产生突发性和多发性连续强降雨的可能性越来越大。这种高强度的连续降雨和全流域的高强度降雨是前所未有的挑战。

这需要我们更加认清防洪排涝治理工作的关键所在。从城市小区的尺度，需要做好海绵建设，雨水就地下渗、减少地表径流。而在城市区域的尺度上，为了避免"城市看海"，应该把城市建设在安全高程之上，避免占用水面，应该"围城"而不"围水"。从流域的尺度，应该保护水系的自然水文形态、河流的弯曲度以及河漫滩和湿地，更重要的是要保护水系水岸植被，大力恢复城市区域的湿地和水面的面积。

（2）构建国家水网的需求

《规划纲要》提出面向服务国家重大战略，实施国家水网等重大工程。2021 年全国水利工作会议也明确，"十四五"时期要以国家水网建设为核心系统实施水利工程补短板。

"国家水网"是综合水灾害防控、水资源调配、水生态保护和智慧管理的复合网络系统，国家水网工程建设需贯彻创新、协调、绿色、开放、共享的新发展理念，在系统梳理我国江河湖泊的基础上，依据其承担的功能和作用分级分类施策，把国家水网建设成为高效节水网、防洪安全网、供水保障网、绿色生态网、智慧感知决策网和管理科学网。但是，目标与我国水资源时空配置效果及新时期治水方针，特别是与"空间均衡"要求的差距还是很大。在新形势、新要求下，全国、流域、区域水网体系如何科学构建还不清楚。

（3）城市排水一体化管理需求

"厂站网河（湖）"一体化排水管理模式是近些年一些地方排水管理部门或排水企业在排水管理实践中的总结，如 2017 年"深圳市光明新区海绵城市建设 PPP 试点项目"提出了建立一家排水建设运营公司，实现"未来新区大部分污水管网运营及污水处理，将由水环境公司一家处理和运营"。近年来有更多地方政府和企业开始这方面实践，而且将"厂站网河（湖）"一体化纳入管理政策要求，如江苏省在 2019 年发布的《江苏省城镇生活污水处理提质增效三年行动实施方案（2019—2021 年）》中提出"积极推行'厂站网河（湖）'一体化运行维护机制，探索同一污水处理厂服务片区内的管网由一个单位实施专业化养护的机制，保障生活污水收集处理设施的系统性和完整性"。

一体化排水管理是针对解决我国城市排水管理中存在机制问题，是一种面向问题导向的解决思路和方法，核心是解决“多头管理，缺乏统筹”“多方运营，协调困难”。虽然一体化排水管理已经开展了一些实践工作，但要落实一体化排水管理，还存在着一些问题。如何协调好“厂”“网”“河”，以及解决管理体制难题等仍需要继续探索。

（二）我国水系统安全技术需求

（1）海绵城市建设技术要求

海绵城市的建设必须要以全新的城市排水设计理念和设计规范为前提，迫切需要一批新的技术标准和技术手段。当前我国在城市防洪排涝工程标准、设计规范、技术系统上还存在诸多不足，难以适应实际管理需求。需要研究解决基础性技术问题，出台一批适应地方实际的防洪排涝技术标准，包括加强防洪、排涝、排水标准的一致性研究，使城市抗外洪和防内涝的工作体系相匹配；制定自然状态下天然排水河网设计的准则和包括地表径流的大排水系统设计规范；健全洪涝灾害风险及影响评估、灾害风险等级划分、风险区划分及管理等技术标准；加强雨水情监测、数据管理、预警及信息发布、决策支持的综合信息管理系统建设。

同时需要明确不同城市海绵城市建设的不同需求和定位，因地制宜地选择技术组合实现海绵城市目标。我国幅员辽阔，降雨特征和地形地貌差异巨大，城市经济和社会发展水平差异显著。很明显，各个城市面临的水资源、水环境、水生态、水安全和水文化问题也是不一样的。夏季降雨极端集中的华北城市、“梅汛”和“台汛”两个雨季的东南城市必然有不同的海绵城市方案。根据自身的降雨特征和地形地貌以及城市发展阶段确定适合本地的海绵城市建设定位和目标，因地制宜地选择技术组合实现自身的目标在海绵城市建设中需要得到重视。

（2）市政排水系统建设技术需求

水环境污染问题，黑臭在水里，根源在岸上，关键是排口，核心是管网，提高排水质量是消除城市黑臭水体最根本的措施。经过“十三五”期间的大力治理，我国的城市管网建设得到长足的进展，但管网的覆盖率仍不足，同时，对管网的日常运行维护管理成为重点工作，这需要多方面的技术来补足短板。

①在雨污混接改造方面。迫切需要开发混接污染源的溯源与追踪技术和地下管网探测与诊断的机器人，确定针对性的工程技术。高度现代化的城区实施地面开挖进行雨污混接改造十分困难，目前，我国城市采取的措施为初期雨水调蓄和旱流污水截流，对于雨天黑臭问题的解决十分有限，溢流污染末端快速净化和拦截装置开发十分重要，排水管网自动调度实现在线调蓄很有必要。

②在管道修复方面。地下管网探测仪器设备的开发十分迫切，地下管网诊断和修复

技术的需求大大增加，非开挖管网建设和带水修复技术急需引进。目前，国内市场正在应用的技术是点状原位固化法、不锈钢套筒法等局部非开挖修复技术和紫外光原位固化法、管片内衬法、短管内衬法、胀管法等整体非开挖修复工艺，相关环保产业和工程建设市场也将迎来一轮爆发。

③在管道沉积物清理方面。远距离输送的合流管道沉积物清理是控制溢流污染的有效措施。目前，我国基本采用人工疏浚方式，效率较低，因此，预防管网沉积技术、机械清淤和水力自动冲洗等技术方法有很大的需求空间，清淤污泥无害化与资源化处理处置技术需求非常迫切。随着对管道沉积污染的重视，相关装置、结构设计、施工和建设管理将会成为热点。

④在智慧水务方面。目前我国开展智慧水务建设的城市，大部分采用了基于 GIS 的管理系统，实现了城市排水管网地理特征的地图显示和查询功能，但无法实现排水管网的网络分析、动态模拟和优化分析，不能为城市排水管网安全运行提供科学的决策支持。基于传感器的管网、河网运营监控以及集合数学模型预测、实时数据分析、专家案例库查询与推理的智慧水务平台开发，也具有很大的发展空间。

（3）城镇污水处理技术需求

在迈向碳中和的大背景下，城镇水务工作面临着一些新的变化。城市水务大致占全社会总电耗的 3%，其中污水处理过程约占全社会总电耗的 1%。污水处理行业间接的碳排放大概能占到全社会总排放的 0.5%。另外，在污水处理的转化过程中，也会有直接的温室气体排放，比如甲烷和一氧化二氮的排放，尽管它们的排放量相对较低，但造成的温室效应不能忽视。污泥处理处置也会产生碳排放。污水处理的直接碳排放和间接碳排放合计占全社会总体碳排放量的 1%～2%，虽然占比很小，但减排效益大。

在污水处理领域中，找到正确的技术以及正确的技术路线，就可以减少碳排放，其减碳的效益比能源、交通等领域要大得多。总体上，污水处理将会朝着协同减排的方向走，既减排污染物也减排碳，这需要新的技术和工艺。因此低碳、集约的污水处理技术是未来城镇污水处理的迫切需求。

（4）城市污水再生利用技术需求

我国是一个严重缺水的国家，水资源短缺已经成为制约社会与经济协调发展的重要因素之一。污水再生利用是解决水资源短缺问题的有效途径，也是满足国家水资源可持续利用重大需求的有力保障。但由于污水中存在多种多样的病原微生物、微量有毒有害化学污染物和植物营养物质（氮磷），其对再生水安全利用带来的风险不容忽视。如何保障再生水的水质安全，降低再生水利用过程中的健康与生态风险已成为迫切需要解决的问题。这对城市污水再生利用过程中的污水再生处理、再生水输配储存、再生水利用主要环节提出了相应的技术需求。

第四章　水美乡村建设关键技术与应用

第一节　我国农村水环境治理背景

一、我国农村水环境现状

（一）水资源方面

根据《2020 年中国水资源公报》，我国水资源总量为 31 605.2 亿 m^3，其中，地表水资源量 30 407.0 亿 m^3、地下水资源量 8 553.5 亿 m^3，地下水与地表水资源不重复量为 1 198.2 亿 m^3；平均年降水量 706.5 mm，比多年平均值偏多 10.0%，比 2019 年增加 8.5%。2020 年全国供水总量为 5 812.9 亿 m^3（地表水源供水 4 792.3 亿 m^3、地下水源供水 892.5 亿 m^3、其他水源供水 128.1 亿 m^3），用水总量为 5 812.9 亿 m^3（农业用水 3 612.4 亿 m^3、工业用水 1 030.4 亿 m^3、生活用水 863.1 亿 m^3、人工生态环境补水 307.0 亿 m^3），全国人均综合用水量 412 m^3。

（二）水安全方面

与城市相比，在我国农村地区水利基础设施的建设滞后，许多地区出现不同程度的洪涝等水安全危机。国家统计局数据表明，2020 年因洪涝、地质灾害和台风受灾导致的农作物受灾面积达 19 960.0 kha、农作物绝收面积达 2 710.0 kha。

农村饮水安全关系着广大群众的身心健康，同时也关系着农村地区的长治久安。《关于做好农村供水保障工作的指导意见》指出：截至 2020 年年底，全国共建成 931 万处农村供水工程，农村集中供水率达到 88%，自来水普及率达到 83%，农村供水保障水平进一步提升。

（三）水环境方面

我国农村水环境主要污染源为农业源、生活源、工业源、种植业及养殖业面源等。水美乡村建设的重点仍是解决面源污染问题，我国农业面源污染严重区域集中在农业大省和经济发达地区，在空间上以中部地区、华北地区为核心区域，向外围辐射并呈现递减趋势；污染较严重的地区主要集中在山东、河南、四川等农业大省；根据 2020 年发布的《第二次全国污染源普查公报》可知：种植业及畜牧养殖业为主要的农业污染来源。在生态环境部为首的相关部委推动下，“十三五”期间共完成 15 万个建制村环境综合整治任务、农村污水治理的配套政策陆续出台、排放标准等建设取得积极进展、资金保障力度不断加大，但也仍存在生活污水直排的现象；水体岸边及河道内的生活垃圾污染与河（湖）库的污染底泥造成的内源污染也是农村河道水质污染的一个重要原因；乡镇企业的发展虽然带动了农村经济的增长，但其排放的未经处理或处理不达标工业污水也不同程度地造成了农村水环境污染。

（四）水生态方面

我国北方农村河道缺水、断流现象较为普遍，生态系统也遭到不同程度的破坏，存在诸如水体富营养化、耐污动植物优势度增加、珍稀濒危物种减少、生物多样性下降、鱼类种群数量锐减、种质资源退化等现象。我国长江流域最初淡水渔业捕捞量每年约 50 万 t，但由于污染的加重和水资源的过度开发，1954—1970 年年产量下降了近一半，近年来还在持续减少。

中国是世界上水土流失最为严重的国家之一，每年流失的土壤面积较广且体量巨大，依旧面临着巨大的水土流失预防和整治压力。根据《2020 年中国水土保持公报》数据显示，全国水土流失总面积约为 269.27 万 km^2，与 2019 年相比全国水土流失面积减少了 1.81 万 km^2，减幅 0.67%，全国水土流失状况继续呈现面积强度“双下降”、水蚀风蚀“双减少”态势。

（五）水文化方面

水以其深厚的文化底蕴滋润人心。文人们与水有着不解之缘，频频以水入诗入词，达意传情。我国农村地区的水文化也多以诗歌、民谚、传说的形式被表达，辅以少量碑文、摩崖、遗址、古迹等。部分农村地区在水系综合整治中已引入文化元素、历史人文元素、自然生态元素等，以文化搭台提升了农村的人居品质，但仍有一些农村存在人口老龄化，再加上与外界接触的范围有限，村民对传统文化及遗址、遗迹的保护意识淡薄，多数文化遗址、遗迹等也因得不到有效保护而受到侵蚀和破坏。据统计，全国大约有 44 000 个古代遗址庙宇和其他文物遗迹已经消失，仅陕西省就有 3 500 多处文化遗址已消失，保存的遗迹中仍有 1/4 处在维修状态，即便是加以保护和维修，也无法还原本身面貌和整体性。

（六）水景观方面

水体是乡村生活乃至乡村生态景观中的重要组成部分，水不但能自成一景，还能与周边地形、地貌等组成景观节点，能很好地联动和映照其他景物，使其能组成一个系统的景观体系，这也是中国人常依水而居、背山面水的原因之一。但目前国内大部分农村地区尚未形成水景观体系，若存在水体污染问题，其观赏性与活力更无从体现；有些农村存在部分乡村水景观建设工程，也存在开发盲目性和无序性等问题，甚至效仿国外的建设风格，缺乏因地制宜和创新意识。

（七）水价值方面

随着我国不断着力发展农村扶贫工作，更多的企业开始向农村进军，渔业、旅游、度假等休闲产业的增加也带动了农村水产业的快速发展，农村的水价值得到显著提升。但较城市而言，我国农村地区经济发展仍相对落后，水资源短缺区域的年收成更是少之又少，部分农村地区的用水效率低、用水严重浪费、基础设施不完善、面源污染等问题也或多或少地存在，这些问题使农村经济体制发展受到不同程度的阻碍，以水为媒介或纽带而衍生出来的水价值无法充分体现，农业、渔业、旅游、度假、康养等产业更是无从推动。

（八）水管理方面

随着河（湖）长制的推行，部分区域已经建立了省、市、县、乡镇、村居的“五级”河长制，农村河长一般由村内主要党政负责人担任，是相应河道管理的直接责任人，负责管辖区域内的河道管理保护工作。

《关于加快制定地方农村生活污水处理排放标准的通知》《农村生活污水处理设施水污染物排放控制规范编制工作指南（试行）》等政策发布并指导各地分区分类确定控制指标和排放限值，目前 30 余个省、自治区、直辖市及地区已经颁布地方农村生活污水排放标准，农村水环境整治技术标准体系逐渐完善。

自 1995 年水利部发布《关于加快水利工程土地划界工作的通知》后，各省市分别针对本地确权划界工作特点提出了具体的实施方案及管理办法，并积极开展工作。但区市县区域间差距较大，2020 年成都市已经基本完成了小型水利工程的确权划界工作，部分干流河道确权划界完成 90% 以上，但部分流域，如安徽完成度不足 50%。

以网络、管理软件为主要建设内容的行业管理和项目管理信息系统与以实现合理调度、科学管理为主要目标的业务管理系统的信息化体系还未形成，农村水环境信息化管理程度较低，仅在经济较好区域的部分领域有所应用。

二、我国农村水环境治理存在的问题

（一）水资源方面

1. 水资源时间及空间分布不均

在我国受区域气候的影响，降水量和径流量变化幅度很大，降水量年内分配不均，年际变化大并有枯水年和丰水年交替出现情况，这种变化一般是北方大于南方。另外，受海陆分布和地形等因素的影响，水资源地区丰枯状况差异比较大，总趋势从东南沿海向西北内陆递减，呈现南方水多、北方水少。

2. 水资源供需矛盾尖锐

在城市化和工业化进程较快的双重影响下，城市供水及其用水量都不断增加，对有限水资源的激烈竞争，城镇用水挤占农业和生态用水问题越发突出。而水资源配置多以江、河、湖、库为对象，将水资源划分到市级、县级或区，县内往往只给出配置总量，无法对各乡镇水量分配达到最优。

3. “节水优先”的治水思路体现不足

我国农村地区实施高标准农田数量不多，灌溉效能低；村镇供水管网漏损率较高，单户安装水表等有效计量还没有全部落实，生活节水器具尚未普及，再生水回用率较低；没有实现水资源的统一管理，水价、水资源费等经济调控手段不足；村民节水意识低，水资源节约和保护的氛围尚未形成。

（二）水安全方面

1. 防洪减灾体系不完善

20 世纪 50—70 年代我国农村地区建造的部分中小型水库因受当时施工技术、经济条件的限制，经核定后的防洪标准、抗震标准多低于相应的现行国家标准，甚至出现严重渗漏等带病运行的现象；另外，农村及小城镇建成区与农田相互交错，存在水利基础设施不足、防洪减灾系统尚不完善，甚至完全不设防等薄弱环节。

2. 公共饮水安全有隐患

由于我国国情、水情复杂，区域差异性大，当前全国农村供水保障水平总体仍处于初级阶段，尽管农村地区的集中供水率已经提升到 88%，但仍未达到《农村饮用安全卫生水评价指标体系》中不低于 90% 的基本安全供水保证率要求，部分农村地区还存在水源不稳定和水量水质保障水平不高等问题。

（三）水环境方面

1. 农村生活污水治理缺乏统筹规划

部分农村由于前期规划不到位，农村扶贫安置、生活污水处理设施建设与管网改造、雨水收集等工程未能有效衔接，污废水资源化利用率低或资源化利用水平低；部分地区脱离农村实际，盲目追求污水达标排放，不仅建设和运行费用高，也不利于日常的管理维护。

2. 工业废水仍不能完全满足达标要求

乡镇工业企业排污问题突出，一方面是传统的乡镇企业，包括小型畜禽养殖、造纸、印染等高污染企业非法排污所致；另一方面随着产业结构和产业分工的不断调整，城市“退二进三”，众多高污染企业进而向农村地区挺进，一些地区甚至成了环境污染的重灾区。

3. 农村面源污染治理缺乏因地制宜的技术标准

农村的化肥和农药有效利用率低，传统养殖模式多为超容量、高负荷养殖，直接或间接污染水环境；农村生活垃圾源头分类工作难度大、资源化利用配套设施不健全、村民资源化利用积极性不高；根据资料检索及数据分析，污染防治方面的法律制度一般是针对城市污染特征而制定的，涉及农业面源污染防控的较少，而农村面源污染治理仍缺乏过硬的技术以及系统的解决方法。

4. 农村水体的内源污染严重

部分农村河道水流不畅、淤积严重、生态恶化，村民对河道沉积物释放的内源负荷重视不够，加之环保意识薄弱，生活垃圾被随意倾倒至地表水体，对农村水环境造成较大污染，成为地表水体富营养化的主要因子。

（四）水生态方面

1. 河道生态流量保障不足

在水量分配上，城市生活、生产甚至城市河段的生态用水为优先保障对象，考虑灌溉用水每年约有 300 亿 m^3 的缺口，而农村生态用水将更加难以保障；另外，城区水景观建设、农村小水电开发、无节制开采地下水、农村水资源缺少系统调度和优化配置等都会导致农村河道流量保障不足。

2. 生态系统功能衰减

由于栖息地丧失和破碎化、资源过度利用、水环境污染、外来物种入侵等原因，部分农村流域水生态环境不断恶化，水生野生动、植物濒危程度加剧，由水生物种资源严重衰退、多样性丧失导致的生态系统功能衰减已成为影响农村生态安全的突出问题。

3. 水土流失现象仍然存在

不合理矿石开采、乱砍滥伐、农村基础设施建设以及自然灾害等，都给农田、河流造成了严重的水土流失，地表水体边缘及农田堆积大量砂石、乡村公路和机耕道路的滑坡也屡见不鲜，农村生态环境恶化形势依然严峻。

（五）水文化方面

1.“重经济”“轻文化”“缺特色”

部分农村地区在治水过程中，更强调农田水利建设、防洪排涝、科学技术的发展，更重视种植业、养殖业、工业、新能源等产业的发展，这些产业的发展确实带动了农村经济的发展，但也会导致城市和农村的文化个性缺失、文脉模糊、文化符号混乱、记忆依稀、历史遗存支离破碎，不同程度地抑制水文化的传播与发展。

2. 法制文化的缺失抑制水文化的发展

法制文化的健全是水文化传承和发展的必要条件，我国已形成以《中华人民共和国水法》《中华人民共和国水污染防治法》《中华人民共和国水土保持法》《中华人民共和国防洪法》《中华人民共和国长江保护法》《中华人民共和国黄河保护法（草案）》等法律、法规为主的现代水法体系，但这套体系中涉及农村水生态文化建设相关的内容或提法相对略显薄弱、适用性较低。

（六）水景观方面

1. 人类对自然的干预影响了自然景观的发展

人类对自然的不合理干预已经影响了自然景观的可持续发展，导致人与自然的矛盾愈演愈烈，这种现象体现了当前人们对自然水景观的认识有很大误区。水环境的污染和水生态环境的破坏会严重影响水景观的体现，大大降低了景观效益和观赏性。

2. 农村地区缺乏水景观创新意识

人们对水景观的需求越来越高，水景观的设计风格也越来越多，但部分农村地区水景观设计缺乏自主创新意识，没有因地制宜结合当地传统文化特色，而是大批量地复制其他地区的设计风格和理念，缺少有特色的水文化和水景观融合，使地域风格不能有效展现。

（七）水价值方面

大多数乡村企业科技创新意愿和能力不强，特别是水产业创新能力不足，乡村产业的金融链条并不完善，农村资源变资产的渠道尚未打通，乡村产业发展没有形成自己独特的核心竞争力，更谈不上当地的特色产业，也阻碍了金融资本和社会资本进入乡村产业，很多乡村企业想要做大做强仍旧是一件十分困难的事情。

（八）水管理方面

1. 水环境整治技术体系尚不健全

以我国农村生活污水处理技术标准为例，其制定工作起步较晚，自 2008 年以来陆续出台了农村生活污水处理技术规程、设备标准、污染防治技术指南等，但在指导产品设计收集系统建设、验收和运行管理等方面还存在较大缺失；中小型企业尤其是农村地区的清洁生产技术普及率还是不高，针对重点区域、重点流域清洁生产水平整体提升工作仍显不足。

2. 管理效率低下、运维和监管机制亟待建立

河（湖）长制的区域布局存在“重城市，轻农村”的失衡现象，部分农村地区存在水环境管理责任落实不到位、制度不完善、河长有名无实等问题。同时，农村河道数量众多、分布广泛、河道级别低、地方管护经费缺口大、受农民生产生活影响大等各因素的限制，河道治理、管护工作量大，尚未形成一套系统、有效、成熟的长效管护机制体系。

3. 农村水环境信息化建设基础薄弱

农村地区受当地条件、人口居住分散等影响，各细分领域管理信息系统成本较高，既熟悉各细分领域的特点、专业知识又拥有计算机信息技术知识的第三方独立咨询机构相对缺乏；已实施水美乡村智慧水管理的数据量小、应用程度不高，且系统灵活性较差，定制开发难以适应千变万化的水环境管理需求；水美乡村智慧化管理还没有一套完善的行业标准规范，多采用各细分领域的标准规范。

三、我国农村水环境治理需求分析

（一）资金需求

农村水环境治理涉及的范围较广、覆盖面较大，有限的资金难以实现全面治理的目标，一般是以村集体经济和部分国家专项资金为主体。从经济的角度分析，农村水环境治理需要加大各类财政资金投入及整合力度，建立社会资本投入等多渠道投入机制，引导项目、资金尽量向“河畅、安全，水清、景美，宜居、活力”的水美乡村集中、高效投入。

（二）技术需求

我国各地社会、文化、经济发展水平迥异，不论是农村水环境综合治理还是水美乡村建设都不能沿用或照搬城市水环境综合整治技术，需要因地制宜地推广农村适用性技术。以农村污水处理技术为例，污水处理技术的选择需根据当地的实际情况，选择技术可行、经济合理、简便易管理的技术，可与当地的生态农业相结合，使污水处理成为生态农业的重要组成部分，形成污水回用与再利用的生态农业模式。

（三）政策与保障需求

一直以来，我国环境保护工作主要依靠政府行政体系对污染者进行干预，环境整治主要依靠政府行政命令来推动，表现为命令—控制模式，这一模式适用点源污染治理，而农村水环境污染主要为面源污染，遏制面源污染需要建立以行政法规为基础，以市场手段为调节方式的激励机制，形成包含具备法律效力的许可系统、资源价格系统以及环境损害赔偿的环境管理经济政策体系。

（四）设施维护需求

农村水污染问题的解决不仅依赖于财政资金的投入，还依赖于农村居民生活习惯、支付意愿、认知程度等的支撑。另外，要加大财政资金在农村水环境治理的投入，环境资源的公共物品属性使得作为治理主体的政府不能缺位，财政资金的补助不仅体现于环保设施投资建设方面，还应体现在对污水处理设施的后期运营补助。

（五）保护意识需求

各地方人民政府及其住房和城乡建设部等相关职能部门，要积极鼓励引导公众和机构参与水美乡村建设，开展全民建设水美乡村行动计划；充分利用国家和地方的政策，大力开展水美乡村建设宣传，调动全民参与热情。

第二节　水美乡村建设政策导向

一、水美乡村的概念及内涵

（一）水美乡村的概念

水美乡村是2021年4月《水利部规划计划司 财政部农业农村司关于开展2021年水系连通及水美乡村建设试点的通知》中提到“为推进水美乡村的工作，将农村水系综合整治点改为水美乡村建设试点”，自此从国家层面“农村水系综合整治”统一改为“水美乡村建设”这一提法。

水美乡村建设是一项系统工程，要切实落实“节水优先、空间均衡、系统治理、两手发力”治水思路并打通“绿水青山”向“金山银山”转换的现实路径，以县城为单元、以河流水系为脉络、以村庄为节点，综合考虑不同区域地理环境、资源禀赋、现状问题，以问题、目标和效果为导向，集中连片统筹规划，水域岸线并治，建设“河畅、水清、岸绿、景美”的水美乡村，增强广大农民群众的获得感、幸福感和安全感。

河南、江苏、四川等省很早就提出了“水美乡村”建设的概念，也积累了一定的经验。成都市总结了已有水美乡村建设示范区的丰富经验，更倾向于符合国家乡村振兴战略、成都市“青山绿道蓝网”理念、公园城市示范区建设标准等地方发展理念，能够达到“水资源有保证、水安全有保障、水生态有保护、水环境有改善、水文化有底蕴、水景观有特色、水价值有体现、水管理有创新”的建设标准，能够实现“百姓富、生态美、人与自然和谐相处”，并为今后水美乡村建设的顺利推进提供借鉴和指导。

（二）水美乡村建设的基本特征及内涵

水美乡村建设是以实施农村水系综合整治为核心内容，把水生态文明建设与乡村建设紧密结合起来，以水务工作为支撑，建设美好家园，为国家乡村振兴奠定坚实基础并巩固扶贫攻坚成果。

水美乡村建设不仅要充分体现“水资源有保证、水安全有保障、水环境有改善、水生态有保护、水文化有底蕴、水景观有特色、水价值有体现、水管理有创新”，还要“做好水工程、讲好水故事、理好水产业”，实现由“治水”到“营水”转变，让百姓感受到乡村因水而美、因水而兴、因水而名。

二、水美乡村建设的相关政策导向分析

（一）国家层面

（1）2021 年 3 月，《中华人民共和国国民经济和社会发展第十四个五年规划和二〇三五年远景目标纲要》中提到：坚持农业农村优先发展，全面推进乡村振兴，其中在改善农村人居环境中提出要重点推进农村水系综合整治。

（2）2021 年 4 月，《水利部规划计划司 财政部农业农村司关于开展 2021 年水系连通及水美乡村建设试点的通知》（规计函〔2021〕16 号）为推进水美乡村的工作，将农村水系综合整治点改为水美乡村建设试点，并且实行中央资金补助。

（3）2020 年 6 月，《水利部办公厅财政部办公厅关于印发加强水系连通及农村水系综合整治试点县建设管理指导意见的通知》（办规计〔2020〕137 号）中提到：要通过做好建设方案审查审批、抓好项目组织实施、开展年度评估和竣工验收、健全建后管护机制、强化监督和社会宣传等工作，确保水美乡村建设的成效。

（4）2019 年 10 月，《水利部 财政部关于开展水系连通及农村水系综合整治试点工作的通知》（水规计〔2019〕277 号）中提到：水系连通、河道清障、清淤疏浚、岸坡整治、水源涵养与水土保持以及河湖管护等主要治理措施。

（5）2019 年 10 月，《水利部关于做好乡村振兴战略规划水利工作的指导意见》（水规计〔2019〕211 号）中提到：要以河流为单元，以乡镇或村庄为节点，水域岸线并治，集中连片推进，打造一批具有示范引领作用的水美乡村农村水系样本。

（6）2018 年 4 月，《中共中央 国务院关于实施乡村振兴战略的意见》中提到：推进乡村绿色发展，打造发展新格局，乡村振兴，生态宜居是关键。

（7）2018 年 5 月，《乡村振兴战略规划（2018—2022 年）》中提到：通过优化乡村发展布局、改善农村居住环境，加强农村生态修复及环境保护等策略，至 2022 年要达

到乡村振兴的制度和政策体系需初步健全的目标，为基本实现农村现代化打好基础。

（8）2016 年 12 月，《关于全面推行河长制的意见》中提到：全面推行河长制是落实绿色发展理念、推进生态文明建设的内在要求，是完善水治理体系、保障国家水安全的制度创新，其主要任务为加强水资源保护、加强水环境治理、加强水生态修复。

（9）2008 年 8 月，《关于加强饮用水安全保障工作的通知》中提到：要充分认识保障饮用水安全的重要性和紧迫性，加强水资源保护和水污染防治工作，因地制宜地进行水源生态修复和水源涵养等工程建设。

（10）2015 年 4 月，《美丽乡村建设指南》（GB/T 32000—2015）中提到：要因地制宜地编制村庄规划，尽量在当地村貌的基础上发展传统文化的保护和传承，突出地域特色，尤其是对于历史名村的保护。要结合当地的自然条件，形成山、水、路、村一体的水美乡村建设。

（11）2015 年 4 月，《水污染防治行动计划》中要求大力推进生态文明建设，以改善水环境质量为核心，系统推进水污染防治、水生态保护和水资源管理。到 2030 年，力争达到全国水环境质量总体改善，水生态系统功能初步恢复的目标。

（二）地方层面

目前，四川省已经取得全国性水美乡村建设的显著成绩，对水美乡村建设工作具有一定的借鉴价值和指导意义。因此，在地方层面重点介绍四川省，尤其是成都市，关于水美乡村建设的有关政策。

（1）2021 年 8 月，四川省人民政府正式印发《关于印发四川省“十四五”水安全保障规划的通知》（川府发〔2021〕18 号）中提到：要加快水文明建设，开展泸县、东坡区、井研县 3 个水系连通及水美乡村的建设试点项目。

（2）2021 年 3 月，水利厅在《四川省水利厅 2021 年部门预算编制说明》中指出水利厅 2021 年的重点工作中包含需建成水美新村 300 个以上。

（3）2019 年 4 月，四川省水利厅发布了《四川省水利厅关于推进乡村振兴战略开展水美新村建设的意见》（川水函〔2019〕435 号），在之前省委、省政府办公厅发布的《美丽四川・宜居乡村推进方案（2018—2020 年）》的基础上全面开展水美乡村建设的工作。以“节水优先，生态引领；统筹推进，系统治理；两手发力，创新引领；因地制宜，彰显特色；示范带动，扩面提质”为基本原则，达到节水配水管理体系、基础设施生态网络体系、河湖保护体系、水旱灾害防治体系、现代水利制度体系和蜀水文化体系的“六水美村”建设目标。

（4）2018 年，四川省水利厅印发《关于开展“水美新村”建设试点工作的通知》，并启动首批 300 个“水美新村”的试点。成都市水务局发布《成都市水务局关于开展水美乡村建设工作的通知》（成水务发〔2018〕24 号），其中指出水美乡村的建设坚持

“目标控制、自主申报、择优培育、综合评估”的原则，按照“优中选优、好上加好”的思路，优选水资源、水环境、水生态、水文化、水景观等基础条件较好的乡村，做足水美文章，建设水美乡村。

三、水美乡村建设的主要内容

鉴于水美乡村建设宜因地制宜地开展系统治理，本次水美乡村的建设内容以成都地区为例展开介绍。

（一）水资源保证

（1）全面落实水资源管理制度。严格落实水资源总量和强度双控，严控水资源开发利用强度，以“节水、高效”为目标，推进灌区改造、高效节水灌溉、城镇用水薄弱环节建设。

（2）统筹规划流域内水资源。以可持续发展为总原则，工程与非工程措施并举，改变区域水源结构，建设引水、调水、蓄水、供水、排水等控制性工程，保证社会资源、生态环境、经济协调发展。

（3）立足流域整体和水资源空间配置。以河渠为载体，库、湖为节点，依靠水利工程串联天然水网，在确保防洪安全的基础上，提高水资源利用率，实现水资源的合理配置和综合利用。

（二）水安全构建

（1）完善防洪减灾工程体系。加强对现有的中小型水库加固，优化调度规划控制性枢纽工程，提高江河洪水调蓄能力；中小河治理以堤防建设达标和河道整治为重点，确保行洪顺畅；建设排水、排涝设施，新增洪涝的蓄滞空间，做到外洪不入城、河水不顶托。

（2）实施城乡供水一体化工程。以集中水源建设、管网改造、水质处理为重点，加快农村饮水安全巩固提升工程建设，实现城乡供水一体化；加强后备水源地建设，保障饮水水质、水量安全。

（3）开辟抗旱水源，科学利用抗旱用水，做好抗旱准备。通过兴修小型农田水利设施，调节农田水分状况和地区水利条件，增加有效灌溉面积，满足农业生产发展的需要。

（三）水污染防治

（1）农村生活污水处理工程。因地制宜地进行“就近纳管”“集中收治”“散户利用”的生活污水治理，高寒地区以卫生或无害化厕所改造为重点推进生活污水治理。

（2）面源污染防治工程。以削减农村面源污染负荷、促进土壤质量和水质改善为核心，建设缓冲带等工程；加快发展生物质能源化利用，科学合理建设生物制气、沼渣回用等工程，解决农村能源供应问题。

（3）内源污染治理工程。开展河道垃圾清运及污染底泥环保清淤，减轻河道内源污染问题。

（四）水生态保护与修复

（1）生态流量保障工程。河道保持自然通畅，无死水塘、臭水沟，无堵水等障碍物，无黑臭水体，无违法违规侵占水域及岸线等。

（2）生态多样性恢复工程。在主要河渠、水库（湖泊）水质达标基础上，水生物生长自然、多样性较好，水面无垃圾、无明显漂浮物、无有害水生植物。

（3）水土保持工程。水土保持率达 90% 以上，无乱开、滥挖、乱倒等破坏植被造成水土流失情况。

（五）水文化传承

（1）建立健全历史和文化内涵的古井、古桥、拦水堰、引水渠等古老水利设施与遗址、遗迹的档案，合理保护利用。

（2）结合乡村文化特征建设水文化基地、节水教育示范基地、水土保持科技示范园等项目，传承和发扬水利文化和乡土文化。

（3）通过宣传专栏、广播电视、报纸杂志等多种方式，积极宣传水美乡村创建工作，村民对水美乡村创建知晓率不低于 95%，对水美乡村创建满意率不低于 90%。

（六）水景观打造

（1）坚持“景区化、景观化、可进入、可参与”理念，结合川西林盘理水、天府蓝网建设、幸福美丽新村人居环境改善等契机，在注重保持原有乡土环境基础上，实施重要节点打造，集成塑造“山水田园道”的天府水乡格局。

（2）推进“水利基础设施建设的生态化与景观化”，结合灌区建设、水利设施建设，营建水利景观。

（3）在满足防洪要求的基础上，优化滨水空间、打开封闭区域、打通步行道、公园绿地开放共享，建设更加完善的滨水绿地空间，水美乡村建议至少有 1 处开敞的主题化、特色化的公共空间。

（4）整合资源，强化举措，持续改善农村人居环境，推进村容村貌提升与水美乡村建设的和谐统一，形成自然优美的整体环境。

（七）水价值体现

（1）具备较为完善的基础设施，能够体现各项基础设施建设与水务管理推动产业发展的价值，乡村的农业、渔业、旅游、度假、康养等产业具备一定发展潜力与规模。

（2）因地制宜地发展亲水健康游、亲水垂钓游、亲水温泉游、亲水生态游、亲水文化游等项目，具备一定的观光农业、游憩休闲、健康养生、生态教育等旅游服务功能。

（3）结合村庄实际打造“河湖水系＋滨水绿化＋滨水产业”特色空间，形成“河—岸—村”一体化产业。

（4）通过电视、报刊、网络、直播等媒体资源，全方位、多视角推广成都市“水美乡村·美在心里”品牌。

（八）水管理创新

（1）推进智慧水利建设，按照“需求牵引、应用至上、数字赋能、提升能力”要求，以数字化、网络化、智能化为主线，构建数字孪生流域，加快构建具有预报、预警、预演、预案功能的智慧水利体系。

（2）普及水质监测工作站的建设，采集地表水及农村供水水质数据，并对数据进行分析统计，集虚拟信号基站、数据处理中心和数据存储中心于一体，具有水质数据实时查看、水质数据统计、历史数据溯源等功能。

（3）推进农村水文化发展改革，提升文化创新发展意识，建立健全水利文化遗址管理保护体系。建设农村水利景观管理队伍，配套水景观基础设施，在建设好水景观后，及时加强后期维护。

第三节　水美乡村建设关键技术

一、水美乡村建设关键技术

水美乡村建设涉及水资源保证、水安全构建、水污染防治、水生态修复、水文化有底蕴、水景观打造、水价值有体现、水管理创新等诸多方面，其关键技术也因不同区域地理环境、现状问题、资源禀赋等不尽相同，本次水美乡村建设的关键技术同样以成都地区为例展开介绍。

（一）水资源保证关键技术

坚持节水优先方针，制定水资源刚性约束制度，以严格制度规范用水、以有效政策激励节水、以先进技术支撑节水，加快形成节约、集约利用水资源格局，加强水资源管理调度，提高水资源利用效率和效益。

1. 节约集约利用水资源

（1）最大刚性约束

① 指标刚性约束。按照“三条红线”要求，严格实行区域流域用水总量和强度控制，明确省、市、县三级行政区域用水总量、用水强度控制指标体系，将区域河流、水量分配管控单元和断面最小下泄流量目标纳入省水利“一张图”。

② 水量分配和调度。控制流域和区域取用水总量，合理配置生活、生产、生态用水量；坚持科学调水，构建水资源调配模型，制定完善重要江河流域水资源调度方案及年度水量调度计划；划定水资源承载能力地区分类，实施差别化管控措施，建立监测预警机制，超载地区制订并实施用水总量削减计划。

（2）农业节水增效

① 灌溉节水。结合高标准农田建设开展农业用水精细化管理，科学合理地确定灌溉定额，推进灌溉试验及成果转化；推广喷灌、微灌、滴灌、低压管道输水灌溉、集雨补灌、水肥一体化、覆盖保墒等节水技术；加强农田土壤墒情监测，实现测墒灌溉。

② 作物种植结构调整。推进适水种植、量水生产，在干旱缺水地区，适度压减高耗水作物，扩大低耗水和耐旱作物种植比例，选育推广耐旱农作物新品种；在地下水严重超采地区，实施轮作休耕，适度退减灌溉面积，积极发展集雨节灌，增强蓄水保墒能力。

③ 畜牧渔业节水。推行先进、适用的节水型畜禽养殖方式，推广节水型饲喂设备、机械干清粪等技术和工艺，发展节水渔业、牧业，大力推进稻渔综合种养。

（3）生产、生活等节水增效

① 公共领域节水。公共机构开展供水管网、绿化浇灌系统等节水诊断，推广节水新技术、新工艺和新产品，提高节水器具使用率。

② 严控高耗水服务业用水。从严控制洗浴、洗车、宾馆、高尔夫球场、人工滑雪场等行业用水定额；洗车、人工滑雪场等特种行业积极推广循环用水技术、设备与工艺，优先利用再生水、雨水等非常规水源。

③ 农村生活节水。在保障饮用水安全基础上，加强农村生活用水设施改造，在有条件的地区推动计量收费，农村“厕所革命”中推广使用节水器具。

2. 水资源精细化配置

基于需水预测进行水资源供需平衡分析，以各分区内各用户的需水满足度最大为目标函数，综合考虑各乡镇“水美乡村”发展模式、各用户发展特点，分别确定内层用户配水权重。采用三次平衡分析法进行供需平衡分析，当有跨流域调水时考虑加入外调水后的供水量。按照“三条红线”限制，统筹地表水与地下水、境内水与外调水、常规水与非常规水的联合利用，合理调配生活、生产和生态用水，确保水资源优化配置的有效性，保证最大力度利用非常规水资源，确保水资源的可持续发展。

3. 水网体系规划

（1）水网体系规划

参考“高水高排，低水低排，就近排涝”和“独立排水，联合排涝”的原则，以现状水系为基础，尊重水系原有的生态和环境功能，结合路网规划、水系规划及地形地貌特征，进行水系优化布局，构建水系、渠道及水库间的相互连通，形成引排通畅、丰枯调剂、水源互补的水网体系。

（2）跨流域引水

将水资源丰富流域的水调到水资源短缺的流域，以达到地区间调剂水量盈亏。以供水为主的跨流域调水工程，通过制定合理的流域间水资源配置、合理的调水规模，通过长距离输水及配套泵站等工程技术来实现流域间的水量调节，解决缺水地区的供需水矛盾。

（二）水安全保障关键技术

水安全保障主要通过构建现代水旱灾害防治体系及完善城乡供水保障网等相关技术实现。

1. 现代水旱灾害防治技术

（1）中小型水库除险加固技术

中小型水库除险加固技术主要涉及水库防洪标准提高及水库防渗加固技术。通过大坝加高来提高水库防洪标准，增加水库调蓄洪水能力；采用降低控制段溢洪道底板高程，降低正常蓄水位，减少兴利库容、增加调洪库容；采取加大输水设施的过水断面或管径辅助泄洪。水库防渗加固通常采取“上堵下排”等防渗措施，“上堵”的技术包括黏土铺盖结合下排开挖导渗沟、减压井和水平盖重压渗等水平防渗与混凝土防渗墙、高压喷射灌浆防渗、劈裂灌浆防渗、冲抓套井回填黏土防渗及土工合成材料防渗等垂直防渗。

（2）防洪抗旱技术

防洪抗旱的关键是进行流域水库群的联合调度，主要涉及 4 个方面：① 综合考虑洪水地区组成、自身防洪安全、调蓄任务，合理利用水库群防洪库容，有计划地调控河道径流过程，使防洪效益最大化。② 当流域水文情势、水利枢纽规模等发生变动，在不降低水库防洪指标，对水库原汛限水位极限风险模拟，得到最高安全汛限水位。③ 流域整体规划调节，统筹上下游各水库蓄水次序和时间，建立统一、协调的流域巨型水库群联合蓄水方案。④ 兼顾各水库防洪、发电和生态等自用以及流域水资源供水需求，制定控制性水库群兴利联合调度方式，合理调配水资源。

（3）中小河道治理技术

① 清淤疏浚技术

A. 水力冲挖清淤技术

该技术利用机械设备冲刷河道淤泥，将淤泥转化为杂质含量相对较低的泥浆，并排放到堆场的技术。其操作快捷方便，施工设备费用相对较低，不会因运输对自然环境造成二次污染。

B. 水下清淤技术

该技术借助抓斗式挖泥船开挖河底淤泥，并将淤泥卸入驳泥船。其工艺简单，不受气候、障碍物的影响，成本低，适用泥层厚度大、障碍物较多的中小河道清淤。

C. 干水机械清淤技术

该技术将作业区内的水排干，再利用推土机、挖掘机等机械在河道内或河岸上直接疏挖，利用渣土车将淤泥外运。其受河道宽度与河流水深限制，施工过程中不同机械设备相互干扰。

② 生态护坡

A. 植物护坡

平原河网缓坡地区可利用原有自然坡岸，辅以适当乔、灌、草等植被的护岸形式，可为水生物群落发育提供有利条件；较陡河岸边坡位可采用木桩、木框等措施加固，也可运用生态草袋，抗冲刷同时也可实现植被绿化。

B. 土工格室植草护坡

将土工格室展开并固定在坡度较缓的坡面上，内填充改良客土，在格室上挂三维植被网并进行喷播施工，通过植被根系把土工格室、上下层土壤、无纺土工布等结合成一个整体的多层防护结构。

C. 蜂巢式网格植草护坡

在修整好的边坡坡面上拼铺正六边形混凝土框砖形成蜂巢式网格，内铺填种植土并种植植被。该护坡造型美观大方，且施工简单，所用框砖可预制批量生产，其受力结构合理，可减缓水流速度。

D. 现浇网格生态护坡

在河道边坡铺设抗冲刷物质，如现浇钢筋混凝土网格、三维立体护坡结构可以减少水流冲刷，在网格中种植草皮、灌木和乔木，自下而上起到稳固边坡和减少水土流失的作用。

E. 自嵌景观（植生）生态挡墙

一种新型的拟重力式结构，挡土块体之间干垒，无须砂浆砌筑，依靠挡土块块体、填土通过加筋带连接构成的复合体自重来抵抗动、静荷载，达到稳定的作用。其施工简便快捷，可重复使用，柔性结构对地基的要求低，结构耐久性好。

（4）排水防涝技术

构建“源头减排、管渠提标、排涝除险”等工程性设施和应急管理等非工程性措施相协调的排水防涝体系，主要通过采用低影响开发技术、老旧管渠、泵站提标改造，实现重点区域大雨地面不积水；打通水系出口、建设调蓄池或人工开挖将部分水塘串联，将周边的天然水系构成一个蓄水量大的调蓄系统，提高其防洪及调蓄能力；完善非工程性措施，建立排水防涝一体化的管理体制，提升日常运维和应急救灾水平。

2. 城乡供水保障技术

（1）规模化集中式供水

供水工程信息化管理系统建设试点，提高工程管理水平和工作效率；建立县、乡镇二级农村饮水专业化管理机构，专业化管理农村饮水工程；打破行政区域界限，采用“多乡一网”或“一乡一网”等供水模式，建立水质监测站，选建备用水源地，定期对饮水水质进行检测，保证居民的用水安全。

（2）分散式供水

分散式供水是农村供水的重要形式之一，一些村庄及农户受居住条件、水源条件、经济条件和用水习惯等制约，在一定时期内仍然采用分散式供水，特别是山丘区淡水资源缺乏的偏僻村庄和居住分散的农户，只能采取分散式供水（或通过移民搬迁解决）。

3. 灌区抗旱能力提升技术

（1）多水源补给技术

当河道等地表水体的年径流量能满足灌溉或城乡供水要求，但其来流过程与灌溉或其他供水所需的水量不相适应时，可在河流适当位置修建拦河大坝，形成能够进行流量调节的水库，满足用水要求；雨水等其非常规水源的积蓄利用也可提高灌区的抗旱能力，涉及雨水收集、储存、净化和回用等技术。

（2）灌溉与排水技术

根据供需水量要求及水源工程，配套田间干支渠、沟渠和田间地头等小农水利工程，通过节水改造配套，提高灌区灌溉水利用系数；通过渠、沟、田、林、路综合配套，达到田成方、林成网、渠相连、路相通，实现旱能灌、涝能排，配合其他相关措施，满足农业生产发展的需要，促进农业的增产。

（三）水污染防治关键技术

农村水污染的防治主要是针对外源污染及内源污染，通过源头削减、过程控制、末端处理、生物能源化利用等措施进行污染防治。

1. 农村生活污水治理关键技术

适用我国农村地区的终端污水处理技术主要有稳定塘、人工湿地、地下土壤渗滤系统、接触氧化技术、SBR 技术、A/O 技术、A^2/O 技术及污水一体化处理装置等。

（1）稳定塘技术

稳定塘又称氧化塘或生物塘，是一种利用天然净化能力对污水进行处理的构筑物总称。其净化过程与自然水体的自净过程相似，通常是将土地或池塘等进行适当的人工修整、建成稳定塘，依靠塘内生长的微生物、水生植物来处理污水，并设置围堤和防渗层，防止其污染地下水。该技术投资少，但可承受污染负荷低，去除效果一般。稳定塘技术适用有自然池塘、闲置沟渠的村庄，适合处理小规模（50～150户）人工范围的村庄。

（2）人工湿地技术

人工湿地是一种通过人工设计、改造而成的半生态型污水处理系统，主要由土壤基质、水生植物和微生物三部分组成。人工湿地通过基质的过滤机吸附、微生物的降解和植物的吸收作用实现对污染物的处理。该技术投资费用省，运行费用低，维护管理简便，水生植物可以美化环境，增加生物多样性；污染负荷低，占地面积大，设计不当容易堵塞，处理效果受季节影响，随着运行时间延长除磷能力逐渐下降。人工湿地技术适用资金短缺、土地面积相对丰富的农村地区，南方地区效果优于北方地区。

（3）地下土壤渗滤系统

地下土壤渗滤处理系统是一种人工强化的污水生态工程处理技术，它充分利用在地表下面的土壤中栖息的土壤动物、土壤微生物、植物根系以及土壤所具有的物理、化学特性将污水净化，属于小型的污水土地处理系统。该技术处理效果较好，投资费用省，无能耗，运行费用很低，维护管理简便；但污染负荷低，占地面积大，设计不当容易堵塞，易污染地下水，适用资金短缺、土地相对丰富、平坦地区的中型村庄（20～200户），可与农业或生态用水相结合。

（4）接触氧化技术

生物接触氧化池是生物膜法的一种。其特征是池中填充填料，污水浸没全部填料，通过曝气使氧气、污水和填料三相充分接触，填料上附着生长的微生物可有效地去除污水中的悬浮物、有机物、氨氮、总氮等污染物。该技术结构简单、占地面积小、污泥量少，但曝气充氧需耗电能，加入生物填料会导致建设费用增高，对总磷处理效果不佳。适用范围较广，可集中式处理100户以上的村庄。

（5）序批式活性污泥法（SBR法）

SBR法是指在同一反应（器）中，按时序进水、反应、沉淀、出水的活性污泥处理技术。其主要变型工艺包括循环式活性污泥工艺（CASS工艺或CAST工艺）、连续和间歇曝气工艺（DAT-IAT工艺）、交替式内循环活性污泥工艺（AICS）等。SBR工艺流程简单，具有较强的耐冲击负荷能力，费用较低。SBR法适用绝大部分农村地区。

（6）A/O（A^2/O）技术

A/O（Anoxic/Oxic）由缺氧和好氧两部分组成；A^2/O（Anaerobic-Anoxic-Oxic），即厌氧—缺氧—好氧工艺，也称A-A-O工艺，是指通过厌氧区、缺氧区和好氧区的各种组合及不同的污泥回流方式来去除污水中有机污染物和氮磷等污染物的活性污泥污水处理方法。

（7）膜生物反应器（Membrane Bioreactor，MBR）

MBR技术是将膜分离技术与污水生物处理技术相结合的污水处理工艺，利用膜组件作为分离介质替代传统活性污泥法中的二沉淀来实现固液分离，大大提高了系统固液分离的能力。该工艺可实现水力停留时间和污泥停留时间的单独控制，处理效果好，运行管理方便，占地面积小；但建设费用和运行成本较高。MBR技术适用相对集中、100户以上的农村地区。

（8）污水一体化处理装置

污水一体化处理装置一般由较成熟的生化处理技术组合而成，处理工艺主要是厌氧工艺、A/O工艺、MBR工艺、多级A/O工艺等。此类装置具有结构紧凑、占地面积小、抗冲击负荷能力强、出水水质稳定、操作简单等优点，适用处理中小水量、水质波动较小的生活污水。

2. 农村面源污染防治关键技术

（1）农村垃圾面源污染防治关键技术

农村生活垃圾处理应以减量化、资源化、无害化为目标，采用因地制宜、源头减量、资源回收、就地利用、集中处理等方式进行处理与处置，常见的处理与处置技术详见表4-1。

表4-1　农村生活垃圾处理与处置技术推荐

处理垃圾类别	处理与处置工艺技术
可回收物	循环利用或资源回收
湿垃圾	堆肥、厌氧产沼等
其他垃圾	填埋或焚烧
有害垃圾	按环保要求安全处理与处置

其中，堆肥、厌氧产沼工艺属于能源生态型处理工艺。好氧堆肥工艺中湿垃圾经分选、破碎后被送入生化处理机，在高温（80℃左右，由天然气燃烧产生水蒸气供热）、好氧（风机强制通风）条件下，食物残渣被微生物高效降解，再经过深加工制成土壤调理剂。厌氧发酵处理工艺是利用厌氧微生物将湿垃圾转换成沼气、沼液、沼渣，沼气可以燃烧供热或发电，实现资源利用；沼液经过水处理系统处理达标后排放回用作为农田、大棚蔬菜田、苗木基地、茶园等的有机肥，恶臭气体经负压收集后净化排放；沼渣可作为燃料焚烧处理。

（2）农业种植面源污染防治关键技术

农业种植面源污染防治技术主要分为源头减量、过程拦截及末端净化三大类技术。在不影响农业产量和效益的前提下，源头总量控制是根本。农田化肥源头减量技术主要包括化肥减量施用、有机肥配施、科学灌溉、生态农业及水土保持耕作等技术；过程拦截技术主要采用农田排水促沉净化、缓冲带、生态沟渠、生态护坡、农田排水强化净化生物处理等技术；末端净化技术主要采用生态净化塘和人工湿地、生态浮床和浮岛、水生植物净化格栅等水体净化和修复技术。

农业种植面源按不同的地势特征处理技术略有差别，浅丘地区或水系两岸空间较开阔的地区可结合池塘、洼地等建设生态塘、人工表流湿地等设施，减少农业面源污染物入河（湖、库）量；平原地区或山丘梯田可在邻近水系一侧改造或构建截流沟，增加生态拦截作用；山丘等比降较大并具备一定空间条件的地区可构建前置库，经过前置库的物理沉淀和生物净化后再排入地表水体。

（3）畜禽养殖面源污染防治关键技术

畜禽养殖面源污染防治主要分为源头削减、过程拦截及综合利用技术。鼓励建设能源生态型养殖场实现源头削减或清洁养殖，较成熟的技术主要为生态发酵床技术和粪便收集、贮存技术；过程拦截技术主要包括大中型沼气工程技术及厌氧—还田处理技术、厌氧—自然处理技术等。其中，畜禽养殖厌氧沼液加异位发酵床控制技术产生的沼气同样可以燃烧供热或发电；沼液可作为肥料资源综合利用，与场内外的种植业结合，实现种养结合或循环利用模式，该种模式污水系统的操作技术容易掌握，运行成本低，是当前比较经济可行的技术模式，但养殖企业必须按照土地承载力的核算规模进行限量饲养；来自厌氧池、沉淀池的沼渣含有丰富的有机质、腐殖酸类物质，及时运至粪便堆肥场或其他无害化场所进行干燥和熟化处理，可用作肥料、种植食用菌、养殖蚯蚓、养殖黑水蝠等。

3. 内源污染治理技术

河道污染底泥主要通过清淤的方式进行处理，除了包括水安全保障关键技术的清淤疏浚技术还涉及环保清淤技术。环保淤泥技术以优化河道水体质量、减少环境扰动等为目的，利用螺旋挖泥机、密封旋转斗轮等专用仪器设备进行清淤。该技术定位精度高、挖掘精度高，高质量避免超挖、漏挖，对河道底部的原生土无损伤，河道扰动较小，作业时噪声较低，但相比其他的清淤技术成本较高。

（四）水生态保护与修复关键技术

生态系统的保护与修复最主要的是保留、保护原有生态系统，尽最大可能地恢复、修复破坏的生态系统。生态系统的保护与修复关键技术主要包括河道生态流量的保证技术、河道生态系统多样性修复技术、水域岸线构建及水土流失防治技术等。

1. 河道生态流量保证技术

适宜的生态流量是保障河流水生态系统健康的重要变量，合理评估适宜生态流量具有现实意义。河道生态流量需保持河流上下游的纵向连通性，在满足上下游水库的调度需求的同时，还有足以维持物种的繁衍生存周期，保持河流底泥和营养物的传输链；河道生态流量的保证应注重开源节流，加强和优化水质水量和水生态的联合调度，以及节水措施的实施。

2. 河道生态系统多样性修复技术

一般情况下，通过水生植物群落多样性修复技术、水生动物群落多样性修复技术等来恢复生态系统的多样性，并重建并恢复适宜多种生物生息繁衍的水生态系统。

（1）水生植物多样性构建技术

根据水体类型、水深、流速、地形地貌特征等不同，因地制宜地构建多样性的水生植物系统。水面开阔且水深较深的水域可构建生态浮岛，通过植物搭配净化水质的同时兼具景观效果，营造岸线生态景观和生态小岛景观；水岸开阔且水深不超过 0.5 m 的水域可结合岸线特点、水体功能、空间色彩，可种植雨久花、荷花、千屈菜、菖蒲、黄菖蒲、水葱、梭鱼草、花叶芦竹、香蒲、泽泻、旱伞草、芦苇等常见的挺水植物；水体流速较缓慢且水面宽、浅的河流、湖泊、塘坝可点缀王莲、睡莲、萍蓬草、芡实、荇菜等功能性和观赏性浮叶植物；水体流速较缓慢且水深不超过 2 m 的水域可选择净化功能好、适应性强、兼具景观效果的轮叶黑藻、金鱼藻、马来眼子菜、苦草、菹草等沉水植物；对于山溪型河道治理宜主要从提升河道防洪能力、改善生态环境着手，同时按需提升生态景观效果，达到人与自然、环境相统一的目标；不建议在深水区 2～3 m 区域主河道种植沉水植物。

（2）水生动物多样性修复技术

水生动物多样性的修复技术遵循保护为主，自然恢复为辅的原则，主要涉及栖息地营造、仿生设施敷设、水生动物群落构建、增殖放流与迁地保护等技术。其中，水域内栖息地加强技术主要利用木材、块石、适宜植物以及其他生态工程材料，在河道局部区域构筑特殊结构，调节水体与岸坡之间的作用，形成多样性的水边地貌和水流特性，增加鱼类等其他水生生物栖息地功能；过鱼设施主要是为洄游鱼类繁殖时能溯河或降河，设置鱼道、仿自然通道、鱼闸等设施；水生动物群落构建技术主要在水体内投放适当的鱼类、贝壳、底栖动物，完善水生动物的食物链，有效去除水体中的营养物质、控制藻类生长，维持水系健康，进一步建立多样性生物群落；增殖放流与迁地保护技术主要是针对处于濒危状况或受人类活动胁迫严重、具有生态及经济价值的特定鱼类进行驯化、养殖和人工放流，为洄游鱼类提供新的产卵场地、索饵场和越冬场的一种保护措施。

（3）富氧、塘及湿地等水质改善技术及河道微地形塑造

通过水体富氧、恢复并构建塘及湿地等水质改善技术和塑造丰富的河道微地形条件，恢复水体的水生态功能。针对水体流动性差、存在死水区、易发污染风险的水域，可采用曝气增氧、生物增氧、跌水增氧等多种措施进行增氧；采用塘及湿地等措施，减少河道进水沉泥及含沙量，削减进入水体的营养物质；鼓励塑造水下丰富地形为生物多样性环境创造条件，并有利于难降解有机物及重金属等污染物的降解或沉积。

3. 水域岸线构建及水土流失防治技术

在河湖划界范围的基础上，通过植被缓冲带、生态沟渠、生态护岸等阻隔措施，建

立多级、立体的生态防护岸线，对农村水体进行防护，截留或隔断面源污染，减少人类活动对水生态环境的破坏，减少水土流失，建构人水共荣、共生的环境。对全流域重点水源涵养区进行生态保护修复，加强流域水土保持，退耕还林、还湖、还草，加强小流域综合治理，有效遏制江河湖泊退化的趋势。

（五）水文化传承关键技术

中国乡村文化不仅表现在山水风情自成一体，特色院落、村落、田园、水体相得益彰，更重要地表现在乡村所具有的信仰、道德，所保存的习俗和所形成的品格。特别是诸如耕作制度、农耕习俗、节日时令、地方知识和生活习惯等活态的农业文化，无不体现着人与自然和谐发展的生存智慧。在充分了解区域水文化内涵的基础上，充分利用水的特性，如包容、灵动、柔弱、不争和谦虚等，继承水文化的同时实现其发展与创新。

1. 水利遗址保护及文化创新

（1）对于古老水利设施应该优先贯彻保护原则，加大历史文化和生态环境保护力度。在古老水利设施丰富、旅游资源完善的条件下可以打造成特色水利文化旅游风景区。

（2）进行水利文化旅游开发时，坚持合理运用、保护优先的原则，在开发和利用的过程中应当将其保护和改善结合起来，彰显水利文化。

（3）依托江河湖库沟塘等水域资源，推进乡村水情教育基地、水文化展示基地、节水教育示范基地、水土保持科技示范园等建设，传承和发展水文化。

2. 传统水文化内涵挖掘、弘扬地方水文化特色

（1）通过在村委会、村庄出入口、重要的滨水景观节点等重要位置设置雕像、景观小品、文化墙、展馆、民俗活动、水文化广场等文化元素来凸显当地的水文化特色。

（2）在水美乡村建设中，建议根据成都都江堰、大禹治水等水利文化元素和农耕文化元素，结合地方文化传统和文化符号，彰显水美乡村建设的文化元素，既体现水文化与历史人文情怀的融合，又体现农耕文化和大地艺术文化的互动。

（3）依托江河湖库沟塘等农村水土资源，推进水文化展示基地、节水教育示范基地、水土保持科技示范基地等建设，不仅提升水文化给人的直观感受，也实现了水文化的传承和发展。

（六）水景观打造关键技术

农村水景观打造要运用中国朴素的山水哲学观念，处理好人与自然的关系，因地制宜地以通过驳岸、滨水空间、大地艺术、滨水步道、滨水建筑等表现形式，并统筹村容村貌、建筑设施、涉水设施及其余配套设施建设，建设美好、宜居的家园。

1. 滨水绿带

在满足国土空间规划和防洪排涝要求的前提下，可充分利用滨河绿地建设滨水游憩活动空间，设置（如植物隔离带、景观挑台、滨水游憩公园、草地迷宫、滨水游步道等）娱乐服务设施，既能提高滨水绿地空间的活力，也能通过植物的搭配，营造生物多样性环境。滨水绿带常用植物详见表 4–2。

表 4–2　滨水绿带常用植物推荐

水域类型	挺水植物	沉水植物	浮水植物	漂浮植物	湿生草本植物
湖泊	荷花、水葱、芦苇、金鸢尾	轮叶黑藻、金鱼藻、菹草、布袋莲	睡莲、王莲、萍蓬草、芡实、浮萍	浮萍、紫背浮萍、圆心萍、大漂	千屈菜、梭鱼草、水生美人蕉
塘堰	荷花、慈菇	轮叶黑藻、金鱼藻、菹草	浮萍、睡莲、芡实、浮萍	浮萍、凤眼莲、槐叶萍、野菱、大藻	再力花、石菖蒲、花叶芦竹
河流	芦苇、香蒲、鸢尾	苦藻、黑藻、金鱼藻	不建议种植	凤眼莲、槐叶萍、野菱	千屈菜、马蹄莲、灯心草、花叶芦竹、水生美人蕉
湿地	鸢尾、荷花、香蒲、花叶水葱、田字草	灯笼藻、金鱼藻、黑藻、布袋莲	睡莲、水浮莲、槐叶萍	凤眼莲、大藻、紫背浮萍、圆心萍、大漂	千屈菜、马蹄莲、灯心草、梭鱼草、石菖蒲、花叶芦竹、水生美人蕉

2. 大地艺术景观

结合滨水空间，利用区域地形特点和农田排灌沟渠、蓄水塘坝、水田、农作物等地面景物布置大地景观，提升水景观品质。例如，在山地地势起伏较大、波浪式断面、山地条状阶梯式的条件下，可围绕山地打造梯田景观；在地势起伏小、地势平整、平原丘陵的条件下，打造稻田景观、果蔬景观等；也可通过稻田规整、综合种植、水稻大地景观，挖掘种养特色文化，布置农业主题图案；还能利用油菜花统一种植，形成大规模的油菜花景观，吸引游客前来赏花、观景。

3. 滨水步道

在地势起伏低的河道沿线，可通过滨水彩色沥青步道、汀步步道等来提升滨水步道景观属性；在地势较为平坦、河流水流较缓条件下，可通过石质栈道、木质栈道、竹栈道、玻璃栈道等形式打造水上栈道，增加亲水观光效果；在地势低平、湖泊或河流水流较缓条件下，可通过透明玻璃打造水下参观长廊，来提升水下景观效果；在地势较为低平、水资源较丰富的条件下，可围绕湖泊、人工湖等水体打造滨水广场、观光平台等滨水休闲旅游观光带，提升滨河空间的景观效果，彰显生态、健康、活力的生活理念。

4. 滨水建筑

滨水建筑与相邻水体及周边建筑相呼应，界面应与相邻水体的形态相适应，应根据乡村文化特色选择建筑色彩，并突出乡村的自然景观，创造自然式、“水天一体”的滨水空间地段。例如，连续排列的滨水建筑物应在重要景观廊区断开，增加滨水景观的通透性，防止形成联排型“景观封闭墙”；在院落式建筑设计中，应把自然亲水、原生林盘与组闭式院落有机结合，充分体现人文与生态相融。

（七）水价值体现关键技术

水美乡村的水价值体现主要依托于乡村的发展，乡村的特色农业、养殖业、手工业、文创业、休闲旅游业等多业并举、产业融合并蓬勃发展是农民生活富裕、实现水美乡村水产业价值的关键。

1. 优化一产

（1）水产养殖项目：可结合塘堰开展水产养殖、垂钓等产业，根据自然条件置入“四大家鱼”和生态鳖等品种，组织垂钓活动及比赛等扩大知名度；水产养殖业与农业资源相融合，并打造水美生态园，实现价值转换。

（2）果蔬类项目：利用“浅丘 + 荷塘 + 良田 + 密林 + 农居”的乡村景观 + 资源组合，建造生态绿色大棚、果蔬产业基地、油菜花基地等，种植高端优质果蔬类产品，开展采摘活动，提高相关产业的附加值。

2. 提升三产

（1）康养型亲水项目：依托优势的山水资源、气候，区域内具有先天的优势和一定康养价值的自然或者文化资源，打造滨水康养型亲水项目，适合具有天然湖泊、河流、湿地等资源的区域。

（2）娱乐型亲水项目：在地势较平、水域达到安全深度、水流较缓的条件下，打造摇摆桥、秋千桥等项目；在地势起伏较大、山地河道溪流、水流较为湍急的条件下，可打造水上漂流项目，适合具有湿地公园、人工湖泊、浅水塘堰、河道溪流等资源的区域。

（3）文化型亲水项目：在水流较缓的水岸线边、浅滩湖泊、溪流河道的条件下，打造脚踩水车项目来增加田园农耕涉水景观；在地势呈阶梯形、叠式堰坝、水流较缓的条件下打造成叠水瀑布，来提升滨水景观。

（4）配套型亲水项目：在地势开阔、河道水岸沿线已配套亲水项目的条件下，打造水上餐饮、滨水驿站来完善亲水项目的配套服务，适合具有湿地公园、风景名胜区、古镇景区、河道溪流等资源的区域。

（5）文创型亲水项目：开发创意体验项目、提供艺术家孵化平台，打造“文、旅、创、营”一体模式。

3. 品牌提升

通过品牌标语和新媒介全方位开展水美乡村品牌宣传与营销推广。通过政府宣传语宣传，从政府的角度描述水美乡村建设的愿景和目标，传达水美乡村建设带给乡村的发展之变；通过电视、报刊等传统媒体资源以及微信公众号、微博、直播、短视频等新媒体进行多角度宣传，建立并宣传水美乡村宣传画册；通过高速路、交通要道、村庄入口等处设立水美乡村的宣传标语等导视系统宣传；通过商业产品置入宣传，预留商业用地引进高端品牌，在其他业态的配置上与村内自身农产品、民宿、农家乐等品牌进行捆绑，形成业态间互补支撑的联动。

（八）水管理创新关键技术

1. 建立创新管理机制

以县（区）为单位，完善水美乡村建设创新管理机制，加强对水美乡村建设成果的维护。全面推进“五级”河长制、湖长制建设，逐步实现农村河湖全覆盖；制定完善农村河道管理制度，加强河道管理机构和队伍建设，落实河道管理责任；逐步建立制度化、规范化、市场化的水生态补偿制度，探索多样化的生态补偿方法和模式；鼓励引导农民专业合作组织、家庭农场、用水协会等新型主体参与项目建设与管理；制定水美乡村建设的目标、任务、考核办法、奖惩机制。

2. 普及智慧水管理措施

加快“互联网 + 水管理”信息化建设，各监测站点等基础设施的建设或提档升级，鼓励使用人工智能、VR、智慧管理、云计算等前沿技术为水美乡村管理提供技术支持，完善监测、预报、预警系统，建立数据库资源，提高对监测基础数据的综合管理、水资源的联合调度与保障、水污染的综合防治、生态系统综合管控、灾害的预报与防御、突发水危机事件的应急响应与处置等领域的支撑服务能力，并实现不同部门间的信息查询、共享与交流。

3. 严格执行水管理措施

提升农村河湖的水源和生态环境用水管理能力，严格重点用水户的取、用水管理。划定水源保护区，明确水生态保护红线，开展水源涵养与保护；加强农村河湖生态水量调度，将生态水量纳入水资源调度方案；充分利用再生水，加强雨、洪资源利用，补充农村河湖生态用水。完善规划和建设项目水资源论证制度，严控水资源开发利用强度，发挥水资源在区域发展、相关规划和项目建设布局中的刚性约束作用，以水定城、以水定产，合理确定产业布局和项目规模；严格取水许可审批，对取、用水总量已达到或超过控制指标的地区，暂停审批新增取水项目；完善水资源监测体系，提升水资源监督能力和信息化管理。

4. 保障水美乡村建设资金

在水美乡村建设初期，村庄应根据自身资源特点，可结合都市现代农业、水景观美化、水文化打造等基础设施内容，提升土地效益，营造餐饮、康养、体验、文创、民宿、美食店等经营场景设计理念，吸引社会资本投资。鼓励开展村集体经济组织建设，通过多种途径优化、整合、盘活现有集体建设用地资源发展共享项目，符合相关要求的可以自办或以土地使用权入股、联营等方式联合其他单位共同发展，积极探索政府、社会资本和村集体共建、共享、共治的水美乡村发展模式。

5. 加强节水宣传力度

加强节水型灌区、企业（园区）、公共机构、学校和居民小区建设，完成县域节水型社会达标建设，健全节水激励机制。落实节水评价制度，完善节水标准体系。完善国家、省、市三级重点用水单位监控名录，强化全过程监督，严格控制高耗水项目建设。支持节水产品设备制造，加强成果转化应用。加强节水宣传，强化公众水忧患意识，倡导节水的生产和消费方式，形成自觉节水的社会。

二、水美乡村建设负面清单

以成都为例，水美乡村建设从合理界定负面条款的“度”的角度出发，将负面清单内容分为“禁止”“防止”“不提倡”3个层级，以体现强制性、限制性和不宜性3种管控要求。其中，禁止类条款由各区市（县）主管部门重点管控；防止类条款由各区市（县）主管部门参照执行；不提倡类条款为非约束性要求，可适当放宽管控要求。

1. 禁止类条款

（1）与水美乡村建设相关法律、法规以及规范文件相违背的行为均为禁止类条款。

（2）禁止在饮用水水源保护区内设置排污口以及新建、改建、扩建与供水设施和保护水源无关的项目；禁止在饮用水水源保护区内从事养殖、旅游、游泳、垂钓或者其他可能污染饮用水水体的活动。

（3）禁止生活污水、生产污水、畜禽养殖污水未经处理直排入河，对河道水质造成污染；禁止沿河乱丢垃圾，大规模在河（库塘）内放养家禽、牲畜等，避免对生态环境造成破坏和污染。

（4）禁止随意砍树，填占水域（包括库、塘）；科学利用自然植被、坡地、湿地、湖汊等，因特殊情况需要砍伐或移栽胸径超过5 cm的树木或填占河道、小微水体，均需书面报请相关部门批准。

（5）禁止破坏河道、塘、堰、湿地的生态平衡；禁止大规模填塘筑路、农田挖塘造景。

（6）禁止改变历史建筑的形貌，如破坏古道、古桥、古遗址等原有风貌；禁止不按规划要求新建、改建村内建筑，破坏建筑风貌的整体性统一风格。

（7）禁止涉水旅游项目开发过程中违章搭建，避免对原生态地貌、重要植被造成破坏。

2. 防止类条款

（1）防止脱离灌区土壤地质和地面坡度等实际情况制定喷灌工作制度，导致节水灌溉设施使用率低或弃用。

（2）防止高效节水灌溉设施重建设、轻管理的现象发生，应兼顾建设管理。

（3）应采用优质新型管材，加强管网的管理工作，防止发生二次污染。

（4）防止在河道（池塘）整治中改道、裁弯取直、切滩等改变河流自然形态等行为。

（5）在水利部门划定的湖河水系蓝线内，不应种植庄稼、开垦梯田，以免造成水土流失。

（6）防止对河道（池塘）、山坡做非生态驳坎或硬化，防止采取非生态化护岸、砌筑高挡墙护岸，防止对河底进行衬护硬化形成“三面光”河道。

（7）防止对古祠堂、古民居等盲目抹白或大面积彩绘，破坏原建筑传统文化特色。

（8）防止在水美乡村中出现大面积城市化的广场铺装、人工景观，以及为造景而造景的情况，应尽量保持乡村的田园生态风貌。

3. 不提倡类条款

（1）不提倡高投入、低产出的节水灌溉项目。

（2）不提倡饮用未经过净化处理的地下水。除此之外，建议地下水经过水质检验之后，根据化验结果针对性地进行净化处理，根据水的类型的不同，采取不同的过滤方法。

（3）不提倡一味地单一化利用植物进行水生态修复，应因地制宜地选择水生态修复技术，尽可能选择本地物种，丰富物种多样性。

（4）不提倡脱离实际情况盲目追求“高科技”，应因地制宜地开展智慧水利基础设施建设。

第四节　水美乡村建设发展前景及市场空间

一、水美乡村建设试点及经验

目前，在我国南方河网发达地区（如成都市、淮安市、南通市等地）已展开水美乡村创建实践工作，旨在利用水元素丰富的优美水环境，支撑村庄之美、彰显人水和谐、形成村庄特色，为水生态文明建设提供支撑，促进乡村振兴战略实施落地。各地在实践过程中也总结出一些经验，主要表现在以下几个方面：

1. 形成统一的创建技术标准

对于水美乡村建设，各地区应结合自身特色，形成水美乡村的建设指南和技术标准，有利于促进水美乡村的创建工作。成都市水务局已经于2021年8月完成《成都市水美乡村建设指南》编制工作，对水美乡村建设提出相对统一的建设标准，主要以乡村水环境治理为切入点，旨在打造“河畅、水清、岸绿、景美”的宜居环境，提高乡村属地百姓的幸福指数。

2. 建立有效持续的资金渠道

目前，水美乡村建设主要有政府投资模式和政企共建模式两种资金渠道。第一种政府投资模式的资金筹措渠道主要为中央财政水利发展资金下达，并配套地方专项资金形成专项资金。按照财政部、水利部提出水系连通及水美乡村创建文件要求，对享受中西部地区投资政策的试点县，每县补助中央资金1.2亿元；对其他地区的试点县，每县补助中央资金0.8亿元，试点期为2年。第二种政企共建模式是在符合政策基础上，通过多种途径整合现有集体建设用地，以土地使用权入股、联营等方式联合企业建设水美乡村，探索以政府资金撬动社会资本共建、共享、共治的水美乡村建设模式。

3. 强化水美乡村建设的管理效能

水美乡村建设应建立长效管理机制，通过市级水务部门牵头，联合区县级水务部门及乡镇政府形成管理体系，对水美乡村的规划、建设、管理等环节全过程精细化管理，比如采取“区县级自查—市级评估”的程序，每年结合建设标准对水美乡村的创建情况评分，对达到建设标准的乡村予以命名为“水美乡村”试点，给予政策和资金支持，对未达到创建标准的提出整改意见，并纳入下一年度评估目录，持续化地创建水美乡村。

4. 结合属地资源打造“一村一品”特色

水美乡村的规划设计建设过程中应结合属地化水资源特色、水系格局、地域文化等属性，以解决水环境问题为导向，以形成地方特色为指引，打造“一村一品”的水美乡村创建特色；统筹当地水系的“水美”与乡村环境美、产业美、生活美等“乡村美”之间关系，实现“各美其美，美美与共”的建设模式，防止“千村一面”的情况出现；通过品牌企业的入驻，形成水美乡村建设的产业特色。

5. 加大水美乡村的宣传和普及

应加强水美乡村的宣传工作，可以通过政府宣传语、媒介（包括电视、报刊等传统媒体资源以及微信公众号、微博、直播、短视频等新媒体资源）、导视系统、商业产品置入等方式进行宣传，通过培训方式进行教育，尊重农民在水美乡村建设中“主要参与者”和“主要受益者”的主体地位，把以人民为中心的发展思想贯穿水美乡村建设全过程、各方面，让属地村民在水美乡村建设中有更多的责任感、获得感、幸福感和安全感。

二、水美乡村建设的发展前景及市场空间

近日来，国家及地方各项“十四五”规划陆续出台，可以预见在“十四五”期间我

国全面推进乡村振兴、加快农业农村现代化步伐，乡村面貌将发生根本变化，乡村活力将显著增强提升，水美乡村建设也将迎来更大的市场、取得更大的成效。

1. 水利部及财政部联合开展水美乡村示范工作，推动水美乡村有效发展

根据《水利部规划计划司 财政部农业农村司关于开展 2021 年水系连通及水美乡村建设试点的通知》（规计函〔2021〕16 号）等文件的有关要求，水利部、财政部对省级水利、财政部门联合报送的水系连通及水美乡村试点推荐县、候补县的实施方案，确定在 30 个省（自治区、直辖市）开展试点工作，每个省（自治区、直辖市）试点县为 1 个。针对地区发展差异，对试点县实施中央资金补助，使水美乡村建设试点工作得到有效指导和资金保障。

2. 乡村振兴战略及“十四五”规划助力水美乡村市场开拓

根据《乡村振兴战略规划（2018—2022 年）》中发展态势来看，2018—2022 年是实施乡村振兴战略的第一个 5 年；到 2035 年，乡村振兴取得决定性进展，农业农村现代化基本实现；到 2050 年，乡村全面振兴，农业强、农村美、农民富全面实现。另外，随着各项“十四五”规划中关于乡村振兴战略的不断推进，可以看到乡村振兴战略的实现是一个长期的过程，而水美乡村建设能够使乡村的独特价值和多元功能将进一步得到发掘和拓展，已经成为乡村振兴战略实现的重要助力，水美乡村建设未来的市场空前广阔。

3. 推进水资源市场建立，并不断完善

水资源作为一种稀缺性自然资源，因权属不明确，交易难以实现，市场也就没有形成，造成上下游、左右岸之间在用水上的矛盾。在水资源配置过程中引入市场经济、培育水市场，利用市场的力量推动用水效率的提高，实现水资源的优化配置和合理确定水价。目前，我国水市场内、外部环境的法律、法规制度体系有待完善，开展适合我国国情的水市场框架、管理机制研究都迫在眉睫。

4. 持续推进骨干灌排设施提档升级，积极提高农业农村节水水平

根据《“十四五”节水型社会建设规划》（发改环资〔2021〕1516 号），在“十四五”期间，我国将新增高效节水灌溉面积 0.6 亿亩、创建 200 个节水型灌区，到 2025 年全国建成高标准农田 10.75 亿亩。以粮食主产区、生态环境脆弱区、水资源开发过渡区等地区为重点，也将推进高效节水灌溉工程建设，分区域规模化推广高效节水灌溉技术，实施农村集中供水管网节水改造，推进农业节水技术、产品、设备使用示范基地建设，加快选育推广抗旱抗逆等节水品种，进一步推广旱作农业节水技术。

5. 解决防汛薄弱环节，进一步开展病险水库除险加固、中小河流治理，水安全状况将持续改善

“十四五”期间，中央计划安排水利发展资金 245.2 亿元，其中 125.2 亿元用于小型水库除险加固资金、120 亿元用于小型水库维修养护。将支持各地统筹财政预算资金和地方政府一般债券额度，主要用于小型水库除险加固、水雨情测报、安全监测设施完善等工作，到2025年年底预计全部完成现有1.94万座病险水库的除险加固任务。可见，在“十四五”期间我国会进一步完善小型水库雨水情测报设施和大坝安全监测设施，运行管护长效机制也将不断完善，管护工作也将进一步加强。

6. 农村生活污水处理市场将成为水美乡村治污的“大机遇”和“大挑战”，发展空间巨大

我国农村人口约为5亿，农村生活污水虽较分散但总量相当庞大，治理需求则十分庞大。按照住建部范斌副主任的估算，“就投资需求而言，如果按照未来30年5 000元/人计算，则需要2.5万亿元；运行成本如按照60元/（人·年）计算，则需要300亿元/年”。若行政村污水收集处理设施的建设投资按平均数135万元/村，还需投资5 200亿元，平均每年约350亿元。因此，农村污水处理市场也将成为继城镇污水处理后的又一座金矿，还属于尚未被充分挖掘的“蓝海”，业内人士将其视为“大机遇+大挑战”。随着农村节水的逐步推进，会因地制宜推进农村污水资源化利用、鼓励农村污水就地就近处理回用。在加大农村治污总体投资的基础上，科技先进、节能高效、造价低及运行维护成本低的技术和管理手段将会是水美乡村治污的首选。

7. 农村水生态是影响农村经济长远发展的主要因素

农村水生态环境已经成为我国水环境整治的新阵地，而且落实农村污水治理工作也是建设社会主义新农村的需要保障。我国农村数量众多，地域和经济具有很大的差别。为此，在处理模式的选择方面应该加大投资力度，并依据村落的布局，灵活组合并开发处理技术，结合当地经济承受能力，高度重视技术创新，最终实现我国农村地区的水生态环境效益。

8. 农村水景观打造同文化相结合，也更具生态效益

农村水景观的打造离不开属地的传统文化加持，在尊重文化的同时，将当地富有特色的民俗风貌以及特殊文化氛围加以提炼、创新与发展，使其精髓能够在新的景观设计中得到反映和体现，形成能够适应未来发展的远景规划。另外，水景观的打造越来越关注生态效益，更注重生态环境保护与修复，更强调水景观与水生态有机融合。

9. 农村水景观技术打造助力水处理，构成新型市场

水景观的打造在室外能够调节区域小气候、美化环境并与周边的园林景观相协调形成景观的水面，但是由于农村环境污染、生态系统功能退化，导致水景观逐渐失去其自然属性。利用水景观技术来助力水处理已成为改善水环境的关键手段，景观打造技术与水处理技术相结合，也必定为水环境改善带来更大效益和更好结果。

第五章　高原湖泊水生生态系统保护关键技术与应用

第一节　高原湖泊水生生态系统现状与问题

一、高原湖泊水生生态系统的相关概念及内涵

（一）水生生态系统

水生生态系统是指自然生态系统中由河流、湖泊等水域及其滨河、滨湖湿地组成的河湖生态子系统，其水域空间和水、陆生物群落交错带是水生生物群落的重要生境，与包括地下水的流域水文循环密切相关。高原水生生态系统主要有湖泊、水库、湿地、河流等类型，受独特的气候、地理及历史等因素的影响，高原地区江河湖泊众多，为水生生物提供了良好的繁衍空间和生存条件，水生生物具有特有程度高、孑遗物种数量大、生态系统类型齐全等特点。

在水生生态系统中，浮游生物、高等水生维管束植物、水生动物等分别处于不同的生态位，发挥的功能和作用各不相同。浮游植物、高等水生维管束植物是生产者，产生营养物质和能量；浮游动物和水生动物是消费者，利用营养物质和能量，转化为自身需要的物质；水生细菌分解粪便、残饵及尸体，属于分解者，它们是生态系统中不可缺少的重要组成部分。

（二）高原湖泊系统

高原湖泊是对那些海拔相对较高湖泊的模糊定义，其在地质构造上多为构造湖，而且内流区的高原湖泊一般是该区域河流的终点，即内流湖。高原湖泊的发育和整个高原的发育历史紧密相关，特别是第四纪以来新构造运动的强烈断块隆起以及由此带来的高原自然环境的巨大变化，对高原湖泊的发育产生深刻的影响，这种影响尤其体现在湖盆的形成与结构、湖泊的沉积方式、湖泊的演变以及某些湖泊的消亡等许多方面。

我国的高原湖泊主要分布在云贵高原、蒙新高原、青藏高原地区，云贵高原湖泊多属构造湖和岩溶湖，蒙新高原湖泊形成多与风蚀、风积有关，因受干燥气候的影响，湖水浅，矿化度高，多为咸水湖和盐湖，湖面、湖形游移多变；青藏高原湖泊面积最大，高程都在 4 000 m 以上，主要靠冰川和冰雪融水补给，多为咸水湖和盐湖，同时湖泊生态类型多样。下面将以云南高原湖泊为例对其水生生态系统进行详细分析和论述。

（三）水生生态修复

生态修复是指对生态系统停止人为干扰，以减轻负荷压力，依靠生态系统的自我调节能力与自组织能力使其向有序的方向进行演化，或者利用生态系统的这种自我恢复能力，辅以人工措施，使遭到破坏的生态系统逐步恢复或使生态系统向良性循环方向发展。

水生生态修复也就是通过一系列措施，将已经退化或损坏的水生生态系统恢复、修复，基本达到原有水平或超过原有水平，并保持其长久稳定。从修复对象看，它包括海滨生态修复、河流生态修复、湖泊生态修复、湿地生态修复等不同的修复类型；从干扰形态看，它主要包括自然河湖（库）阻隔生态修复、城市河湖水滨生态修复两类。无论哪种生态修复，在修复技术上，基本可概况为生态破损识别技术、水动力生态强化技术、生态生物链修复技术、多样人工湿地修复技术、生态物料与微生物强化技术、生态修复监测调控运维技术等技术系列，并在不同的理念下，有不同的技术统筹与组合，且也常与城乡污水治理技术、农业农村面源治理技术、内源治理技术等交织与融合。

自 20 世纪 70 年代开始，河湖水滨生态修复逐步受到世界各国关注，并开始对受损河湖滨带进行生态修复。在我国，20 世纪 90 年代起，开始对滇池、太湖等湖滨带进行修复与治理，但生态治水的关注点仍多集中在城市点源的控制。直至 2020 年 6 月，国家印发《全国重要生态系统保护和修复重大工程总体规划（2021—2035 年）》，正式体现我国生态治水由“城市点源的系统控制”逐步迈入“水生态的系统恢复”，并跟随“生态修复、自然法则、荒野之美、生态之美、基于自然的解决方案”等关键词汇而不断追高生态修复的品质与质量，在生态文明推新的 COP15 与碳中和、碳达峰主题下，水与生物将成为未来热议、热建主题，与碳中和深融，并正在开展和支撑着河湖水生态修复的自然技术成长。

二、云南高原湖泊主要特征与分布情况

云南是全国断陷湖盆集中分布的地区，也是我国高原湖泊治理与保护的典型代表。这些湖泊大多由晚新生代断裂陷落形成，大小不一，也有一些由地质构造岩溶和构造侵蚀所形成的湖泊，所有湖泊均属淡水湖泊。全省湖泊水面面积大于 1 km^2 的有 37 个，主要分布在海拔 1 200～3 266 m，是西南地区淡水湖泊最多的省份，各湖泊水面总面积约 1 164 km^2，约占全省面积的 2.8%；集水面积约 10 000 km^2，约占全省面积的 2.6%，湖泊总储水量超 300×10^8 m^3（表 5-1、表 5-2）。

表 5-1　云南省九大高原湖泊分布及基本特征

湖名	地名	湖群分区	分集水面积 / km^2	平均湖长 / km	平均湖宽 / km	湖岸长 / km	最大水深 / m	平均水深 / m	湖面面积 / km^2	总容水量 / $\times 10^8\ m^3$	水面高程 / m	成因
滇池	昆明市	滇中湖群	2 920	40.4	7	163.2	10	4.4	309	15.6	1 887.4	断陷湖盆
洱海	大理市	滇西湖群	2 565	42.5	6.3	116.9	20.9	10.5	249.4	28.8	1 965.7	断陷湖盆
抚仙湖	玉溪市	滇中湖群	680	31.5	6.78	88.2	155.2	90.1	212.5	191.4	1 722	断陷湖盆
阳宗海	跨昆明、玉溪两地	滇中湖群	192	12.7	2.5	32.3	29.7	20	30	6.04	1 770.75	岩溶构造
星云湖	玉溪市	滇中湖群	378	10.5	3.8	36.3	9.5	5.91	34.2	2.02	1 722.5	断陷湖盆
杞麓湖	玉溪市	滇中湖群	359	10.4	3.5	63.9	6.8	4	37.3	1.68	1 797.25	断陷湖盆
异龙湖	红河州	滇南湖群	326	6.55	2.75	86	3.7	2.9	34	1.16	1 414.2	熔岩构造
程海	丽江市	滇西湖群	316	19	4.3	45.1	35	25.7	76.9	19.5	1 501	断陷湖盆
泸沽湖	丽江市	滇西湖群	247.8	9.5	5.2	44	93.5	40.3	51.3	20.72	2 690.8	断陷湖盆

表 5-2　云南省其他主要高原湖泊（面积＞1.0 km^2）分布及基本特征

湖名	地名	所属水系	湖面面积 / km^2	总容水量 / $\times 10^4\ m^3$	湖群分区
纳帕海	香格里拉	金沙江	2		滇西湖群
碧塔海	香格里拉	金沙江	1.59	3 180	滇西湖群
属都海	香格里拉	金沙江	5		滇西湖群
拉市海	丽江	金沙江	19.2	1 140	滇西湖群
文梅	丽江	金沙江	1.6		滇西湖群
文笔海	丽江	金沙江	1.25	765	滇西湖群
龙海子	丽江	金沙江	1.4		滇西湖群
天池	云龙	澜沧江	1.19	190	滇西湖群
剑湖	剑川	澜沧江	6.23	1 688	滇西湖群
茈碧湖	洱源	澜沧江	7.83	9 322	滇西湖群
西湖	洱源	澜沧江	3.3	593	滇西湖群
海西海	洱源	澜沧江	4.33	6 185	滇西湖群

湖名	地名	所属水系	湖面面积 / km^2	总容水量 / $\times 10^4\ m^3$	湖群分区
清水海	寻甸	金沙江	7.5	11 760	滇中湖群
三角海	开远	南盘江	3.33	2 700	滇南湖群
长桥海	蒙自	南盘江	11.32	4 488	滇南湖群
大屯海	蒙自、个旧	南盘江	12	4 470	滇南湖群
普者黑	丘北	南盘江	10.8	2 400	滇南湖群
月湖	石林	南盘江	2.8	1 100	滇东湖群
赤瑞湖	石屏	南盘江	1	75	滇南湖群
差黑海	砚山	元江	3.44	4 287	滇南湖群

从分布格局上看，除丽江永胜的程海和宁蒗的泸沽湖之外，云南高原湖泊大体分布在元江河谷以东及云岭山脉以南，按分布地理区位、自然生态条件差异、生态治理特点，可分为滇中湖群、滇西湖群、滇东湖群、滇南湖群。滇中湖群主要包括滇池、清水海、抚仙湖、阳宗海、星云湖、杞麓湖等，水面面积约占云南主要高原湖泊面积的55.22%，是云南湖群分布面积最大的区域；滇西湖群主要包括洱海、程海、泸沽湖、碧塔海、属都海、拉市海、文梅、文笔海、龙海子、天池、剑湖、茈碧湖、西湖、海西海等，水面面积约占云南主要高原湖泊面积的37.88%；滇南湖群主要包括三角海、长桥海、大屯海、普者黑、赤瑞湖、差黑海、异龙湖等，水面面积约占云南主要高原湖泊面积的6.65%；滇东湖群主要包括月湖、者海等，水面面积约占云南主要高原湖泊面积的0.25%。

在湖泊特点上，云南高原湖泊以自身独特性质而不同于国内其他湖泊，它不同于青藏高原和蒙新地区的内陆型咸水湖和盐湖，多为外流型湖泊；不同于东部的河迹湖和泄湖以及东北平原的火山堰塞湖，其多为石灰岩、砂岩构造湖，且碳酸盐地层的溶蚀对湖盆的形成起辅助作用，湖泊相对较深。

总体上，云南高原湖泊表现出以下特征：

（1）多为封闭或半封闭湖泊，受断层作用，是全国断陷湖盆集中分布地区。

（2）分布海拔高，盐分含量低，有些湖泊不与入海河流相通，属于内陆湖。

（3）大多数湖泊平均水深小于 20 m，属于浅水型湖泊。

（4）我国西部水禽迁徙的重要栖息地和越冬地，在水禽保护上起到重要作用。

（5）河流源径流短，汇流面积相对较小，湖泊补给水水量小，湖泊补给系数多为4～10，但蒸发量大，湖面蒸发量常大于降水量，且多数湖泊仅有一条出水河流，部分湖泊水体进出交换慢、交换周期长。

（6）湖泊数量众多，湖泊资源丰富，湖泊生物多样性高，截至 2013 年，云南省记录鱼类 13 目 42 科 198 属 620 种，占中国淡水鱼类种数（1 583 种）的 39.17%，居全国各省之首，其中湖泊鱼类种类富集，并常见带有高原特色物种，但人为干扰严重，特色土著鱼类消亡或濒危现象依然严峻。

（7）环湖经济社会发展格局显著，人类活动影响甚大，如流域内湖盆造田和水利建设工程相对活跃。据报道，20 世纪 50 年代初云南水面在 5 km^2 以上的高原湖泊约 46 个，到 20 世纪 70 年代中期，水面面积在 1 km^2 的湖泊仅剩 30 余个，有 20 多个天然湖泊已经消亡；从近 20 年发展看，多数高原湖盆区已成为经济发展的焦点区、城乡村聚落密集分布的集中地，导致湖泊水生生态系统质量下滑。

三、云南高原湖泊水生生态质量现状与问题

（一）流域水资源匮乏，污水资源化利用不足

九大高原湖泊补给区集雨面积小，湖面蒸发量较大，流域本区天然可利用的水资源十分有限。在九大高原湖泊流域本区水资源匮乏的情况下，加大污水处理厂尾水、农业灌溉退水等循环利用，对优化流域水资源配置，解决流域工农业生产缺水十分紧迫和必要。目前，九大高原湖泊流域水资源优化配置的格局还未形成，污水资源化利用没有形成共识，污水资源化利用体系还未建立，污水资源化利用水平总体不高，“以用促治”的基础还不扎实，与“节水优先”的治水方针存在一定差距。

（二）水环境质量有明显改善，但水质恶化风险依然严峻

“十三五”时期，九大高原湖泊水质总体得到明显改善，但仍存在部分污染物指标居高不下，湖体水质不稳定等问题。流域农业面源污染严重，入湖河流尚未完全消除劣Ⅴ类水质，化学需氧量、总磷等污染物浓度波动性上升，与九大高原湖泊保护治理要求还存在差距，云南省九大高原湖泊水质恶化风险依旧严峻。

根据 2020 年 10 月—2021 年 9 月九大高原湖泊水质监测月报数据，对湖泊富营养化指数进行湖泊类型划分：（1）异龙湖、杞麓湖、星云湖、滇池外海、滇池草海属于富营养型湖泊，其中异龙湖、杞麓湖在重度富营养化界限值上下波动，星云湖、滇池外海、滇池草海处于中度富营养水平；（2）阳宗海、洱海、程海属于中营养型湖泊；抚仙湖、泸沽湖属于贫营养型湖泊（表 5-3、表 5-4）。

对异龙湖、杞麓湖而言，在水质类别上，异龙湖、杞麓湖尚未脱劣，总体呈现劣Ⅴ类水质，距水质达标差距相对较大；从富营养化指数分析看，异龙湖、杞麓湖均处在中度富营养化水平与重度富营养化水平临界线附近波动，并有略微的下滑趋势。对星云湖、滇池外海、滇池草海而言，3 个湖泊富营养化指数表现出雨季升高趋势，且星云湖、滇池外海水质处在地表水水环境质量Ⅴ类这一水平。

表 5-3 2020 年 10 月—2021 年 9 月云南省九大高原湖泊水质情况

湖泊名称	水质目标	时间											
		2020 年						2021 年					
		10 月	11 月	12 月	1 月	2 月	3 月	4 月	5 月	6 月	7 月	8 月	9 月
滇池外海	Ⅲ	Ⅴ	Ⅳ	Ⅴ	Ⅴ	Ⅳ	Ⅴ	Ⅴ	Ⅴ	Ⅴ	Ⅴ	Ⅴ	Ⅴ
滇池草海	Ⅳ	Ⅳ	Ⅳ	Ⅳ	Ⅲ	Ⅲ	Ⅳ	Ⅳ	Ⅳ	Ⅳ	Ⅳ	Ⅳ	Ⅲ
阳宗海	Ⅱ	Ⅱ	Ⅲ	Ⅱ	Ⅱ	Ⅲ	Ⅱ	Ⅲ	Ⅱ	Ⅱ	Ⅲ	Ⅱ	Ⅱ
异龙湖	Ⅲ	劣Ⅴ	Ⅴ	Ⅴ	劣Ⅴ	劣Ⅴ	劣Ⅴ	劣Ⅴ	劣Ⅴ	劣Ⅴ	劣Ⅴ	劣Ⅴ	劣Ⅴ
洱海	Ⅱ	Ⅲ	Ⅱ	Ⅱ	Ⅱ	Ⅱ	Ⅱ	Ⅱ	Ⅱ	Ⅱ	Ⅲ	Ⅲ	Ⅲ
抚仙湖	Ⅰ	Ⅰ	Ⅰ	Ⅰ	Ⅰ	Ⅰ	Ⅰ	Ⅰ	Ⅰ	Ⅰ	Ⅰ	Ⅰ	Ⅰ
杞麓湖	Ⅲ	劣Ⅴ	劣Ⅴ	Ⅴ	Ⅴ	Ⅴ	劣Ⅴ	劣Ⅴ	劣Ⅴ	劣Ⅴ	劣Ⅴ	劣Ⅴ	劣Ⅴ
星云湖	Ⅲ	劣Ⅴ	Ⅴ	Ⅴ	Ⅴ	Ⅴ	Ⅴ	Ⅴ	Ⅴ	Ⅴ	Ⅴ	Ⅴ	Ⅴ
程海	Ⅲ	Ⅳ	Ⅳ	Ⅳ	Ⅳ	Ⅴ	Ⅴ	Ⅳ	Ⅳ	Ⅳ	Ⅳ	Ⅳ	Ⅳ
泸沽湖	Ⅰ	Ⅰ	Ⅰ	Ⅰ	Ⅱ	Ⅱ	Ⅰ	Ⅰ	Ⅰ	Ⅰ	Ⅰ	Ⅰ	Ⅰ

表 5-4 2020 年 10 月—2021 年 9 月云南省九大高原湖泊营养指数评价情况

湖泊名称	时间											
	2020 年			2021 年								
	10 月	11 月	12 月	1 月	2 月	3 月	4 月	5 月	6 月	7 月	8 月	9 月
滇池外海	57.9	58.5	59.6	60.5	55.5	63.4	65.4	65.8	62.1	61.6	58.9	62.2
滇池草海	58.7	58.9	58	54.7	51.7	59	64.7	64.3	61.2	65.6	62.9	60.3
阳宗海	42.4	41.3	42.1	40.5	42.3	40.9	37.3	38.1	36.1	39.3	39.2	39.4
异龙湖	67.8	64.8	62.4	62.7	62.7	64.9	66	69.4	70.7	71.1	71.7	71.3
洱海	44.1	41.9	41.5	40.9	41.1	39.7	39.9	41.6	41.1	46	43.3	44.2
抚仙湖	23.1	24.7	20.1	21.1	21.4	23	20.7	24.7	23.8	22.1	20.6	21
杞麓湖	69.8	66.7	67.9	70.1	72.2	69.1	66.5	72.4	71.3	72.4	70.4	70
星云湖	69.2	66.1	64.1	63.2	59.7	60	60.1	63.3	65.2	64.8	63.6	67.1
程海	42.5	43.4	47	48.1	47.8	46.1	43.8	45.4	39.6	31.7	30.2	39.3
泸沽湖	13.2	8.3	16.1	13.9	13.1	16	16.6	16	13.5	14.4	12.9	16.8

（三）流域层面截污治污不彻底，清污混流现象较为普遍

九大高原湖泊流域环湖截污不彻底，污水收集配套设施不完善，截污、治污体系运行效率低，污水处理能力有限等问题依然存在。环湖截污、治污基础设施不完善，排水系统改造不彻底，农村“两污”问题依旧突出。泸沽湖川滇共建环湖截污工程尚处于可行性研究阶段，生活垃圾收集处理设施能力仍然不足。程海目前污水处理设施运行率低，农村生活污水收集处理率低。星云湖沿湖村落密集，但管网建设未能全覆盖，污水

收集率较低，乡镇垃圾转运和处理设施不完善。

（四）水生生态问题依然严峻，环湖湖滨缓冲带还未形成体系

九大高原湖泊流域水土流失和石漠化问题依然存在，水源涵养能力下降。河流综合治理力度不够，入湖污染拦截净化功能薄弱，滨岸带建设滞后，河流生态廊道功能退化；环湖河口湿地等重要生态节点缺乏系统修复，湖滨缓冲带生态修复未做到系统化、连片化，水生生物栖息、觅食、繁育等生境丧失或质量下降，生态质量提升效果不明显，部分湖泊水生生态系统功能和服务能力较低。

（五）流域综合管理措施针对性不强，生态环境治理、管理水平有待提高

九大高原湖泊保护治理未全面融入经济社会发展、城市规划建设及社会管理体系，流域水量、水质、水生态一体化综合管理不足，依法治湖不到位，执法监管宽、松、软，保护条例落实不到位，法规衔接不够；山水林田湖草系统治理的理念落实还不到位，生态环境治理体系亟待完善。治理体系和治理能力现代化步伐尚不能满足新情况和新任务的要求，政府、企业和社会依法共治合作的格局尚未建立。高原独特的自然生态环境与水生态保护相配套的地方法律、法规还不健全，地方生态环境法规制度的系统性不足，环境经济政策的激励引导作用未得到充分利用。

（六）规划冲突矛盾多，执行调整变更大

多规合一未有效落实，规划与政策之间、规划与规划之间存在冲突，规划基本技术规范未统一，规划调整变更大。云南省生态红线划定坐标系与地方实际常用坐标系存在不一致，导致划定范围不精准。

四、云南高原湖泊保护治理规划与布局

据2021年4月30日发布的《云南省“十四五”九大高原湖泊保护治理规划（公开征求意见稿）》，“十四五”期间，九大高原湖泊保护治理将从发展模式、治理格局、工作方式等多方面系统考虑与统筹，谋划与构建高原湖泊保护与治理新视野，同时提出“十四五”期间九大高原湖泊保护治理项目建设及投资规模超过“十三五”时期。其相关规划内容及解读如下：

（一）总体思路

1. 指导思想

以习近平新时代中国特色社会主义思想为指导，全面贯彻党的十九大和十九届二

中、三中、四中、五中全会精神和省委十届十一次全会精神，牢固树立“绿水青山就是金山银山”的发展理念，坚持规划引导、生态优先、科学治理、绿色发展、铁肩担当，彻底转变“环湖造城、环湖布局”的发展模式、彻底转变“就湖抓湖”的治理格局、彻底转变“救火式治理”的工作方式、彻底转变“不给钱就不治理”的被动状态，采取革命性治理措施，从生态系统整体性和九大高原湖泊流域系统性着眼，以湖泊保护治理统领当地经济社会发展全局，以提升九大高原湖泊流域生态系统质量和稳定性为目标，以流域空间管控、水污染防治、水资源高效利用的健康水循环、水生态修复、智慧化河湖监测与科学调度、依法治湖管湖为主要任务，以河（湖）长制为主要抓手，优先在九大高原湖泊流域走出一条生态优先，绿色发展之路，更好践行新发展理念、构建新发展格局、推动高质量发展。

2. 发展理念

立足新发展阶段、贯彻新发展理念、构建新发展格局，贯彻省委、省政府在九大高原湖泊保护治理中，紧紧围绕“五个坚持”和“四个彻底转变”的决策部署，深入推进“一湖之治”向“流域之治”转变，坚持因地制宜、坚持“一湖一策，分类施治”，把改善湖体水质、维护湖泊生态系统完整性放在首位，突出重点，以问题为导向科学治湖、精准治湖。坚持系统治理，全力打好湖泊流域环湖截污、生态搬迁、矿山整治、农业面源污染治理、河道治理、环湖生态修复、水质改善提升、过度开发建设治理“八大攻坚战”。坚持依法治湖、铁腕治污，严格执行九大高原湖泊保护条例，对涉湖违法违章建（构）筑物进行坚决处置，对破坏河湖的行为严肃查处，决不搞下不为例。要紧紧围绕水质改善、水环境改善、水生态改善三位一体核心目标，“退、减、调、治、管”多管齐下，以更大的魄力、更大的力度、更有效的措施，推进九大高原湖泊保护治理取得新突破。

第一，“退”。湖边房屋、设施退出，建立湖滨生态带，减少对湖体直接干扰，改善水环境。科学规划，确定湖滨生态带。建一条生态廊道，把湖滨生态带固定住。下定决心，迁出人为设施。尊重规律，促进湖滨生态带自然修复。

第二，“减”。在湖滨生态带外侧，建立湖泊保护缓冲带，控制污染排放，减轻污染负荷。在缓冲带内，人口只出不进，村庄只减不增。优化城乡布局，减人口压力；严控项目，减开发强度；严选产业，减污染负荷；严格节水，减资源浪费。

第三，“调”。全流域调整农业结构，转变农业生产方式，建设有机绿色产业带，减轻农业面源污染。调整种植业品种结构，转变种植业生产方式，推动养殖业全面标准化。

第四，“治”。精准制定污染防控措施，全面抓好环湖截污、城乡污染治理，不让污水流入湖泊。实施环湖城镇截污、治污全覆盖行动，实施农村人居环境整治提升行动。

第五，“管”。要牢固树立系统观念，兼顾生产、生活、生态空间和上下游、地上地下和城市乡村，严格管控生态保护红线，实现山水林田湖草系统监管、事前事中事后的全过程监管，促进生产空间集约高效、生活空间宜居适度、生态空间山清水秀。加强空间管控，强化生态管育，推进依法监管，提升科学管理水平。

3. 主要目标

到2025年，九大高原湖泊生态环境明显改善，生态系统稳定全面提升，河湖、湿地生态功能基本恢复，生态环境保护体制机制进一步完善，水环境质量持续完善。

九大高原湖泊保护治理指标分为河流全流域空间管控、水污染防治、水资源高效利用的健康水循环、水生态修复、智慧化河湖监测与科学调度、全面依法治湖管湖共6大类，包含流域森林覆盖率、农村生活污水收集处理率、本区水资源开发利用率、湖滨带修复面积、建立湖泊智慧管理信息系统、评定美丽河湖等约束性和预期性指标。

（二）保护治理总体规划

1. 九大高原湖泊保护治理类型划分

综合考虑九大高原湖泊流域水资源禀赋、开发利用程度、水质现状，将九大高原湖泊分为预防、保护和治理3种类型。预防型湖泊为水资源较为丰富、水资源开发利用程度较低、水质较好的泸沽湖。保护型湖泊为水资源较为匮乏，水资源开发利用已达合理上限，水质已到优良水体临界点的湖泊，主要有抚仙湖、洱海、阳宗海。抚仙湖尽管现状水质较好，但水资源极度匮乏、水资源开发利用程度远高于合理上限，因此将抚仙湖归入保护型湖泊。治理型湖泊为水资源极度匮乏、水资源开发利用程度远高于合理上限、水质较差的湖泊，主要有滇池、程海、杞麓湖、星云湖、异龙湖。

2. 九大高原湖泊保护治理总体规划

（1）预防型湖泊。主要为泸沽湖，流域水资源较为丰富，水资源开发利用程度较低，水质较好。“十四五”期间应坚持“预防为主、生态优先、保护优先”，以水资源和水环境承载力为约束，以强化流域空间管控、修复水生态系统、有效治理生活污水为主攻方向。

（2）保护型湖泊。包括抚仙湖、洱海、阳宗海，现状水质较好，但已达优良水体临界点，流域水资源较为匮乏，水资源开发利用已达合理上限。“十四五”期间应突出以保护为主，以水资源和水环境承载力为约束，以强化流域空间管控、提高水资源承载能力、严格控制外源输入、修复水生态为主攻方向，实现从“一湖之治”向“流域之治”，建设人与自然和谐共生的现代化社会。

（3）治理型湖泊。包括滇池、程海、杞麓湖、星云湖、异龙湖，现状水质较差，流域水资源极度匮乏，水资源开发利用程度远高于合理上限。“十四五”期间应继续加大治理，以强化流域空间管控、提高水资源承载能力、严格控制外源输入、加大清理内源、系统修复水生态为主攻方向，实现从“一湖之治”向“流域之治”，促进流域经济社会发展全面绿色转型。

（三）重点措施与内容

1. 全力构筑河湖全流域空间管控体系

主要实施：科学合理构建湖泊流域生态空间格局，完善宜居新型城镇空间格局，优化高原特色现代农业空间格局，打造湖泊岸线空间合理利用格局，努力提升空间治理能力现代化。

2. 持续完善水污染防治体系

主要实施：全面提高湖泊流域城镇“两污”收集处理能力，持续完善湖泊流域农业农村污染治理体系，加强湖泊内源污染风险防范，切实提升入湖河流水质，稳步推进集中式饮用水水源地饮水安全保障，努力推动产业转型升级和资源循环利用。

3. 有效推进水资源高效利用的健康水循环体系

主要实施：强化水资源刚性约束，构建流域健康水循环体系，加大流域污水资源化利用，积极推进农业面源低污染水以用促治，优化本区和外流域引调水工程水资源配置，有效防御水旱灾害。

4. 积极打造高质量的水生态修复体系

主要实施：夯实湖泊水生生态系统监测能力建设，开展流域生物多样性保护工作，全面发挥湖滨带生态屏障功能，建立健全湖滨湿地运维管护长效体制，加强环湖生态核心区、湖滨缓冲带生态保育和修复，切实提升水源涵养能力。

5. 系统建设智慧化河湖监测与科学调度体系

主要实施：进一步完善智慧湖泊综合管理信息平台建设，构建湖泊智能感知水文监测体系，加强流域水资源联合调度。

6. 全面建立依法治湖管湖体系

主要实施：建立健全依法治湖管湖法规体系，构建高效的依法治湖管湖体系，纵深推进河（湖）长制工作。

7. 有效推进夯实基础科学研究

主要实施：积极开展湖泊水质变换特征规律研究，切实加大水生态环境演变机理研究，有效开展入湖污染物来源分析研究。

8. 切实推进建立流域生态补偿机制

主要实施：建立健全生态补偿资金投入机制，创新流域横向生态补偿机制，探索市场化、社会化生态补偿新模式，建立绿色利益分享长效机制。

9. 加快推进引入市场化参与机制

主要实施：加强政策支持和引导，引导金融机构加大对九大高原湖泊保护治理的投入，积极引导社会资本参与盘活国有存量资产。

第二节　高原湖泊水生生态系统保护相关政策与规范性文件

改革开放以来，党和政府高度重视环境保护工作，把环境保护摆上更加重要的战略位置，逐步健全与任务要求相适应、适应形势需要的环境保护法律法规、制度与技术标准，完善财务扶持机制、水生态补偿和激励约束机制、水生态保护执法监督机制、渔政管理等环境保护管理体制机制，提高了环境管理效率，采取了一系列保护和改善生态环境的重大举措，加大了生态环境建设力度。

尤其2015年《中华人民共和国立法法》修订后，设区的市的人民代表大会及其常务委员会根据本市的具体情况和实际需要，在宪法、法律、行政法规和本省、自治区的地方性法规不断出台的前提下，对城乡建设与管理、环境保护、历史文化保护等方面制定了系统的、相融的地方性法规，为水环境保护与管理提供法律依据。

一、法律法规等文件

（一）国家层面

我国以生态优先为主线，围绕水生态环境保护、治理与修复制定了系列法律、法规。

1982年8月，针对海洋环境保护、治理与管理，出台了《中华人民共和国海洋环境保护法》。1984年5月，出台了《中华人民共和国水污染防治法》，提出了“水污染防治应当坚持预防为主、防治结合、综合治理的原则，优先保护饮用水水源，严格控制工业污染、城镇生活污染，防治农业面源污染，积极推进生态治理工程建设，预防、控制和减少水环境污染和生态破坏”。同时，明确了“国务院有关部门和县级以上地方人民政府开发、利用和调节、调度水资源时，应当统筹兼顾，维持江河的合理流量和湖泊、水库以及地下水体的合理水位，保障基本生态用水，维护水体的生态功能”等相关条款。

1986年1月，出台了《中华人民共和国渔业法》，明确了“在鱼、虾、蟹洄游通道建闸、筑坝对渔业自然资源有严重影响的，建设单位应当建造过鱼设施或采取其他补救措施”。“用于渔业并兼有调蓄、灌溉等功能的水体，有关主管部门应当确定渔业生产所需的最低水位线”等水资源保护条款，提出了水产资源保护与利用的相关要求。

1989年12月，出台了《中华人民共和国环境保护法》，针对大气、水、海洋、土地、矿藏、森林、草原、湿地、野生生物、自然遗迹、人文遗迹、自然保护区、风景名胜区、城市和乡村等方方面面，提出了系统的保护、治理、修复要求和基本规定，同时，明确了“编制有关开发利用规划，建设对环境有影响的项目，应当依法进行环境影响评价。未依法进行环境影响评价的开发利用规划，不得组织实施；未依法进行环境影响评价的建设项目，不得开工建设”。总之，《中华人民共和国环境保护法》围绕监督管理、保护和改善环境、防治污染和其他公害、信息公开和公众参与、法律责任等方面系统地规定了环境保护要求，形成我国环境保护在法律、法规和规范性管理治理的根本支柱。

2002 年 10 月，出台了《中华人民共和国环境影响评价法》，从规划的环境影响评价、建设项目的环境影响评价、法律责任等方面系统地规定了开发与建设在不同阶段的法律要求与责任，为了实施可持续发展战略，预防因规划和建设项目实施后对环境造成不良影响，促进经济、社会和环境的协调发展，奠定了坚实的法律基础。

2005 年 12 月，发布了《国务院关于落实科学发展观加强环境保护的决定》（国发〔2005〕39 号），提出经济社会发展必须与环境保护相协调，强调促进地区经济与环境协调发展、大力发展循环经济、积极发展环保产业。提出切实解决突出的环境问题，包括以饮水安全和重点流域治理为重点，加强水污染防治；以强化污染防治为重点，加强城市环境保护；以防治土壤污染为重点，加强农村环境保护；以促进人与自然和谐为重点，强化生态保护；以实施国家环保工程为重点，推动解决当前突出的环境问题等多项措施。

2006 年 2 月，发布了《中国水生生物资源养护行动纲要》（国发〔2006〕9 号），围绕水生生物保护与恢复，从水生生物资源养护的指导思想、原则和目标、渔业资源保护与增殖行动、生物多样性与濒危物种保护行动、保障措施等方面，提出具体的要求、任务与措施；同年，发布了《水电水利建设项目河道生态用水、低温水和过鱼设施环境影响评价技术指南（试行）》（环评函〔2006〕4 号）、《水电水利建设项目水环境与水生生态保护技术政策研讨会会议纪要》（环办函〔2006〕11 号）强调水资源开发与水生态协同性保护的重要性与相关保护技术要求。

2008 年 1 月，发布了《关于加强重点湖泊水环境保护工作的意见》（国办发〔2008〕4 号），从加大工业污染防治力度、加强城市生活污水处理、控制农村生活污染和面源污染、控制旅游业和船舶污染、削减湖内污染负荷、加强生态保护和修复、大力加强科技攻关等，提出多种措施实施综合治理的要求。2010 年 4 月，发布了《水工程规划设计生态指标体系与应用指导意见》（水总环移〔2010〕248 号），提出水工程建设的生态环境需求与要求。

2012 年 1 月，国务院发布了《国务院关于实行最严格水资源管理制度的意见》（国发〔2012〕3 号），明确开发利用水资源应维持河流合理流量和湖泊、水库以及地下水的合理水位，充分考虑基本生态用水需求，维护河湖健康生态。2013 年 1 月，发布了《实行最严格水资源管理制度考核办法》（国办发〔2013〕2 号），强调最严格水资源管理制度的落实与落地。

2012 年 11 月，党的十八大通过《中国共产党章程（修正案）》，将生态文明建设写入党章并做出阐述，中国特色社会主义事业总体布局更加完善，生态文明建设的战略地位更加明确。随后，我国陆续出台一系列重要法律法规等政策文件，如《关于加快推进生态文明建设的意见》（中发〔2015〕12 号）、《生态文明体制改革总体方案》；出台实施《水污染防治行动计划》、《土壤污染防治行动计划》、《大气污染防治行动计划》，坚决向污染宣战；随后，又陆续出台《环境保护督察方案（试行）》、《中央生态环境保护督察工作规定》、《生态环境损害赔偿制度改革方案》等文件，建立了中央生态环境保护督察制度、生态环境损害赔偿和责任追究等一系列重大制度。

2018 年 3 月，第十三届全国人民代表大会通过《中华人民共和国宪法》修正案，将生态文明写入宪法；2018 年 5 月，全国生态环境保护大会召开，习近平总书记出席会议并发表重要讲话，确立了习近平生态文明思想，形成我国生态文明建设和生态环境保护发展历程中规格最高、规模最大、影响最广、意义最深的历史标志性成果。会后，生态环境保护的重大政策性文件——《中共中央 国务院关于全面加强生态环境保护 坚决打好污染防治攻坚战的意见》对外公布。

2020 年 6 月，发布了《全国重要生态系统保护和修复重大工程总体规划（2020—2035 年）》（发改农经〔2020〕837 号），指出青藏高原生态屏障区、长江重点生态区（含川滇生态屏障）两大重点区域的生态重要性及重点保护方向，明确到 2035 年推进森林、草原、荒漠、河流、湖泊、湿地、海洋等自然生态系统保护和修复工作的主要目标，以及统筹山水林田湖草一体化保护和修复的总体布局、重点任务、重大工程和政策举措。

2020 年 10 月，发布了《中共中央关于制定国民经济和社会发展第十四个五年规划和二〇三五年远景目标的建议》，对推动绿色发展、促进人与自然和谐共生作出一系列重大战略部署，明确提出“十四五”时期，我国生态文明建设实现新进步，到 2035 年广泛形成绿色生产生活方式，碳排放达峰后稳中有降，生态环境根本好转，美丽中国建设目标基本实现，明确“十四五”乃至 2035 年生态文明建设和生态环境保护的目标和任务。党的十九届五中全会还明确提出，要完善中央生态环境保护督察制度。同时，指出：加强水源涵养区保护修复，加大重点河湖保护和综合治理力度，恢复水清岸绿的水生态体系。同年 12 月，发布的《中华人民共和国长江保护法》，成为我国首部流域法律，有效加速与确保云南等金沙江上游地区的河湖生态环境保护与治理工作的顺利推进。

（二）地方层面

自 1992 年 11 月以来，云南省陆续出台了《云南省环境保护条例》、《云南省生物多样性保护条例》、《云南省渔业条例》、《云南省湿地保护条例》、《云南省赤水河流域保护条例》、《云南省云龙水库保护条例》、《云南省阳宗海保护条例》、《云南省牛栏江保护条例》、《云南省环境保护工作手册》等一系列法律、法规文件，尤其是《云南省滇池保护条例》、《云南省大理白族自治州洱海管理条例》、《云南省抚仙湖保护条例》等九大高原湖泊保护条例对高原湖泊保护与治理提出了严格的要求。

2020 年 6 月，云南省发布《云南省基础设施“双十”重大工程工作推进方案》，提出到 2025 年，全省九大高原湖泊流域生态保护与修护综合治理工程累计完成投资不低于677亿元，新建污水管网414 km、污水处理厂（62万t/d）、河道生态治理445 km，清淤1998万m^3、调水补水2.3亿m^3/年、湿地914 ha、生态搬迁（11 752人）。通过实施九大高原湖泊流域生态保护与修复工程，有效降低入湖污染负荷，确保九湖水质稳定并持续向好，从根本上恢复九大高原湖泊流域水生态环境。

2021年9月，为深入贯彻落实习近平生态文明思想和习近平总书记考察云南重要讲话精神，努力成为我国生态文明建设排头兵，坚决扭转湖泊保护治理的严峻形势，保护好“高原明珠”，云南省出台《关于“湖泊革命”攻坚战的实施意见》，从治湖理念、治湖措施、治湖体制机制等方面开展湖泊革命，以“退、减、调、治、管”为重点抓实治湖举措，提出60条治理措施，并把考核结果作为提拔选用领导干部的重要依据，详见表5-5。

表5-5 “湖泊革命”攻坚战实施意见的具体措施和内容

项目类型	工作目标	具体措施
治湖理念	搭建治湖系统理念、生态理念、长效理念、我要保护理念、国之大者理念	1. 坚决摒弃“环湖造城”思维，树立“保护第一”思想，实现从“与湖争地”到“还湖于民”转变，充分认识湖泊的脆弱性，以壮士断腕的勇气实施“湖泊革命”
		2. 坚决摒弃“就湖治湖”思维，树立“流域治理”思想，实现从“一湖之治”到“流域之治”转变，坚持山水林田湖草沙冰一体化保护和系统治理，由点上“治湖”转变为面上“治域”
		3. 坚决摒弃“急功近利”思维，树立“久久为功”思想，实现从“救火式治湖”到“长效化治湖”转变，坚持“应急”与“谋远”相结合，探索建立空间管控、转型发展等一系列长效机制
		4. 坚决摒弃“被动应付”思维，树立“主动作为”思想，实现从“要我保护”到“我要保护”转变，树牢保护湖泊就是保护自己的理念，像保护眼睛一样自觉保护一汪清水
		5. 坚决摒弃“事不关己”思维，树立“人人有责”思想，实现从“漠不关心”到胸怀“国之大者”转变，坚决把习近平总书记一定要保护好高原湖泊的殷殷嘱托刻在骨子里，营造全社会共同参与湖泊保护治理的良好氛围
治湖措施	（一）坚决“退”，设立生态廊道和环湖公路，作为湖泊空间基准和公共标识，引导人口和产业有序退出湖滨区	6. 组建专家咨询团队
		7. 科学划定“两线”
		8. 永久固定“两线”
		9. 生态廊道内全面退
		10. 环湖公路内有序退

项目类型	工作目标	具体措施
治湖措施	（二）全面“减”，坚持“以水定城、以水定地、以水定人、以水定产”，九大高原湖泊流域（以下简称流域）内全面减少项目开发，减轻人口压力，减少资源浪费	11. 减人口压力
		12. 减污染负荷
		13. 减开发项目
		14. 减工业用水
		15. 减建（构）筑物
		16. 减湖体取水
		17. 减流域用水
	（三）精准“调”，在全流域调整农业种养结构，转变农业生产方式，发展生态有机农业，严控面源污染	18. 调限种清单
		19. 调种植结构
		20. 实施无土栽培
		21. 推进化肥农药减量增效
		22. 推动土地流转
		23. 推进畜禽粪污综合利用
	（四）系统“治”，精准制定全流域污染防治措施，坚持系统治湖，治点源与治面源相结合，治湖与治流域相结合，治标与治本相结合，抓牢城镇、抓实农村、覆盖流域，系统推进供水替代和生态补水	24. 补齐城镇污水管网短板
		25. 提升城镇污水处理能力
		26. 实施雨污分流改造
		27. 治城镇生活垃圾
		28. 治农田灌溉尾水
		29. 治农村生活污水
		30. 治农村生活垃圾
		31. 实施农村“厕所革命”
		32. 治入湖河道
		33. 治水土流失
		34. 治流域矿山
		35. 治黑臭水体
		36. 治河湖“四乱”
		37. 实施退水还湖
		38. 实施生态补水
		39. 实施生态保护补偿

项目类型	工作目标	具体措施
治湖措施	（五）严格“管”，坚持规划引领，严格空间管控推进水价改革，促进节约用水遵循自然规律，坚持科学管湖	40. 编制保护治理规划和行动方案
		41. 提级把关开发建设项目
		42. 严格水权管控
		43. 推动水价改革
		44. 强化节水优先
		45. 加强水质水量监测
		46. 建设“智慧湖泊”
		47. 强化湖泊科技攻关
治湖体制机制	（六）坚持依法治湖，修订湖泊保护管理条例，出台有关配套政策，严格执法，对各类涉湖违法违规行为“零容忍”	48. 完善法规体系
		49. 加强执法监管
	（七）健全管理体制机制，进一步健全九大高原湖泊管理体制和工作机制，提高湖泊保护治理能力和水平	50. 组建“湖泊革命”攻坚战指挥部
		51. 完善河（湖）长制有关制度
		52. 调整优化湖泊管理局职责
	（八）创新投融资机制，抓住水价改革的“牛鼻子”，多方筹措资金，发展绿色金融，吸引社会资本参与湖泊保护治理	53. 多渠道筹集资金投入
		54. 引入第三方参与保护治理
	（九）加强监督检查，建立健全九大高原湖泊监督检查机制，坚持问题导向，扎实做好监督工作	55. 加强巡视巡察监督
		56. 加强人大监督
		57. 建立民主监督和社会监督工作机制
		58. 严格督办
	（十）强化组织保障，坚持责任治湖，切实加强组织、人才和经费保障，坚决打赢“湖泊革命”攻坚战	59. 加强组织领导
		60. 严格考核严肃问责

二、技术标准

（一）国家层面

据不完全统计，我国围绕水环境质量、污水排放、渔业水质、生态环境监测、环境影响评价、河湖生态需水与生态修复、水生调查与保护恢复等方面均制定了相关的标准规范文件。

在水环境质量、污水排放、渔业水质等方面，发布了《污水综合排放标准》

（GB 8978—1996）、《污水监测技术规范》（HJ 91.1—2019）、《地表水环境质量标准》（GB 3838—2002）、《地下水质量标准》（GB/T 14848—2017）、《渔业水质标准》（GB 11607—1989）、《渔业生态环境监测规范》（SC/T 9102—2007）等多项标准文件。

在环境影响评价方面，发布了《环境影响评价技术导则 地表水环境》（HJ 2.3—2018）、《生态环境状况评价技术规范》（HJ 192—2015）、《环境影响评价技术导则 生态影响》（HJ 19—2011）、《环境影响评价技术导则 水利水电工程》（HJ/T 88—2003）、《建设项目环境风险评价技术导则》（HJ 169—2018）、《建设项目环境影响评价技术导则 总纲》（HJ 2.1—2016）、《水利建设项目环境影响后评价导则》（SL/Z 705—2015）、《建设项目竣工环境保护验收技术规范 水利水电》（HJ 464—2009）、《河流水电开发环境影响后评价规范》（NB/T 35059—2015）等多项标准文件。

在河湖生态需水与生态修复方面，发布了《江河流域规划环境影响评价规范》（SL 45—2006）、《水资源供需预测分析技术规范》（SL 429—2008）、《河湖生态需水评估导则（试行）》（SL/Z 479—2010）、《水域纳污能力计算规程》（GB/T 25173—2010）、《水利水电建设项目水资源论证导则》（SL 525—2011）、《水资源保护规划编制规程》（SL 613—2013）、《河湖生态环境需水计算规范》（SL/Z 712—2014）、《河湖生态保护与修复规划编制导则》（SL 709—2015）等多项标准文件。

在水生生物调查与保护恢复方面，发布了《水生生物增殖放流技术规程》（SC/T 9401—2010）、《淡水浮游生物调查技术规范》（SC/T 9402—2010）、《水电工程环境保护设计规范》（NB/T 10504—2021）、《水利水电工程环境保护设计规范》（SL 492—2011）、《生物多样性观测技术导则　内陆水域鱼类》（HJ 710.7—2014）、《生物多样性观测技术导则 淡水底栖大型无脊椎动物》（HJ 710.8—2014）、《水利水电工程鱼道设计导则》（SL 609—2013）、《水电工程鱼类增殖放流站设计规范》（NB/T 35037—2014）、《水电站分层取水进水口设计规范》（NB/T 35053—2015）、《水电工程过鱼设施设计规范》（NB/T 35054—2015）、《水电工程生态流量计算规范》（NB/T 35091—2016）、《水电工程水温计算规范》（NB/T 35094—2017）、《水电工程水生生态调查与评价技术规范》（NB/T 10079—2018）、《水电工程水温原型观测技术规范》（NB/T 10142—2019）、《水电工程生态流量实时监测系统技术规范》（NB/T 10385—2020）、《水电工程水温实时监测系统技术规范》（NB/T 10386—2020）、《淡水鱼类增殖放流效果评估技术规范》（SC/T 9438—2020）等多项标准文件。

（二）地方层面

针对高原湖泊保护治理也提出了相应的标准规范，如《高原湖泊区域人工湿地技术规范》（DB53/T 306—2010）、《高原湖泊流域畜禽粪便综合利用（第1、第2、第3部分）》（DB53/T 466.1、2、3—2013）、《高原湖泊城市河道初期雨水拦截技术规范》（DB53/T 950—2019）、《高原湖泊入湖河流旁路治理技术规范》（DB53/T 951—2019）、《高原湖泊主要水生生物类群采样及观测技术规范》（DB53/T 952—2019）、《滇池流域“五采区”植被恢复技术规程》（DB5301/T 37—2019）、《滇池湖滨湿地 水鸟栖息地修复》（DB5301/T 55—2021）、《滇池湖滨湿地管护规程》（DB5301/T 38—2019）等多项标准文件。

第三节 高原湖泊水生生态系统修复与保护关键技术

一、水生生态健康评价技术

生态系统健康是20世纪70年代国际学术界新出现的一个研究热点，生态系统健康的概念于1988年提出，生态系统健康研究是一个全新的领域，许多学者针对不同的研究目的提出了不同的定义。考虑到生态系统的复杂性和由此对生态系统健康的影响，为了更精确地定义健康的生态系统，Norton提出了有关生态系统健康的生态学理论。2000年，任海等认为健康的生态系统有8个特征：活力、恢复力、组织、生态系统服务功能的维持、管理选择、外部输入减少、对邻近系统的影响及人类健康影响。2002年，肖风劲等提出了包括活力、组织和恢复力在内的生态系统健康的3个评价指标，具体介绍了生态系统健康的活力、组织结构和恢复力的评价方法。2010年，张光生等结合国内外对生态系统健康研究现状，重点论述了当前水生生态系统健康评价的3种主要指标（生态指标、人类健康和社会经济指标、物化指标）和2种评价方法（指示物种法和指标体系法）。

然而，水生生态系统是一个复杂的系统，单一的方法往往很难对水生生态系统的健康状况做出准确地评价，目前，以鱼、浮游生物、藻类以及底栖生物为监测对象的指示物种是主要研究方法，水生生态健康评价是对湖泊水库监测管理、环境治理和生态修复的基础，近年来我国陆续推出河长制、河湖健康评价等文件，如《流域生态健康评估技术指南（修订）》（2014年）、《河湖健康评价指南（试行）》（2020年），基本形成了水生生态健康评价技术体系，为高原湖泊水生生态健康测度提供了较好的技术支持和决策依据。

（一）评价内容

水生生态健康评价内容主要包括流域/区域生态环境、水域生境、水质监测、水生生物（浮游植物、浮游动物、底栖动物、水生维管束植物）、鱼类（含种类组成、区系、生态特性、重要生境、资料量等）、珍稀水生动物、入侵生物等的调查与评价/评估。

（二）调查方法

1. 现场环境调查方法

现场环境调查方法主要包括河流、湖泊、水库现场考察、渔获物及水生生物、水质样本采集、生境观察及拍照、资料收集及检索、样带与采样方法等。对于一些特殊生境及鱼类繁殖活动状况还进行走访法及专家咨询法（表 5-6）。

表 5-6　主要调查内容及调查方法

调查内容	调查指标	调查方法	预期成果
区域自然环境	地形地貌	资料收集法	地形图
	气候气象	资料收集法	—
	自然资源	资料收集法	—
	区域社会发展	资料收集法	行政区划图
水域环境	水系发育	线路调查及资料收集法	水系图及水域利用类型图
	水文条件	资料收集法	—
	水质	断面设置及实测法	—
	水生生物	断面设置及实测法	—
	底栖生物状况	断面设置及实测法	—
	河岸生境及植被	样带及样方法	植被分布图
鱼类资源	种类	渔获物法及资料检索法	标本及照片
	区系及生态属性	资料检索法	生态属性图
	生物多样性	计算法	—
	关键生境	实测及专家咨询法	遥感卫星图、照片

2. 浮游生物与底栖动物调查方法

在浮游生物与底栖动物调查方法上，可参考《淡水浮游生物调查技术规范》（SC/T 9402—2010）、《重点河流水生生物多样性调查与评估技术要求》等文件，淡水浮游生物调查一般考虑采水样法、浮游生物网法、直接捞取法等采样方法，而底栖生物一般考虑网筛法、拖网法、采泥器法等采样方法，并在采样时记录采样所使用的方法，水生生物样品采集后，应尽快采取措施进行固定，防止其腐烂变质或影响其他样品。

3. 鱼类及其生境调查方法

在鱼类物种与资源调查方法，可参考《生物多样性观测技术导则　内陆水域鱼类》（HJ 710.7—2014）、《重点河流水生生物多样性调查与评估技术要求》等文件，鱼类物种与资源调查一般考虑网捕法、垂钓法、光诱法、电捕鱼法、市场采集法等采样方法，并在采样时记录采样所使用的方法。鱼类样品采集后，应尽快采取措施防止其腐烂。

在鱼类产卵场调查方法上，我国产卵场调查方法经历了由低级到高级、从定性到定量的发展过程。一般情况下，产卵场分为产黏性卵、产沉黏性卵、产漂流性卵鱼类的产卵场，产卵场调查采样方法可参考《河流水生生物调查指南》和《内陆水域渔业自然资源调查手册》等文件。

（三）评价技术

水生生态健康评价方法一般分为指示物种法和指标体系法。指示物种法通常选用浮游动植物、底栖动物和鱼类等水生生物作为指示物种，虽简单易行，但其对水生生态系统健康指示作用的强弱不明确，很难全面地反映水生生态系统的健康状况以及复杂的变化情况。而指标体系法通常结合水文、物理、化学、生物及栖息地等多重指标，形成流域综合生态健康评价体系，具有综合性强、全面性强的特点，也是目前国内外广泛应用的评价方法。

水体按不同类型分为河流、湖泊和水库3类，2020年，孙然好等对比了现有的河流生态系统健康评价方法，包括指示生物法、综合指标法、数学模型法等，总结了它们的优缺点和适用范围，详见表5-7。

表5-7 河流生态系统健康评估方法对比

方法	原理	优势	缺点	代表性方法
指示生物法	水生生物对于水环境的敏感性和忍耐力	指标明确、监测方便	主要针对水生态健康的某一方面，评估不够全面	鱼类、藻类、底栖动物敏感种，尤其底栖动物最为广泛
综合指标法	通过参照点和调查点的对比，定量揭示水生生物的完整性	计算方法清晰、适用不同区域对比	需要比较系统的样品采集和鉴定，并寻找合适的参照点	TBI指数（Trent Biotic Index）、IBI完整性指数（Index of Biological Integrity），以及生物多样性指数等
模型模拟法	通过典型区水生态健康与环境因子的关系，基于数学模型反演更大尺度水生态健康状况	通过小区域建模，可以用于大尺度的评估和预测	模型构建的数学方法和参数选择，需要有针对性的研究	RCE（Riparian，Channel，Environment Inventory）、ISC（Index of Stream Condition）、RHP（River Health Program）

从当前应用情况看，《重点河流水生生物多样性调查与评估技术要求》提出的评估技术体系与《河湖健康评价指南（试行）》（2020年）提出的评估技术体系应用相对较多，其相关评估/评价指标体系见表5-8和表5-9。

表 5-8　水生生物多样性观测评估指标与要求

评估内容	评估指标	要求与说明
种类组成		统计分析该地区鱼类不同类群各目、科、属所属物种数目占总种数的比例及各高级分类阶元的组成
分布		统计分析鱼类空间分布，分析各采样河段鱼类相似性
区划类型		对调查区域的鱼类进行地理区划分析，分析该地区物种所占分区的多样性及每个分区中物种比例
物种丰富度	调查河段内的水生生物物种总数	以调查河段为统计单元，统计调查河段内的水生生物物种总数
	采样河段的水生生物物种总数	以采样河段为统计单元，统计各单元内的水生生物物种总数
物种多度	频度	物种在调查区域内出现的频率，以包含该物种个体的抽样单元数占全部抽样单元数的百分比统计
物种多样性	多样性指数	计算 Shannon-Wiener 多样性指数或 Simpson 多样性指数
重点保护物种比例	调查河段内重点保护物种总数及所占比例	建立重点保护物种识别方法，建立重点保护区物种名录。以调查河段为统计单元，统计重点保护物种总数及所占比例
	采样河段内重点保护物种总数及所占比例	以统一划分的采样河段为统计单元，统计重点保护物种总数及所占比例
物种濒危等级	红色名录指数	在水生生物红色名录评估的基础上，开展补充评估，特别是原来评级中为“数据缺乏（DD）”的物种
威胁因子	主要威胁因子	识别影响调查河段水生生物物种多样性的主要威胁因子及其影响程度
	外来入侵物种种类与分布	建立调查河段外来入侵物种名录，绘制调查河段外来入侵物种分布图
保护空缺	未纳入自然保护区管护范围的高多样性区域	基于水生生物物种多样性区域分布与自然保护区分布，识别未纳入自然保护区管护范围的高多样性区域
	未作为保育对象的区域重点保护物种及其种群	基于重点保护区物种名录，以及对调查河段物种保护情况的了解，识别亟待进行保护的物种及其种群

表 5-9　湖泊评价指标体系

目标层	准则层		指标层	指标类型
湖泊健康	"盆"		湖泊连通指数	备选指标
			湖泊面积萎缩比例	必选指标
			岸线自然状况	必选指标
			违规开发利用水域岸线程度	必选指标
	"水"	水量	最低生态水位满足程度	必选指标
			入湖流量变异程度	备选指标
		水质	水质优劣程度	必选指标
			湖泊营养状态	必选指标
			底泥污染状况	备选指标
			水体自净能力	必选指标
	生物		大型底栖无脊椎动物生物完整性指数	备选指标
			鱼类保有指数	必选指标
			水鸟状况	备选指标
			浮游植物密度	必选指标
			大型水生植物覆盖度	备选指标
	社会服务功能		防洪达标率	备选指标
			供水水量保证程度	备选指标
			湖泊集中式饮用水水源地水质达标率	备选指标
			岸线利用管理指数	备选指标
			公众满意度	必选指标

二、水生态环境调控技术

水生态环境调控技术主要包括曝气增氧技术、湿地水质净化技术、水温预测与调控技术、生态流量调控技术、生态补水技术等。

（一）曝气增氧技术

曝气增氧技术是物理技术中的核心技术，在污水治理中是非常成熟的技术与产品，我国城市河流、景观水体多为静止或流动性差的封闭水体，具有水域面积小、易污染、水环境容量小、水体自净能力差等特点，加上外源污染，极易造成水体的富营养化以及黑臭现象。通过曝气增氧技术提高水体溶解氧来恢复水体环境并处理水中污染物是水环境治理中常见的手段。

根据气泡大小、作用原理及能源的不同，曝气技术与产品一般可分为微纳米曝气增

氧技术 / 产品、清洁能源曝气技术 / 产品、推流曝气技术 / 产品。

（1）微纳米曝气技术 / 产品主要通过气相和液相的高度分散，产生直径小于 3 μm 的微米级气泡和纳米级气泡，微纳米气泡具有存活时间长、比表面积大、高界面活性、带能带电等特殊的理化特性；

（2）清洁能源曝气技术 / 产品，如太阳能曝气机、风能曝气机，及风光两用曝气机，这种曝气机一般采用清洁能源带动电动机，以机械部件实现大气富氧或者鼓风、氧的传送等；

（3）推流曝气技术 / 产品，根据需要在一定区域内形成造流作用，增强水循环，同时兼具曝气功能。从富氧效果来看，微纳米气泡曝气机效果最好，但受制于作用面积小、耗电量大等问题。

为不断寻求高效净水，近年来出现微孔纳米增氧设施等技术，其主要有主机（电动机）、罗茨鼓风机（转速 1400 r/min）、储气缓冲装置（PVC 塑料管）、支管（PVC 塑料或橡胶软管）、曝气管（微孔纳米曝气管）等组成。而在美观角度上，曝气增氧技术其表现形式也常以继水车式、叶轮式、喷泉式等形式出现。

（二）湿地水质净化技术

湿地水质净化技术是在仿自然湿地系统的基础上，通过人工构建水体、植物、基质以及微生物，融合结构设计形成的复合生态系统，或利用河滩地、洼地和绿化用地等，通过优化集布水等强化措施改造的近自然系统，具有调蓄、净化、维持生物多样性、提供景观价值等生态环境功能，在一定程度上能够缓解自然湿地退化带来的全球生物多样性下降等问题。

人工湿地按照填料和水的位置关系，分为表面流人工湿地和潜流人工湿地两大类型，且潜流人工湿地按照水流方向，可进一步分为水平潜流人工湿地和垂直潜流人工湿地（上行垂直潜流人工湿地和下行垂直潜流人工湿地），人工湿地均可借助基质，植物与微生物之间的物理、化学和生物耦合作用，通过过滤、吸附、沉降、离子交换、植物吸收、挥发与微生物活动等过程对水体中污染物进行净化处理。

从净化效果上看，潜流湿地水质净化效果较表流湿地明显，且垂直潜流湿地较水平潜流湿地优，但湿地类型的选择往往取决于来水水质、水量、目标污染物、当地地形、水文气候等多个条件的综合考虑，并且为满足人工湿地进水水质要求、减轻湿地污染负荷、工程总体目标等需求，在人工湿地设计时，其前端常设置预处理设施、其后端设置协同处理设施。人工湿地的前设置处理工艺或设施，常见格栅、沉砂、初沉、均质、水解酸化、稳定塘、消能设施等，而后处理多为满足出水达标排放或回用要求，在人工湿地后设置的处理工艺或设施，如活性炭吸附、混凝沉淀、过滤、消毒、稳定塘等。

湿地水质净化技术是河湖水体生态修复与治理最为常见的技术。2021年4月，生态环境部发布《人工湿地水质净化技术指南》，不断容纳新技术内容更新其设计标准。从当前技术发展情况看，人工湿地技术研发向着微生物强化处理技术、湿地微生物及其高效载体、生态高能低价基质材料、水动力优化技术以及湿地新型污染物处理技术等方向发展。

（三）生态流量调控技术

我国对于生态流量的问题关注和研究起步较晚，20世纪70年代至2000年，我国西北缺水区生态用水保障、黄河断流等事件使社会开始关注生态环境需水问题，生态环境需水概念逐渐被社会认可和接受。2000—2015年，生态流量的概念进一步深化，水利部门提出生态环境需水量、河湖生态需水等概念及计算规范，环保部门针对水利水电工程提出了“最小生态流量”的概念及计算导则，陆续制定了一系列标准和规范。

河湖生态流量泄放方式通常有导流洞导流、闸门泄流、坝体埋管泄流、放空洞泄流、引水洞泄流以及发电小机组泄流等方式，或通过设置专门的生态流量排放设施进行下泄相应的生态流量。为满足常年泄流的要求，无论采用哪种泄流方式，其取水口一般应低于水库（或调节池）死水位。

生态流量调控技术的关键在于目标河湖需要多少生态流量，如何结合河湖水生态水生物繁育需求，选择合适的演算方法、确定不同需求下的生态流量成为生态流量调控技术的重中之重。生态流量需求分析方法一般包括河湖生态流量边界条件的确定和河湖生态流量分析方法的确定两个步骤。

1. 河湖生态流量边界条件的确定

针对我国各类河湖的特点，一般河流应确定生态基流；具有特殊生态保护对象和河流，还应确定敏感期生态流量；天然季节性河流，以维系河流廊道功能确定有水期生态水量目标；水资源过度开发的河流，可结合流域区域水资源调配工程实施情况及水源条件，合理确定分阶段生态流量目标；平原河网、湖泊以维持基本生态功能为原则，确定平原河网、湖泊生态水位（水量）目标。

2. 河湖生态流量分析方法的确定

迄今为止，国际上有200多种生态环境流量计算方法，对各种计算方法及适用范围尚未形成一定的共识，因此在确定生态流量时到底采取哪种方法需要因地制宜，充分考虑各种计算方法的特点和当地的情况，推荐采取多种计算方法进行比选后最终确定生态流量目标。目前，常见的计算方法可分为水文学法、水力学法、生境模拟法、整体分析法4类，其典型的计算方法、原理及优缺点见表5-10，2020年董哲仁等对这4类方法及其中比较有代表性的方法进行了分析，李洋则总结了现阶段在水力学方面应用较多的模拟软件或工具，见表5-11。

表 5–10 常用的生态流量计算方法对比

评价方法分类	典型方法	主要原理	优点	缺点
水文学法	Tennant 法、流量历时曲线、水文指标法、7Q10 法、RVA 法等	基于河流水文过程，选取多年平均流量的一定比例作为最低生态基流	算法简单，对于缺乏生态资料地区，依据水文数据记录资料可快速获得结果	未涉及水文变化—生态响应机理方法的科学性存在不足
水力学法	湿周法、R2-Cross 法、河道形态分析法等	选择简单的水力参数作为依据，如湿周、最大水深等，采用实测资料、水力学公式等，建立水力参数 - 流量关系	在一定程度上考虑了生物栖息地需求	计算水力参数时断面选取对结果有一定影响，需因地制宜根据河流实际情况来分析
生境模拟法	IFIM 法、CASTMIR 法等	在水力模型基础上，考虑河流流量变化引起的栖息地变化，并与目标物种的栖息地倾向性需求相结合	对于明确特定物种的生态流量需求具有较好的科学性	研究方法较上述两类方法复杂，仅关注某一物种，未能考虑河流生态系统的整体需求
整体分析法	BBM 法、DRIFT 法、ELOHA 法等	利用历史数据和监测数据，通过统计学分析，通过建立水文—生态响应关系，经利益相关方决策后综合确定生态流量阈值	具有较强的科学性和综合性	需要大量的水文、生态数据，科学界对水文驱动与生态响应机理的认知尚不完善

表 5–11 主要涉及的数值模拟工具

软件名称	性质	离散方法	网络结构	主要求解方法	主要物理模型		软件特色
					温度	湍流	
Flow-3D	商业	有限差分法	多区域结构	超松弛法、SADI 法、GMRES	热传导	k-ε 系列模型和大涡模型	VOF 法和 FAVOR 法能较好模拟自由表面
EFDC	商业	有限体积法、有限差分法	结构与非结构网格	过程分裂法	水温输移方程	Mellor-Yamada 2.5 阶湍流闭合模型	水平为曲线正交坐标系，垂向为 σ 坐标系
MIKE	商业	有限差分法、有限元法	结构与非结构网格	交替方向隐式迭代（ADI）积分，双精度扫描法求解	对流扩散模型	垂向 k-ε，水平向 Smagorinsky 混合模型	人工压缩方法（ACM）保留垂向动量

软件名称	性质	离散方法	网络结构	主要求解方法	主要物理模型		软件特色
					温度	湍流	
Flunet	商业	有限体积法	变区域动态非结构网格	压强基、密度基求解器多选	可利用UDF进行用户自定义	不可压缩、微压缩和可压缩传热湍流模型（多种可选）	用户自定义函数UDF，耦合式求解器求解高压缩流体
DELFT-3D	商业	有限差分法	贴体正交曲线网格	ADI时间积分法等	热量输运方程	Flow水动力模块	垂向可使用σ坐标系
River2D	商业	有限元	变区域网格	Petrov-Galerkin迎风守恒格式		二维平均水深的圣维南方程	河道边界采用近似超临界法和干湿区域解算法；不能模拟环流和二次流

（四）水温调控技术

水体温度是影响水生生物生存和整个水生生态系统平衡的关键因子，它对水生生物的生存、新陈代谢、繁殖行为以及种群的结构和分布都有不同程度的影响，温度的高低直接影响整个水生生态系统的平衡，并最终影响着水生生态系统的结构以及功能。因此，系统地对水温变化进行研究，通过对人为干预的河湖、水库等环境进行科学研究和分析，消除不利于水环境平衡的因素，从而尽量减少人为因素对重要或典型水生生物的影响。目前，水温调控技术主要应用在水利水电环保工程，以调控下泄水温减缓对下游水生生物造成不利影响，特别是使鱼类在产卵繁殖、生长行为等多方面遭受不适，造成鱼类资源的减产；或者对以灌溉为目的的水库工程，减轻下泄低温水对农作物产生“冷害”影响。

1. 水温预测技术

（1）水温资料整理方法

研究河段天然水温过程的整理分析，主要靠收集长系列水文站、水位站的天然水温资料，而收集到的水温资料内容丰富，状况复杂，不仅在时间上有连续24小时、连续几天和全年逐月每逢5日观测等资料，而且在不同地点还有固定垂线、固定断面、临时断面等，并以不同的断面间距、不同的垂线间距和各垂线上不同的测点间距等方法观测所取得的资料。对于资料整理加工，1964年，徐汉兴提出关系曲线法、连过程线法、直线插补法、近似法、垂线放大法、综合过程线法、热量平衡法7种方法。

（2）水温分布规律预测方法

2015年，居治成等总结出坝前库水温度预测方法可分为3类：经验公式法、数学模型法和综合类比法。在坝前库水温度预测方法当中，经验公式法以其简便性和快捷性被广泛使用，而数值模拟方法和综合类比法从原理上入手，加上采用的初始边界条件和各种运行条件的辅助计算，在结果上肯定更加精确，多用于大型水利工程。

（3）湖库水温分层判别方法

高坝大库的修建使原有的流动水体变为大范围静止水域，库区水流流动减缓，与自然河流特性迥异，同时改变了库区及下游河道的生态环境，导致水库水温分层现象的显著加重、深层取水水温与天然状态相比显著降低等一系列生态环境问题。为解决高坝大库水温分层导致的一系列问题，必须对水库水温分层现象进行分类研究，了解其分层特性，为解决后续问题提供理论及实践支撑基础。水库水温受诸多因素影响，其分布形式也较为复杂。按照其垂直分布结构可以分为混合型、稳定分层型和介于两者之间的过渡型。

为了判别一个水库的水温变化规律，首先要判别水库水温分布是属于水温分层型结构还是属于混合型结构。通常采用参数 α–β、Norton 密度佛汝德数、水库宽深比 3 种方法初步判别水库水温结构形式。有的学者提出了 α–β 法（库水交换次数法），有的学者提出在湖泊水库中，用密度形式的佛汝德数来作为判别标准，此种方法在优化后已被《水利水电建设项目河道生态用水、低温水和过鱼设施环境影响评价技术指南（试行）》作为推荐方法。

（4）数值模拟预测技术

目前电站分层取水研究重点主要包含分层取水下泄水温预测评价、进口流速流态和漩涡特性、进口段水头损失、叠梁门动水压力及机组甩负荷对其附加冲击力等，研究手段主要侧重于水工模型试验和数值计算。如 MIKE3 模型预测与 EFDC 模型复核。水温模拟受模型选择、参数取值、离散方法、边界条件、初始条件等多种因素的影响，在实际应用中如处理不当，可能影响模拟效果。

近年来水温模型大多基于物理过程驱动，应用时需要大量的实测资料，在信息缺失、数据共享机制不健全的情况下应用较为困难，“大数据”时代的到来，催生了根据密集的观测数据描述与揭示自然规律的科学研究范式，在此大背景下，数据驱动模型在径流模拟和洪水预报等方面表现出较好的适用性。数据驱动模型相较于过程驱动模型，弱化了对水文循环物理过程的描述，是模拟目标变量对驱动因子响应过程的重要手段，数据较易获取，结构简单，能够快捷方便地应用于实际工作。数据驱动模型可使用统计或数据挖掘技术将水温建模，作为其他解释变量的函数，如气温和径流等。目前，已有学者将数据驱动模型用于库区垂向水温分层研究以及单个大坝下泄水温的模拟预测，如唐雨佳等将一种新型的数据驱动水温预测模型——Air2stream 模型，应用于长江三峡大坝上游寸滩站和下游宜昌站建坝前后的水温预测。引用的水温预测模型是由意大利特伦多大学土木工程系教授 Marco Toffolon 团队开发的 Air2stream 模型，Air2stream 模型是一种区别于复杂的数值模型和简单的经验模型的半经验半物理混合模型，在保证预测精度的同时避免了数值计算的复杂性。在实际运行中，Air2stream 模型假定气温为最主要的驱动因子，也可引入河流流量，一般适用以天为尺度的水温预测。

2. 水温调控技术

水温调控技术一般包括坝首取水水温调控技术——多根据水温分层情况制定相应措施；另一种主要针对取水灌溉过程中沿程晒水增温等。水温分层取水技术相对复杂，下面对其进行相应的分析。

分层取水建筑物多种多样，分类方法也不尽相同，按分层取水建筑物取水塔的结构型式来分，可以分为倾斜式、垂直塔式、悬臂式和伸缩套筒式等；按取水建筑物进水闸门的型式可分为平板闸门、滚轴门、圆筒门和浮子式取水口等；按进水闸门的操作方式，可分为人工启闭和自动启闭两种，自动启闭又可分为水力自动启闭和电力自动启闭两种；按闸门材料可分为钢闸门、铸铁闸门、钢筋混凝土闸门和钢丝网闸门等。根据水流特点常见的分层取水方式主要有 4 种：多层取水口、溢流式（叠梁门）取水口、管型取水口、控制幕取水，其中多层取水口和溢流式（叠梁门）取水口多应用于大型水利工程；管型取水口和控制幕取水多应用于中小型水利工程。

在水电工程水温调控上，国内大型水电站多数采用的是叠梁门式分层取水，可根据水库水位的变化及下泄水温要求，开启或关闭相应高程的闸门，达到控制取水、控制下泄水温的目的，它具有操作方便、安全、水温改善效果好、稳定性高等特点，现已广泛应用于国内大型水库工程，已经成为我国减缓下泄低温水的主要工程措施，并被国际大坝会议环境特别委员会作为典型模式推荐。2018 年，陈为博等对比分析了高低进水口、双层取水口、叠梁门取水口 3 种分层取水方案在白鹤滩水电站的取水效果。分层取水措施具有高灵活、取水库表层水范围小，对比研究表明叠梁门结构对改善低温水下泄的效果要优于多层取水方式。

（五）泄水建筑物下游气体过饱和防治技术

高坝工程在泄水时，会造成下游水体中总溶解气体（TDG）体积数值大于当地温度和大气压力对应的溶解度，产生 TDG 过饱和现象，严重时会导致下游水生生物患气泡病甚至死亡，尤其是对鱼类的影响比较显著。因此，溶解气体的消减目标是避免在鱼卵孵化的时间段内产生溶解气体过饱和水体，并将溶解气体过饱和的水体控制在水利工程下游一个可以接受的河段内。

水体中气体过饱和现象主要产生在泄洪时期，为减少气体过饱和现象的产生，对于已建工程，应根据建筑物下游指示物种的耐受性，确定下游气体饱和度的阈值，根据阈值确定建筑物适宜下泄流量，在允许的下泄流量运行方式下，对下游远区河段中的水体进行调控，如通过绕岸式溢洪道、降低水力坡度、在挑流式溢洪道的消力池下游与出池水流汇合以稀释过饱和的水体等。此外，江青等阐明了过饱和 TDG 生成机理及主要影响要素，分析了鱼类气泡病的发生机制，并通过综合分析长江某些鱼类患气泡病的症状以及敏感程度，提出了减缓气体过饱和的生物解决方案。

（六）鱼类保护技术

1. 鱼类增殖放流技术

鱼类增殖放流是指采用人工方式向海洋、江河、湖泊、水库等公共水域投放鱼、虾、蟹、贝等亲体、苗种等活体水生生物的活动。通过增殖放流，可有效增加天然水生生物资源量、提高水域生产力、改善生物群落结构、修复水域生态环境，是国内外在水生生物资源养护方面普遍采用的做法，2014 年，我国发布了《水电工程鱼类增殖放流站设计规范》（NB/T 35037—2014）。鱼类增殖放流涉及鱼类人工繁育驯养与放流监测评估两项技术过程。

（1）鱼类人工繁育驯养技术

鱼类人工繁育驯养技术主要以珍稀、特有、保护或重要经济价值的土著鱼类为目标对象，开展繁殖生物学与繁殖生理、生态学研究，鱼类人工驯养繁殖技术和鱼类早期生活史研究，分析鱼类繁殖适应特征与关键环境限制因子，探讨性腺发育的神经内分泌调节机制，对鱼类在人工环境下的存活、生长、发育条件进行研究，并开展鱼类野生亲本的采集、运输、驯养、人工催产和受精卵人工孵化、仔幼鱼培育和苗种培育技术研究与实践，最终建立鱼类各生活史阶段人工培育技术规范、标准体系和标准操作手册，并实现苗种规模化生产。同时，关注鱼类驯养过程中病害及其防治问题。

根据 2009—2021 年农业农村部共 7 批珍稀濒危水生动物增殖放流苗种供应单位名单公示信息，我国有 364 家珍稀濒危水生动物增殖放流苗种供应单位，供苗种类有岩原鲤、北极茴鱼、背瘤丽蚌、扁吻鱼、达氏鳇、达氏鲟、大海马、大鲵、大头鲤、大珠母贝、滇池金线鲃、多鳞白甲鱼、多鳞铲颌鱼、高体雅罗鱼、海龟、黑颈乌龟、黑龙江茴鱼、厚唇裸重唇鱼、厚唇重唇鱼、鲎、黄喉拟水龟、黄缘闭壳龟、极边扁咽齿、极边扁咽齿鱼、棘胸蛙、金沙鲈鲤、宽额鳢、鲈鲤、裸腹鲟、绿海龟、拟鲇高原鳅、祁连山裸鲤、秦岭细鳞鲑、青海湖裸鲤、日本海马、山瑞鳖、施氏鲟、石珊瑚、史氏鲟、双线紫蛤、松江鲈鱼、松潘裸鲤、塔里木裂腹鱼、唐鱼、文昌鱼、乌原鲤、西施舌、细鳞鲑、细鳞裂腹鱼、细鳞鱼、香鱼、新疆斑重唇鱼、新疆大头鱼、新疆裸重唇鱼、鸭绿江茴鱼、胭脂鱼、岩原鲤、长薄鳅、哲罗鱼、中国鲎、中华鳖、中华鲟等 60 余种。

（2）鱼类放流标记与监测评估技术

鱼类增殖放流效果监测及评估采用标志放流回捕与鱼类资源调查相结合的方法。鱼类标记方法众多，每种方法各有优劣，在应用时，应根据具体的实验目的、效果、期限以及投入等，选择合适的标记方法。目前，国内外常用的标记方法主要有体外标记法、体内标记法、自然标记法、生物遥测法等，其标记方法特点及适用范围见表 5-12。在实际应用中，应针对不同放流鱼苗的规格和种类选择适用且效果明显的标志方法，为增殖放流效果评估提供科学依据。

表 5-12　常用鱼类标记方法特点

标记方法		优点	缺点	适合范围
体外标记	剪鳍	成本低；操作简单；无须特殊监测仪器；对鱼体伤害小	鱼体小及剪鳍的操作不当易导致死亡率增加；辨认准确率低	适用大量标记，不适用个体标记
	荧光标记	成本低，时间长（1～3 年）；操作简单；无须特殊监测仪器；对鱼体伤害小；有多种颜色可选；可配半自动标记系统；检测直观	标记在色素组织的下方检测困难；主要用于批量编码	适合大规模放流
	挂牌	成本低；操作简单，容易识别；不需仪器识别	标签易丢失；易产生纠缠；可能产生磨损或扩大标签伤口	适合大规模放流
	微型金属标（code wire tag，CWT）	体积小；可在鱼体的不同部位进行标记；对鱼类生长、行为等影响小；标记物有较高的保留率	必须依靠仪器检测才能发现；需要确认不同个体时，需将标签从鱼体内取出，并在显微镜下读码；设备贵	适用长期研究
体内标记	被动整合雷达标（passive integratedtransponder tag，PIT）	体内标签，不易破坏；可循环使用；编码唯一；非接触式信息收集，阅读距离 2～20 cm；对鱼类生长、行为等有小影响；标记物有较高的保留率	成本高；需专业人员操作；标记物尺寸大；信号检测范围短	适合较大规格的鱼，适用长期研究
	内藏可视标（visible implant tag，VIT）	不需要专门仪器检测	信息量不高；可供选择的标记部位不多	
自然标记	取自然鳞片和耳石标记	无须加标操作；对鱼类生长、行为等无影响	取耳石需破坏鱼体；标记特征随鱼类生长或年龄变化	适用科学研究
	化学标记	适用所有大小个体和生命阶段；对许多分类单元有用；标记持久；加标过程不产生压力，无干扰	获取标记物需要破坏动物；随着动物的生长检测起来困难；元素标记需要分析化学；环境和遗传可以影响化学浓缩；解释是统计的，而非绝对的	适用群体标记

标记方法		优点	缺点	适合范围
生物遥测标记	超声波标记（ultrasonic tag）	通过信号接收，实现对标记物的长期跟踪；可以准确了解鱼类在水体中的活动路线；检测时不需要回捕；可连续监测；可在水中大范围探测；有很高的方向性信号；能检测到标记物的精确位置	昂贵复杂的系统；需用专门的仪器设备追踪；信号对加标对象有物理性的妨碍；信号频率偏差大	适用大型鱼类，适合开展鱼类行为学研究
	无线电标记（ultrasonic tag）	可连续监测；空中检测信号；对物理的妨碍无影响；很高的方向性信号；频率间偏差小	昂贵复杂的系统；在水中信号迅速失去能量；标记带有突出的天线	适用短期研究，适用陆生动物的研究
	分子遗传标记	无须人工加标；所有个体带有信息；所有生命阶段带有信号；信息代代之间传递；每个样本费用不高	技术负责，需要专业人员操作；获取信息需要破坏动物；信息通常是关于群体，而非个体	适合鱼类遗传育种、系统进化、种群多样性的研究，适合对鱼类增殖放流效果进行长期研究

2. 过鱼设施与集（诱）鱼技术

（1）过鱼设施

过鱼设施作为筑坝河流上下游的连接通道，旨在协助鱼类洄游、促进上下游水生生物基因交流、保持河流连通性。国际上，过鱼设施研究已经有350余年历史，并不断根据目标对象、工程及河流特性等差异，实现设计的多样化和应用的属地化。国外以强洄游习性鱼类（如鲑科）为目标的过鱼设施研究的技术成果及实践经验对国内弱洄游习性种类（如鲤科）的借鉴有限。实践证明，过鱼设施可以辅助鱼类上行或下行（即通过大坝造成的物理阻隔），从而有助于维护流域生态平衡。

过鱼设施一般包括鱼道、仿自然通道、升鱼机、集运鱼系统等技术措施或设施。过鱼设施是大坝上下游的连接通道，在鱼类洄游、促进上下游种群和基因交流等方面发挥了重要作用，它是一个集鱼类生态学、行为学、水力学、水工学的多学科交叉研究课题，也是保护河流纵向连通性的重要手段之一，对减缓大坝阻隔影响、恢复鱼类洄游通道有着十分重要的意义。

①鱼道

鱼道是在闸、坝或天然屏障处为沟通鱼类洄游通道而设置的一种过鱼建筑物，鱼道分为工程性鱼道与仿自然鱼道两类（图5-1～图5-6），其中工程性鱼道通常是指采用“硬”材料（如钢铁、混凝土等）建成，可分为隔板式、槽式、特殊结构式。其中隔板式主要包括 4 种类型：溢流堰式鱼道、淹没孔口式鱼道、竖缝式鱼道、组合式鱼道。槽式主要以丹尼尔式鱼道为典型类代表；特殊结构式以管道式为典型代表。仿自然鱼道通常是指采用“软”材料（如鹅卵石、碎石和原木等）模拟天然河道底部、边坡和水流情况条件的鱼道，可分为岩石斜坡、旁通鱼道、鱼坡（鱼坡是一种坡度平缓、表面粗糙且嵌入堰中的构造）。不同类型的鱼道设施，其结构特点、优点、缺点及其适合的鱼类见表 5-13。

图 5-1　隔板式鱼道（淹没孔口式和溢流堰式）

图 5-2　隔板式鱼道（竖缝式鱼道）

图 5-3　槽式鱼道（丹尼尔式鱼道）

图 5–4　特殊结构式鱼道（涵洞式鱼道）

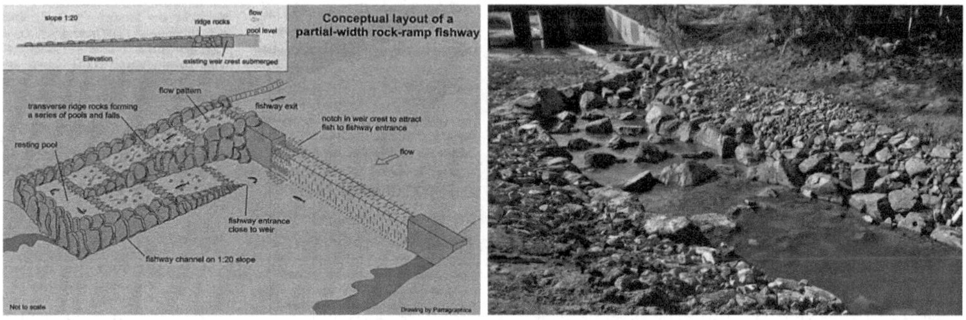

图 5–5　岩石斜坡（Rock Ramp）

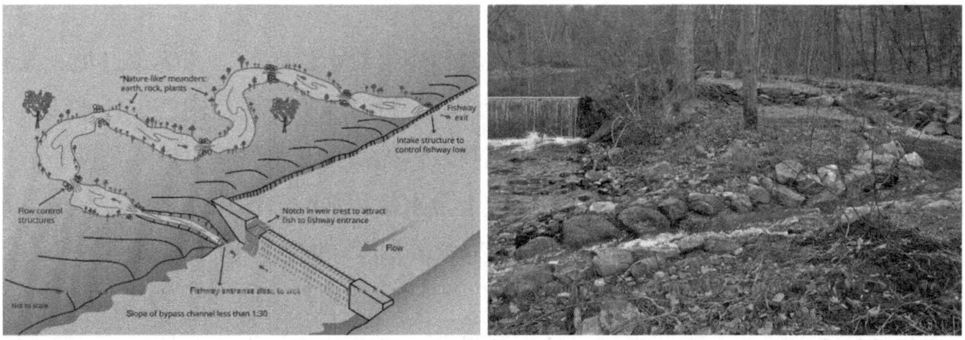

图 5–6　旁通鱼道（Bypass Fishway）

表 5-13　鱼道的主要特点

分类	类型		结构特点	优点	缺点	适合鱼类
工程性鱼道	隔板式	溢流堰式	鱼类从堰顶通过，堰顶可为平的或者曲面的等	过流较平稳	消能不充分，水位变动的适应性差	喜欢在表层洄游和有跳跃习性的鱼类
		淹没孔口式	过鱼孔淹没在水下，可分为一般孔口式、栅笼式	适应水位变动的性能较好	消能不够充分	喜欢在底层洄游的大中型鱼类
		竖缝式	水槽大部分被拦截，仅留下一条过鱼缝	消能效果较充分，能适应较大的水位变幅	易造成池式内水流的弯折和紊动	能适应较复杂流态的大中型鱼类
		组合式	为溢流堰、潜孔及竖缝的组合	能发挥各种形式孔口的水力特性	结构较为复杂，池内紊流流态较为复杂	可适应不同类型鱼类
	槽式（以丹尼尔式为例）		水槽的槽壁和槽底设有阻板和底坎	流量较大改善了下游吸引鱼类的条件	水流紊动剧烈，水位变动的适应性差	游泳能力较强劲的鱼类
	特殊结构式（以涵洞式为例）		布设于部分特殊结构底部，如道路路基底部、河流底部，以连通两边水域，典型代表	可最大限度地减小对已存构建筑物的扰动	涵洞内流速较难控制	—
仿自然鱼道	岩石斜坡旁通鱼道鱼坡		水流能耗通过浅滩、粗石子或小型瀑布实现	鱼类在池中的休息条件良好	适用水头较小，要去有合适的地形	可满足多种鱼类的要求

②鱼闸

鱼闸的工作原理为利用闸室充水，通过输水廊道放水诱鱼的方法集鱼过坝，其原理与船闸相似，一般由上下闸室和输水廊道组成。运行时先打开出口闸门，让水流自上游出口处流入上闸室经输水廊道和下闸室从鱼闸入口处流出，水流将鱼诱入下闸室后定时关闭闸门，待水流灌满上下闸室，当水位与上游水位相平时，即可开闸驱鱼溯游。鱼闸属于上游过鱼设施，其鱼类保护对象为向上游洄游鱼类。图 5-7 所示为鱼闸。

③升鱼机

升鱼机是适宜建造在中、高坝上的过鱼设施，且升鱼机成本相对较低、总容积相对较小，在规划河流两岸地形陡峭的情况下，升鱼机是一个比较经济、有效的选择方案。升鱼机分水力升鱼机和机械升鱼机两种。一般使用于坝下集鱼量不大，不能连续过鱼或一次过鱼量不大的高、中水头水利枢纽河道上。水力升鱼机按其构造，又分斜井式和竖井式两种。它由闸口以水流诱集鱼类进入下游鱼室，而后启闭进出口闸门，开增补小流水

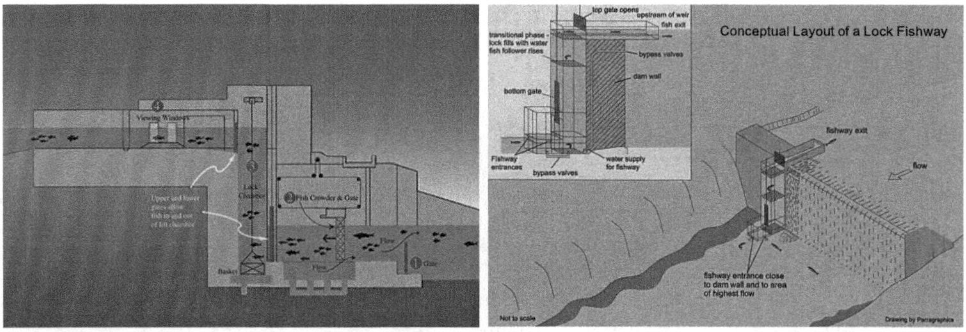

图 5–7　鱼闸示意图

使鱼进入上游鱼室，随之开启鱼室旁阀门，使鱼室内形成纵向流速，以刺激鱼类上溯游出。机械升鱼机是利用机械设备将从下游诱集的鱼类提升过坝，其原理和电梯、机械升船机相似。另外直接采用集鱼设备的升鱼方式，是将鱼有集装箱，用缆车吊运过坝后投放水中，也有把鱼箱内的鱼和水一起排放到特制的运鱼卡车，转运到目的地投放。升鱼机如图 5-8～图 5-10 所示。

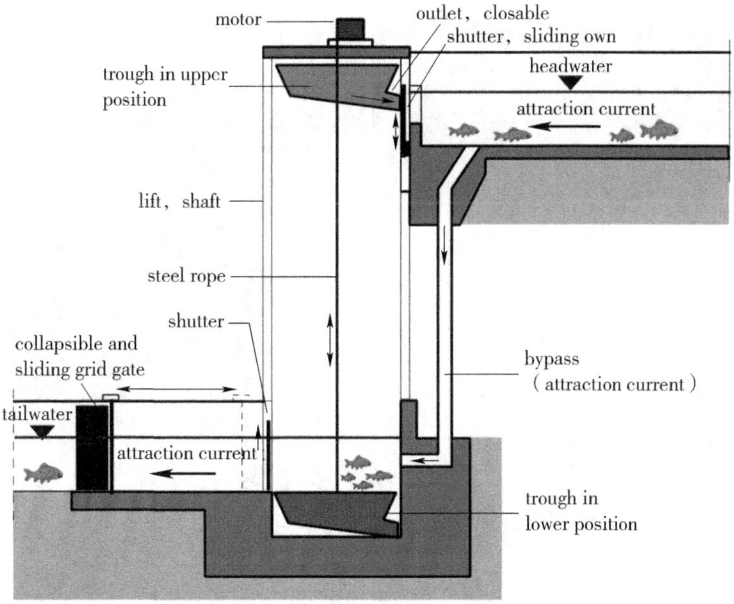

图 5–8　升鱼机示意图 1

注：tailwater：下游水位；collapsible and sliding grid gate：折叠栅格式闸门；attraction current：诱导水流；shutter：百叶窗；steel rope：钢丝绳；lift，shaft：提升，轴；through in upper position：可到达的最高位置；motor：电动机；outlet，closable shutter，sliding down：出口，折叠式百叶窗，向下滑动；headwater 上游水位；bypass (attraction current)：诱导水流通道；through in lower position：可下降的最低位置。

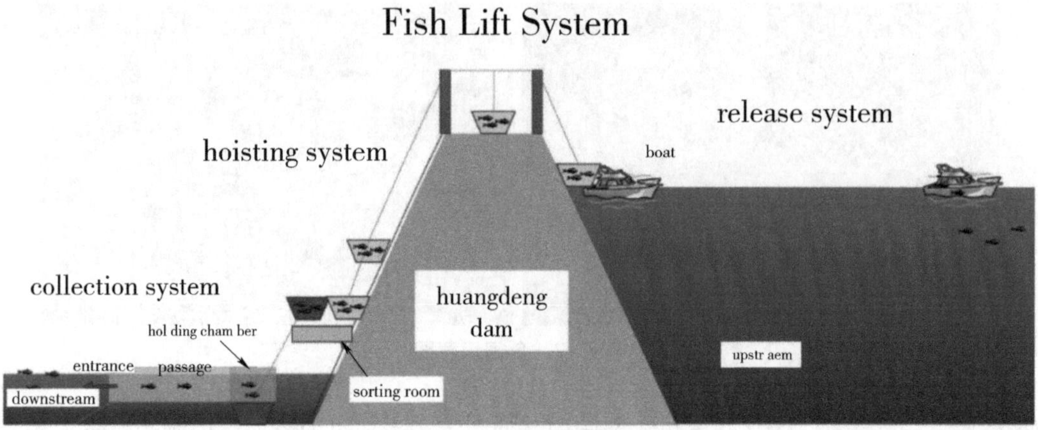

图 5-9　升鱼机示意图 2

注：Fish Lift System：升鱼机系统；collection system：收集系统；hoisting system：提升系统；release system：放流系统；downstream：下游；upstream：上游；huangdeng dam：西南高山峡谷地区某水电站大坝；entrance：入口；passage：通道；holding chamber：鱼类储存室；sorting room：鱼类分拣室；boat：渔船。

图 5-10　澳大利亚塔洛瓦大坝升鱼机实景

④集运鱼系统

集运鱼系统可用于中高水头大坝，对枢纽建筑物干扰较小。一般用于上、下游水头差 60 m 以上的工程，基本不受坝型和地形条件的限制，布置灵活，所需布置空间较小，适于高坝过鱼，能适应水库水位的较大变幅。

集运鱼系统分为集鱼设施、运鱼设施及道路、码头等相关配套设施。集鱼设施包括位于大坝下游可连续集鱼的固定式集鱼设施和间断性集鱼的可移动集渔船，应根据集鱼位置、鱼类习性和工程实际情况选取。运鱼设施主要包括运鱼船、运鱼车等，应根据集渔位置、鱼类习性和工程实际情况选取。

集运鱼系统过鱼流程分为定位、诱集鱼、水路转运、陆路转运及放流 5 大步骤。首先，集鱼平台在确定的集鱼地点定位，然后打开集诱鱼系统，在将目标鱼类诱集至集鱼平台上的运鱼箱后，通过集鱼平台上的吊机将运鱼箱转运至运鱼船，运鱼船将鱼运至码头，再通过活鱼运输车运送至放流地点，将鱼类放流。系统不运行时，将集鱼平台和运鱼船等停靠在码头。

移动式的集运鱼系统是指集鱼平台可根据鱼类集群位置移动，通常为具备自航能力的集鱼船。传统集运鱼船集运一体，运鱼时无法集鱼，且由于动力系统的噪声、振动以及油污等对鱼群造成惊扰，影响集鱼效果。为避免上述不利影响，可将集鱼功能和运鱼功能分离，分为集渔平台和运鱼船。过鱼流程如图 5-11 所示。

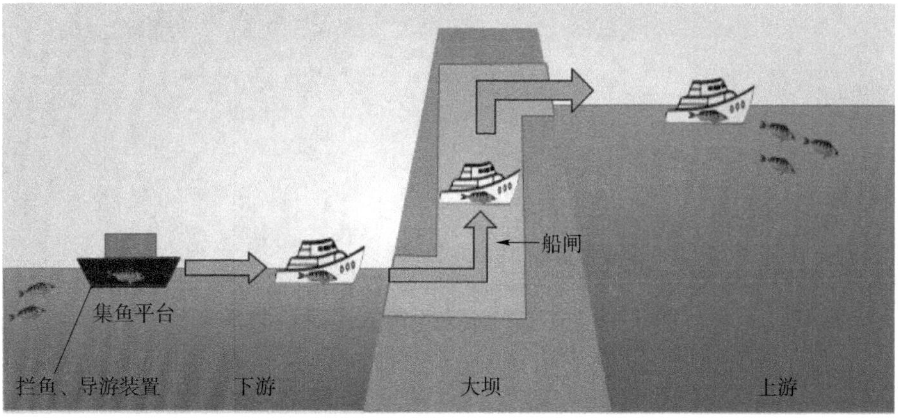

图 5-11 移动式集运鱼系统过鱼流程示意图

平台设有专门的集鱼舱道与补水机组。为扩大诱鱼水流影响范围，集鱼舱道进口可设置呈喇叭形。工作时，集鱼平台在适当位置抛锚固定，开启集鱼舱道两端闸门，让水流从舱道中流过，并利用补水机组使进鱼口流速高于附近河水流速 0.2～0.3 m/s，诱使鱼类进入集鱼舱道；此外，为保证集鱼效率，还可以灵活采用水下诱鱼灯、声控诱鱼装置等辅助诱鱼设施，以及物理拦栅、电赶驱鱼机等进行拦鱼导鱼。在集鱼平台进鱼口下端可设置一个可以下翻的格栅，集鱼时将格栅下翻，落入河底，以阻挡鱼类从集鱼平台底部通过；在诱鱼设施和拦导鱼设施的引导下，鱼类进入集鱼平台的集鱼舱道。在集鱼达到一定数量后，舱道上方的驱赶装置行进驱赶鱼类进入集鱼舱道尾部的运鱼箱。

集鱼完成后，运鱼船与集鱼平台对接，由集鱼平台上的伸缩吊机将运鱼箱吊装至运鱼船，运鱼船过坝放流或转运至岸边运鱼车放流。一般一艘集鱼平台配备2～3艘运鱼船，交替使用，保障连续工作。

受水深、地形、地质条件及枢纽布置条件等的制约，部分中高坝水利工程布置鱼道或集鱼船在技术和经济上不合理，通常采用一种综合性的集运鱼系统。即在坝下游设置集鱼设备（如鱼道等），进行诱鱼，并在集鱼设备（鱼道）出口进行集鱼。集鱼完成后，将集鱼池内的鱼转运至运鱼车，由运鱼车运往上游适宜水生生境放流。过鱼流程如图5-12所示。这种形式的集运系统集运鱼连续，运行过程中不产生噪声和振动，不会对鱼类造成干扰，但因集鱼地点较为固定，集鱼效果较移动式稍差。

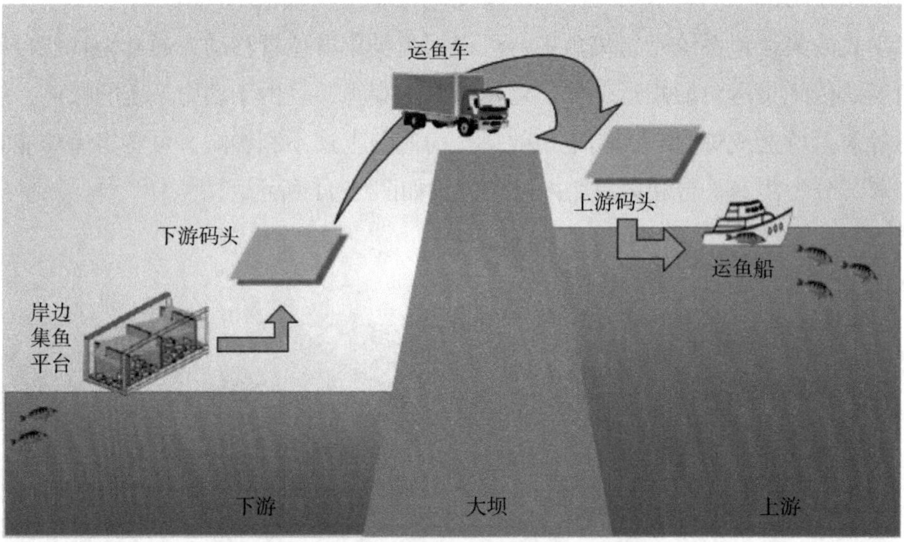

图 5-12 固定式集运鱼系统过鱼流程示意图

2017年，王猛等总结了移动式和固定式两种集运鱼系统的特点，见表5-14。

表 5-14 集运鱼系统类型特点比较

系统特性	移动式	固定式
游泳能力	可过克流能力较弱的鱼类	可过克流能力较弱的鱼类
过鱼方向	可帮助生殖洄游鱼类上溯产卵，保护幼鱼下行过坝，避免其受涡轮机、泄洪损伤	不可用于下行
过鱼能力	过鱼不连续	过鱼连续
水头	可用于中、高坝	可用于中、高坝

系统特性	移动式	固定式
水位	能适应上、下游较大水位变幅	适应上、下游水位变幅较移动式差
鱼类损伤	提升转运会造成鱼类损伤和死亡	提升转运会造成鱼类损伤和死亡
集鱼效果	机动灵活，可根据探鱼结果调整集鱼位置；噪声、振动对鱼群造成一定程度惊扰，影响集鱼效果；受集鱼平台吃水深度限制，底层鱼类诱集效果不佳	无噪声和振动干扰，但集鱼位置相对固定，集鱼效果存在不确定性
建造运行	不干扰大坝运行，操作灵活，转运次数和时间不受限制	集鱼时段受大坝运行方式限制

（2）集（诱）鱼技术

从国内外已建成的一些过鱼设施运行效果看，是否能够集诱鱼或捕获鱼类成为过鱼设施的最重要的环节。目前，集（诱）鱼方法分为物理方法和生物化学方法，应根据工程实际情况选取，并可结合使用。诱导设施一般包括拦鱼坝（堰）、拦鱼网、水流、电栅、声、光、气幕等类型，诱鱼方式比选见表 5-15。此外，深水网箔诱集鱼也有见报道。深水网箔诱集鱼主要是根据鱼类习性，敷设在鱼类游经的通路上或鱼类较密集的水域，网具装置成易进难出的结构形式，通过拦截、引导鱼类进入网内，诱鱼集鱼网袋便于随时起捕转运。这种方法通过人工手段主动集鱼，必要时可以采取驱赶集鱼的辅助措施，集鱼效果明显优于集鱼船，但在湍急的河流中，由于受水域环境流速影响，无法采用深水网箔集鱼。

表 5-15　诱鱼方式优缺点

诱鱼方式	优点	缺点
水流	大量实验证明鱼类具有趋流性，特别是对繁殖期鱼类和喜好流水生境的鱼类	水流诱鱼是需要水流量较大，特别是在流量较大的河流中，一般集鱼口位置不能形成有效的诱鱼水流
声音	声音易于在水中传播，装置需求较低	诱鱼效果不明显、干扰声波较大、鱼类喜好声波波段难精确
光	趋光性是一种具有典型意义和代表性的鱼类趋性行为，大量实践和研究表明鱼类对适宜条件的灯光具有一定的趋向性	不同鱼类对光的反应不同，部分鱼类对光产生抗拒
电	鱼对电流具有独特的敏感性，通过神经系统的电脉冲会引起鱼的肌肉收缩，为了逃离这种刺激，鱼就会改变其游动方向	鱼类及生长期对电流反应有所不同，只有基于大量鱼类电流实验数据下的诱驱鱼方案才是切实可行的
味	鱼类嗅觉灵敏，大量实验和实际经验得出鱼类对气味具有极强的感应性	易受水流冲击，味道不易持续性保存
气泡幕	具有吸引、驱赶和阻拦作用，相较其他诱驱鱼方式具有成本低、无污染且对鱼无伤等特点	效果有限，且自然河流已被干扰，难以布置

（3）过鱼效果监测技术

过鱼设施运行效果监测评估的主要难点集中在运行效果监测评估的指标与方法。在评估指标方面，过鱼效果的评估指标尚无统一的标准，国外在这一方面起步较早也相对成熟，2008 年，Larinier 提出了过鱼效能与过鱼效率两个评价指标，可以简单理解为能过鱼和能过多少鱼的定性和定量概念，并有偏向于定量研究的趋势；在监测方法方面，2019 年，温静雅等梳理了国内外过鱼设施运行效果监测评估的发展历程，总结了运行效果评估的主要内容和监测技术，探讨了有关过鱼设施的设计、运行与管理等效果评估方法，其各种方法原理、适应条件及主要技术参数对比见表 5-16 和表 5-17。

表 5-16　过鱼设施运行效果监测方法技术参数对比

方法	探测范围 /m	使用寿命 /d	监测最小鱼类尺寸 /cm	技术难度	鱼类样品数量	应用及学术价值
物理挂牌标记法	1～10	没有限制，但观测寿命受藻类等因素影响	约 0.5	容易	10～100	低价值
声呐法	20～200	没有限制	1	高难度	无限制	高价值
无线电标记跟踪法	20～5 000	20～600	12	中等难度	100～1 000	低价值
超声波标记跟踪法	20～1 000	10～2 000	12	中等难度	10～100	高价值（在淡水内陆）
应答器标记法	2～30	30～300	30	高难度	10～100	低价值
PIT 射频标记跟踪法	0.1～2.0	＞30 000（受限于标记鱼寿命，理论上终身监测）	5	中等偏上难度	100～10 000	高价值
电阻法	＜0.5	没有限制	20	中等难度	无限制	低价值

表 5-17　过鱼设施运行效果评估监测方法技术原理及适用条件

方法	原理	适用条件	不足	适用水深 /m	评估指标
物理挂牌标记法	光学视觉	清水、限定的狭窄区域，可应用于浅溪、河流和湖泊	对于潜行物种难于辨识，难以实现长期跟踪观测，可获得数据量少	＜30（水下探测器）＜2（浮潜）	过鱼效能
声呐法	水声学原理	声学噪声低的水体环境，或试图气泡含量少的水体、水生植物少的水体	无法区分鱼类种类和鱼类个体，数据处理技术要求高	＞1.5	过鱼效能

方法	原理	适用条件	不足	适用水深 /m	评估指标
无线电标记跟踪法	高频无线电微型标记	适用低电导率（小于 500 μS/cm）的浅水环境，通常适用营养不良营养型溪流	对鱼类位置的方向判断性较差，深水与低洼水域条件下技术受限，标记可能会影响鱼类行为，无法实现鱼类资源量的监测	＜5	过鱼效率
超声波标记跟踪法	声学（超声波）微型标记	声学噪声低的水体环境，浊度低，水体气泡含量少，通常是湖泊和低流速的江河	同无线电标价相比，使用寿命短，通常需要布设水下接收系统，存在水声学噪声和发射问题	0.5～100	过鱼效率
应答器标记法	内置电源的低频微型应答器	通常是渗水、嘈杂和高度导电的水体，例如港口、堰坝	信号的探测范围小而窄，数据采集受限于甜点附近，无法移动跟踪监测	2～10	过鱼效能
PIT 射频标记跟踪法	玻璃管微型 PIT 射频标记	只要于再射频天线探测范围内游过即可	信号探测范围小，数据采集受限于天线的安装位置而需要重新捕获鱼类进行标记扫描	＜1	过鱼效率
电阻法	电阻鱼类计数	淡水，必须使鱼类游过有效检测范围	信号探测范围更为狭窄，设备必须安装在现有的工事上，无法实现个体跟踪，无法探测 20 cm 以下体长的鱼类	0.5	过鱼效能

3. 鱼类栖息地保护与修复

（1）鱼类栖息地修复评估技术方法

鱼类栖息地保护与修复旨在根据保护鱼类的生活习性和现状河流水文力学特性，对人工营造鱼类栖息、索饵越冬的深潭、繁殖所需的流水刺激、孵化所需的岸边砾石铺层缓流等关键性多样化生境进行修复或恢复，使河流地貌和栖息地特征恢复到接近天然生境的水平。

20 世纪 70 年代，美国渔业及野生动物署为保护鱼类栖息地及其种群结构提出河道内流量增量法（IFIM），选择鱼类作为指示物种，通过建立可利用的栖息地的数量和质量与流量之间的关系，评价流量变化和栖息地管理对鱼类栖息地的影响。栖息地模拟法根据指示物种生态习性，由水动力学模型与栖息地适宜度指数耦合而成栖息地模型，可应用走航式 ADCP、高精度 GPS（GPS-RTK）、遥感等技术与设备，开展河段鱼类产卵场的流场及河心滩、岸边地形监测；应用 Delft3D、MIKE 系列模型、HEC-RAS 等模型，构建河段河段二维水动力学模型，开展了流速、水深、水位率定，进行鱼类产卵场流场模拟；应用ArcGIS技术耦合水动力学模型和栖息地适宜度指数，开展鱼类栖息地空间分布模拟与计算，得到河段不同流量下鱼类适宜栖息地面积及分布，建立对生物有效的河道淹没面积和流量之间的关系。

（2）鱼类栖息地保护与修复技术方法

2015年，张沙龙等在系统分析相关研究与实践成果的基础上，提出了系统、科学且行之有效的生物多样性保护与自然资源管理规划逻辑框架方法——保护行动规划（CAP），以“找出问题→制定目标→确定措施→规划项目”为思路，针对存在问题和规划目标，有针对性地选择鱼类栖息地保护措施，并进行规划与实施，即在对现有鱼类栖息地进行充分调查的基础上，进行鱼类栖息地分类、现状评价和胁迫因子分析。对于已有的良好鱼类栖息地，采取必要的保护措施；而对于处于受损状态的鱼类栖息地，则应消除鱼类栖息地的各类胁迫因子，在保护其免受进一步损伤的前提下，根据良好鱼类栖息地的要求进行鱼类栖息地修复建设，以自然恢复和人工促进恢复相结合的模式，进行典型栖息地的建设。既构建大尺度的生境网络，又营造良好的小生境。

对鱼类栖息地进行保护，首先要对鱼类栖息地进行本底调查，包括了解流域内鱼类种群结构、生活习性和重要栖息地分布，了解鱼类栖息地的特征和鱼类对栖息地的要求，鉴定栖息地的物理特征是怎样为鱼类提供食物、繁殖、庇护所和洄游通道的。此外，通过栖息地评估，为鱼类栖息地保护提供基本的信息基础和依据。根据对鱼类栖息地本底调查及评估结果，判断鱼类栖息地所处的状态，确定所采取的鱼类栖息地保护模式，如栖息地仍处在未被人类活动干扰的初始态，则采取保护措施；如栖息地已经处在受损状态，则采取保护与恢复相结合的措施。

对保留天然河段的主要保护方式为设立保护区，保护区的主要形式包括鱼类自然保护区和鱼类种质资源保护区，并实施禁渔区和禁渔期制度，禁止不合理捕捞，加大对非法捕鱼的监管力度，加强对保护区沿江植被的保护，限制水电资源开发，并进行长期的水质、鱼类和水生生物等生态环境监测。

对于已经处于受损状态的鱼类栖息地，坚持保护优先原则，在保护现有栖息地资源的基础上，有条不紊地进行修复工作。在对栖息地进行充分调查后，对鱼类栖息地进行评价和胁迫因子分析，把握生境受损的主要原因，从而推导并明确生境恢复方向，为制定最佳的恢复方案提供理论基础。鱼类栖息地修复措施较多，多种类型的修复措施常被综合应用在同一流域或同一河段。根据各修复措施的不同目的，可将其分成4类：沿河道路改善、河岸带修复、洪泛区连通性修复、河流内栖息地改善，见表5-18。

为提高鱼类栖息地修复工程的有效性，一般需要将几种栖息地修复措施综合起来应用在同一河段。

表 5–18　各栖息地修复措施采用的具体技术及目的

修复措施分类	具体技术	目的
沿河道路改善	移除或废弃；重铺面层；道路加固；添加或移除涵洞	减少水土流失；恢复水文；改善水质
河岸带修复	以栅栏隔离牲畜；移除牧场；种树植草；减少或移除灌木	恢复河岸带植被；改善堤岸的稳固性和河流内条件
洪泛区连通性修复	增加流量，恢复河流自然洪峰；拆除河流中跌水等物理障碍，增加河道曲度	重新连接洄游通道，恢复河流纵向和横向连续性、底泥和营养盐的自然迁移
河流内栖息地改善	安置木头或石块等结构，铺设产卵性砾石，深潭－浅滩地重建，加盖灌木丛或其他遮盖物等	改善河流内鱼类栖息地的条件

第四节　高原湖泊水生生态系统保护与治理市场前景

一、2021 年云南高原湖泊保护与治理投入资金情况

据不完全统计，2021 年 1 月 1 日—11 月 20 日，云南九大高原湖泊保护与治理项目累计招标产生的合同金额约 61 142.44 万元。在招标性质上，主要集中为前期规划、科研与管理性质的项目居多；在修复治理领域上，水生态治理、增殖放流、生态环境调查与监测、蓝藻治理、生态补水、湖泊流域山水林田湖草生态修复等方面，其中仅 2 个工程项目招标金额超过亿元，分别为昆明市官渡区南部片区滇池流域生态廊道建设项目（K9+880.34～K11+300 段、K14+303.37～K16+583 段）施工总投资 25 151.27 万元，阳宗海东南岸片区生态修复一期工程总承包总投资 24 245.68 万元；超过 1 000 万元的项目有 3 项，分别为乌弄龙、里底水电站集运鱼系统建设工程 1 980 万元，观音岩水电站鱼类增殖站运行管理、网捕过坝、水生生态监测及科研项目 1 590 万元，云南华润电力（西双版纳）有限公司建设期鱼类增殖放流站运行及人工驯养繁殖技术研究 2 962 万元。

从招标内容来看，2021 年 11 月 16 日，昆明市公共资源交易平台发布《云南昆明滇池绿道建设项目可行性研究报告编制及前期服务招标公告》（以下简称《公告》）。《公告》显示，滇池绿道项目位于新宝象河至西山龙门外海段，主要线路长约 98 km，宽度约 25 m，项目总投资 531 860 万元，计划开工 / 服务开始时间为 2021 年 12 月 20 日，计划竣工 / 服务结束时间为 2022 年 2 月 17 日。

二、高原湖泊水生生态系统修复与保护市场总体情况分析

2020年6月，云南省发布的《云南省基础设施"双十"重大工程工作推进方案》简述了九大高原湖泊治理之路，指出从2017年开始，全方位、全地域、全过程开展九大高原湖泊流域生态保护与修复的综合治理，实施滇池、洱海、抚仙湖、程海、泸沽湖、杞麓湖、星云湖、阳宗海、异龙湖九大高原湖泊流域生态保护与修复工程，包括（不限于）污水收集及处理、垃圾收集及处理、入湖河道生态治理、调水补水、湖滨缓冲带生态修复与湿地建设、生态搬迁、资源循环化利用等工程，项目总投资677亿元；同时强调：到2025年，全省九大高原湖泊流域生态保护与修护综合治理工程累计完成投资不低于677亿元。

2021年1月，云南省水利厅报道了"云南九大高原湖泊系统治理成效显著（中国水利报）"，指出云南省以河长制湖长制为抓手，各级各部门通力合作，九大高原湖泊流域系统治理成效显著；围绕强化规划引领，云南省推动批复实施九大高原湖泊保护治理规划（2018—2035年）；从2018年起，云南省每年安排36亿元财政专项资金支持九大高原湖泊保护治理工作，并创新引进社会资本参与湖泊保护治理，除滇池外的八大湖泊分别签订了第三方治理项目投资合作协议，引入投资829亿元。此外，云南省推进湖泊流域将河长制、湖长制列入村规民约，通过引入"企业河长""民间河长""学生河长"等方式，引导公众参与湖泊保护治理。因此，可初步判断云南省"十四五"期间的九大高原湖泊治理市场前景巨大。

据2021年4月，云南省发布的《云南省"十四五"九大高原湖泊保护治理规划（公开征求意见稿）》，结合各州（市）高原湖泊保护治理规划、项目的建设必要性、建设条件等情况，提出"十四五"期间九大高原湖泊保护治理项目建设及投资规模超过"十三五"时期。初步判断，云南省九大高原湖泊保护治理超过1 000亿元投资。

综上分析，除其他湖泊与水库（饮用水水库等），"十四五"期间，云南省九大高原湖泊保护与治理投资将可能超过1 000亿元，云南高原湖泊水生生态系统保护与治理市场前景看好。结合招标情况，2021年高原湖泊水生态保护与治理投资主要集中在工程项目前期工作费用或监管类项目上，湖泊治理工程投资主要落实2022年以后，并已酝酿了50亿元级别的水生态治理工程。从当前治理模式看，我国正在推进EOD生态环境治理可持续发展模式等新治水技术模式。2021年9月，云南省出台《关于"湖泊革命"攻坚战的实施意见》，从治湖理念、治湖措施、治湖体制机制等方面开展湖泊革命，提倡湖泊流域系统治理、系统理念、生态理念、长效理念等新理念，这推动了生态治水模式的更新与系统化，促进生态治水与生态发展融合，并可能促进生态治水工程系统打包，产生投资金额超50亿元的治水项目，其中云南昆明滇池绿道建设项目印证了这一现象。

第六章　海绵城市径流及污染控制关键技术研究与应用

第一节　海绵城市建设现状及问题

一、建设理念及发展

2013 年 12 月，习近平总书记首次在中央城镇化工作会议上提出，建设自然积存、自然渗透、自然净化的“海绵城市”。海绵城市从理念阶段正式进入城市建设。

“海绵城市”是中国语境下的现代雨洪管理体系，不直接等同于低影响开发（LID）、绿色基础设施（GI）或水敏感设计（WSUD）等，是在我国雨水调蓄利用的传统经验上，借鉴和学习国外优秀适用的经验和技术，形成的一套适宜国情的雨洪管理体系。海绵城市建设的本质是改变传统城市建设理念，实现与资源环境的协调发展。通过建立尊重自然、顺应自然的低影响开发模式，系统地解决城市水安全、水资源及水环境问题；通过自然积存，实现削峰调蓄，控制径流量；通过自然渗透，来恢复水生态，修复水的自然循环；通过自然净化，来减少污染，实现水质的改善，为水的循环利用奠定坚实的基础。

随着相关理论研究和近年来建设实践的不断深入，海绵城市的内涵已由最初的低影响开发、雨水管控发展到今天的城市综合水系统。具体包括 3 个层面：一是从水资源利用的角度，城市规划建设必须顺应自然，通过构建水源涵养型城市下垫面，使城市降水能够被积存、净化、回用或入渗补给地下；二是从防洪减灾的角度，城市能够与雨洪和谐共存，采取措施最大限度地降低洪涝风险，减小灾害损失，快速恢复生产和生活；三是从生态文明的角度，城市应放在大自然中，科学设置开发强度，把绿水青山保留给居民。

二、建设实践及成效

国务院办公厅 2015 年 10 月印发《关于推进海绵城市建设的指导意见》，部署推进海绵城市建设工作，并分两批设立海绵城市建设试点城市共 30 个（表 6-1）。试点城市通过编制海绵城市专项规划落实建设，以探明城市各种防洪排涝设施（如排水管网、泵站、河道水系等）排水、蓄水能力为前提条件，基于现状城市防洪排涝能力，因地制宜采用多种 LID 措施消纳本地产水量和污染负荷，减小各区外排水量；对于超标水量，通过城市管网、地表、水系、水塘和湿地等排水和调蓄，提高城市的内涝防治能力，实现雨洪资源的合理利用。

表 6–1 国家海绵城市建设试点城市基本信息

试点批次	序号	城市	所在省份	试点区规模 / km^2	总投资 / 亿元
第一批	1	迁安	河北	21.5	24.56
	2	白城	吉林	22	43.5
	3	镇江	江苏	29	40.6
	4	嘉兴	浙江	18.44	40.23
	5	池州	安徽	18.5	52.38
	6	厦门	福建	35.4	72.1
	7	萍乡	江西	33	63
	8	济南	山东	39	79.26
	9	鹤壁	河南	29.8	32.87
	10	武汉	湖北	38.5	162.9
	11	常德	湖南	36.1	78.2
	12	南宁	广西	54.6	95.19
	13	重庆		42.1	—
	14	遂宁	四川	25.8	56.1
	15	贵安新区	贵州	12.79	43.27
	16	西咸新区	陕西	22.5	27.06
第二批	1	北京		19.36	—
	2	天津		22.8	40.75
	3	大连	辽宁	21.8	28.98
	4	上海		79	76
	5	宁波	浙江	30.95	60.42
	6	福州	福建	37.02	—
	7	青岛	山东	25.24	—
	8	珠海	广东	51.96	106.56
	9	深圳	广东	—	—
	10	三亚	海南	20.3	40.41
	11	玉溪	云南	20.91	48.73
	12	庆阳	甘肃	29.6	47.35
	13	西宁	青海	21.6	54.78
	14	固原	宁夏	23	30

注：资料来源为各地政府网公示文件，“—”表示数据不详。

2018 年，前两批试点城市迎来三部委的“海绵城市建设三年终期考评”，对试点城市建设情况进行验收，考核分为材料审核、现场考核和综合评定三阶段。在海绵城市建设的试点实践中，北京、武汉、萍乡、南宁等地总结出具有地方适应性的建设特征和经验。

（一）北京市

北京市试点区位于通州城市副中心核心地带，总规划面积 19.36 km^2。通过对环路下沉式立交桥区进行改造，综合采取渗、滞、蓄、排等措施，提升桥区的排水防涝能力；以雨水利用为切入点，通过新建雨水利用设施和雨洪调蓄工程，既促进了水资源的综合利用，又缓解了城市防洪排涝压力。

针对建成区的合流制溢流污染问题，北京根据海绵城市建设汇水分区、现状排水管网布设情况，分步实施雨污分流，通过在末端建设合流制调蓄池，降低合流制溢流频次及污染负荷。行政办公区及其他新建区则以目标为导向制定管控策略，通过源头“渗”“滞”，过程“蓄”“排”，末端“净”“用”实现水资源合理利用和水环境达标；通过生态空间管控及水生态修复措施，实现水生态保护目标。自 2016 年至今历经多个雨季检验，未发生积水问题。

图 6–1　北京奥林匹克公园

图 6–2　北京后北营家园海绵城市改造

（二）深圳市

深圳市把海绵城市理念融入城市规划建设管理方方面面，系统解决涉水新老问题，构建了山水林田湖草一体化保护和修复大格局，为我国南方湿润气候区高密度超大城市的海绵城市建设提供了可复制、可推广的经验。全市 20% 以上的建成区实现“小雨不积水、大雨不内涝、水体不黑臭、热岛有缓解”，一大批高品质的城市公园、湖泊、湿地相继建成。结合黑臭水体全面整治，深圳在茅洲河上游河畔 800 多米的“弯月形”河滩打造城市级海绵设施——燕罗湿地，以改善茅洲河中上游干流截污箱末端水质为主要目标，同时融合河道水生态修复、滨水景观构建、海绵城市建设理念，打造成为茅洲河畔水质净化型湿地（图 6-3、图 6-4）。

图 6-3 深圳茅洲河与燕罗湿地全景

图 6-4 深圳燕罗湿地公园

自试点建设以来，深圳市共出台海绵城市规划建设相关法规、政策制度文件 34 部，用政策和标准保障海绵城市建设项目落地。2016 年 12 月，深圳市规划和自然资源局组织编制完成《深圳市海绵城市建设专项规划及实施方案》，创新了海绵城市分区管控、指标分解、区域雨水排放管理制度。2019 年 7 月，结合国家试点经验又对实施方案进行了修编，并配套出台了《深圳市海绵城市规划要点和审查细则》。

（三）萍乡市

萍乡市为确保海绵城市建设技术路线的科学性和系统性，组织编制了《萍乡市海绵城市专项规划》和《萍乡市海绵城市试点建设系统化方案》，加强多目标融合，按照源头减排、过程控制、系统治理的思路制定系统化工程体系。利用海绵城市试点建设契机，大力推动城市湖泊、湿地、公园绿地、公共空间建设，形成了蓝绿交织、清新明亮、水城共融城市新形象。此外，萍乡在城市产业发展中探寻海绵产业的转型路径，到 2018 年年底，全市海绵产业相关企业达到 60 家，创造产值 60 亿元。

在运营保障方面，萍乡市对内统筹整合发改、城建、环保、水务等各条线和各级县、区政府资金，积极争取各类政策性银行、商业银行贷款，投入海绵城市建设。对外积极探索 PPP 模式，成功组织了“萍乡市海绵城市基础设施建设项目推介会”，与专业设计院和有实力、有信誉的企业组成 PPP 项目公司。项目公司负责投融资、建设和运行维护，政府职能部门对项目公司的绩效全程考核，按效付费，实现海绵设施的全周期维护，确保海绵设施功能的有效发挥。老城区 5 个海绵城市 PPP 项目总投资 19.66 亿元，累计吸引社会投资 16.24 亿元（图 6-5）。

图 6-5　海绵城市建设前后萍乡万龙湾历史内涝点雨后积水比对情况

（四）南宁市

南宁市以 PPP（政府与社会资本合作）模式，利用海绵城市建设理念实施全流域全要素治理。针对内河竹排江的黑臭污染现状，建成区段根据内河汇水区域和排水流向等要素合理划分流域单元，每条内河流域均系统地制定治理方案，贯彻海绵城市建设理念，践行“源头减排、过程控制、系统治理”与“控源截污、内源治理、生态修复、活水保质、长治久清”相结合的技术路线，从全流域、全要素通盘考虑治理措施。

海绵城市指导的流域治理生态效益显著，经济效益明显。竹排江从昔日避之不及的臭水沟，蜕变成游客蜂拥而至的“网红”湿地公园；考虑到可持续发展需求，让流域实现经济收益可持续发展，在建设沙江湖、东洲湖和长堽湖 3 个人工湖周边选取了 5 块较为平整、景观较美的地块约 120 亩作为商业开发用途，完善休闲娱乐购物功能，实现生态与经济可持续发展。流域综合治理带动了周边房产增值、土地升值及休闲旅游产业发展（图 6-6）。

图 6-6　南宁沙江河综合整治前后对比

（五）西咸新区

西咸新区位于陕西省西安、咸阳两市之间，渭河、泾河、沣河穿境而过，因地势低平、排水管网系统不健全，曾常年遭遇“小雨积水、大雨内涝”窘境。2015 年，西咸新区入选国家首批海绵城市建设试点，该区5个组团之一的沣西新城作为海绵城市建设试点核心区。

核心区的中心绿廊区域雨水收集的系统范围约10 km^2，打通了该区所有管网。雨天时，雨水从地势高处流向铺满植被的绿色屋顶、雨水收集池、植草沟、下凹式绿化带、雨水花园等，逐级被消纳。多余未被消纳的雨水，则顺着植草沟渠流向沣西新城中心区域的中央公园。形成以自然河道、中央绿廊、环形公园、街头绿地四级开放空间构建的城市生态基地。持续3年监测表明，沣西新城内10个积水易涝点已在海绵城市建设过程中全部消除；而绿化面积的不断扩大，让该区同一时期平均温度较相邻的西安、咸阳两市低了1℃，地下水位也较2015年回升了3.43 m（图6-7、图6-8）。

图6-7　沣西新城西部云谷的屋顶绿化

图6-8　沣西新城秦皇大道的生态草沟

伴随试点城市建设经验的总结与推广，我国海绵城市建设已由“试点引领”进入“全面推进”的发展阶段。各地海绵城市项目的建设如火如荼，截至2020年年底，全国共建成落实海绵城市建设理念的项目达到4万多个，实现雨水资源年利用量3.5亿吨。

三、建设实践中存在的问题

海绵城市的建设由居住小区的低影响开发设施到城市片区的雨水管控、水生生态系统调蓄，由点及面逐步铺开；经过试点反馈，目前海绵城市建设过程中还存在总体认识、顶层设计、指导标准、运营模式等多方面的问题。

（一）对海绵城市建设目标的总体认识有待提高

中国的“海绵城市建设”是要实现整体水系统的可持续，具体包括水资源管理、节约用水、水污染治理、洪水管理、城市内涝管理、湿地生态恢复等，比欧美国家的水系统管理要复杂很多。因此，对海绵城市建设的认识宜从大局入手，不仅要关注低影响开发这些分散的“小海绵”的建设，而且要考虑“山水林田湖草”这些“大海绵”的问题及作用。

此外，海绵城市建设并不能应对所有城市暴雨内涝，城市片区的海绵城市建设，尤其是低影响开发对于径流污染控制、径流量削减、地下水补充等有重要意义，但是也不宜过于夸大其作用，尤其是在内涝防治方面。只有在成功地建构起源头径流控制系统、城市雨水管渠系统、超标雨水径流排放系统及城市水利防洪系统城市雨洪管理 4 大子系统的基础上，才能有望解决城市内涝灾害问题。

（二）以海绵城市为理念的顶层设计有待加强

海绵城市是一种新型城市雨洪管理概念，是一种城市发展理念，涉及多学科、多专业，以及城市建设的各个方面，可见其顶层设计的重要性。然而，我国约 80% 的海绵城市建设都是水网、路网、管网、绿网系统的改造，颇有“亡羊补牢”的做法。虽然各地《海绵城市专项规划》已逐步编制和完善，但与国土空间规划及其他专项规划之间还存在相互衔接的问题。此外，对于国土空间规划及其他专项规划应将海绵城市理念贯穿、融入其中，逐步实现海绵城市理念的顶层设计作用。

（三）海绵城市建设标准与监测评估体系有待完善

国家已经发布和出台了多项海绵城市建设指导性文件，其中，用于指导海绵城市建设的理念、思路、技术指南等多借鉴了国外较为成熟的低影响开发理念和技术；海绵城市建设中小区、道路、公共绿地、水系湖泊等建设多依据其传统标准，亟须加入海绵城市关于雨洪管理的理念及要求。一方面，海绵城市设施、雨水系统构建等建设仍缺乏标准、规范指导；另一方面，现有的技术文件需要当地实践来检验、改进和完善。因此，我国海绵城市建设指标性标准体系仍需很长时间、实地经验、大量研究来完善。

（四）海绵城市基础研究及技术创新有待提升

我国城市雨水的基础研究开始于 20 世纪 90 年代，但目前城市下垫面已发生了巨大变化，小区、道路、公共绿地等的建设也转变了新方式，雨水径流的组织、控制、利用有了新的理念和方式，首先要处理好“渗、滞、蓄、净、用、排”之间的关系，蓄、滞、渗方面要合理规划空中滞蓄（屋顶花园）、地表滞蓄、土壤入渗、地下滞蓄的比例，研究降雨特性与滞、蓄、排的耦合关系问题，使海绵设施既能满足排涝要求，又不至于规模过大，浪费投资。

在借鉴国外已有经验和做法的同时，我国海绵城市的建设需要基于本土实地条件的基础研究成果及适用性的技术开发来支撑。我国南北气候环境差异较大，不同地区降雨、植物生长条件也大不相同，城市地下水位、水系分布等都会影响海绵措施的实施，各地必须探索适合本地特点的工程措施，不能简单照搬其他城市的一些做法，因地制宜地制定各地的技术创新要点。

（五）海绵城市建设运营模式有待进一步探究

在海绵城市建设试点与系统化全域推进海绵城市建设示范阶段，中央财政对海绵城市建设试点给予专项资金补助。然而，海绵城市建设是一项有着万亿投资空间的巨大工程，学者预计到2030年，城市建成区80%以上的面积达到目标要求，需要资金约16 000亿元，中央财政的补助资金对于全国海绵城市的建设显然是杯水车薪。目前，海绵城市建设依靠政府财政投资及PPP模式来解决，且PPP模式占比不大；海绵城市建设具有生态性和系统性的特征，导致其收益回报难以计量，是PPP模式运营的最大难题。因此，适合我国海绵城市建设的运营模式有待深入探究和创新。

第二节　海绵城市建设最新政策

一、相关政策

（一）国家政策

进入“十四五”开局之年，在党中央提出“以满足人民日益增长的美好生活需要为根本目的”的背景下，国家层面对推进海绵城市建设的相关政策指导更加明确。2021年3月，《中华人民共和国国民经济和社会发展第十四个五年规划和二〇三五年远景目标纲要》提出，“十四五”期间因地制宜地建设海绵城市，建设源头减排、蓄排结合、排涝除险、超标应急的城市防洪排涝体系，推动城市内涝治理取得明显成效。

2021年4月，财政部、住房城乡建设部、水利部联合发布《关于开展系统化全域推进海绵城市建设示范工作的通知》，提出通过竞争性选拔，确定部分基础条件好、积极性高、特色突出的城市开展典型示范，系统化全域推进海绵城市建设，中央财政对示范城市给予定额补助，其中地级及以上城市东部地区每个城市补助总额9亿元，中部地区每个城市补助总额10亿元，西部地区每个城市补助总额11亿元，根据工作推进情况分3年拨付到位。

经过竞争性评审，20个城市被确定为首批示范城市，分别为唐山市、长治市、四平市、无锡市、宿迁市、杭州市、马鞍山市、龙岩市、南平市、鹰潭市、潍坊市、信阳市、孝感市、岳阳市、广州市、汕头市、泸州市、铜川市、天水市、乌鲁木齐市。

首批示范城市将充分运用国家海绵城市试点工作经验和成果，制定全域开展海绵城市建设工作方案，建立与系统化全域推进海绵城市建设相适应的长效机制，统筹使用中央和地方资金，完善法规制度、规划标准、投融资机制及相关配套政策，结合开展城市防洪排涝设施建设、地下空间建设、老旧小区改造等，全域系统化建设海绵城市。力争通过 3 年集中建设，示范城市防洪排涝能力及地下空间建设水平明显提升，河湖空间严格管控，生态环境显著改善，海绵城市理念得到全面、有效落实，为建设宜居、绿色、韧性、智慧、人文城市创造条件，推动全国海绵城市建设迈上新台阶。

（二）地方政策

各地地方政府依托中央已颁布政策及技术标准，制定了适应于当地海绵城市发展现状与社会经济综合水平的地方管理规定，推进各地海绵城市的建设工作。青岛市于 2020 年 10 月公布《青岛市海绵城市规划建设管理办法》（以下简称《办法》），强调新建、改建、扩建建设项目，应当配套海绵城市设施，海绵设施应与建设项目主体工程同步规划、同步设计、同步施工、同步投用。《办法》将进一步规范海绵城市规划建设管理行为，系统性全域推进海绵城市建设，有效期至 2025 年。

广州在 2020 年 12 月印发了《广州市海绵城市建设管理办法》，全文共 28 条，明确、系统、全面推进广州市海绵城市建设工作，形成海绵城市建设体系，建立健全海绵城市设施建设和日常管养长效机制。其适用范围包含广州市行政区域内各类建设项目的海绵城市规划、设计、施工、运行维护及管理活动，包括核发建设项目用地规划设计、土地出让、方案设计及审查、项目立项、建设用地规划许可、设计招标、建设工程规划许可、工程设计及审查、竣工验收、运行维护等行为，有效期 5 年。

珠海于 2021 年 5 月发布《珠海市海绵城市建设管理办法》，从坚持可操作性、坚持因地制宜的两大编制思路出发，本着务实、可行、适用的工作要求进行制度设计，确保办法能够落地、便于操作，力求实现海绵城市建设管理流程全覆盖，有效期至 2025 年。《珠海市海绵城市建设管理办法》明确发改、财政、自然资源、住建、交通和水务等部门在海绵城市建设中的具体职责，以及与各专项规划的衔接要求，从海绵城市规划、立项、用地、设计管理、建设、验收、移交管理与运营管理的层面，构建海绵城市建设的长效机制。

总体而言，海绵城市的相关政策已从顶层设计、试点建设逐步转向以建设评价、示范推广的全面实施指导阶段，各地政府在片区试点实践中总结出适应地方环境特征与技术水平的海绵城市建设内容，制定了指导实施的建设管理法规。

二、相关标准

在总结《海绵城市建设技术指南——低影响开发雨水系统构建（试行）》（2014）、《海绵城市专项规划编制暂行规定》（建规〔2016〕50 号）等试行标准及项目实施经验的基础上，同时考虑《海绵城市建设评价标准》（GB/T 51345—2018）的数据来源可靠性，住建部于 2020 年年底颁布了《海绵城市建设专项规划与设计标准》《海绵城市建设工程施工验收与运行维护标准》《海绵城市建设监测标准》的征求意见稿，补充完善了现有海绵城市规划设计、工程施工与监测评价的标准体系，使海绵城市建设全周期有规可依。

（一）《海绵城市建设专项规划与设计标准》

2020 年 11 月 30 日，住建部发布《海绵城市建设专项规划与设计标准（征求意见稿）》，提出城市化地区应编制海绵城市建设专项规划，海绵城市建设专项设计应作为建设项目工程设计的组成部分，在海绵城市建设专项规划指导下，应从项目立项开始融入海绵城市建设理念，明确了海绵城市规划建设中，源头减排指标、过程控制指标和系统治理指标制定的具体要求。

《海绵城市建设专项规划与设计标准（征求意见稿）》提出海绵城市建设设施与“渗、滞、蓄、净、用、排”功能的对应关系，梳理汇总出绿化屋顶、透水路面、生物滞留设施等现有海绵城市建设的 53 个设施类型，提出设施选择应根据项目控制目标，结合设施的主要功能、场地水文地质条件、投资和维护管理方便等进行综合比较后确定。

表 6-2 海绵城市建设设施汇总

序号	设施分类	设施种类	设施名称	序号	设施分类	设施种类	设施名称
1	渗	绿化屋顶	绿化屋顶	—	滞	绿化屋顶	绿化屋顶
2		透水路面	透水砖路面	—		生物滞留设施	雨水花园
3			透水水泥混凝土路面	—			生物滞留池
4			透水沥青路面	—			高位花坛
5			嵌草砖、嵌草混凝土路面	—			生态树池
6			缝隙透水型路面	—			下凹式绿地
7		渗管 / 渠 / 井	渗管 / 渠	—		植草沟	转输型植草沟
8			渗井	—			湿式植草沟
9		渗透塘	渗透塘	—			干式植草沟
10		生物滞留设施	雨水花园	18		水体调蓄设施	湿塘
11			生物滞留池	19			调节塘
12			高位花坛	—			渗透塘
13			生态树池	20			延时调节设施
14			下凹式绿地	21			雨水湿地
15		植草沟	转输型植草沟	22		调蓄设施	多功能调蓄设施，即下沉式广场、绿地等空间，暴雨产生积水时发挥调蓄功能的设施
16			湿式植草沟	23			过程调蓄隧道
17			干式植草沟	24			深层调蓄隧道

序号	设施分类	设施种类	设施名称	序号	设施分类	设施种类	设施名称
—	蓄	水体调蓄设施	湿塘	38	用	雨水回用系统	雨水回用系统
—			雨水湿地	—		调蓄设施	雨水桶（罐）
25		调蓄设施	雨水桶（罐）	—			调蓄池
26			调蓄池	—	排	植草沟	转输型植草沟
27			过程调蓄隧道	39		附属设施	雨、落水管断接
28			深层调蓄隧道	40			溢流雨水口 / 井
—	净	生物滞留设施	雨水花园	41			开孔路缘石
—			生物滞留池	42		雨水管渠系统	雨水口、线性排水沟
—			高位花坛	43			雨水管渠
—			生态树池	44			检查井
—		水体净化设施	雨水湿地	45			跌水井
29			生态护岸	46			沉泥井
30			植被缓冲带	47			截流井
31			生态浮床、生物挂膜	48			排放口
32			水生动 / 植物	49			倒虹管
33			曝气系统	50			防倒灌井
34			底泥原位生物修复	51		雨水泵站	雨水泵站
35		弃流设施	雨水旋流分离器	52		行泄通道	行泄通道
36			初期雨水弃流设施	53		排涝泵闸	排涝泵闸
37		雨污水处理厂 / 站及其附属设施	雨污水处理厂 / 站及其附属设施				

注：表内海绵城市建设设施重复出现时不再次给予编号。

（二）《海绵城市建设工程施工验收与运行维护标准》

2020 年 11 月 30 日，住建部发布《海绵城市建设工程施工验收与运行维护标准（征求意见稿）》，旨在规范和系统化推进海绵城市建设，保证工程质量和设施良好运行。针对海绵城市建设的新建、改建、扩建项目和“渗、滞、蓄、净、用、排”设施的施工、验收和运行维护提出具体的技术规定，强调海绵城市建设工程做到因地制宜、安全可靠、技术先进和经济合理。

《海绵城市建设工程施工验收与运行维护标准（征求意见稿）》由总则、术语、基本规定、施工、验收、运行维护 6 章组成，施工、验收与运行维护中细化了一般规定，对项目、设施等海绵城市建设类型的具体要求，适用居住、公建、商服、工业、物流仓储、公用设施，道路与交通，绿地与广场，河湖水系，市政排水设施 5 大类型项目和“渗、滞、蓄、净、用、排”措施中海绵部分的建设要求。

表 6–3 海绵城市建设工程检验批、分项、分部工程划分（节选）

<table>
<tr><th>分部工程</th><th>子分部工程</th><th colspan="2">分项工程</th><th colspan="2">检验批</th></tr>
<tr><td rowspan="10">居住、公建、商服、工业、物流仓储、公用设施，道路与交通，绿地与广场，河湖水系，市政排水设施</td><td rowspan="7">透水路面</td><td colspan="2">路基</td><td>土方路基、石方路基、路基处理、路肩、“两布一膜”防渗处理</td><td rowspan="7">《城镇道路工程施工与质量验收规范》（CJJ 1—2008）</td></tr>
<tr><td colspan="2">基层</td><td>级配碎石层、级配砂砾层、透水土工布、穿孔盲管铺设、管道连接</td></tr>
<tr><td rowspan="5">面层</td><td>透水砖及结构透水</td><td>混凝土路面砖、拱桥转</td></tr>
<tr><td>透水混凝土</td><td>硅酸盐水泥、增强料、集料、混凝土配合比、级配层（砾石、碎石）</td></tr>
<tr><td>透水沥青</td><td>高黏度改性沥青、改性沥青、普通沥青、粗集料、细集料、封层</td></tr>
<tr><td>嵌草砖</td><td>面砖、植物种植</td></tr>
<tr><td>嵌草混凝土</td><td>混凝土浇筑、植物种植</td></tr>
<tr><td rowspan="3">渗管 / 渠 / 井</td><td colspan="2">塑料模块</td><td>分项分部工程同调蓄水池</td><td>《给水排水构筑物工程施工及验收规范》（GB 50141—2008）</td></tr>
<tr><td colspan="2">穿孔塑料管、无砂混凝土管或排疏管</td><td rowspan="2">基础工程（土石方、管槽、基础处理）、砾石层、透水土工布、粗砂层、成品渗井或检查井井室、管道敷设</td><td rowspan="2">《给水排水管道工程施工及验收规范》（GB 50268—2008）</td></tr>
<tr><td colspan="2">附属构筑物</td></tr>
</table>

（三）《海绵城市建设监测标准》

2020 年 12 月，住房和城乡建设部联合市场监督管理总局发布《海绵城市建设监测标准（征求意见稿）》，在《海绵城市建设评价标准》（GB/T 51345—2018）等已有标准的基础上，针对海绵城市的建设本底与效果监测、临时与长期监测提出明确、统一的规范标准，旨在规范海绵城市建设监测工作，准确评价海绵城市建设效果，提升海绵城市规划、建设、运行与管理的质量和水平。

《海绵城市建设监测标准（征求意见稿）》从基本规定、监测方案、监测设备、数据管理、数据应用几个方面，规范海绵城市区域与流域、城市片区、绿色设施的监测流程与操作要求，其中监测方案对应海绵城市建设区域与流域、城市、片区、项目和设施的层级，细化监测范围、对象、监测点布设等具体内容，保障海绵城市建设评价的科学性（图 6-9～图 6-12）。

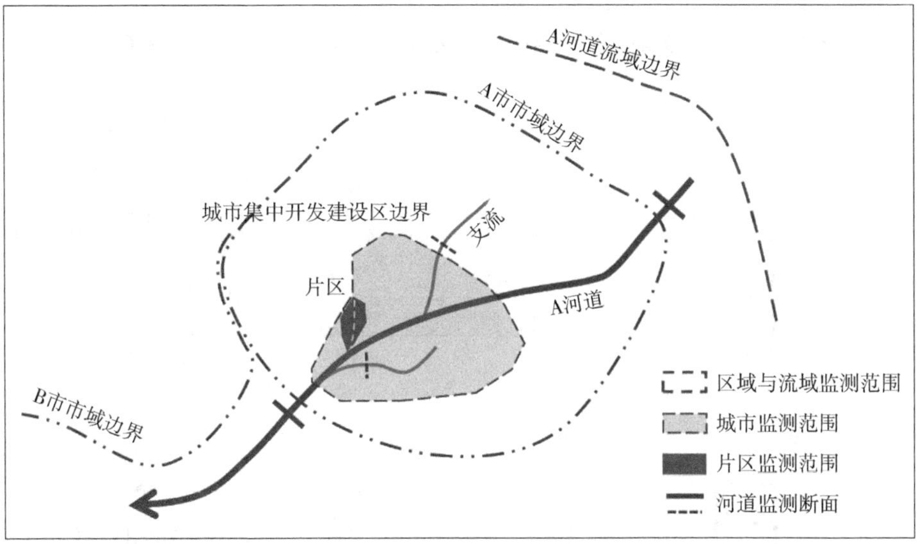

图 6-9　区域与流域、城市监测范围、监测对象及监测点

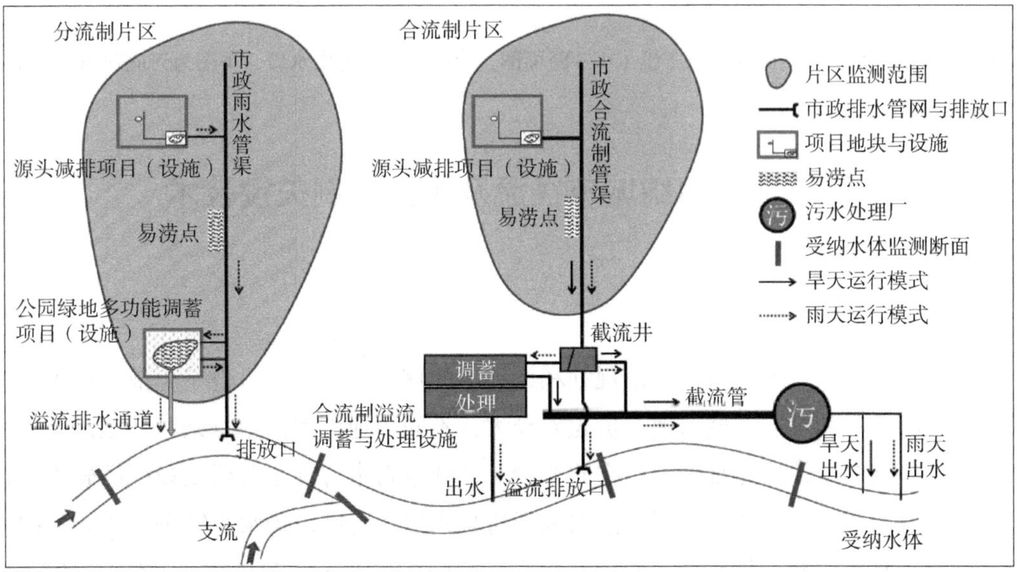

图 6-10　片区监测范围、监测对象及监测点

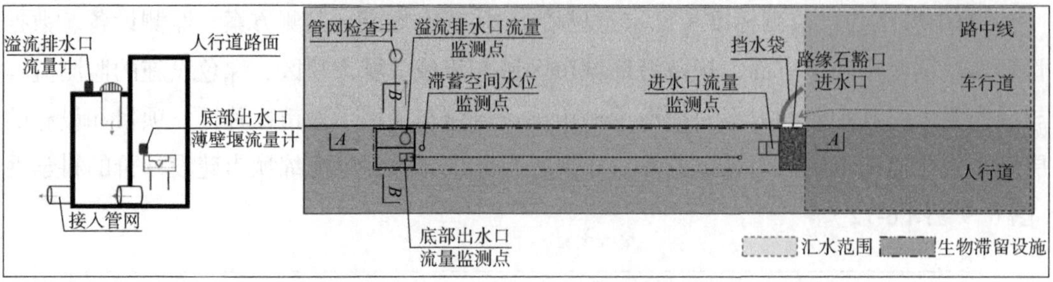

图 6-11　生物滞留设施监测点布设（左图为 *B-B* 断面图，右图为平面图）

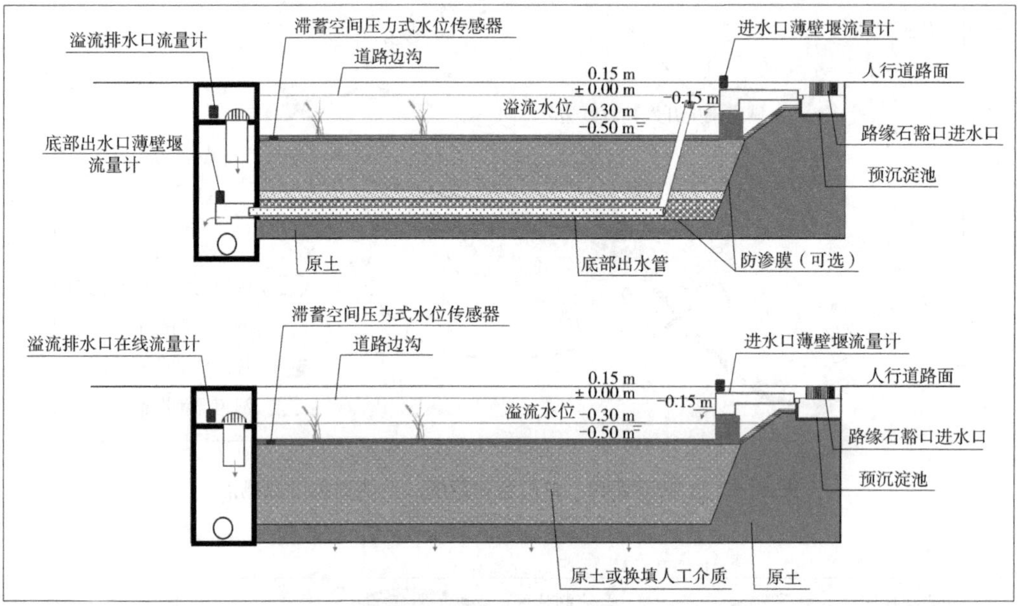

图 6-12　生物滞留设施监测点布设（*A-A* 断面图，上图为含底部出水口，下图为无底部出水口）

第三节　海绵城市径流及污染控制关键技术

一、城市雨洪模拟技术

城市雨洪模拟技术是海绵城市规划和设计中的核心方法之一，也是当前城市水文学研究领域的前沿和难点。城市地表覆盖差异大，不同用地类型错综复杂，产汇流类型与过程极其复杂多样，计算难度大。在此背景下，城市雨水与洪水分析及模拟的软件应运而生，通过对雨洪径流及设计管网汇水进行仿真模拟，为城市排水系统提供指导。国外的雨洪模拟技术整体发展较快，SWMM 模型（美国环保局）、MIKE FLOOD 模型（丹麦 DHI 公司）等软件，在国内海绵城市研究和建设领域应用较多。近年来，国内机构逐步探索提出适应中国降雨特征和地形环境的雨洪分析模型，以 IFMS（中国水利水电科学研究院研发）和 Simuwater（中国市政华北院研发）为代表的国内雨洪分析模型逐渐兴起。

中国水利水电科学研究院联合南京水利科学研究院、河海大学、山东大学、东南大学共同研发了国产高适用性的洪水分析软件 IFMS 及 IFMS URBAN。IFMS 软件包含复杂水利工程调度的一维河网引擎、高分辨率二维洪水引擎、快速非结构网格生成模块，集成国内外广泛使用的 SWMM 管网模型，基于自主研发的 GIS 平台，完成模型前后处理，并实现了一维、二维耦合以及管网与二维模型耦合。其应用场景包含河道湖泊等地洪水模拟分析计算、城市暴雨内涝模拟与雨洪调蓄、海绵城市设施规划设计与评估、城市新建项目洪水影响评价等。已成功应用到内蒙古呼和浩特市中心城区、辽宁省大辽河左岸等 20 多个洪水风险图项目、四川省成都市中心城区、河北省大陆泽—宁晋泊蓄滞洪区等多个实时洪水风险图项目；利用 IFMS URBAN 辅助模拟分析和规划设计的海绵城市建设相关研究也日益增加。

中国市政华北院结合其在水环境治理项目的丰富经验，基于雨水径流、水量传输、污染物削减等模拟原理的深度融合，研发了城市水系统控制仿真模型软件 Simuwater，实现排水系统“辅助设计 + 优化控制”国产软件零的突破。Simuwater 是国内第一款排水系统实时控制仿真模拟软件，具有自主开发的水文、水力和水质计算引擎，通过多模型的耦合，实现了计算速度和预测可靠性的平衡，具有控制仿真模拟、人工智能优化、动态辅助设计等功能。软件创新实现了国内 3 个“第一”：第一个集机理和概化模型于一体的多原理混合架构模型，第一个实现“源—网—厂—河”水量和水质耦合模拟的多要素集成模型，第一个可用于水系统辅助规划设计和实时智能控制的多用途模型。Simuwater 是我国自主知识产权的城市水系统仿真模型软件，打破了目前我国排水系统仿真模拟和智能控制只能采用欧美软件的局面，成为国外软件和国产软件在该领域应用的转折点，将成为我国流域级排水系统智慧运维、智能管控及优化调度的有力技术支撑。

在当前的海绵城市规划建设中，雨洪模拟分析使用最多的仍是 SWMM 模型。SWMM 在 5.0 版本之后加入低影响开发模块，为低影响开发及海绵城市建设后雨洪径流过程的仿真模拟提供了更好的环境与条件。以 SWMM 模型构建建设区城市雨洪模型，进行海绵城市建设前后降雨径流及污染过程模拟、解析的关键技术内容如下。

（一）计算单元划分及多类型汇流模拟

SWMM 模型中可以进行地表产汇流及降雨入渗的模拟计算，分析地表对降雨的截留、土壤层对降雨的入渗，入渗水分与地下水的水文及水力联系，以及 LID 设施对降雨径流及径流污染的调控作用。城市地区高楼林立，下垫面和道路错综复杂，传统流域分布式模型的计算单元划分很难适用城市；研究单元划分遵循先自然水系分区，再考虑管网的排水分区，最后到不同用地类型的最小产汇流计算单元。利用 GIS 和 CAD 等软件，分析高精度 DEM、影像数据以及管网布设数据等，合理确定城区计算单元划分。主要步骤如下。

（1）遵循自然汇水特征，通过高精度 DEM 数据和河流水系的数据，提取自然水系；考虑行政区范围和重点控制断面等，划分城市河湖水系自然的汇水单元。

（2）在自然汇水单元的基础上，依据城市排水管网格局、城市用地类型布局和竖向以及城市总体规划等，合理划分排水区。

（3）在排水分区的基础上，以道路或管网为边界，依据雨水口位置、道路竖向规划、高精度影像和不同用地类型，划分排水分区内产汇流最小计算单元。

子汇水区是 SWMM 模型中最基本的水文响应单元，一般应根据研究区地形，结合城市空间结构将研究区划分为若干个子汇水区域，每个子汇水区可分为透水区域 S_1 和不透水区域，不透水区域进一步分为有洼地蓄水量的不透水区域 S_2，无洼地蓄水量的不透水区域 S_3。透水区域与不透水区域之间的水流是相互流动的，两者流向同一排出口。在 SWMM 模型中，每个汇水分区需要设置的参数包括汇水面积、坡度、曼宁系数、洼地蓄水透水区域面积等。

特征宽度 L_1 是子汇水区域一个关键参数，其取值方法通常有 4 种，根据相关文献，多采用自汇水区域总面积与径流长度的比值作为该区域的特征宽度，一般径流长度的值不宜大于 150 m（图 6-13）。

$$L_2 = \frac{S_2}{S_2 + S_3} L_1 \tag{6-1}$$

$$L_3 = \frac{S_3}{S_2 + S_3} L_1 \tag{6-2}$$

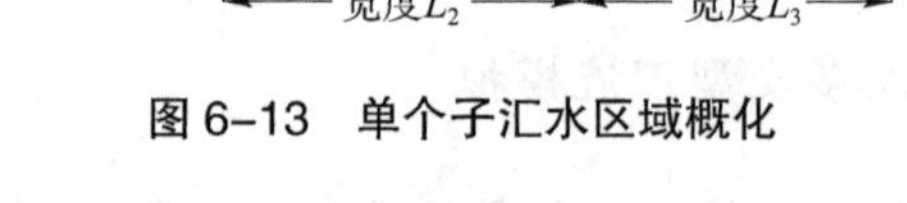

图 6-13　单个子汇水区域概化

（二）地表产汇流及降雨入渗过程模拟

SWMM 模型中可以实现对排水系统中管网、检查井、溢流井、泵站、孔口、调蓄池等设施的概化，并进行水力过程的模拟计算，分析管道满流、洪峰流量、洪峰现时、排水历时、积水情况等，及其对海绵设施之间的关系。主要步骤如下。

（1）汇流方向的确定是城市雨洪模型最关键的环节之一。受建筑物的拦蓄、雨水口和管网的收集等，城区雨洪的自然汇流特征已受到严重的扰动，机理极为复杂。城市汇流类型包括用地类型的坡面汇流、管网内有压和无压汇流以及河道水系汇流等。坡面汇流模拟不同用地类型的产流量运移到雨水口（或检查井）的过程；管网汇流模拟雨水口（或检查井）收纳的雨水在管网系统中的流动，最终排入河道或其他排洪防涝设施等的过程；河道水系汇流模拟排水管道排出的雨水与上游河道来水叠加演进到下游水系的过程；道路排水通道汇流则模拟超出管道排水能力的雨水沿道路通道运移，汇入低洼的池塘、湖库或水系等的过程。

地表产流的具体计算可分为透水区域、有洼蓄不透水区域和无洼蓄不透水区域3类。根据对研究区域概化的各种类型地表的子汇水区域，采用以下3种计算方法计算产流量，在SWMM模型中，需要输入土地类型的实测参数，输入渗透率、无洼蓄渗透率和洼地深度等，模型便可自动进行模拟计算（表6-4）。

表6-4　地表产流的计算过程

区域类型	产流过程	计算公式
透水区域 S_1	降雨落到地面时，先下渗到土壤中或者进入洼地，随着持续性的降雨，降雨强度大于下渗强度时，土壤的蓄水量达到饱和且雨量填平洼地至蓄满，开始超过该区域的蓄水能力后形成地表径流	$R_1=(i-f)\cdot\Delta t$（6-3）
有洼蓄不透水区域 S_2	有洼蓄不透水区域 S_2，此区域没有下渗雨量损失，产生的地表径流量可根据降水量减去洼蓄雨量得到。当降雨落到地面会先填平洼地，当降水量满足地面洼地的最大需水量，形成径流	$R_2=P-D$（6-4）
无洼蓄不透水区域 S_3	对于区域 S_3，降水量除了少量通过地面蒸发损失外，基本上都转化为径流量	$R_3=P-E$（6-5）

注：表内公式中，R 为对应区域的产流量（mm）；i 为降雨强度（mm/s）；f 为入渗强度（mm/s）；Δt 为降雨历时；P 为降水量（mm）；D 为洼蓄量（mm）；E 为蒸发量（mm）。

（2）依据已划分的自然汇水区、排水区和产汇流计算单元，利用城市排水管网数据和城市竖向标高数据，确定不同分区的地表和管网之间的水力联系，制定城市雨洪模型的汇流文件。

（3）依据雨水口和排水管网的排水能力，确定每个雨水口的最大排水能力和管网有压、无压流的汇流量阈值；并依据竖向标高和排水分区，确定积水区富余水量在地表的汇流关系。

在SWMM模型中，地表汇流计算采用非线性水库法，即将每一个子汇水区看作一个蓄水池，水量输入主要包括降雨及上游子汇水区的来水，水量输出主要包括蒸发、下渗及流出水量。非线性水库模型联立曼宁公式和连续性方程求解，最大洼蓄量表示水库最大可容量，在现实的表面中体现在洼地滞留水量及地表润湿水量（图 6-14）。当洼地积水深度超过最大蓄水深度 dp 时，地表才会出现径流。连续性方程为

$$\frac{\mathrm{d}V}{\mathrm{d}t}=A\frac{\mathrm{d}p}{\mathrm{d}t}=Ai^{*}-Q \tag{6-6}$$

式中，V——子汇水区域的总蓄水量，m^3；

A——子汇水区域面积，m^2；

t——降雨时间，s；

$i*$——净雨量，m/s，降水量扣除降雨损失所得；

Q——径流流量，m^3/s；

p——水深，m。

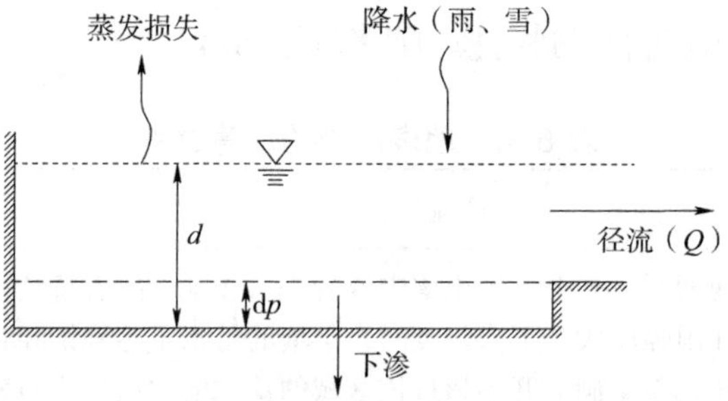

图 6-14　非线性水库示意图

（三）径流污染物与水质变化模拟

SWMM 模型可以模拟径流中污染物的积累、冲刷及迁移情况，包括地面径流中污染物积累和冲刷，管道中水质变化情况，以及海绵设施对于降雨径流中污染物等削减及控制作用。水质模拟的模块包括地表污染物的累积及淋洗模拟。

1. 地表污染物累积模拟

SWMM 模型通过运用线性及非线性模型来描述污染物随着雨水累积增长的过程，主要提供幂函数（powen function）、指数函数（exponential function）及饱和函数（saturation function）3 种污染物累积方程（表 6-5）。

表 6-5　地表污染物非线性累积计算方法

类型	释义	计算公式
指数累积函数模型	污染物累积与时间成一定的比例关系，累积至极限即停止	$B=C_1(1-e^{-C_2t})$　（6-7） B——单位面积上污染物累计量，g/m^2； C_1——最大累积量，即累计极限值，g/m^2； C_2——累积速率常数

类型	释义	计算公式
米切里斯－门顿函数（饱和函数）模型	污染物累积与时间呈饱和函数关系，累积至极限值即停止	$$B=\frac{C_1 t}{C_k+t} \quad (6\text{-}8)$$ B——单位面积上污染物累计量，g/m²； C_1——最大累积量，即累计极限值，g/m²； C_k——半饱和常数，达到一半的最大累积量所需天数
幂函数累积模型	污染物累积与时间呈一定的幂函数关系，累积至最大极限即停止	$$B=\mathrm{Min}(C_1, C_2 t^{Et}) \quad (6\text{-}9)$$ B——单位面积上污染物累计量，g/m²； C_1——最大累积量，即累计极限值，g/m²； C_2——累积速率常数； Et——时间指数，线性累积公式使幂函数累积公式的特殊情况，Et=1

2. 地表污染物淋洗模拟

SWMM 模型中用以模拟地表污染物淋洗冲刷过程有 3 种模型（表 6-6）。

表 6-6　地表污染物淋洗模拟计算方法

类型	释义	计算公式
指数函数淋洗模型	在建模中，预设被淋洗的污染物含量与地面下垫层遗存的污染物含量呈一定的正相关关系，与径流率呈一定的指数关系	$$W=C_1 q^{C_2} B \quad (6\text{-}10)$$ W——径流污染物的淋洗量，tlbs/h； C_1——径流污染物单位淋洗系数； q——时刻单位面积地表径流率，mm/h； C_2——径流污染物淋洗指数； B——t 时刻地表残留污染物累积，kg/m²
EMC 淋洗模型	在某次降雨事件，某种污染物（由地表径流排出的）在整个降雨事件中的平均浓度，也就是指任意一场降雨的地表径流所排放的某种污染物的总质量与总径流体积之比	$$EMC=\frac{M}{V_r}=\frac{\int_0^T C_T Q_T \mathrm{d}t}{\int_0^T Q_T \mathrm{d}t} \quad (6\text{-}11)$$ EMC——一次降雨平均浓度，g/m³； M——地表径流所排放的污染物的总量，g； V_r——降雨所产生的地表径流总体积，m³； C_T——T 时刻污染物浓度，g/m³； Q_T——T 时刻地表径流量，m³/s； T——降雨历时，s
流量特性淋洗模型	预设被淋洗的污染物含量与雨水径流含量呈简单函数关系，同时冲刷负荷和地面下垫层积累量是互不影响的	$$W=C_1 D^{C_2} \quad (6\text{-}12)$$ W——径流污染物的淋洗量，tlbs/h； C_1——径流污染物单位淋洗系数； D——地表径流量，m³/s； C_2——径流污染物淋洗指数

二、海绵设施应用技术

海绵城市工程设施有包含透水铺装、绿色屋顶、下凹式绿地、生物滞留设施、渗透塘、渗井、湿塘、雨水湿地、蓄水池、雨水罐、调节池、植草沟、渗管、植被缓冲带、初期雨水弃流设施和人工土壤渗滤等。根据《海绵城市建设专项规划与设计标准（征求意见稿）》，海绵城市设施按“渗、滞、蓄、净、用、排”的功能进行分类（表 6-2），具体的应用设施及技术要点如下（涉及多种功能的设施技术不再重复说明）。

（一）渗透技术

以渗透为主要功能的海绵设施包括绿化屋顶、透水路面、渗管 / 渠 / 井、渗透塘、生物滞留设施（雨水花园、下凹式绿地）等。其中透水路面包含整体透水路面、透水砖路面、透水沥青路面、嵌草砖路面等；生物滞留设施包括雨水花园、生物滞留池、下凹式绿地等。

目前常用的渗透设施为整体透水路面、透水砖路面、渗渠、下凹式绿地。

1. 整体透水路面

透水混凝土是高强度的普通硅酸盐水泥、精加工的天然石料、专用的胶结料与水按严格的配合比充分搅拌后直接浇筑的透水铺装，既有空气净化性、透水性、保水性、透气性、景观性，又有较高的承载力。透水混凝土路面具有雨水下渗、雨水滞留、消减雨水负荷、雨水合理利用、减缓排水压力的功能。粗集料的选材形成高孔隙度，有利于雨水快速下渗，雨水通过孔隙向土壤渗透、储存，面层下面为 20～30 cm 厚的级配碎石层，是天然的蓄水层。这种特殊的路面结构和多孔隙性能有效拦阻雨水中垃圾于地表、过滤净化雨水，截污减排。当气温升高、空气干燥时，蓄存的水能够通过孔隙被蒸发出来，并起增湿降温的作用。透水路面能够将地面径流降低 60% 以上，且从开始降雨到流出的时间大大延迟，减轻城市排水管网压力，节约大量管网建设投资 30%（图 6-15）。

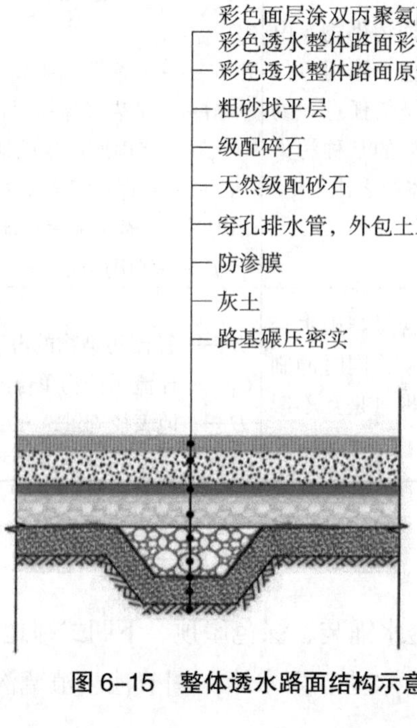

图 6-15　整体透水路面结构示意图

2. 透水砖路面

透水砖适用对路基承载能力要求不高的人行道、步行街、休闲广场、非机动车道、居住区道路及停车场等。从材质和生产工艺上分为两大类：一类以无机的非金属材料为主要原料，通过成形及固化而制成的具有透水性能，无须烧成的非陶瓷透水性地砖；另一类以废弃工业料、生活垃圾和建筑垃圾等为主要原料，通过粉碎、筛流、成形和高温烧制而成的具有透水性能的陶瓷透水性地砖。在深圳茅洲河水环境综合整治项目中，中电建生态环境集团秉持城市水环境统筹治理的整体观与系统观，融合河道治理与海绵城市建设，创造性地提出将河湖底泥进行无害化、资源化应用，并与海绵设施建设相结合的技术路线。项目将茅洲河底 470 万 m^3 的受污染底泥，经过杂质清除、沉淀调理、固化烧制等现代化处理技术制成具有高渗透性能的透水砖，并应用于茅洲河沿河公园景观带的海绵建设工程，实现了污染底泥“减量化、稳定化、无害化”处理，以海绵设施为载体，提供了废弃物与污染物资源化的创新路径（图 6-16、图 6-17）。

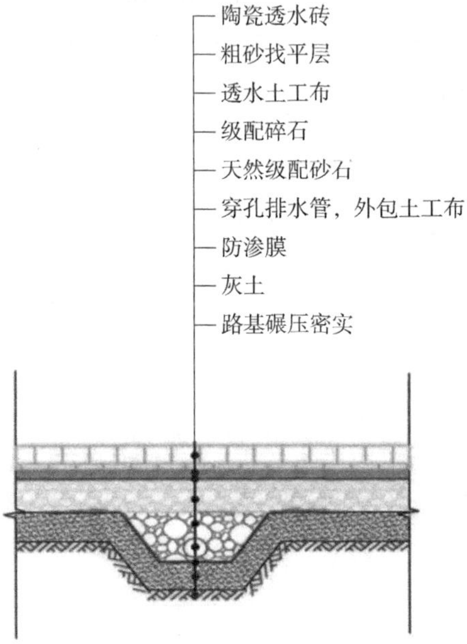

图 6-16　透水砖铺装结构示意图

图 6-17　河湖底泥资源化利用的透水砖及铺装

3. 渗渠

渗渠一般指为拦截并收集重力流动的地下水而水平埋设在含水层中的集水管（渠道），又名截伏流。渗渠的规模和布置，应考虑在检修时仍能满足用水要求。集取河道表流渗透水的渗渠设计，应根据进水水质并结合使用年限等因素选用适当的阻塞系数。渗渠施工关键在于解决排水问题，特别是在河床砂砾层中埋设时，宜选择在枯水期进行（图 6-18）。

4. 下凹式绿地

下凹式绿地是低于周围地面的绿地，利用开放空间承接和贮存雨水，达到减少径流外

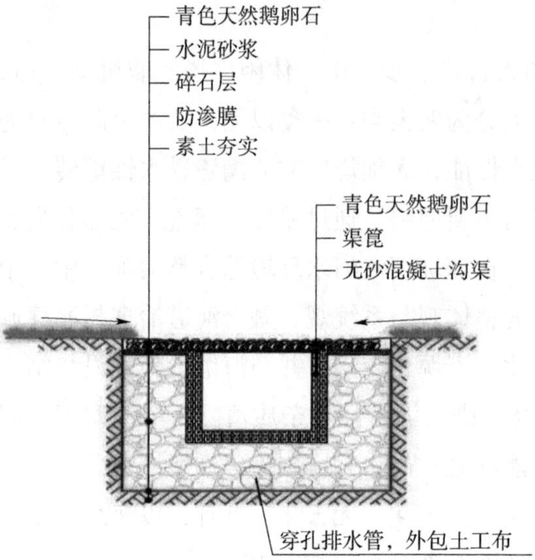

图 6-18　渗渠结构示意图

排的作用，内部植物多以本土草本植物为主。下凹式绿地具有渗水性能，周围硬化地面上的雨水无法渗透到地下时，可以汇聚到下凹式绿地上再渗透到地下，起到削减径流量、减轻城市洪涝灾害的作用；通过减少地表径流，有组织地汇集雨水，有利于城市地表污水的集中排放和处理，绿地植被也可以吸收雨水中的各种矿物质元素，再结合微生物的分解，能够对雨水起到净化作用；可以将超出土壤吸收能力的那部分雨水流入人为设置的蓄水管网，将雨水存储起来，当水资源稀缺时，可以利用绿地蓄渗的雨水；蓄积降水时的地表径流可以补充和节约绿地灌溉用水。因此，下凹式绿地不仅具有渗、净、蓄、节等功能，还可以通过不同植物的配置以增加景观和物种的多样性（图 6-19）。

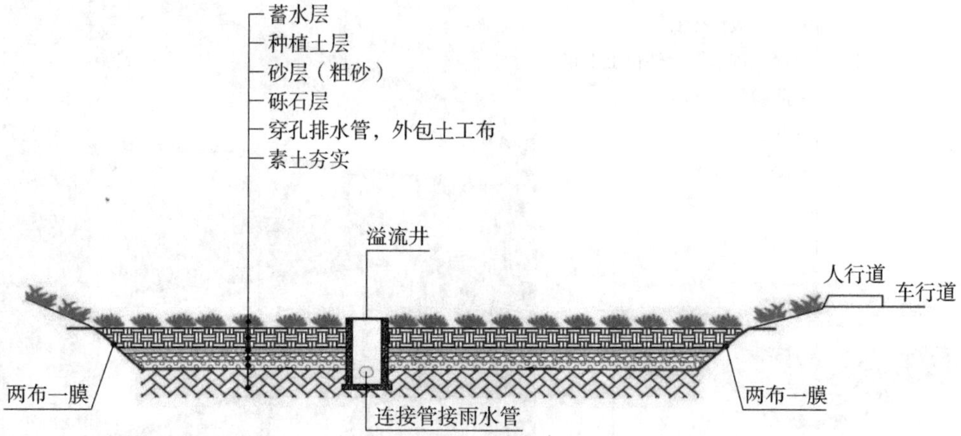

图 6-19　下凹式绿地结构示意图

（二）滞留技术

滞留设施包括绿化屋顶、生物滞留设施（主要指生物滞留池、生态树池）、植草沟（含转输型、湿式、干式植草沟 3 类）、水体调蓄设施（调节塘）和调蓄设施。目前海绵城市建设常用的滞留设施为绿化屋顶、生态树池、植草沟、旱溪。

1. 绿化屋顶

绿化屋顶是指在屋顶或平台上设置一定厚度和结构形式的种植层，用以消纳和利用雨水的人工设施。根据种植基质深度和屋面景观复杂程度的不同，绿化屋顶可分为简单式和花园式。上层土壤应选择空隙率高、密度小、耐冲刷、可供植物生长的洁净土壤或人工材料。为了确保绿化屋顶不漏水及屋顶下水道畅通，在绿化屋顶的种植区和水体中增加防水和排水设施，防水层应满足一级防水等级设防要求，并至少采用两道防水层设防，且第一道必须设置具有耐霉菌腐蚀性能、耐根穿刺的防水材料（图 6-20）。

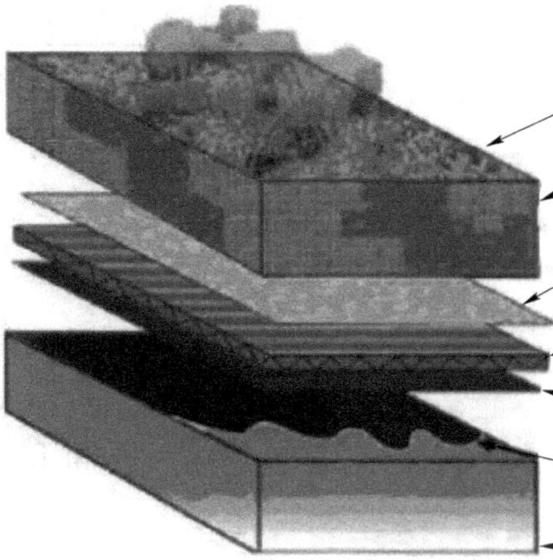

图 6-20　绿化屋顶结构示意图

2. 生态树池

生态树池是生物滞留设施的一种，适用人行道、车道两旁，以及公园广场的绿化区域，通过植物和储水装置对水的净化储存作用，将周边的雨水就地消纳的设施。生态树池的标高一般比路面低一些，用以收集、初步过滤雨水径流。就行道树而言，一系列连贯的树池可以被设计成潜在的收水装置，最大限度地发挥收集、过滤雨水径流的作用。通过引入生态树池，可在一定程度上实现防治内涝、水资源利用、景观美化等多重效益，也可以更好地改善区域管线综合排水导流能力（图 6-21）。

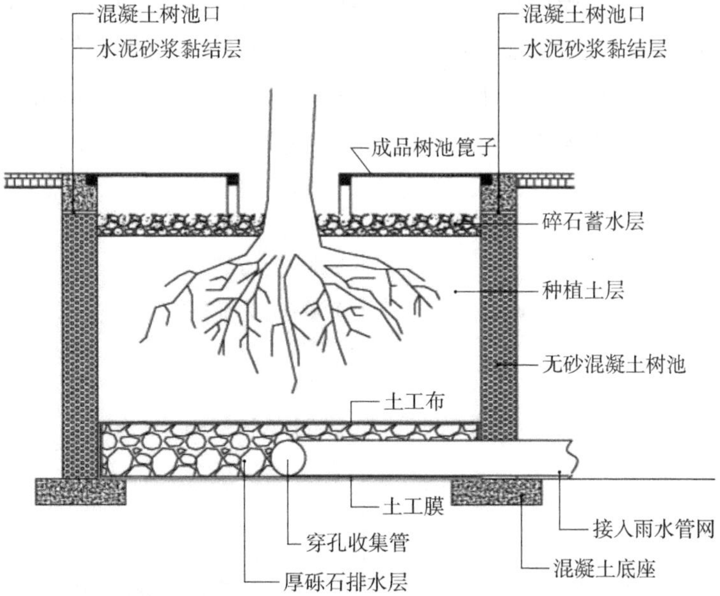

图 6-21　生态树池结构示意图

3. 植草沟

植草沟指种有植被的地表沟渠，可收集、输送和排放径流雨水，并具有一定的雨水净化作用，可用于衔接其他各单项设施、城市雨水管渠系统和超标雨水径流排放系统。

除转输型植草沟外，还包括渗透型的干式植草沟及常有水的湿式植草沟，可提高径流总量和径流污染控制效果，主要适用道路、广场、停车场等不透水面的周边，城市道路及城市绿地等区域，也可作为生物滞留设施、湿塘等低影响开发设施的预处理设施，还可与雨水管渠联合应用。通过模拟自然绿地而人为设计和建造的具有可控性和工程化特点的海绵设施，利用沟渠和植物的协同作用来实现雨水的收集、传输以及净化，是实现径流总量控制、污染物总量消减、洪峰延缓、地下水补充的重要手段（图 6-22）。

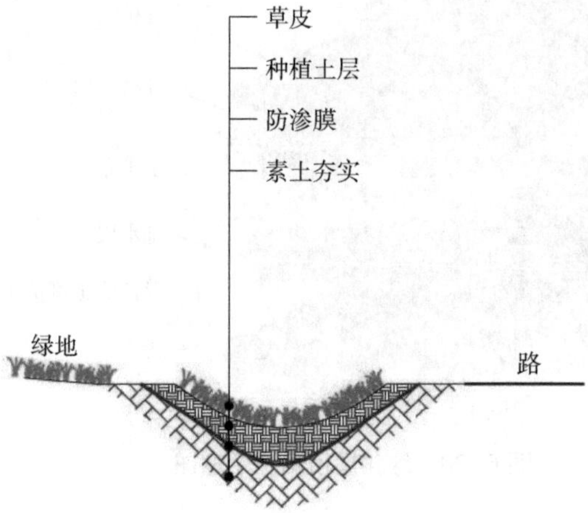

图 6-22　植草沟（转输型）结构示意图

4. 旱溪

旱溪是指底部为卵石、碎石的地表沟渠，属于人工湿地的一种，具备一个完整的水系统的功能，旱溪能够对大量的雨水进行吸收和处理，在雨季，旱溪能够有效处理短时间的暴雨。不下雨时，旱溪看上去像干枯的河床，下大雨时，汇集的雨水流经旱溪时变成涓涓细流。旱溪结构可以分为两部分：地上部分和地下部分。地上部分能够在雨季储存水资源，而当通过地面障碍的时候，旱溪地面部分被阻隔，通过地下部分的暗沟，能够连接两个旱溪系统，使旱溪能够连接成一个完整的系统，同时还能够过滤污染，达到处理污染物的目的。另外，旱溪中的植物能够牢牢地固定水土，保持水土，而在旱季能够通过地下管网沟通整个水系，缓解旱情（图 6-23）。

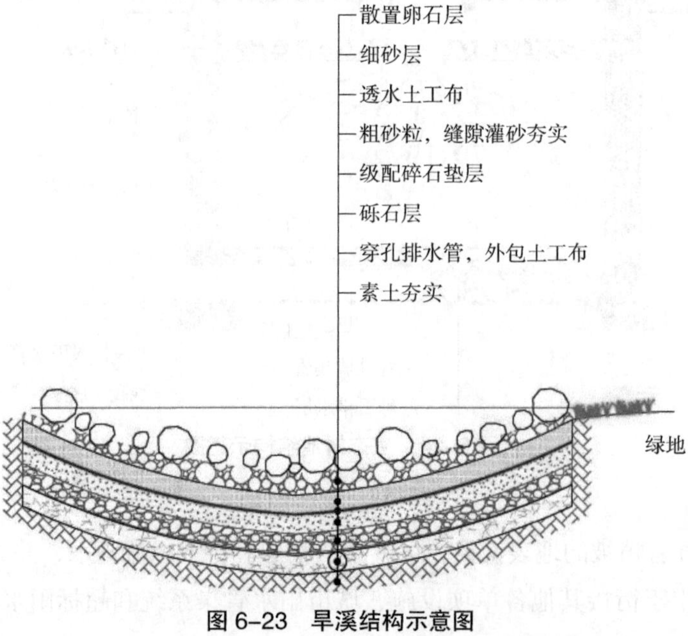

图 6-23　旱溪结构示意图

（三）调蓄技术

具有调蓄功能的海绵城市建设设施包括水体调蓄设施（主要为湿塘）、调蓄设施等。其中调蓄设施包含调蓄池、雨水桶、过程调蓄隧道等。目前常用的设施以湿塘和调蓄池为主。

1. 湿塘

湿塘是指具有雨水调蓄和净化功能，并以雨水为主要补水水源的景观水体，具有调蓄雨水径流、削减峰值流量、美化景观、净化雨水径流、提供居民休憩场所和动植物栖息地的功能。湿塘可结合绿地、开放空间等场地条件设计为多功能调蓄水体（即平时发挥正常的景观及休闲、娱乐功能），暴雨发生时发挥调蓄功能。湿塘一般由进水口、前置塘、主塘、溢流出水口、护坡及驳岸、维护通道等构成（图 6-24）。

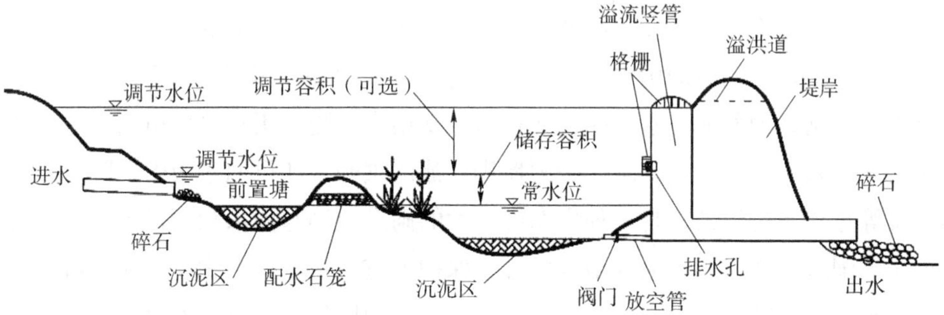

图 6-24　湿塘结构示意图

2. 调蓄池

调蓄池是一种雨水收集设施，主要是把雨水径流的高峰流量暂留期内，待最大流量下降后再从调蓄池中将雨水慢慢地排出，达到既能规避雨水洪峰，提高雨水利用率，又能控制初期雨水对受纳水体的污染，还能对排水区域间的排水调度起到积极作用。调蓄池可以用天然的方式净化初期雨水，使大大小小的调蓄池成为“水质净化—蓄滞水—地下水回补”多级、多功能湿地系统中的核心环节，有助于建立海绵化排水净化系统，改善天然水体循环；调蓄池形式丰富多样，可以在城市中各种地势条件下选用；调蓄池还可以设置过滤装置或者与景观生态净化植被结合，过滤装置和生态净化可以对溢流后的雨水进行过滤，协助净化雨水，节省后续净化成本（图 6-25）。

（四）净化技术

净化技术包括生物滞留设施、水体净化设施、弃流设施等。其中生物滞留设施包含雨水花园、生物滞留池、高位花坛等；水体净化设施包括雨水湿地、生态护岸、植被缓冲带等；弃流设施含雨水旋流分离器、初期雨水弃流设施。

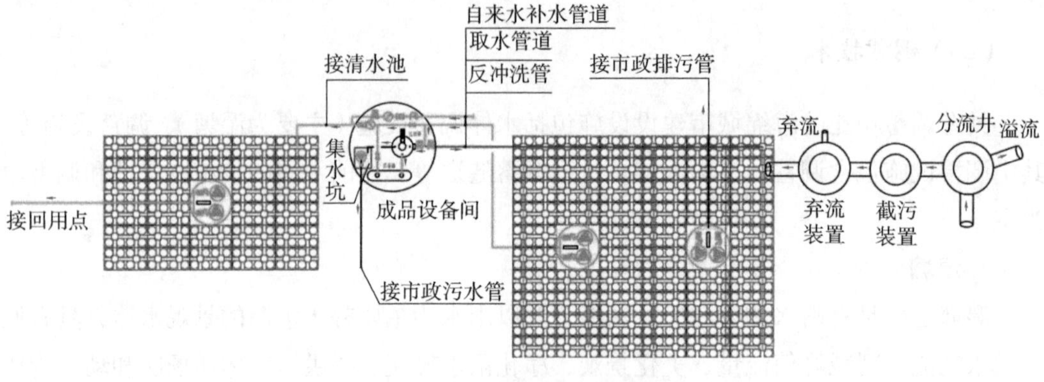

图 6-25　调蓄池平面布置

目前工程实践中常见的设施为雨水花园、雨水湿地、初期雨水弃流设施。

1. 雨水花园

雨水花园也被称为生物滞留区域，是自然形成的或人工挖掘的浅凹绿地，被用于汇聚并吸收来自屋顶或地面的雨水，可通过植物、沙土的综合作用使雨水得到净化，并使之逐渐渗入土壤，涵养地下水，或使之补给景观用水、厕所用水等城市用水，可通过将雨水滞留下渗来补充地下水并降低暴雨地表径流的洪峰，还可通过吸附、降解、离子交换和挥发等过程减少污染，是一种生态可持续的雨洪控制与雨水利用设施。雨水花园可以通过滞蓄削减洪峰流量、减少雨水外排，保护下游管道、构筑物和水体；可以利用植物截流、土壤渗滤净化雨水，减少污染；可以充分利用径流雨量涵养地下水，也可对处理后的雨水加以收集利用，缓解水资源的短缺（图 6-26）。

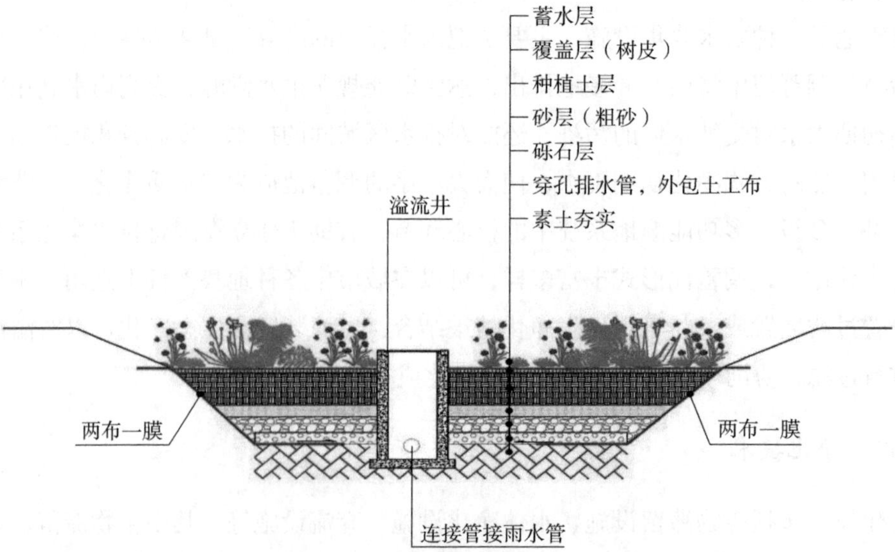

图 6-26　雨水花园结构示意图

2. 雨水湿地

雨水湿地是将雨水进行沉淀、过滤、净化、调蓄的湿地系统，同时兼具生态景观功能，利用物理、水生植物及微生物等作用净化雨水，是一种高效的径流污染控制设施。雨水湿地分为雨水表流湿地和雨水潜流湿地，一般设计成防渗型以便维持雨水湿地植物所需要的水量，雨水湿地常与湿塘合建并设计一定的调蓄容积。雨水湿地与湿塘的构造相似，一般由进水口、前置塘、沼泽区、出水池、溢流出水口、护坡及驳岸、维护通道等构成（图 6-27）。

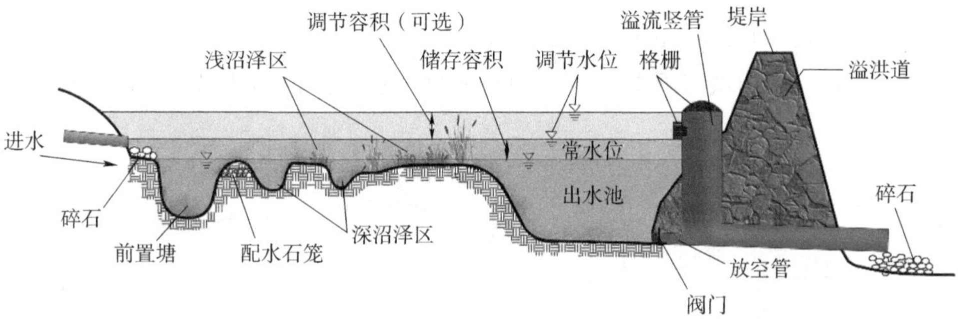

图 6-27　雨水湿地示意图

3. 初期雨水弃流设施

初期雨水弃流设施主要应用在雨水收集利用系统。初期降雨时，前 2～5 min 的雨水一般污染严重，流量较小，在流经初期弃流过滤装置时，因重力的作用，雨水将首先通过低位敞口的排污水管排放掉。在雨量增大后，打在挡板上的压力增大，位于排污管上端的浮球在水流压力的作用下将排污管关闭，桶中液位升高，雨水通过水平的过滤网进行过滤后流向出水口，进行收集。雨停后，随装置中存储的雨水的减少，浮球在弹簧弹力的作用下自动复位，将桶中过滤产生的垃圾带出，从而实现初期雨水的弃流、过滤、自动排污等多功能（图 6-28）。

图 6-28　初期雨水弃流设施

（五）利用技术

利用技术包含雨水回用系统与调蓄设施，其中调蓄设施包含雨水桶（罐）、调蓄池。目前常用的利用技术设施包含雨水回用系统、雨水桶（罐）。

1. 雨水回用系统

雨水回用系统是将雨水收集后，按照不同的需求对收集的雨水进行处理后达到符合设计使用标准的系统。多数由弃流过滤系统、蓄水系统、净化系统组成。科学、合理、高效地利用雨水资源，不仅可以缓解城市缺水，而且能涵养与保护水资源、控制城市水土流失，减少水涝，控制城市地下水超采带来的漏斗效应与沉降，减轻水体污染以及改善城市生态环境。实施城市雨水收集利用的益处已成为人们普遍共识（图 6-29）。

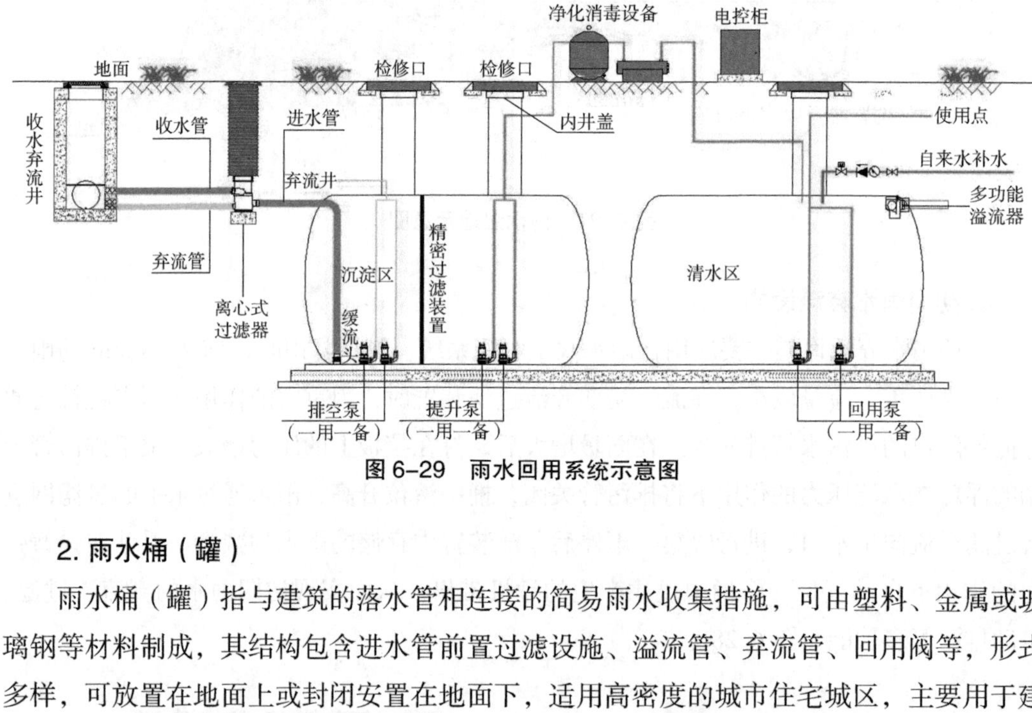

图 6-29 雨水回用系统示意图

2. 雨水桶（罐）

雨水桶（罐）指与建筑的落水管相连接的简易雨水收集措施，可由塑料、金属或玻璃钢等材料制成，其结构包含进水管前置过滤设施、溢流管、弃流管、回用阀等，形式多样，可放置在地面上或封闭安置在地面下，适用高密度的城市住宅城区，主要用于建筑屋顶的雨水收集。其占地面积小，施工安装方便，便于维护，可实现雨水就地收集利用。其收集和存储的雨水用于非饮用功能，如浇灌绿化、洗车等。雨水桶的合理设置，不仅可以满足居民日常生活需要，还可有效缓解城市供水压力，消减城市洪峰流量，减少道路雨水的汇流（图 6-30）。

（六）排放技术

海绵城市建设的排放技术由植草沟、雨水管渠系统、雨水泵站、附属设施、行泄通道、排涝泵闸构成，其中附属设施包含雨落水管断接、开孔路缘石、溢流雨水口；

雨水管渠系统包含雨水口、线性排水沟、雨水管渠、检查井、跌水井、截流井、排放口等。

图 6-30 雨水桶

海绵城市建设工程实践中常见的设施技术为雨落水管断接、开孔路缘石、雨水口、线性排水沟。

1. 雨落水管断接

雨落水管断接是通过切断径流排放通道，从而辅助雨水径流生态化控制、资源化利用，使雨水尽可能遵循自然水循环规律的海绵建设技术。按照屋面排水形式，雨落水管断接可分为建筑外排水断接和建筑内排水断接。除水管断接的具体手段外，雨落水管断接还应与后续设施建立良好的衔接关系，如对多、高层建筑的屋面雨水进行消能处理、调整地面高程和坡度、合理配置植物等（图 6-31）。

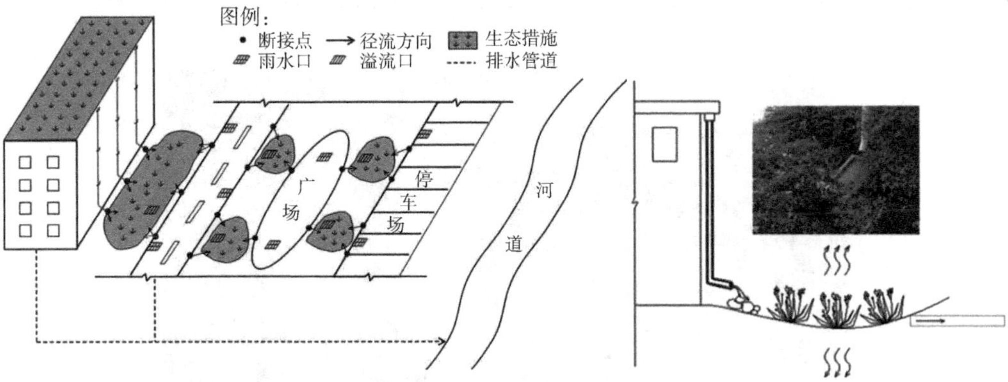

图 6-31 雨落水管断接示意图

2. 开孔路缘石

开孔路缘石是海绵城市建设在城市道路设计中的具体应用。路面区域的雨水可通过开孔的路缘石进入绿地内 LID 设施进行渗透和滞蓄，有效减少路面积水内涝，增强城市防洪抗洪能力，并为城市绿化提供水分滋养等。开孔路缘石的类型可结合路缘石类型采用门洞型、敞口型，其开孔的构造设计应满足路缘石功能一定强度要求，过流能力应不小于雨水口的排水量（图 6-32）。

图 6-32　开孔路缘石示意图

3. 雨水口、线性排水沟

雨水口是在雨水管渠或合流管渠上收集雨水的构筑物。街道路面上的雨水首先经过雨水口通过连接管流入排水管渠。雨水口的设置位置应能保证迅速有效地收集地面雨水。一般应在交叉路口、路侧边沟的一定距离处以及设有道路边石的低洼地方设置，以防止雨水漫过道路或造成道路及低洼地区积水而妨碍交通。

线性排水起源于欧洲，近几年才被引入我国。线性排水沟能够很好地连接绿色海绵设施和灰色排水设施，相较于点式的雨水排水系统、线性排水沟具有集水效率高、施工作业面小、景观效果好，应用范围广等优点，是应对城市暴雨的有效排水设施。线性排水沟有很多种类：缝隙式线性排水系统、“U”形线性排水系统、“V”形线性排水系统、一体式线性排水系统、路缘石线性排水系统，线性树脂混凝土成品排水系统等（图 6-33）。

图 6-33　雨水口与线性雨水沟示意

第四节　海绵城市径流及污染控制关键技术应用

本节以西安小寨区域海绵城市建设的居住区实例——西北水电南区为例，对该建设实例进行建设条件分析与海绵设施改造，构建建设区的 SWMM 模型，分析海绵设施改造前后的降雨径流控制与污染物控制成效，为居住区海绵设施改造的技术应用提供实践验证。

一、建设实例——西安市西北水电南区

西北水电南区属于西安市小寨区域海绵改造项目中的 35 处建筑与小区类试点之一，位于丈八东路以南，电子正街以西，海绵改造项目用地面积约为 28 855 m^2，现状建筑占地约 8 106 m^2，绿地占地约 7 940 m^2，绿地率为 27.52%，其余均为硬化路面及广场，地势大致呈南高北低、西高东低走势。

（一）建设条件分析

西北水电南区（以下简称建设区）分为生活和办公两个区域。办公区主要集中在北侧用地内，硬化路面居多，相应绿化面积较少，地表综合径流系数较大，在降雨天气下仅靠地表径流组织排放雨水，容易形成局部道路积水。生活区大部分为 21 世纪初建成的住宅楼，建筑周边的绿化面积有限，路面也已老化斑驳，雨水管网敷设范围有限，下雨天路面雨水漫流，给住户的生活和出行带来不便（图 6-34）。

图 6-34　建设区建筑、绿地、路面等现状情况

（二）海绵改造方案与设施

依据《西安市海绵城市专项规划》《西安市小寨区域海绵城市建设可行性研究报告》，设定本建设区年径流总量控制率目标为85%，对应设计降水量为21 mm。

建设区以低影响开发雨水系统构建为原则，充分利用现有建筑的屋面、绿地，综合运用雨水管断接、植草沟、下凹式绿地、雨水花园、透水铺装、蓄水模块等措施，根据雨量计算合理确定海绵设施规模，通过构建地块内的海绵微系统，达到径流控制率等低影响开发指标的要求，建设“海绵小区”。在建设区设计红线范围内利用海绵设施对小区内雨水进行“渗、滞、蓄、净、用、排”等方面的设计，以实现小区海绵化改造的总体目标。

建设区海绵设施包括低影响开发设施、调蓄设施及管网系统改造。低影响开发设施的布置主要根据建设区绿地、道路、停车场等现状进行相应的海绵化改造，主要采用的低影响开发措施有下凹式绿地、雨水花园、透水铺装（透水砖及整体透水路面）、生态停车场、植草沟、渗渠、旱溪、生态树池、多孔纤维棉等，就地消纳下雨天地表径流量，构建低影响雨水开发系统，实现本项目的海绵改造控制目标。各低影响开发设施建设规模详见表6-7。

表6-7　建设区海绵设施布置规模及实景

编号	1	2
设施名称	下凹式绿地	雨水花园
建设规模	5 429.63 m^2	1 199.60 m^2
改造实景		
编号	3	4
设施名称	整体透水路面	透水砖铺装
建设规模	10 350.95 m^2	540.05 m^2
改造实景		

编号	5	6
设施名称	植草沟	渗渠
建设规模	399.28 m^2	23.57 m^2
改造实景		
编号	7	8
设施名称	旱溪	生态树池
建设规模	52.91 m^2	12 m^2
改造实景		
编号	9	10
设施名称	花箱	调蓄池
建设规模	70.60 m^2	160 m^3（一处 60 m^3，一处 100 m^3）
改造实景		

建设区建筑屋面均为平屋面，拟采用雨落水管断接至附近绿地控制雨水，将现有停车场部分改造为透水的植草砖，广场改造为透水砖铺装，道路改造为整体透水路面，同时道路雨水经路缘石开口进入下沉绿地、雨水花园，超标雨水经下沉绿地、雨水花园溢流井溢流至小区雨水管网，最终排至市政管网，区域内主要雨水径流组织及改造效果如图 6-35、图 6-36 所示。

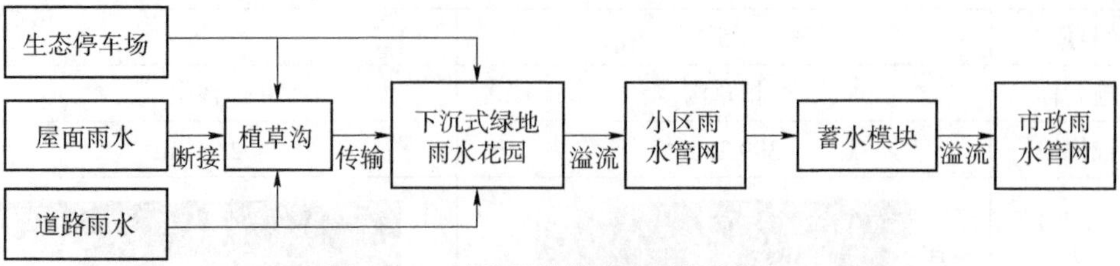

图 6–35 建设区海绵改造后径流组织

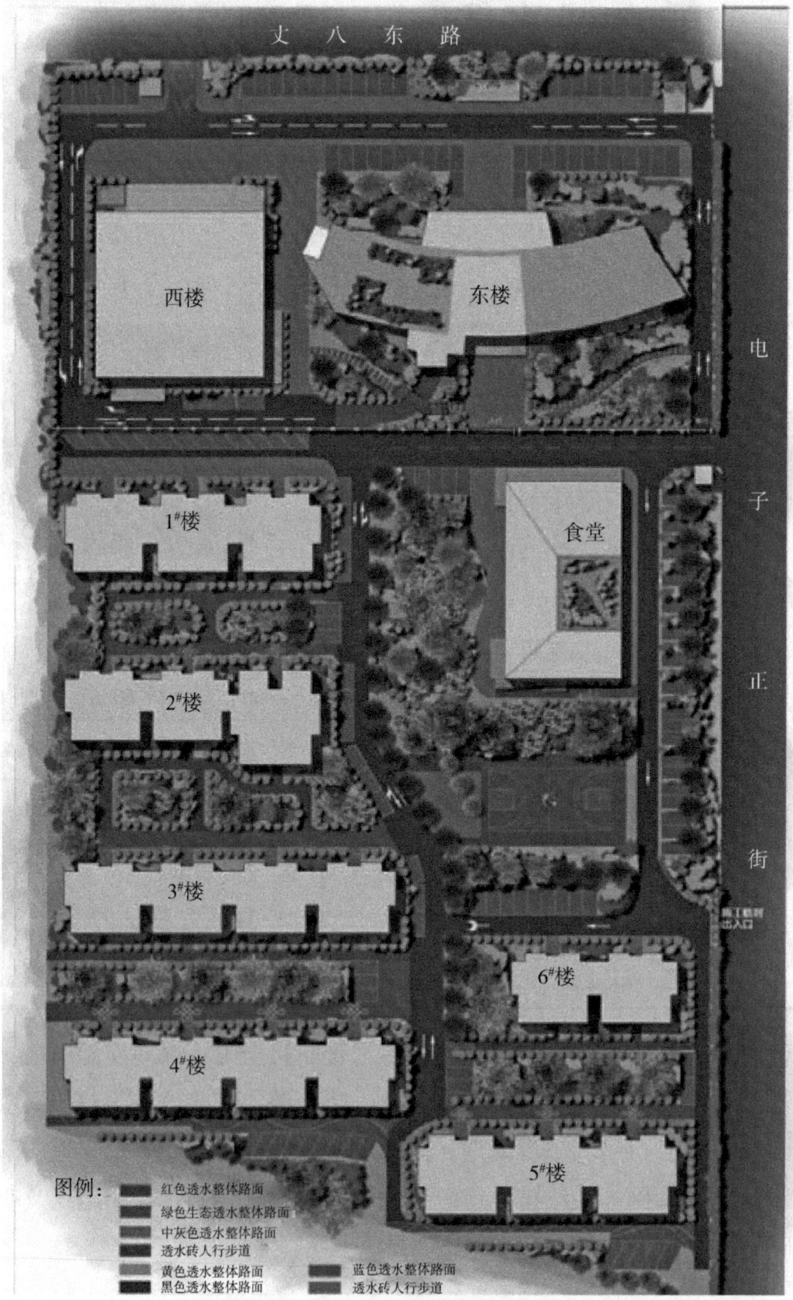

图 6–36 建设区海绵改造效果

二、SWMM 模型构建

1. 数据收集

SWMM 建模需要的基础数据主要包括建设区下垫面条件、管网系统、水文水质等资料。本次收集了建设区西北水电大厦地形图、海绵城市建设初步设计图纸资料，能够详细地解析下垫面类型，获取管道数量、长度、管径、标高以及雨水井数量、标高等数据。此外，降雨数据本次收集了建设区海绵城市改造后 2018 年 7 月 25 日至 2019 年 8 月 30 日 61 场次降雨数据、流量及 SS 浓度数据，以及海绵城市改造后多场降雨径流污染的实验数据，能够有效用于模型的验证及模拟研究。

2. 下垫面解析

建设区下垫面类型主要包括建筑、绿地、道路、广场 4 类，按照海绵城市改造前后进行下垫面透水性分析，下垫面类型如图 6–37 所示。海绵城市改造前建设区透水率约为 38.64%；改造后透水率达到 72.48%。

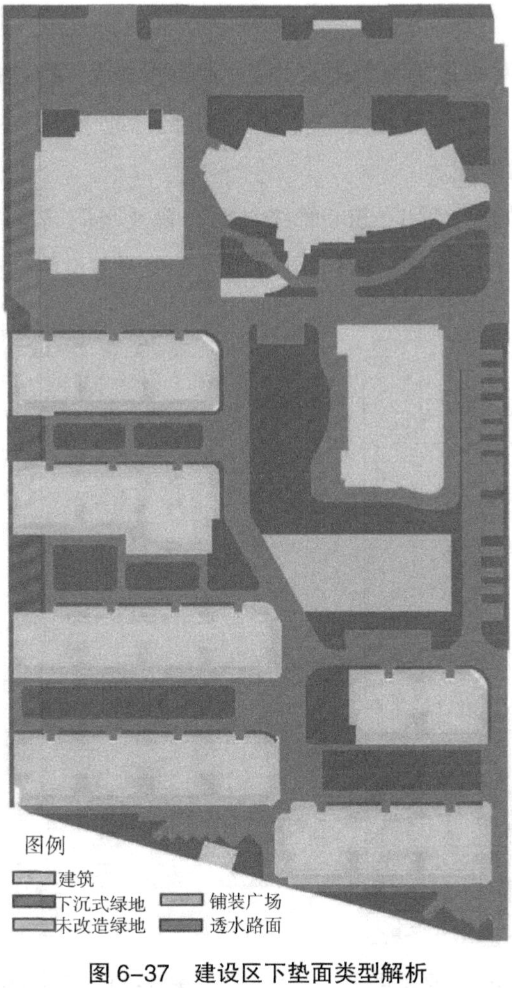

图 6–37　建设区下垫面类型解析

建设区下垫面类型及参数见表 6-8。

表 6-8 建设区下垫面类型及参数

名称	改造前				改造后				
透水性	透水	不透水			透水				不透水
类型	绿地	建筑	道路	广场	下沉绿地	未改造绿地	透水路面	铺装广场	建筑
面积 /m^2	11 254	8 016	8 977	874	8 763	2 491	8 977	874	8 016
比例 /%	38.64	27.52	30.83	3.01	30.09	8.55	30.83	3.01	27.52

3. 汇水区划分

子汇水区划分常用的方法有泰森多边形法及人工划分法，这里采用人工划分法，依据建设区地形、高程、管道、雨水井、土地利用性质等多种影响因素以及降雨时的实地观察调研，将建设区划分为 232 个子汇水分区，如图 6-38 所示，各子汇水区的参数值利用 ArcGIS 计算得到。

4. 排水管网概化

SWMM 模型中管网概化是将“雨水井”“调蓄设施”“排放口”等概化为“节点”，将“管网”“堰”“孔口”等概化为“管段”，如此将地下排水系统概化为一个由“节点”和“管段”组成的系统。

依据建设区海绵改造工程 1∶500 管线平面布置及竖向高程图纸数据，排水管网可概化为 100 个管段，2 个排放口，105 个雨水井，2 个调蓄设施，如图 6-39 所示。

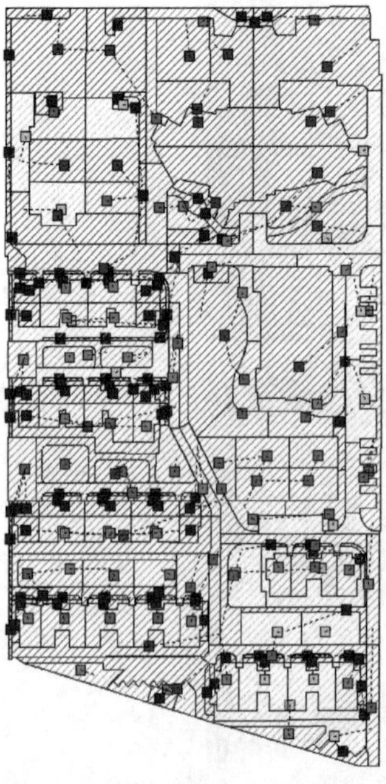

图 6-38 建设区子汇水区概化图

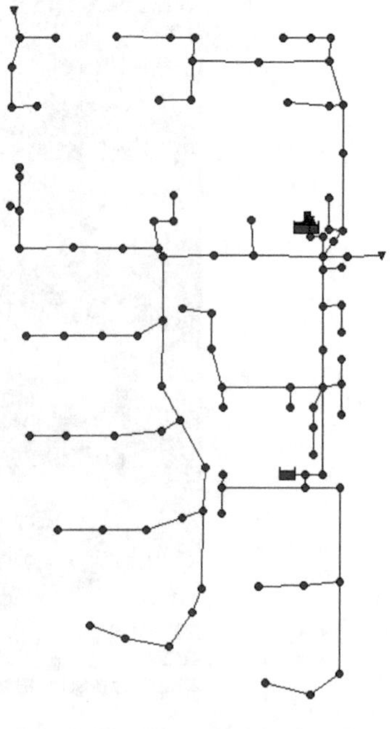

图 6-39 建设区管网、节点概化图

5. 参数率定及验证

模型参数的率定及验证需要实测的场次降雨过程数据，以及同场次降雨流量及水质数据。本次在建设区采集了 2018 年 7 月 25 日至 2019 年 8 月 30 日的降水量数据及海绵设施出流过程数据，共计监测了约 61 场降雨事件，并采集了建设区场地 19 场发生出流的流量过程数据，通过统计分析，选择降水量大且历时较长的场次降雨（2019 年 8 月 26 日）作为模型率定及验证的实测数据。该场降雨持续 145 min，出流发生在降雨开始后的第 40 min，流量过程持续至第 220 min，模拟结果与实测流量过程基本一致，峰值发生时间吻合，模拟值与实测值的相对误差为 −5.27%～7.50%，在允许误差范围内，表明该模型能够较真实地反映建设区降雨径流的实际过程，可进行模拟研究。

三、海绵设施降雨径流控制的成效分析

（一）海绵改造前后径流过程模拟

径流控制研究场地选在本建设区（西北水电南区）东南区域，自海绵城市改造完成后，便开始对本建设区场地进行水文过程的监测，收集了 2018 年 7 月 25 日至 2019 年 8 月 30 日的降水量数据及海绵设施出流过程数据，共计监测了约 61 场降雨事件，筛选了降水量大于 4 mm 的 32 场完整的降雨事件过程数据，其中小雨事件 5 场，均未发生出流；中雨事件 8 场，发生出流的有 2 场；大雨事件 18 场，其中发生出流的有 15 场；暴雨事件 2 场，均发生较大出流，其中 2019 年 6 月 27 日这场降雨 12 h 降水量为 36.5 mm，2019 年 8 月 26 日场次降雨 12 h 降水量为 37 mm。

1. 排放口流量对比

模拟 2019 年 6 月 27 日降雨事件下建设区海绵改造前后总排口的流量过程。在海绵改造前从降雨开始后 5 min 管网总排水即有径流，海绵改造后，总排口发生出流的时间延迟了约 50 min；海绵改造前峰值流量为 0.067 7 m^3/s，海绵改造后峰值流量降低为 0.027 9 m^3/s，峰值削减率为 58.79%；径流控制率从海绵改造前的 48.89% 提高至 83.49%（图 6-40）。

2. 积水点分布对比

模拟 2019 年 6 月 27 日实测降雨系列建设区海绵改造前后的径流过程，海绵改造后降雨至 6 时 15 分出现积水的节点发生最大水深，相同时间海绵改造前节点水深分布如图 6-41 所示。可以看出，海绵改造前，水深位于 0.1～0.2 m 的节点有 5 处，水深位于 0.05～0.1 m 的节点有 19 处，水深位于 0.03～0.05 m 的节点有 19 处，建设区北侧接市政管网井内水深为 0.06 m，东侧接市政管网井内水深为 0.12 m；海绵改造后，建设区内两处调蓄池发挥了较好的调蓄作用，北侧调蓄池较南侧调蓄池先蓄满，相比海绵改造前，节点水深均有所下降，北侧排水井内水深为 0.02 m，下降了 0.04 m，东侧排口井内水深

为 0.07 m，下降了 0.05 m。

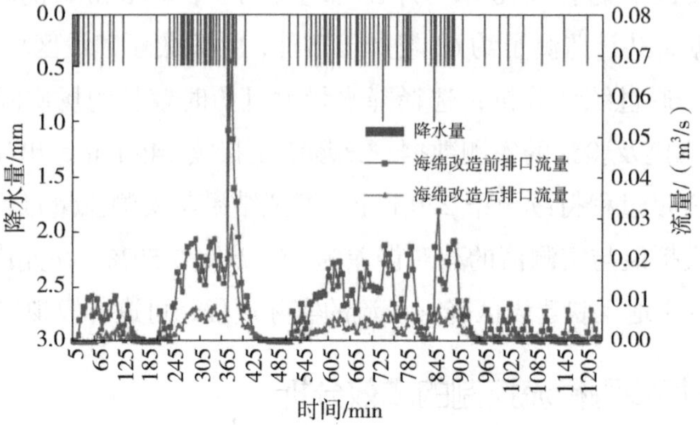

图 6-40　2019 年 6 月 27 日海绵改造前后总排口流量过程

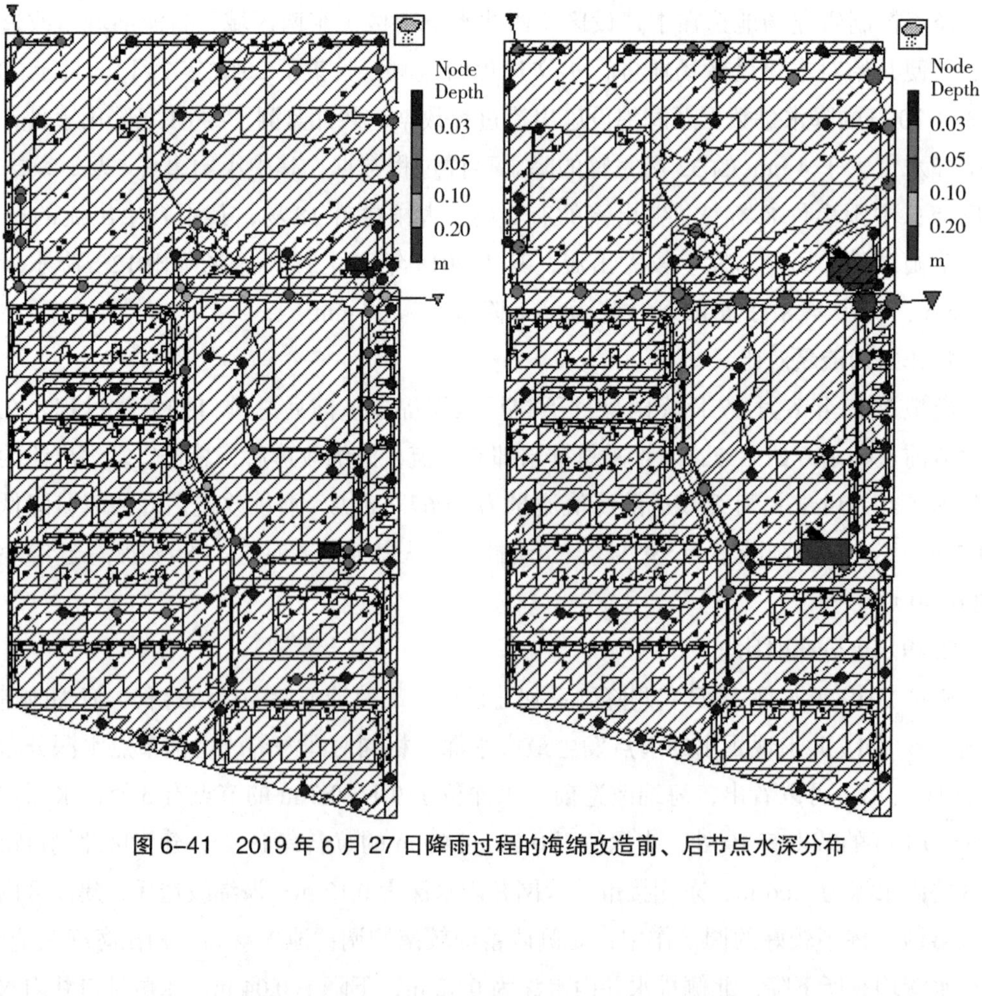

图 6-41　2019 年 6 月 27 日降雨过程的海绵改造前、后节点水深分布

（二）不同等级降雨径流削减效果

1. 对小雨等级降雨的削减分析

场地海绵改造后（综合海绵设施）能够完全消纳小雨事件的降水量，而不发生出流，即对小雨等级降雨的削减率为 100%。

2. 对中雨等级降雨的削减分析

在 8 场中雨事件中，发生出流 2 场，前期干旱天数均为 0，降水量在中雨等级中较大，2018 年 11 月 15 日降水量为 14.5 mm，前期干旱 4 d，相对较少，降雨历时长，接近 24 h，出流发生在降雨后的第 1 255 min，随着降雨历时及累积降水量的增加，出流水文过程线呈现高低峰值的变化过程，且变化速率较快。径流削减率为 99.28%。2019 年 6 月 21 日降水量为 9.0 mm，前期干旱天数为 0，出流发生时间较早，在降雨开始后第 225 min，随降雨变化，第二次出流发生在降雨开始后第 390 min，随后呈现高低峰值变化的流量过程。径流削减率为 99.86%（图 6-42）。

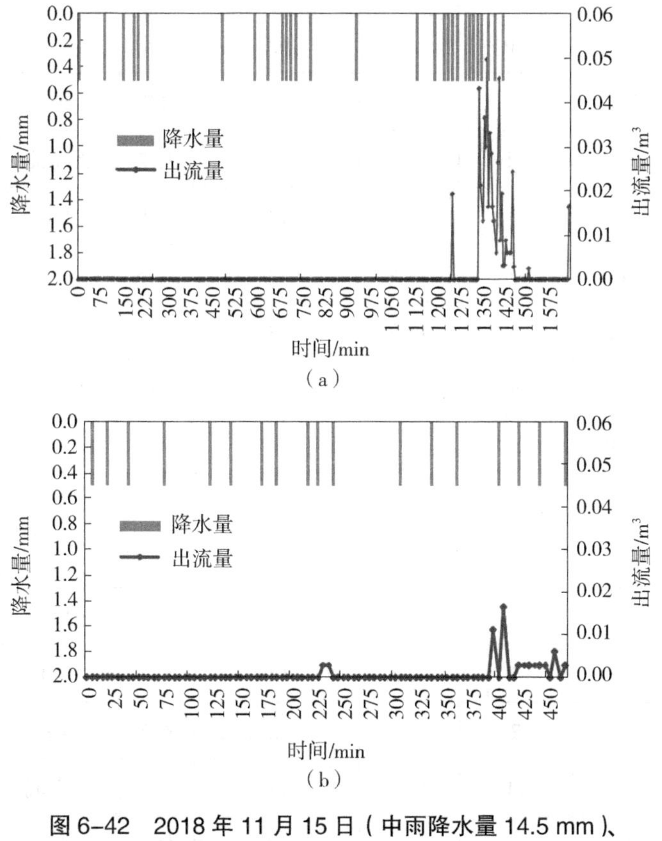

图 6-42　2018 年 11 月 15 日（中雨降水量 14.5 mm）、2019 年 6 月 21 日（中雨降水量 9 mm）降雨径流过程

综上，该建设区场地海绵改造后对于中雨等级的降雨基本上能实现 100% 的消纳，在前期无干旱，且降水量较大时会发生少量出流，径流控制率也能够达到99%以上。对于中雨等级的降雨来说，前期干旱天数及降水量是影响海绵设施发生出流的主要因素。

3. 对大雨等级降雨的削减分析

18场大雨事件中，有3场降雨未发生出流，对降雨的控制率达到100%，这3场降水量相当，在11 mm左右，未有出流的主要原因是前期干旱天数较长，均在9 d以上，甚至21 d（表6-9）。

表6-9 大雨等级降雨特征及海绵设施出流情况

序号	降雨场次	降雨历时 /min	前期干旱天数 /d	降水量 / mm	最大雨强 / [mm/（5 min）]	降雨等级	出流开始时间 /min	出流时间 /min	径流削减率 / %
1	2018/07/30	15	2	11.5	7.0	大雨	20	190	93.07
2	2018/11/05	595	14	15.5	0.5	大雨	425	110	99.44
3	2018/11/05	720	0	11.0	0.5	大雨	120	1200	99.62
4	2019/04/20	900	10	24.0	0.5	大雨	330	580	99.49
5	2019/04/28	370	0	13.0	0.5	大雨	240	205	96.95
6	2019/05/28	460	21	12.0	0.5	大雨	无出流		100
7	2019/06/05	550	7	18.5	1.0	大雨	460	200	93.83
8	2019/06/20	280	0	15.5	1.0	大雨	215	170	90.88
9	2019/06/21	465	0	14.5	1.0	大雨	80	430	90.32
10	2019/07/08	555	9	10.0	1.0	大雨	无出流		100
11	2019/07/22	270	3	24.5	1.5	大雨	85	265	85.98
12	2019/07/28	60	5	10.0	2.5	大雨	60	80	98.40
13	2019/07/29	255	0	22.0	4.0	大雨	95	170	91.06
14	2019/08/03	485	4	23.0	1.0	大雨	220	365	91.09
15	2019/08/06	440	2	21.5	1.0	大雨	140	340	90.01
16	2019/08/09	145	2	27.5	3.5	大雨	40	225	85.06
17	2019/08/21	215	11	11.0	1.0	大雨	无出流		100
18	2019/08/24	65	2	25.5	5.5	大雨	40	155	91.57

注：海绵设施出流开始时间以降雨开始时间为起算点，为第 i 分钟开始出流的时间。

2018年7月30日降雨历时15 min，降水量达到11 mm，最大雨强达到7 mm/

（5 min），前期干旱天数 2 d，主要受雨强影响，最大出流随最大雨强发生较早，且流量较大。这场降雨径流削减率为 93.07%。2018 年 11 月 5 日、2019 年 4 月 28 日及 2019 年 6 月 21 日降雨过程均匀，雨强小、历时长，前期干旱天数均为 0，在土壤含水率较高的状态下，海绵设施对雨水进行了较大程度的滞、蓄，出流量较小，径流削减率分别为 99.62%、96.95%、90.32%（图 6–43）。

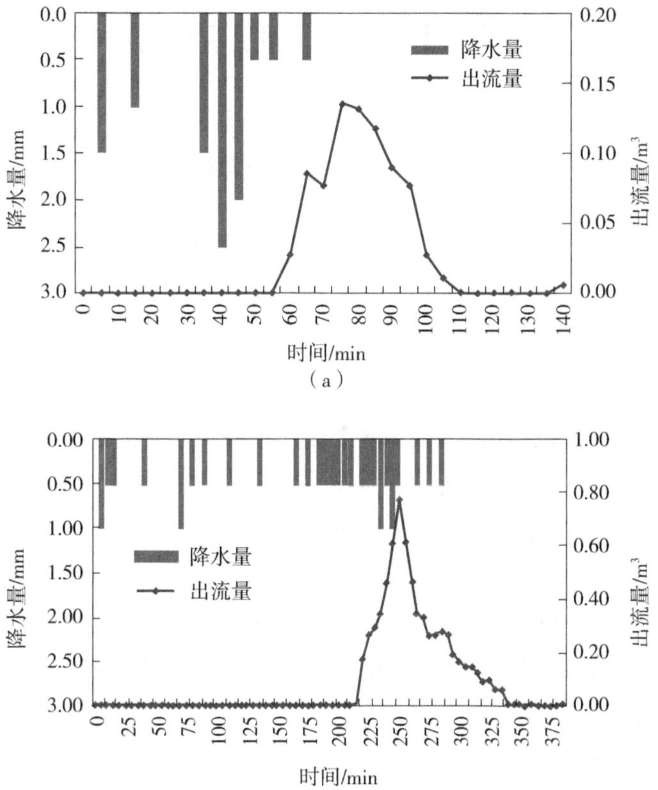

（a）

（b）

图 6–43　2019 年 07 月 28 日（大雨：降水量 10 mm）、2019 年 06 月 20 日（大雨：降水量 15.5 mm）降雨径流过程

2019 年 7 月 22 日、2019 年 7 月 29 日、2019 年 8 月 9 日及 2019 年 8 月 24 日降雨均有较大雨强发生，具有明显的雨峰，可以看出，海绵设施出流相应地都有明显的流量峰值过程，洪峰流量削减率分别为 79.14%、94.41%、91.65%、91.46%，延峰效果较为明显（图 6–44）。

对比分析可以发现：降雨强度较小且分布较均匀的降雨事件，其出流量较少且流量过程平缓；前期干旱天数越大，径流削减率相对越大，对于径流的削减效果越好；降雨强度大小及发生时间对于流量峰值的发生影响较大；总体而言，该建设区场地对于大雨等级的降雨事件的径流削减率能够达到 85%～100%。

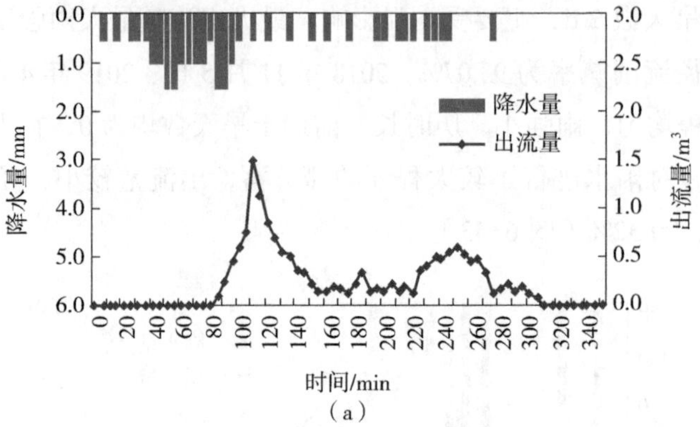

（a）

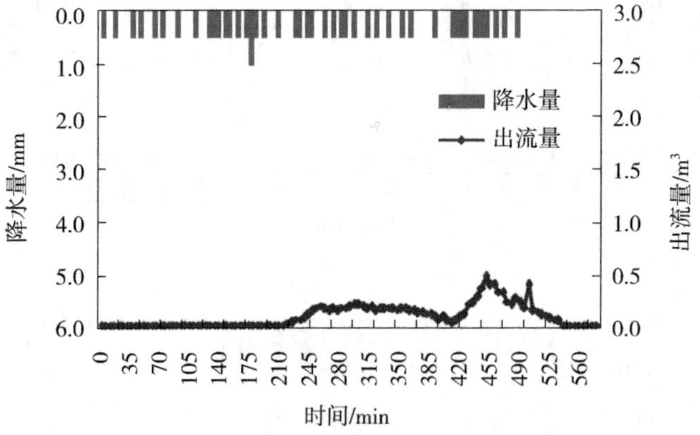

（b）

图 6-44　2019 年 7 月 22 日（大雨：降水量 24.5 mm）、2019 年 8 月 03 日（大雨：降水量 23.0 mm）降雨径流过程

4. 对暴雨等级降雨的削减分析

监测期内 2 场暴雨事件均形成较大出流，其降水量、降雨历时相当，降雨特征及出流情况详见表 6-10。

表 6-10　暴雨等级降雨特征及海绵设施出流情况

序号	降雨场次	降雨历时 / min	前期干旱天数 /d	降水量 / mm	最大雨强 / [mm/（5 min）]	降雨等级	出流开始时间 / min	出流时间 / min	径流削减率 / %
1	2019/06/27	1 200	5	45.5	2.0	暴雨	145	1 090	80.63
2	2019/08/26	1 020	1	43.5	2.5	暴雨	65	980	89.50

注：海绵设施出流开始时间以降雨开始时间为起算点，为第 *i* 分钟开始出流的时间。

以 2019 年 6 月 27 日为例，降水量为 45.5 mm（12 h 降水量 36.5 mm），前期干旱天数 5 d，开始出流发生在降雨后第 145 min，短暂出流后，随降雨间歇停止出流停止；第二次出流随降雨开始即开始，呈现高低峰变化；最大雨强发生在降雨开始后第 360 min，此时，前期较长历时、较小强度的降雨使土壤含水率增加，土壤滞、蓄水能力较前期降低，出流流量峰值紧随雨强峰值出现而出现，随后降雨过程中出流一直存在，随降雨强度及分布呈高低峰过程变化，流量过程与降雨过程基本一致，径流削减率为 80.63%，峰值削减率为 86.43%，对于峰值的延迟效果不明显。对于暴雨等级的降雨来说，降雨强度是影响海绵设施降雨渗、滞、出流这一水文过程的关键因素。

（三）径流控制成效总结

借助模型模拟了建设区海绵改造前后径流过程，暴雨事件下，海绵改造后径流峰值的削减率约为 58.79%，径流控制率从海绵改造前的 48.89% 提高至 83.49%；大雨事件下，海绵改造后径流峰值的削减率约为 69.7%，径流控制率从海绵改造前的 50.09% 提高至 85.25%。

径流控制研究实例结果表明，该海绵化改造后的建设区场地在应对 1.0～45.5 mm 降雨的径流控制率为 80.63%～100%，对小雨事件的径流控制率达到 100%，对中雨事件的径流控制率达到 99%～100%，对大雨事件的径流控制率为 85.06%～100%，对径流峰值的削减效果明显；2 场暴雨事件的径流控制率分别为 80.63%、89.50%；海绵设施对峰值发生时间具有一定的延缓作用。

四、海绵设施径流污染控制的成效分析

（一）单体海绵设施径流污染削减分析

以西北水电大厦为应用场地进行海绵城市改造，主要海绵措施包括下凹式绿地、雨水花园、整体透水路面、生态停车场、植草沟、雨水调蓄池等综合措施。该小区总面积约 29 123 m^2，建筑占地 7 197 m^2，区域地势大致呈南高北低、西高东低走势，可划分为 10 个汇水分区，改造后小区有两个排水总口，分别排向丈八东路市政管道和电子正街市政管道。

依据《海绵城市建设技术指南》《海绵城市建设绩效评价与考核办法（试行）》《国家海绵城市建设试点绩效考核指标评分细则》，以及部分省市发布的海绵城市水质采样及化验分析方案等技术文件，水质检测项目主要包括 pH、SS、TN、TP、COD_{Cr}、BOD_5、NH_3-N。径流污染采样点包括下凹式绿地、整体透水路面共 5 个采样点，以及一个检测点。对不同采样点进行径流水质对比，分别评估下凹式绿地、整体透水路面、综合海绵设施对径流污染的削减控制成果，以监测点的数据反映污染物浓度随流量过程变化情况（图 6-45～图 6-47）。

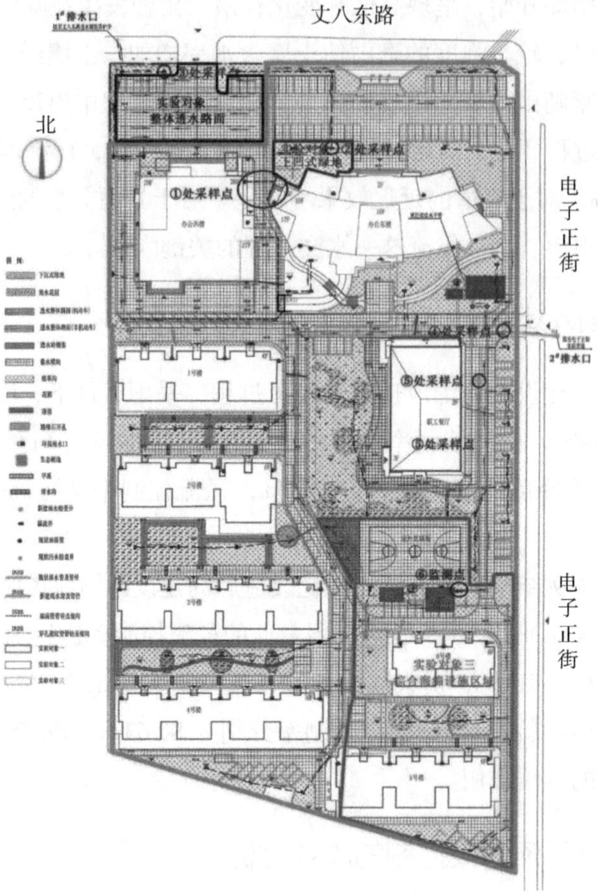

图 6-45　海绵改造及采样点位置

图 6-46　下沉绿地建设区场地

图 6-47　整体透水路面建设区场地

1. 污染物浓度变化

降水量的分布及雨强变化影响着径流中污染物浓度的变化，通过研究降雨过程不同海绵设施径流中污染物浓度的变化，有助于厘清海绵改造后面源污染的发生和演变过程，评估海绵设施对于面源污染的控制作用。以2019年7月28日降雨为例，历时60 min，降水量10 mm，属于降水量小的大雨事件，前期干旱5 d，采集了整场降雨不同下垫面（屋面、下凹绿地、整体透水路面）径流污染数据，污染物浓度随降雨径流变化过程。

屋面雨水径流中SS浓度大部分为4～10 mg/L，最大值达到651 mg/L，主要受降雨强度突然增大的影响；TP浓度为0.001～0.012 mg/L；TN浓度为1.65～6.77 mg/L；COD_{Cr}浓度为13～158 mg/L；BOD_5浓度为4.1～51.1 mg/L；NH_3-N浓度为1.046～5.755 mg/L（图6-48、图6-49）。

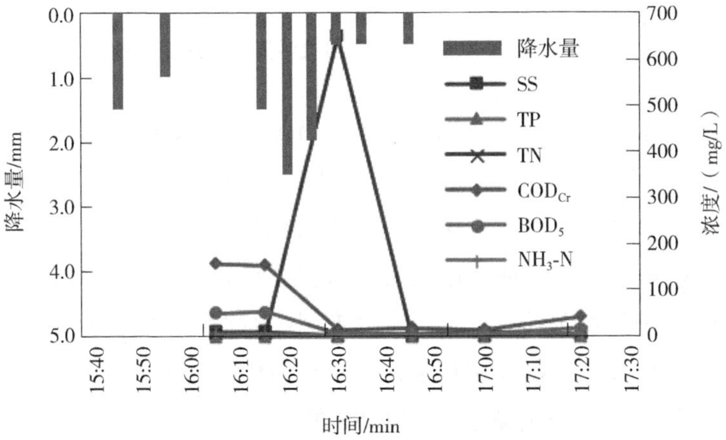

图6-48 屋面径流污染物浓度变化

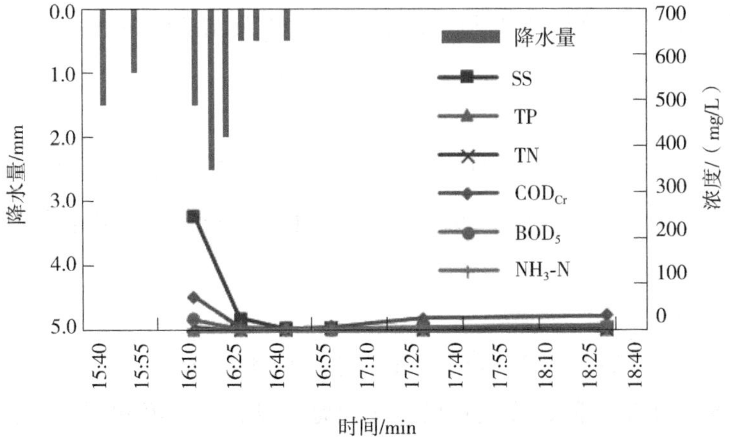

图6-49 下凹式绿地下渗出流污染物浓度变化

下凹式绿地出流中SS浓度大部分为4～26 mg/L，最大值达到249 mg/L；TP浓度为0.001～0.352 mg/L；TN浓度为1.09～3.92 mg/L；COD_{Cr}浓度为5～75 mg/L；BOD_5浓度为2～24.4 mg/L；NH_3-N浓度为0.326～3.757 mg/L（图6-50）。

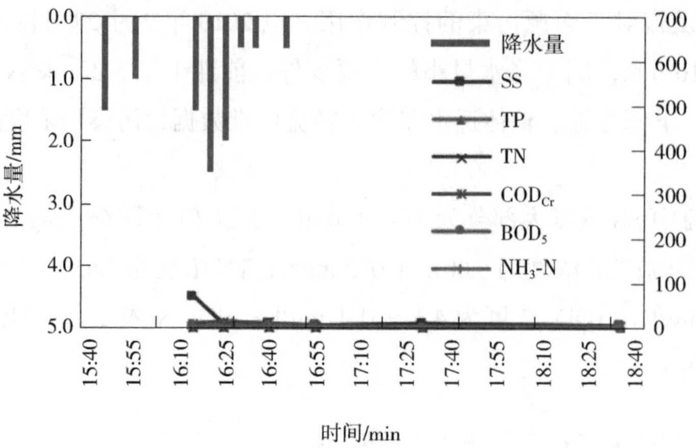

图 6-50　整体透水路面下渗出流污染物浓度变化过程

整体透水路面出流中 SS 浓度大部分为 4～8 mg/L，最大值达到 68 mg/L；TP 浓度为 0.001～0.629 mg/L；TN 浓度为 0.89～1.66 mg/L；COD_{Cr} 浓度为 4～13 mg/L；BOD_5 浓度为 1.1～4.3 mg/L；NH_3-N 浓度为 0.001～0.575 mg/L。

经过数据分析可知：①初期降雨污染物浓度明显较高，初期冲刷及初期污染效应明显，随后污染物浓度明显降低，变化幅度较小；②降雨强度对屋面径流中 SS 浓度的影响较大，雨强较大，冲刷作用较强，导致径流中携带的悬浮物浓度较高；经过海绵设施过滤、净化，明显地削减了入流中 SS 的浓度，其他污染物浓度变化也较为平缓；③整体透水路面对污染物的削减效果比下凹式绿地好；④ COD_{Cr}、BOD_5 及 SS 浓度变化趋势基本一致，TN 及 NH_3-N 浓度变化趋势基本一致，相关性较高；⑤整体透水路面出流中污染物浓度低于下凹式绿地；⑥入流及出流中的 TP 浓度均较低，削减效果不明显。

2. 污染削减效果

统计分析了 2019 年 7 月 28 日、8 月 3 日、8 月 6 日及 8 月 26 日 4 场降雨过程中 3 处采样点径流水质数据，分析下凹式绿地及整体透水路面两种单体海绵设施对径流污染的削减效果。

（1）pH 变化对比

屋面径流 pH 为 7.21～8.23，处于《地表水环境质量标准》（GB 3838—2002）规定的 6.0～9.0 的标准限值区间；经过建设区场地海绵设施后径流 pH 均上升，下凹式绿地出流 pH 在 10.0 左右，整体透水路面出流 pH 在 10.6 左右，碱性较强，均超过 6.0～9.0 的标准限值；整体透水路面出流较下凹式绿地出流碱性更高；这与单体海绵设施基质层及面层所用材料关系密切（图 6-51）。

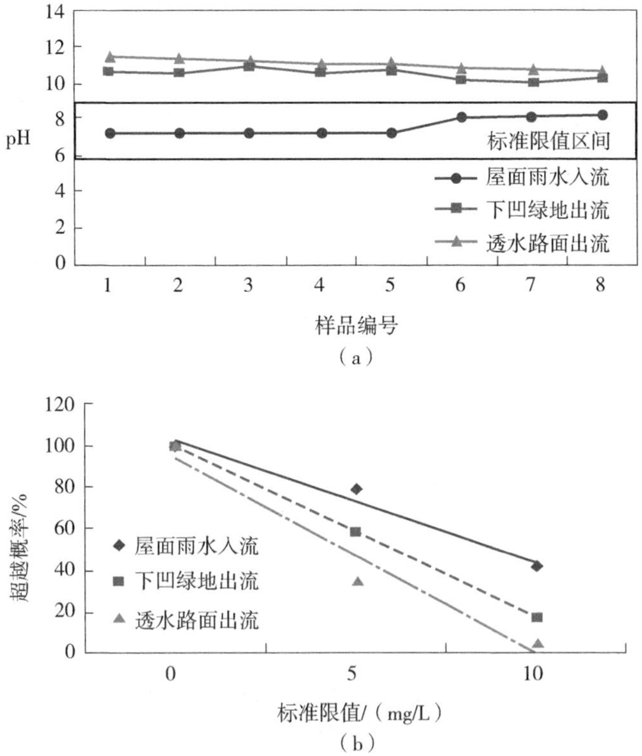

图 6-51　2019 年 8 月 3 日单体海绵设施入流、出流 pH 变化过程与 SS 浓度超越概率图

（2）SS 削减效果分析

利用《建筑与小区雨水控制及利用工程技术规范》（GB 50400—2006）中规定雨水处理后 SS 指标的标准限值绘制超越概率图，可以得出：下凹式绿地及整体透水路面出流中 SS 浓度超越标准限值的概率均低于入流前屋面径流，对 SS 的削减效果明显；经下凹式绿地和整体透水路面净化后，SS 浓度从入流中超越 5 mg/L 的 79% 分别降至 59%、35%，从入流中超越 10 mg/L 的 42% 分别降至 18%、6.0%；下凹式绿地与整体透水路面相比，后者对于 SS 的削减效果更好。

（3）TP 削减效果分析

《地表水环境质量标准》（GB 3838—2002）中规定的 TP 的标准限值从Ⅰ～Ⅴ类分别为 0.02 mg/L、0.1 mg/L、0.2 mg/L、0.3 mg/L、0.4 mg/L，绘制超越概率图，如图 6-52 所示，可以看出：屋面径流中 TP 浓度超越Ⅱ类水质的概率为 5%，均低于Ⅲ类水质标准限值，TP 污染较低；屋面雨水入流经下凹式绿地及整体透水路面后，TP 浓度有一定的上升，超越Ⅴ类水质标准限值的概率均为 6.0%，尤其入流中 TP 浓度较低，海绵设施对于 TP 污染并未起到削减效果（图 6-52）。

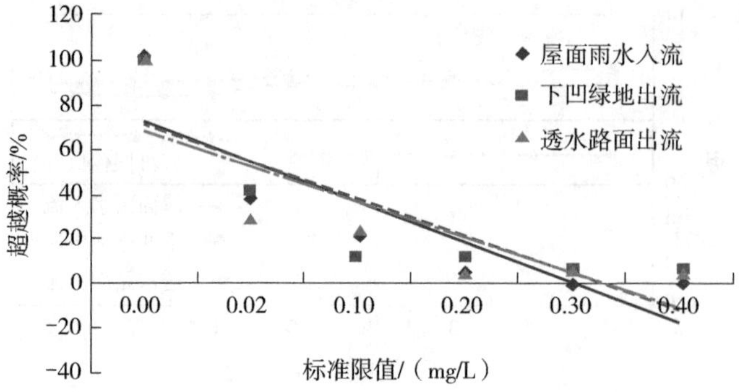

（a）

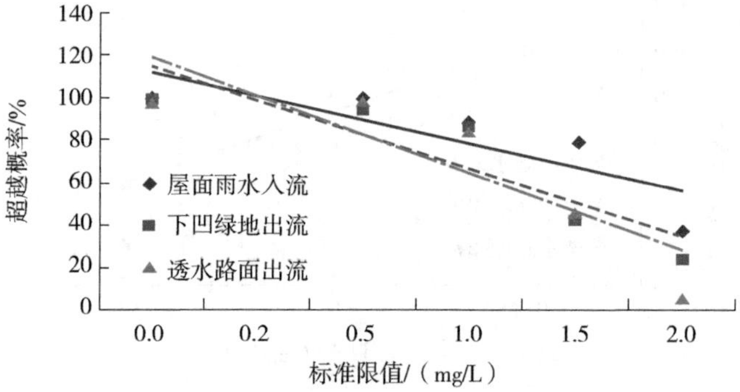

（b）

图 6–52 单体海绵设施入流、出流中 TP 浓度超越概率图、TN 浓度超越概率图

（4）TN 削减效果分析

《地表水环境质量标准》（GB 3838—2002）中规定的 TN 的标准限值从Ⅰ～Ⅴ类分别为 0.2 mg/L、0.5 mg/L、1.0 mg/L、1.5 mg/L、2.0 mg/L，绘制超越概率图，如图 6–52 所示，可以看出：①下凹式绿地及整体透水路面出流中 TN 浓度超越标准限值的概率均低于入流前屋面径流；②经下凹式绿地和整体透水路面净化后，TN 浓度超越Ⅳ类水质标准限值的概率从 79% 分别降至 41%、47%，超越Ⅴ类水质标准限值的概率从 37% 分别降至 24%、6.0%。

（5）COD_{Cr} 削减效果分析

《地表水环境质量标准》（GB 3838—2002）中规定的 COD_{Cr} 的标准限值从Ⅰ～Ⅴ类分别为 15 mg/L、15 mg/L、20 mg/L、30 mg/L、40 mg/L，绘制超越概率图，如图 6–53 所示，可以看出：下凹式绿地及整体透水路面出流中 COD_{Cr} 浓度超越标准限值的概率总体低于入流前屋面径流；整体透水路面出流 COD_{Cr} 超越Ⅳ类水质标准限值的概率从 24% 降至 6%，下凹式绿地与整体透水路面出流 COD_{Cr} 超越Ⅴ类水质标准限值的概率分别从 24% 降至 12% 和 0；整体透水路面出流中 COD_{Cr} 浓度较下凹式绿地低。

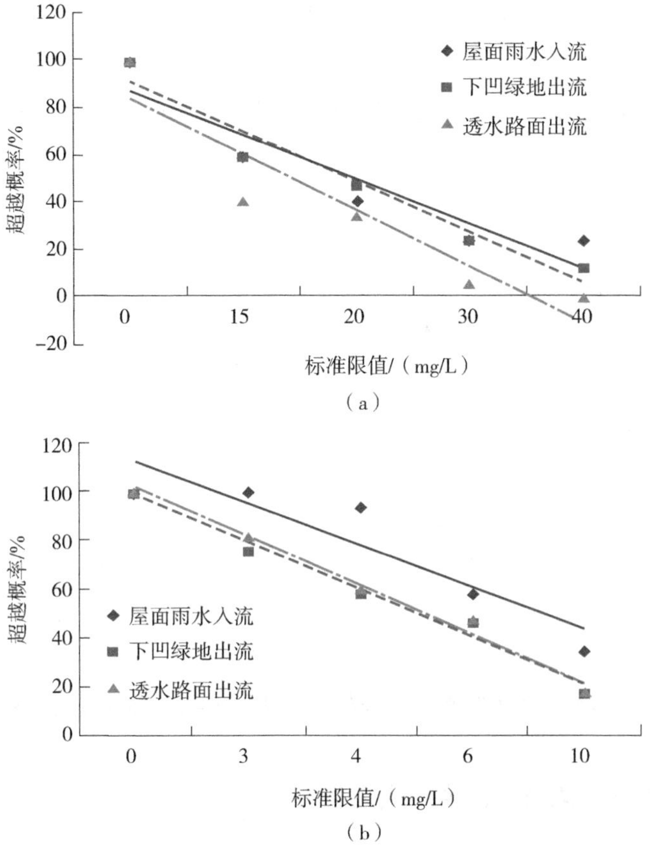

图 6-53　单体海绵设施入流及出流中 COD_{Cr} 浓度超越概率图、BOD_5 浓度超越概率图

（6）BOD_5 削减效果分析

《地表水环境质量标准》（GB 3838—2002）中规定的 BOD_5 的标准限值从Ⅰ～Ⅴ类分别为 3.0 mg/L、3.0 mg/L、4.0 mg/L、6.0 mg/L、10.0 mg/L，绘制超越概率图，如图 6-53 所示，可以看出：下凹式绿地及整体透水路面出流中 BOD_5 浓度超越标准限值的概率均低于入流前屋面径流，对 BOD_5 的削减效果明显，体现在出流中 BOD_5 超越Ⅱ类水质标准限值的概率从 100% 分别降至 76%、82%，超越Ⅲ类水质标准限值的概率从 94% 均降至 59%，超越Ⅳ类水质标准限值的概率从 59% 均降至 47%，超越Ⅴ类水质标准限值的概率从 35% 均降至 18%；下凹式绿地与整体透水路面对 BOD_5 的削减效果基本相当。

（7）NH_3-N 削减效果分析

《地表水环境质量标准》（GB 3838—2002）中规定的 NH_3-N 的标准限值从Ⅰ～Ⅴ类分别为 0.15 mg/L、0.5 mg/L、1.0 mg/L、1.5 mg/L、2.0 mg/L，绘制超越概率图，如图 6-54 所示，可以看出下凹式绿地及整体透水路面出流中 NH_3-N 浓度超越标准限值的概率均低于入流前屋面径流，对 NH_3-N 的削减效果明显，体现在出流中 NH_3-N 超越

Ⅰ类水质标准限值的概率从100%分别降至94%、71%，超越Ⅱ类水质标准限值的概率从100%分别降至71%、41%，超越Ⅲ类水质标准限值的概率从84%分别降至41%、24%，超越Ⅳ类水质标准限值的概率从58%分别降至12%和0，超越Ⅴ类水质标准限值的概率从32%分别降至6%和0；整体透水路面出流中NH_3-N浓度较下凹式绿地低。

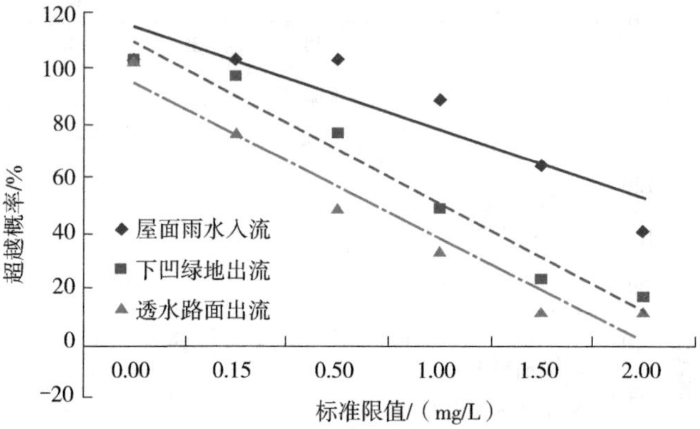

图6-54　单体海绵设施入流、出流中NH_3-N浓度超越概率图

（二）综合海绵设施径流污染削减分析

1. 污染物浓度变化

李智录等研究发现，径流中COD、BOD、TN等污染物与SS的相关性较高，若SS得到有效削减，其他污染物会相应地得以削减。从本研究中单体海绵设施出流污染物浓度变化过程及削减效果研究成果也发现COD_{Cr}、BOD_5等污染物与SS浓度变化趋势基本一致，相关性较高。因此在本次应用实例中，径流污染主要监测了SS浓度变化过程，收集了2018年7月25日至2019年8月30日的降水量数据，共计约61场降雨事件，发生出流的有19场，相应地采集到这19场降雨建设区场地出流中SS浓度变化过程数据。

（1）小雨事件

监测期内的小雨事件均未有出流发生，因此，随着海绵设施对径流的全部消纳，全部控制了降雨中的污染。

（2）中雨事件

监测期内2场中雨事件SS浓度随流量变化过程如图6-55所示，可以看出，降水量较小，出流量也很小，径流产生初期，SS浓度最高达到82 mg/L，后随流量连续性变化，SS浓度均较小，基本位于5 mg/L以下，表明该建设区场地海绵改造后，对于中雨事件径流污染削减效果较好。

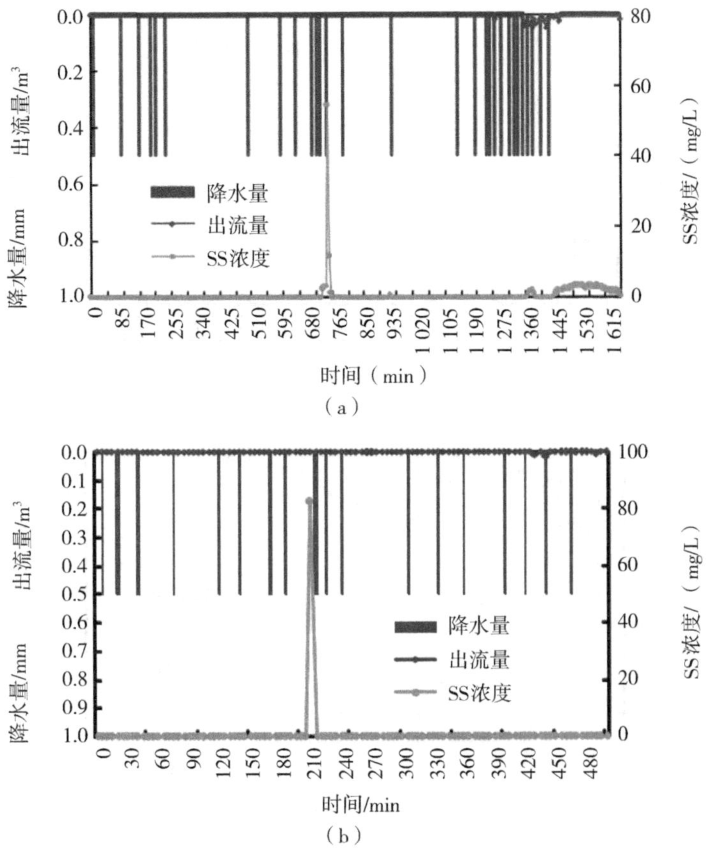

图 6-55　2018 年 11 月 15 日（中雨：降水量 14.5 mm）、2019 年 6 月 21 日（中雨：降水量 15.5 mm）SS 浓度随流量变化过程

（3）大雨事件

降水量较小的大雨事件中，SS 浓度随流量过程相应地呈单峰变化，SS 浓度峰值出现在流量峰值之前，这表明初期雨水污染物浓度较高；2018 年 7 月 30 日降雨历时短，雨强大，最大降雨强度为 7.5 mm/（5 min），降雨冲刷作用较大，导致径流中 SS 浓度最大值达到 372 mg/L，整个径流过程 SS 浓度相对较高，2019 年 7 月 28 日降雨最大雨强为 2.5 mm/（5 min），SS 浓度峰值为 29.6 mg/L，且过程较短，较 2018 年 7 月 30 日降雨径流污染削减效果好，表明径流中 SS 浓度变化也受到降雨强度的影响，且呈正相关关系（图 6-56）。

监测期内降水量为 20～30 mm 的大雨事件 SS 浓度随流量变化过程如图 6-56 所示，可以看出，SS 浓度最大值基本发生在流量发生的初期，初雨污染物浓度较高，SS 浓度变化过程基本与流量变化过程一致，若流量峰值仅出现一次，SS 浓度峰值出现一次，若流量峰值出现两次，SS 浓度峰值出现两次。

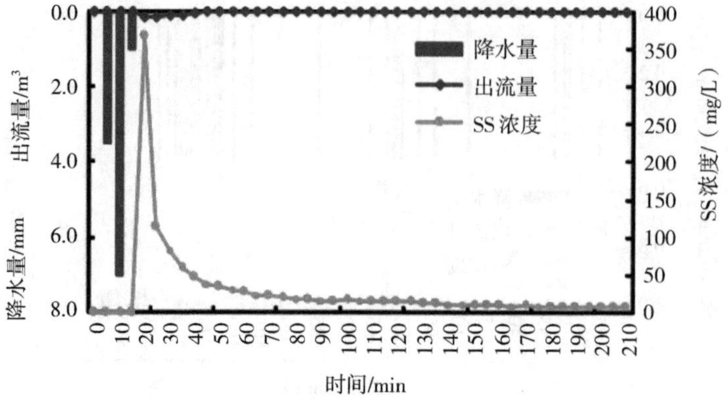

（a）

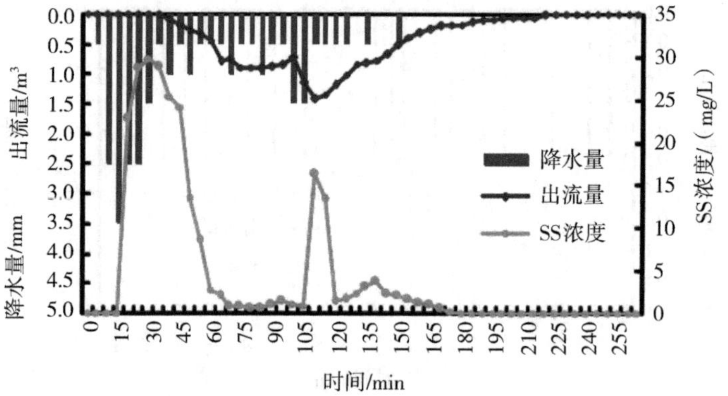

（b）

图 6-56　2018 年 7 月 30 日（大雨：降水量 11.5 mm）、

2019 年 8 月 9 日（大雨：降水量 27.5 mm）SS 浓度随流量变化过程

（4）暴雨事件

监测期内，2 场暴雨事件 SS 浓度随流量变化过程如图 6-57 所示，可以看出，流量随降水量分布及降雨强度变化出现多个高、低峰值，SS 浓度峰值发生在出流产生的初期，2019 年 6 月 27 日降雨径流过程 SS 浓度最大峰值为 11.2 mg/L，2019 年 8 月 26 日降雨径流过程 SS 浓度最大峰值为 23 mg/L，表明初期雨水污染物浓度较高，2019 年 8 月 2 日初期雨水 SS 浓度最大峰值高于 2019 年 6 月 27 日的主要受雨强的影响。随流量变化过程 SS 浓度基本呈相同的趋势变化，流量峰值的出现基本伴随着 SS 浓度峰值的发生，由图 6-57 可以看出，随流量高低峰变化，SS 浓度呈多个高低峰值变化，但 SS 浓度均未超过 10 mg/L，建设区场地海绵改造后对径流污染的控制效果较好。

2. 污染削减效果

收集采样点径流水质数据，分析建设区（西北水电南区）整体海绵改造后对径流污染的削减效果。

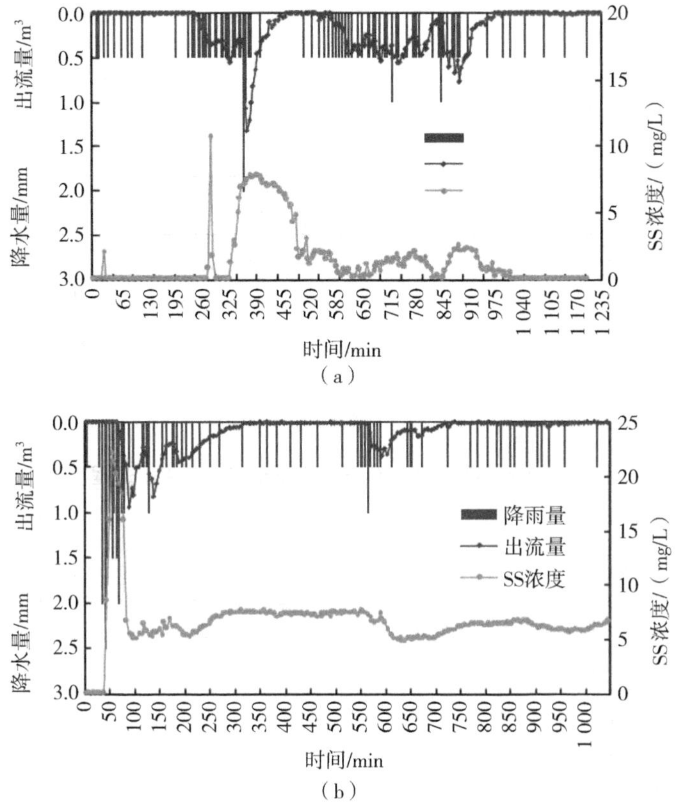

图 6-57　2019 年 6 月 27 日（暴雨：降水量 45.5 mm）、2019 年 8 月 26 日（暴雨：降水量 44.0 mm）SS 浓度随流量变化过程

（1）入流、出流污染物浓度

数据显示，建设区入流雨水 pH 为 7.55～8.45，处于《地表水环境质量标准》（GB 3838—2002）规定的 6.0～9.0 的标准限值区间内，经建设区综合海绵设施后，出流 pH 上升至 10.2 左右，超出标准限值的上限，碱性较强，这与海绵改造所使用的材料关系密切；入流 SS 浓度、TN 浓度、NH_3-N 浓度、COD_{Cr} 浓度、BOD_5 浓度经海绵设施后，出流浓度上中位与下中位区间明显小于入流值；建设区雨水径流中 TP 浓度较小，基本低于地表水环境质量标准Ⅲ类水质标准限值，海绵设施对于 TP 的削减效果不明显（图 6-58～图 6-61）。

（2）海绵改造前后总排口污染物浓度

2017 年 9 月，在该建设区未进行海绵改造前，进行了雨水取样检测，降雨场次分别为 2017 年 9 月 24 日（小雨，总排水未发生出流）、2017 年 9 月 25 日（中雨）、2017 年 9 月 27 日（大雨），取样位置为建设区接市政管网雨水井，检测指标主要包括 pH、SS、COD_{Cr}、NH_3-N、TP；建设区完成海绵改造后，2019 年 8 月 6 日、2019 年 8 月 26 日，在建设区总排口雨水井取样检测相同指标，对比结果详见表 6-11。

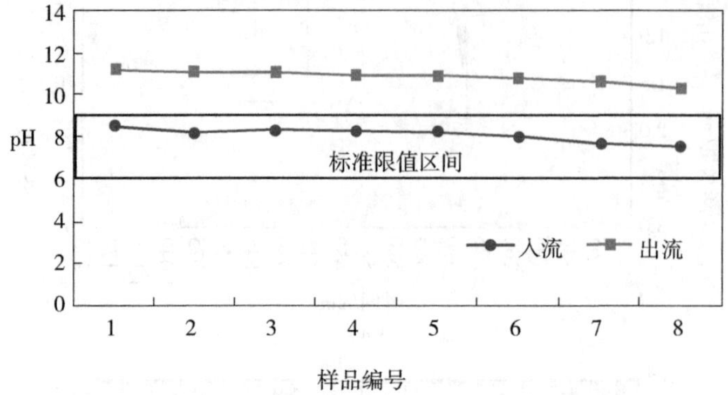

图 6-58 综合海绵设施入流及出流 pH 变化过程

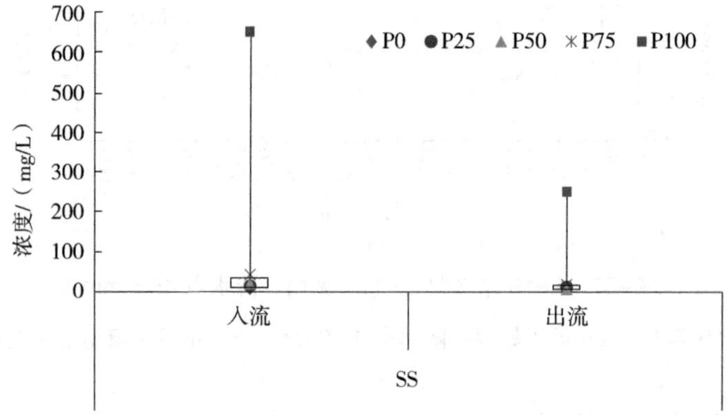

图 6-59 SS 削减情况

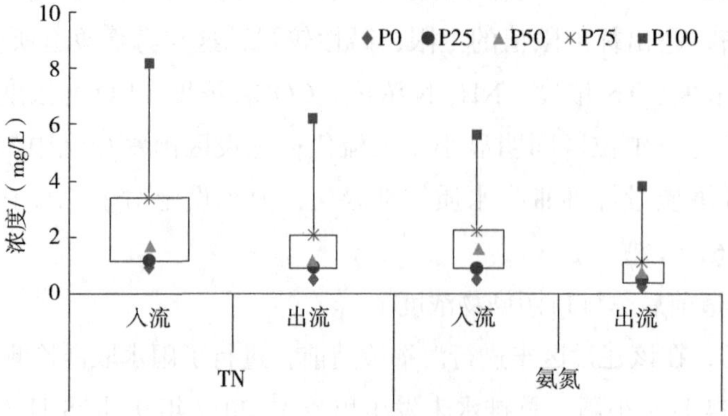

图 6-60 TN、氨氮削减情况

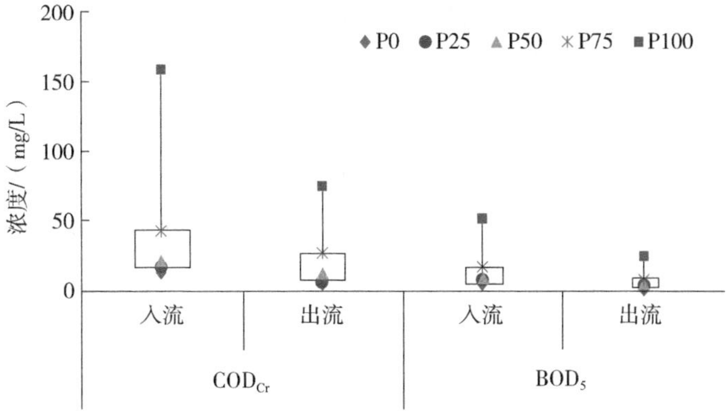

图 6-61 COD_{Cr}、BOD_5 削减情况

表 6-11 建设区海绵改造前后总排口水质对比分析

状态	采样时间	前期干旱 /d	降雨等级	检测值	pH	SS/（mg/L）	COD_{Cr}/（mg/L）	NH_3-N/（mg/L）	TP/（mg/L）
改造前	2017-09-25	0	中雨	变化范围	6.2～6.5	83～581	26.3～119	1.9～2.6	0.11～0.12
				均值	6.3	300*	80.78*	2.26*	0.11
	2017-09-27	1	大雨	变化范围	6.3～6.4	12～16	6.7～15	0.74～0.96	0.13～0.14
				均值	6.35	14	10.85	0.85	0.14
改造后	2019-08-06	2	大雨	变化范围	9.7～10.8	4.0～5.0	8～31	0.49～1.43	0.09～0.346
				均值	10.21	4.3	17.5	1.06	0.16
	2019-08-26	1	暴雨	变化范围	10.1～10.9	10～25	4.0～5.0	0.9～1.8	0.02～0.24
				均值	10.36	13	4.7	1.4	0.09

注：① * 为劣类水质；②海绵改造前的数据由西安理工大学采样检测所得。

建设区海绵改造前，总排口采集到 2 场降雨污染物数据，可以看出，2017 年 9 月 25 日，虽然前期干旱天数为 0，但由于前期一场降雨为小雨，总排口未发生出流，下垫面污染物经淋洗、冲刷并未排放掉，因此，该场降雨总排口污染物浓度高，其中 SS、COD_{Cr}、NH_3-N 的平均浓度为地表劣 V 类。2017 年 9 月 27 日降雨前期污染物沉降、累积时间短，总排水径流污染物浓度相对较低。

建设区海绵改造后，2 场数据显示，pH 较改造前变化较大，位于 10.0 左右，与海绵设施所用材料关系密切；海绵设施对于 SS、COD_{Cr}、NH_3-N 的削减效果明显，TP 的浓度变化基本稳定。

（三）污染物削减成效总结

针对上述分析可知，单体海绵设施入流及出流污染物浓度变化过程表明：初期冲刷及初期污染效应明显，整体透水路面出流比下凹式绿地出流 pH 高，整体透水路面出流中污染物浓度较下凹式绿地低。综合海绵设施对于小雨及中雨事件径流污染的控制效果好于大雨等级以上的降雨事件，对 SS、COD_{Cr}、BOD_5、TN、NH_3-N 的削减效果较明显。

综上而言，海绵城市建设后，径流污染过程随径流过程的变化而变化，随径流的发生污染浓度出现峰值，初期雨水污染浓度较高。海绵单体与综合海绵设施对常见径流污染物的削减效果明显。

第七章　绿色低碳型污水处理技术与应用

第一节　碳达峰碳中和的背景及影响

一、碳达峰碳中和背景概述

随着全球人口急剧增长，经济迅速发展，工业化进程加快，不可再生能源过度开发利用，导致气候变化成为人类面临的全球性问题。随着各国温室气体排放增加，气候日趋变暖，自然生态在遭到毁坏的同时也对生命系统造成威胁，当今世界的气候变化已经直接造成了冰川退缩、海平面上升、飓风、洪水、土地干旱、森林火灾、物种灭绝等严重灾害。因此，应对全球气候变化，实施高效严格的应对措施刻不容缓。

在这一背景下，国际社会多方携手合作，国际上也达成若干公约协定共同应对气候变化。联合国政府间气候变化专门委员会（IPCC）在2015年制定的《巴黎协定》中明确全球长期目标：将全球平均气温较前工业化时期上升幅度控制在2℃以内，并努力将温度上升幅度限制在1.5℃以内，将能避免大量气候变化带来的损失与风险。在21世纪中叶实现全球温室气体净零排放，才有可能将全球平均气温上升幅度控制在2℃以内；如果2030年的温室气体排放量在2010年的基础上减少45%，才能力争将气温上升幅度控制在1.5℃以内。纳入《联合国气候变化框架公约》的6种要求减排的温室气体包括二氧化碳、甲烷、一氧化二氮、氢氟烃、氟碳化合物和六氟化硫，其中后三类气体造成温室效应的能力最强，二氧化碳含量较多，对全球升温影响的占比也最大。因此世界各国陆续加入该协定，以全球协约的方式减排温室气体，制定减排目标。目前已有189个国家和地区加入该协定，截至2020年年底，全球已有75个国家和地区向气候变化专门委员会提交和更新了减排目标，中国由此提出碳达峰和碳中和目标。

碳达峰是指某个地区或行业，年度碳排放量达到历史最高值，然后经历平台期进入持续下降的过程，是碳排放量由增转降的历史拐点，标志着碳排放与经济发展实现脱钩，达峰目标包括达峰年份和峰值。同时也标志着经济发展由高耗能、高排放向清洁的低能耗模式转变。

碳中和是环境化学的专业用语，指某个地区在一定时间内，人类活动直接和间接排放的碳总量，通过植树造林、节能减排等形式，抵消自身产生的碳排放量，实现碳的净零排放。碳中和的过程可以通过将企业、组织或个人在一定时间内产生的温室气体排放总量加和，经过“购买碳信用”，即排放者出资开展造林增汇或减少碳排放的项目，以抵消其排放的温室气体，从而达到减少大气中温室气体浓度的目的。企业、组织或个人的碳排放也称为碳足迹，通常以吨二氧化碳当量表示，主要指在生产、经营、生活过程中因消耗能源或资源而产生的碳排放的总和，一般包括用电、燃气、交通运输等方面。

自《巴黎协定》制定以来，全球多个国家就已制定明确减碳目标，同时出台相应法律政策，加大对各行业的政策支持力度，加强引导作用，积极鼓励社会资本参与，探索各行业的碳排放权交易市场的路径，分析碳市场试点交易机制与履约政策对行业的影响，从而实现减碳目标。

二、碳达峰碳中和的目标与相关政策

（一）国外政策目标

当前世界已有50多个国家的碳排放实现达峰，约占全球碳排放总量的40%，其中大部分为发达国家。根据经济合作与发展组织的数据，欧盟作为整体早在1990年就实现碳达峰，美国碳达峰时间为2007年，日本碳达峰时间为2013年。目前，多国已通过政策宣示、立法规定将在2050年实现碳中和。各国根据自身发展趋势，从生产、经营、生活等多方过程中调整能源消费架构，关闭淘汰使用传统能源的工厂，将净零目标纳入法律，减少因消耗能源或资源而产生的碳排放的总和，同时研究碳的捕获、利用和储存，进而实现碳中和目标（表7-1）。

表7-1 各国净零排放或碳中和目标

国家	目标	目标日期	承诺性质
奥地利	承诺在2040年实现气候中立，在2030年实现100%清洁电力，并以约束性碳排放目标为基础	2040年	政策宣示
加拿大	承诺净零排放目标，并制定具有法律约束力的5年一次的碳预算	2050年	政策宣示
智利	将努力实现碳中和，将在2024年前关闭28座燃煤电厂中的8座，并在2040年前逐步淘汰煤电	2050年	政策宣示
欧盟	欧盟委员会将努力实现整个欧盟2050年净零排放目标	2050年	提交联合国
斐济	目标在所有经济部门实现净碳零排放	2050年	提交联合国
芬兰	国家制定气候法目标将要求限制工业伐木，并逐步停止燃烧泥炭发电	2035年	执政党联盟协议
法国	将净零目标纳入法律，建议必须将减排速度提高3倍，以实现碳中和目标	2050年	法律规定
德国	2019年颁布气候法，目标将在2050年前“追求”温室气体中立	2050年	法律规定

国家	目标	目标日期	承诺性质
冰岛	冰岛已经从地热和水力发电获得了几乎无碳的电力和供暖，未来将逐步淘汰运输业的化石燃料、植树和恢复湿地	2040 年	政策宣示
爱尔兰	在法律上设定 2050 年的净零排放目标，未来 10 年内每年减排 7%	2050 年	执政党联盟协议
日本	颁布气候战略，主要研究碳的捕获、利用和储存，以及作为清洁燃料来源的氢的开发	21 世纪后半叶尽早的时间	政策宣示
新西兰	设立法律为除生物甲烷（主要来自绵羊和牛）以外的所有温室气体设定了净零目标，到 2050 年，生物甲烷将在 2017 年的基础上减少 24%～47%	2050 年	法律规定
葡萄牙	于 2018 年发布实现净零排放的路线图，概述了能源、运输、废弃物、农业和森林的战略，同时葡萄牙也将在 2050 年达成净零排放目标	2050 年	政策宣示
新加坡	到 2040 年，内燃机车将逐步淘汰，取而代之的是电动汽车	在 21 世纪后半叶尽早实现	提交联合国
南非	政府于 2020 年公布了低排放发展战略（LEDS），概述了到 2050 年成为净零经济体的目标	2050 年	政策宣示
韩国	其“绿色新政”承诺在 2050 年前使经济脱碳，并结束煤炭融资	2050 年	政策宣示
西班牙	设立委员会来监督气候框架法案草案，立即禁止新的煤炭、石油和天然气勘探许可证	2050 年	法律草案
瑞典	将碳中和的时间表提前了 5 年。至少 85% 的减排要通过国内政策来实现，其余由国际减排来弥补	2045 年	法律规定
瑞士	深化了《巴黎协定》规定的减排 70%～85% 的目标。修订气候立法包括开发技术来去除空气中的二氧化碳	2050 年	政策宣示
英国	英国在 2008 年已经通过了一项减排框架法，因此设定净零排放目标很简单，只需将 80% 改为 100%。议会于 2019 年 6 月 27 日通过了修正案。苏格兰议会法案制定在 2045 年实现净零排放的目标	2050 年	法律规定
乌拉圭	颁布减少牛肉养殖、废弃物和能源排放的政策，预计到 2030 年成为净碳汇国	2030 年	自主减排承诺

（二）国内政策目标

中国近年来绿色发展思路清晰，可持续节能减排目标明确，整体社会对环境保护的意识逐步提升。2020 年 9 月 22 日，习近平总书记在第七十五届联合国大会一般性辩论上做出庄严承诺，中国将提高国家自主贡献力度，采取更加有力的政策和措施，二氧化碳排放力争于2030年前达到峰值，努力争取2060年前实现碳中和。同年12月气候雄心峰会上的讲话中，习近平主席进一步宣布：到2030年，中国单位国内生产总值二氧化碳排放将比2005年下降65%以上，非化石能源占一次能源消费比重将达到25%左右，森林蓄积量将比2005年增加60亿m^3，风电、太阳能发电总装机容量将达到12亿kW以上。

从实现碳达峰到实现碳中和，发达国家基本需要经历50～70年，而我国的目标期限仅为30年。为实现弯道超车，保持经济平稳增长，未来我国经济发展的能源增长需求与减排降碳的巨大压力将同时存在，将会对我国经济社会尤其是能源消费的结构调整产生深远的影响。因此，中央经济工作会议将“做好碳达峰、碳中和工作”列为2021年重点任务，制定碳排放达峰行动方案，支持有条件的地方率先达峰。要加快调整优化产业结构、能源结构，推动煤炭消费尽早达峰，大力发展新能源，加快建设全国用能权、碳排放权交易市场，完善能源消费双控制度。2021年2月2日，国务院发布了《关于加快建立健全绿色低碳循环发展经济体系的指导意见》（国发〔2021〕4号），立足系统观念，对生产体系、流通体系、消费体系、基础设施建设、技术创新体系、法律法规政策体系6个方面的绿色低碳循环发展提出了任务要求，为构建绿色低碳循环发展的经济体系提供了顶层设计。在产业结构调整方面，生态环境部于2021年5月发布了《关于加强高耗能、高排放建设项目生态环境源头防控的指导意见》，对“两高”项目提出了严格环评审批、加快查处不合规“两高”项目的一系列要求。在推动增量绿色发展方面，住房和城乡建设部等15部门于2021年5月25日发布了《关于加强县城绿色低碳建设的意见》，要求控制县城建设密度和强度，防止盲目高密度高强度开发和无序发展。在提供绿色金融支撑方面，中国人民银行、国家发展改革委、证监会于2021年4月印发了《绿色债券支持项目目录（2021年版）》，为金融机构和企业发行绿色债券支持绿色项目提供了更明确的依据。在经济循环方面，国家发展改革委于2021年7月印发了《“十四五”循环经济发展规划》，发展循环经济有效减少产品的加工和制造步骤，延长材料和产品生命周期，提升产品的碳封存能力，减少由于开采原材料、原材料初加工、产品废弃处理和重新生产所造成的能源消耗和二氧化碳排放。

在“双碳”目标下，各个省份也十分重视并积极制定行动方案，多地明确表示要扎实做好碳达峰、碳中和各项工作，优化产业结构和能源结构，推动煤炭清洁高效利用，大力发展新能源。其中上海、天津、辽宁、云南、浙江、福建、河南、广东、陕西等省市积极对接全国碳排放权交易市场，加快全国碳排放权交易市场建设，完善能源消费双控制度，协同推进减污降碳。吉林、黑龙江、辽宁等省全面构建绿色能源、体系、工厂，加快煤改气、煤改电、煤改生物质，促进生产生活方式绿色转型。贵州、江西等地将规范发展新能源汽车，培育发展智能网联汽车产业，公共领域新增或更新车辆新能源汽车，加强充电桩建设，促进新能源汽车消费。浙江、河北、宁夏、陕西、四川大力调整能源结构、产业结构、运输结构，大力发展新能源，优化电力、天然气价格市场化机制，实行能源总量和强度“双控”，加快无煤区建设，推进煤炭减量替代，加大新能源开发利用。云南、广西、内蒙古、青海、西藏、甘肃等省区将加强大型清洁能源基地建设，打造风电基地，培育氢能和储能产业，扩大可再生能源应用。

三、碳达峰碳中和对水环境治理行业的影响

面对实现“双碳目标”时间紧、任务重的新形势，各行各业都受到广泛影响，其中水环境治理行业在各个领域和生产环节都有碳排放，因此水环境治理过程中通过资源集约利用、污染物减排、环境影响降低、劳动生产率提高、可持续发展能力增强，不断完善绿色低碳采购标准和制度，综合考虑设计、采购、生产等环节，将成为“双碳”背景下的必然发展趋势。

（一）水环境治理工程低碳施工、运营

水环境治理工程施工、运营是碳排放的主要环节。实现碳中和目标需要从产业布局、资源特征等方面进行优化布局，通过物联网、大数据、信息化等措施着力智能制造，将水环境治理建设所需的高度标准化、高质量的预制组装板块及模块化水处理单元的生产制造，实现全过程的数字化智能化控制和生产，从而实现环保装备的标准化智能制造，从而达到在同等处理规模下，二氧化碳排放量更低，整体施工运营更绿色、低碳、环保。同时加大水环境治理行业参与可再生能源建设运营的力度，优化用能结构，积极参与可再生能源开发和应用，构建多元化能源利用结构体系，加速推动水环境治理行业实现零排放，加快行业的绿色低碳转型。

（二）低碳技术的研发和储备

注重水环境治理行业低碳技术的研发和储备，以节约能源为导向，大力推广新型节水装备和器具，加强水平衡监测与诊断，提高管网渗漏智能检测能力，优化供水系统等。通过推广具有高性能、轻量化、长寿命、近终型、可循环等绿色低碳技术设备，开展生态设计和低碳生产，为用户提供绿色低碳治理服务，以产业链共赢降低碳排放。重视最优化监测和控制系统以及污水处理厂高效运行的技术，实现水务基础设施建设的节能环保。同时，新型温室气体减排技术的研发与应用也将成为主导，尤其是非二氧化碳温室气体减排的技术。

（三）全生命周期评价，多方协同发展

开展水环境治理行业全生命周期评价，推动全流程全产业链碳减排。优化水环境治理产业布局和流程结构变革，实现工艺及装备智能化升级，达到全流程工艺的碳减排。

健全产品全生命周期技术研发、评价和服务体系，助力治理技术、设备、水利工程性能和寿命提升。同时，实现水环境治理行业的多方协同发展，依托原有污水处理设施，加快从单体治理向水资源循环利用的复合型业务转型，通过生态补水助力水环境综合治理，实现业务协同和生态协同。将生态补水纳入水资源管理，助推企业进一步增加收入，实现经济协同和资源协同。加快形成智慧水务的新业态与新模式，以技术为水务行业赋能，实现水环境治理行业数字化智能化转型与碳减排的协同发展。

（四）海绵城市建设

碳中和的实现需要海绵城市建设助力。海绵城市以自然积存、自然渗透、自然净化为建设理念，通过绿色屋顶、下沉式绿地、生物滞留设施、雨水花园等增加碳汇，可以缓解热岛效应。雨水资源的重复利用、污水再生利用、雨水净化等，也间接达到减少碳排放目的，助力碳中和的实现。建设海绵城市在空间范围上打开规划视角，从全域角度统筹分析，以跨区域碳补偿与碳交易机制为基础。以区域“双碳”达标为海绵城市建设附加目标，构建海绵城市“碳排＋碳汇”核算系统，实现海绵城市建设全系统、全生命周期管理。在全域尺度上，通过生态环保材料使用、雨污水管网提质增效、城市绿色空间增加等一系列工程措施，将减碳排与增碳汇相结合，体现海绵城市综合减碳效应，因地制宜构建基于“双碳”达标的海绵城市建设碳足迹追踪核算系统，结合自身需求，合理布设适宜类型的海绵措施，在满足海绵城市建设目标要求的基础上，协同实现海绵城市建设对区域绿色低碳减排效果最优化、贡献最大化。

（五）智慧水务发展

环境产业的智慧化与碳达峰碳中和目标同处一个时代背景，“双碳”目标也深远影响着智慧水务发展。数字化转型对工艺、设备、设施的不断优化将提升水环境治理产业碳达峰碳中和的能力，水环境治理行业数字化转型与碳达峰碳中和相互耦合、互相促进。水环境治理企业在节能、降耗、减排、再生利用等领域，利用信息化、智能化技术尽快实现产业数字化转型，加强行业大数据基础能力，完善健全从数据采集到数据应用的数据全生命周期管理，同时加入碳管理体系，将大数据、水务机理模型、机器学习与水务业务深度融合，为水环境治理企业和政府主管部门提供治理态势分析、长短期用水预测、供水与污水处理工艺运行监控预警等专项解决方案，最终实现水调度智能化、供水服务精准化、管网运行预警化、水质保障终端化、水厂运行智慧化，落实碳减排目标。

四、碳达峰碳中和对污水处理行业的影响

污水处理行业在全球能耗占比为1%～3%，且呈逐年上升的趋势，尽管污水处理行

业的经济总量、投资规模和从业人员只有经济全行业的千分之一，但碳排放量占全社会总排放量的 1%～2%，属于能源密集型的高碳行业。而且随着污水处理行业的快速发展和排放标准的不断提高，污水厂向大气中排放的温室气体呈逐渐提高甚至指数上升趋势。我国污水处理行业总规模很大，属于高耗能产业，是重要的碳排放行业，亟须系统全面地开展碳减排工作。1978—2019 年，我国城市污水处理厂的数量从 36 座增长到 2 471 座，日处理能力也由 64 万 m^3 提升到 1.79 亿 m^3。2005—2014 年，我国城镇污水处理的温室气体排放量由 23.65 万 t 二氧化碳当量增长到 129.4 万 t 二氧化碳当量。污水处理行业的温室气体大部分属于非二氧化碳温室气体的甲烷和氧化亚氮，由于甲烷和氧化亚氮的增温效应分别是二氧化碳的 21 倍和 298 倍，因此污水处理行业也被列为甲烷的第六大排放源和氧化亚氮的第三大排放源，其中，CH_4 排放主要发生在化粪池、管道淤积、污水直接排放等情景，N_2O 排放主要发生在污水好氧处理过程和受纳水体，而电耗、物耗等产生的间接碳排放取决于污水处理厂的管理水平。碳达峰、碳中和目标的提出对水污染防治领域有着多方面的重要影响。

《中国污水处理行业碳减排路径及潜力研究》指出中国污水处理行业的 3 条碳减排路径，即提高污水处理综合能效、大力回收能源、探索绿色低碳工艺。

在提高污水处理综合能效方面，减少污水处理系统厌氧环境，如逐步取消化粪池、减少管道淤积等；将 N_2O 纳入生物处理控制体系；提高精细化管理水平，降低能源和物料消耗。通过厂网一体流域化管理，实现系统性降碳；建立基于污染物特征变化的多种调控策略，实现精细化运营管理；工艺和设备协同管理，提高系统的稳定性、可靠性和能源利用效率。

在能源回收方面，建设分布式光伏发电项目，提高绿色能源利用量，打造资源化再生水厂；开发水源热泵技术，可在冬季为用户供热、在夏季为用户制冷。

在探索绿色低碳新工艺，对好氧颗粒污泥、厌氧氨氧化、自养反硝化等绿色低碳新技术进行研发及应用；利用沼气热电联产技术，替代外部电能消耗；大力推广高品质再生水回用；大力推进污泥资源化利用。坚持以绿色节能为导向，选择低碳工艺和高效节能设备，以节能降耗为目标，通过对运行数据的分析，选择最佳控制参数，同时引入全流程分析理念，实现精准调控。

第二节　绿色低碳型污水处理技术现状

一、绿色低碳污水处理技术的特点与要求

污水处理与能源、工业、建筑、交通等行业相比，碳排放所占比重较小，但其单位产值能耗高，属于能源密集型行业。未来污水处理行业应当以我国碳达峰碳中和政策为

契机，积极推动绿色低碳型污水处理技术的研究和应用，挖掘碳减排潜力，达到减污与降碳协同增效的目的。

绿色低碳型污水处理技术的主要特点与要求如下：

第一，能耗低。能耗一直是污水处理厂碳排放的重要源头，尤其是曝气设备的能耗占比一般达到 50% 以上。

第二，产泥量少。污水处理过程中一般会产生大量副产物——污泥，其运输和处置需要额外增加大量能耗，间接产生大量碳排放。

第三，药剂投加量小。污水处理过程投加的絮凝剂、碳源、pH 调节剂等药剂，间接增加了碳排放。

二、国内外绿色低碳型污水处理技术及应用现状

（一）绿色低碳型污水处理技术

1. 人工湿地

（1）技术概述

人工湿地是一种人为设计与建造的由饱和基质、挺水与沉水植被、动物和水体组成的复合体，用于模拟自然湿地，通过基质、植物和微生物的物理、化学、生物共同作用来去除污染物质，具有净化水质、物质生产、调节水气和科普教育等重要功能。颗粒性有机物主要通过基质的截留吸附以及沉淀作用，最后由微生物降解得以去除；而可溶性有机物主要通过基质吸附、植物吸收以及微生物的代谢降解得以实现去除。人工湿地的脱氮机理主要包括氨挥发、硝化、硝酸盐还原（包括反硝化和硝酸盐氨化）和厌氧氨氧化等，目前人工湿地已被广泛运用于有机污染物和含氮污染物的污水处理。人工湿地根据布水方式和水流形态可分为三种：表面流人工湿地、水平潜流人工湿地、垂直潜流人工湿地。其中垂直潜流人工湿地的复氧速率比前两者高一个数量级，床体基本处于好氧状态，因此，其 CH_4 释放显著低于前两类湿地。

（2）优势特点

人工湿地处理污水相较于其他工艺，成本投入低，无须专业人员管理，且低能耗、无动能、无污泥，易于维护。人工湿地对污水的处理效果优于传统的污水处理工艺，水力负荷一般为 10～60 cm/d，出水可回用，有较强的抗冲击负荷能力。对污水中的 BOD_5 去除率一般可达到 85%～95%，COD 去除率可达到 80% 以上，对 N、P 的去除率分别可达到 60%、90% 以上，对 TN 的去除率可达到 60%～70%，氮污染物的去除主要通过微生物的硝化和反硝化作用。并且，人工湿地由于栽种了大量的湿地植物，在城市及园林中起到绿化作用，不但能够消除城市的热岛效应，还能给人们提供优美的新型城市生

态景观。

（3）碳排放概况

人工湿地中 CO_2 的产生主要是土壤微生物呼吸和活根呼吸的作用，CH_4 主要是由土壤中的产甲烷细菌产生的，人工湿地土壤中有效氮的淋失有反硝化过程的作用，从而产生 N_2O。在不同土壤中具有不同的土壤微生物菌族、土壤有机物种类及含量，导致产生甲烷的途径和排放量也不相同。垂直潜流人工湿地 CH_4 排放通量平均值为 8.5 mg CH_4/（m^2·h）。

2. 人工快速渗滤系统

（1）技术概述

人工快速渗滤系统（Constructed Rapid Infiltration System，简称 CRI 系统）是在传统的快速渗滤土地处理（简称 RI）系统的基础上发展起来的一种污水处理技术。常见 CRI 系统分预处理单元（隔栅、混凝沉淀等）和主反应单元（人工快渗池）和后处理单元（反硝化滤池、人工湿地等）三部分，如图 7-1 所示。

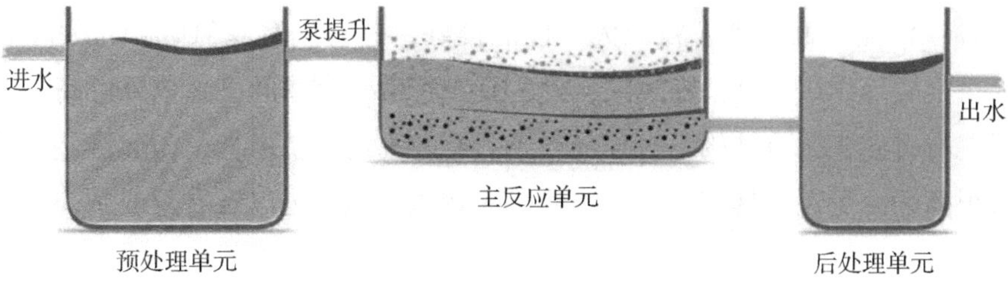

图 7-1 CRI 系统工艺流程示意图

人工快渗池是 CRI 系统的主处理单元，污水经过格栅和混凝沉淀预处理后，进入人工快渗池，主要利用填料生物膜的过滤、吸附和生物降解作用实现污染物的去除；对于水质要求较高的场景，可增加反硝化滤池或人工湿地等后处理单元。经过 CRI 系统处理的清洁水以供回用，可回用于生态补水、绿化、冲洗路面、冲厕、农田灌溉等。

人工快渗池采用干湿交替的运转方式，即在各快渗池里淹水和落干相互交替运行，一般每日 3～5 个周期。在淹水期，污水自上而下流经滤料层，由于滤料呈压实状态，利用滤料粒径较小的特点，滤料中黏土性矿物和有机质的吸附作用以及生物膜的生物微絮凝作用，截流和吸附污水中的悬浮物和溶解性物质。在落干期，滤料表面的生物膜在好氧状态下对附着在填料内部的污染物进行好氧生物降解，从而使污染物在系统中得以最终去除。

（2）优势特点

CRI 系统具有工艺流程简单、系统水力负荷高、运行成本低、建设周期短、出水效果好、操作维护简便、不产生剩余活性污泥等优势，适用江河湖库水环境修复、污水处理厂提标扩容、工业园区污水深度处理、农村污水分散式处理等领域，出水 COD_{Cr}、BOD_5、氨氮、总磷、SS 等可达一级 A 及以上标准（最高可达准地表Ⅲ类水标准）。

（3）碳排放概况

CRI 系统的碳排放源可分为直接排放和间接排放。干湿交替的运转过程中存在一定量的 CH_4 和 N_2O 直接排放。经红外线气体分析仪监测分析，在 CRI 系统的落干期 CH_4 等温室气体直接排放量非常小，根据 IPCC 推荐相关方法学折算可得，每处理 1 m^3 低浓度废水排放的 CO_2 为 51.76 g CO_2/m^3。

3. 好氧颗粒污泥技术

（1）技术概述

在污水生物处理系统内，微生物聚集的形式主要有絮状污泥、生物膜和颗粒污泥 3 种，颗粒污泥在好氧条件下进行培养，颗粒的分层结构形成好氧、缺氧和厌氧区域，其结构特征可以实现一定程度的脱氮除磷效果。好氧颗粒污泥相关工艺是常规活性污泥工艺的替代工艺，用于去除营养物、持久性污染物和水回用。

（2）优势特点

好氧颗粒污泥表面光滑、粒径大、性能良好，具有同时脱氮除磷、去除有机污染物、去除重金属等作用，且去除效果良好，其对石油化合物的去除效果可高达 90%。好氧颗粒污泥具有致密的核结构，对外部粒子具有较高的防扩散性，因此细胞整体对有毒物质具有很高的耐受性，具有优异的生物营养物质去除能力以及有毒或顽固污染物的生物降解性能。

（3）碳排放概况

好氧颗粒污泥技术所需要的装置体积比现有的常规活性污泥装置所需要的体积小，同时可减低能耗和土建费用。与厌氧颗粒污泥相比，好氧颗粒污泥的形成周期较短。在耗能方面，好氧颗粒污泥可在常温条件下进行培养，同时在污水浓度方面局限性小，对高浓度工业废水和城市生活污水的处理均有良好效果。同时，平均耗电量仅为 0.17 kW · h/m^3，相比传统活性污泥技术，降耗量达到 48%。

4. MABR 技术

（1）技术概述

MABR 将传统的生物膜法污水处理技术与气体分离膜技术相结合，属于膜生物反应器的一种，其系统装置主要包括曝气膜组件和微生物膜两部分。微生物膜附着生长在曝气膜外层，生物固体平均停留时间较长，能够将氨转化为亚硝酸盐，再转化为硝酸盐。由于生物膜内外存在氧浓度差和生物膜对污染物的吸附作用，氧气从生物膜内侧向外侧扩散，液相中污染物从生物膜外侧扩散进入生物膜内侧，氧气和污染物如 NH_4^+ 从相反的方向向生物膜内扩散，形成异向传质的效果，传质过程中污染物被生物膜上各功能微生物的降解作用而被有效去除。

（2）优势特点

MABR 技术膜材料寿命长达 15 年，是普通 MBR 膜寿命的 5 倍，污水处理过程中减少了同步硝化 / 反硝化的需氧量，且不再需要回流泵，同时具有比微孔曝气扩散更高效的氧气传递效率，因此具有原材料成本和运行成本较低的优点。反应器内出现生物膜分层结构，存在同步硝化反硝化过程，对污染物有较好的去除效果。

（3）碳排放概况

在运行过程中，药剂消耗和清洗成本为零，设备维护工作量低且系统运行稳定，可实现移动终端远程智能化操控，因此长期综合运行成本比较低。MABR 技术无须增设反应池，同时还能改善 TSS、氨氮的去除效果（尤其是低温条件和高峰流量期间），可节约供氧能耗 40% 左右。

（二）绿色低碳型污水深度脱氮技术

1. 厌氧氨氧化技术

（1）技术概述

厌氧氨氧化（Anammox）技术是一种新型生物脱氮技术，指在厌氧或者缺氧条件下，厌氧氨氧化菌以亚硝态氮（NO_2^--N）为电子受体，氧化氨氮（NH_4^+-N）为氮气（N_2）的生物过程，通过灵活的曝气控制方式即根据进水瞬时负荷自动调整曝气量和曝气频率，来实现良好的硝化和反硝化反应，从而实现厌氧氨氧化的稳定运行，该技术在城镇污水处理的脱氮领域具有广阔应用前景。在调控有机物、SRT、DO、温度及污泥截留等因素的基础上，城镇污水适宜采用 Anammox 工艺进行处理。该工艺目前已在城镇污水侧流工艺中稳定运行且凸显出脱氮优势。

（2）优势特点

厌氧氨氧化技术的优势在于：需氧量与传统相比减少 62.5%，可有效降低充氧电耗；无须有机碳源，运行费用降低；不涉及异养型的反硝化菌，可大幅度降低剩余污泥产量。另外，厌氧氨氧化工艺具有很高的容积效能，能够大大减小反应器的体积，显著降低投资费用。因此，若厌氧氨氧化技术应用于城镇污水处理厂脱氮，可显著降低硝化过程曝气量，并降低脱氮有机碳源的外加量，从而降低处理费用。与传统的工艺相比，能减少 90% 的运行费、节省 50% 的空间面积，厌氧氨氧化技术具有明显的可持续性。

（3）碳排放概况

厌氧氨氧化菌能够利用氨作为能源，不需要再使用昂贵的甲醇。并且反应不需要氧气，省下了曝气能耗，所以厌氧氨氧化工艺消耗的电量很少；同时，这一过程彻底改变了过去需要通过投加电子供体（碳源）才能脱氮的传统途径（反硝化），无须外加碳源，不仅不产生二氧化碳，反而还会消耗它；厌氧氨氧化也可以使剩余污泥产量降至最低，从而节省大量的污泥处置费用。

2. 自养反硝化技术

（1）技术概述

生物反硝化主要是利用微生物的新陈代谢将 NO_3^- 还原为 N_2 的过程，自养反硝化是一类营自养型反硝化细菌以 H_2、Fe^{2+}、硫单质或硫化合物作为电子供体，硝酸盐为电子受体，并利用无机碳（如 CO_2 或 HCO_3^-）作为碳源将硝酸盐氮还原成氮气的过程。以无机物为碳源的自养反硝化可按利用电子供体类型的不同，主要分为氢自养反硝化、硫自养反硝化和铁自养反硝化。目前，国内外对以单质硫作为电子供体的硫自养反硝化的研究最多。与传统的异养反硝化相比，硫自养反硝化工艺无须额外添加有机碳，在实际工程应用中，可有效节省运行成本。

（2）优势特点

自养反硝化具有以下的优点：不需要额外提供有机物，在降低了运营成本的同时不会因有机物残留而引发二次污染；自养菌生长速率比较缓慢，污泥产量少，减少了剩余的污泥处理成本。所以，自养反硝化对低 C/N、营养成分匮乏的水体脱氮处理有着较高的应用价值。该技术已应用到许多领域，如地下水、污水厂尾水、渗滤液、工业废水和离子交换浓溶液处理等。

（3）碳排放概况

由于自养反硝化技术利用微生物的新陈代谢将 NO_3^- 还原为 N_2，从而降低了处理过程中 N_2O 的排放量。与异养反硝化技术相比，自养反硝化系统的 N_2O 排放通量和增温潜势更低，N_2O 排放通量约为（0.60 ± 0.25）N_2O-N/（$m^3 \cdot d$），增温潜势约为（0.013 ± 0.007）g CO_2/d。硫自养反硝化工艺无须额外添加有机碳，大大降低了传统技术中投加药剂所产生的能耗。

三、典型绿色低碳型污水处理技术碳减排研究

本研究通过对污水处理过程产生的碳排放量核算方法进行梳理分析，并对绿色低碳型污水处理技术碳排放情况进行核算与对比分析，有助于了解绿色低碳型污水处理技术的减碳潜力，促进污水处理技术低碳化发展，同时为污水处理领域实现碳减排提供借鉴参考。

（一）碳排放量核算方法与依据

目前碳排放研究主体主要由 IPCC、各国政府、独立研究机构组成，三者之间相互指导、相互借鉴；研究内容主要集中在制定碳排放清单和 GHG 排放量计算方法构建上；引申探讨包括对碳减排、碳交易和低碳城市等领域的研究。碳排放研究体系的详细信息如图 7-2 所示。

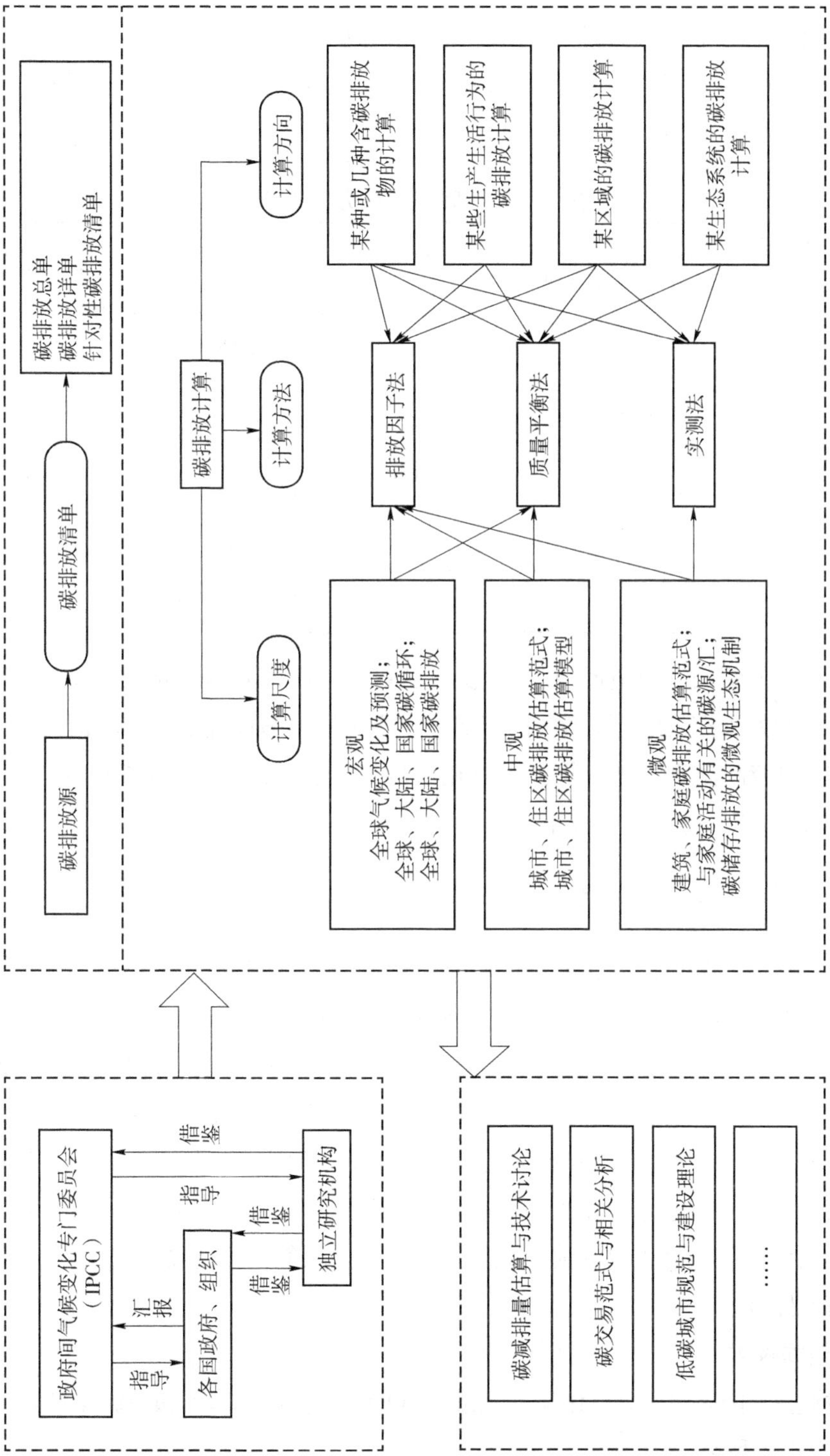
碳排放源
碳排放清单
碳排放总单
碳排放详单
针对性碳排放清单
碳排放计算
计算尺度
计算方法
计算方向
宏观
全球气候变化及预测；
全球、大陆、国家碳循环；
全球、大陆、国家碳排放
中观
城市、住区碳排放估算范式；
城市、住区碳排放估算模型
微观
建筑、家庭碳排放估算范式；
与家庭活动有关的碳源/汇；
碳储存/排放的微观生态机制
排放因子法
质量平衡法
实测法
某种或几种含碳排放物的计算
某些生产生活行为的碳排放计算
某区域的碳排放计算
某生态系统的碳排放计算
政府间气候变化专门委员会（IPCC）
各国政府、组织
独立研究机构
指导
汇报
借鉴
碳减排量估算与技术讨论
碳交易范式与相关分析
低碳城市规范与建设理论
……

图 7-2　碳排放研究框架

碳核算方法的选取会对城镇污水处理厂碳排放数据的可靠性产生直接影响。碳排放核算方法与核算模型可分为宏观、中观和微观3大类，宏观核算模型在大尺度上对碳排放核算给出概念性的解释与方法；中观和微观核算模型按面对不同类型的碳排放源对其进行碳排放量的核算。目前使用范围较广、具有宏观和微观特点的碳核算方法有排放因子法、质量平衡法和实测法（表7–2）。

表7–2　不同碳核算方法对比

类别	适用尺度	适用对象	优点	缺点	应用现状
排放因子法	宏观、中观、微观	稳定的人为排放源；简单的自然排放源	简单易理解；有完备的数据；有丰富的实例	应对排放源变化的情况不理想	应用广泛；结论比较权威
质量平衡法	宏观、中观	复杂的人为排放源；复杂的自然排放源	能够明确区分各类设备与自然排放源的区别	数据获取困难；容易产生系统误差	刚刚兴起；结论需要讨论
实测法	微观	小区域自然排放源；可监测的自然排放源	中间环节少；结果准确	投入大；数据获取困难；样品易受干扰	应用时间较长；应用范围窄

考虑到排放因子法目前应用比较广泛且认可度较高，故本研究污水处理过程的碳排放核算采用排放因子法进行核算。核算依据主要包括生态环境部的《城镇污水处理厂污染物去除协同控制温室气体核算技术指南（试行）》、IPCC的《2006年IPCC国家温室气体清单指南》以及他人研究成果。

（二）核算边界与工作流程

根据《城镇污水处理厂污染物去除协同控制温室气体核算技术指南（试行）》，碳核算边界的城镇污水处理厂应当遵循属地管理原则，以企业法人或独立核算的当地城镇污水处理厂为边界。其中污水处理技术主要包括重力分离法、离心分离法、筛滤截留法和以热交换原理为基础的处理法等物理处理法，化学混凝法、化学混凝沉淀法、化学混凝气浮法、中和法、化学沉淀法和氧化还原法等化学处理法，好氧生物处理（氧化沟、序批式活性污泥法、曝气生物滤池、好氧生物膜法、生物接触氧化法等）、厌氧生物处理（厌氧活性污泥法、厌氧生物滤池、厌氧生物膜法、厌氧生物转盘等）、好氧–厌氧混合处理等生物处理法。

1. 污染物种类

污染物包括甲烷（CH_4）、化学需氧量（COD）、总氮（TN）和污泥4种。

2. 温室气体种类

温室气体包括甲烷（CH_4）、氧化亚氮（N_2O）和二氧化碳（CO_2）3种。

3. 活动水平

城镇污水处理厂污染物去除与温室气体减排核算活动水平之间的对应关系主要包括以下两种情形：

（1）污染物去除量作为核算温室气体减排量的活动水平，其中 CH_4 既是污染物又是温室气体；

（2）以城镇污水处理厂厂内污泥处理设施处理的污泥量作为核算温室气体减排量的活动水平。

4. 工作流程

城镇污水处理厂污染物去除协同控制温室气体核算分为确定核算边界、选择核算方法、收集活动水平数据并确定排放因子、质量控制、形成核算报告等步骤（图 7-3）。

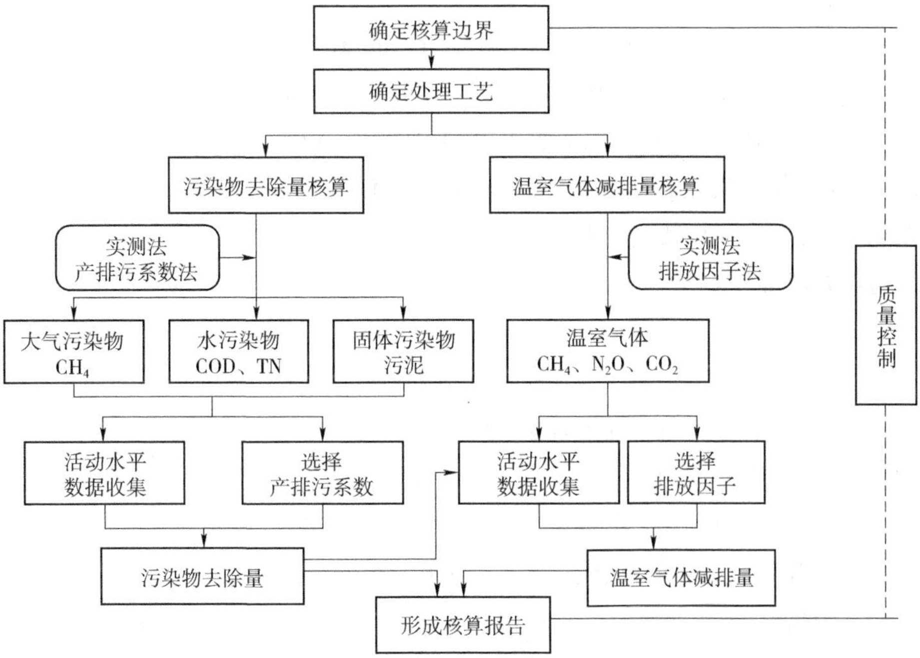

图 7-3　核算工作流程

（三）核算公式

1. 直接排放部分

根据《城镇污水处理厂污染物去除协同控制温室气体核算技术指南（试行）》，温室气体净减排总量由城镇污水处理回收的 CH_4、去除 COD 产生的 CH_4、去除污泥产生的 CH_4、去除 TN 产生的 N_2O 及消耗电力所产生的 CO_2 折算为二氧化碳当量组成。

基于城镇污水处理厂实际运行情况，温室气体净减排量核算可表示为

$$E_g = E_1 + E_2 + E_3 + E_4 + E_5 \tag{7-1}$$

（1）污染物去除量核算

① CH_4 回收量

$$W_{CH_4}=R_{CH_4}\times 0.717\times 10^{-3} \tag{7-2}$$

式中，W_{CH_4}——城镇污水处理厂 CH_4 年回收量，t/a；

R_{CH_4}——城镇污水处理厂城镇污水处理过程中年回收的 CH_4 体积，m^3；

0.717——标准状况（1 个标准大气压和温度 0℃）下 CH_4 的密度，kg/m^3。

活动水平数据收集：根据计量器具获得城镇污水处理厂 CH_4 回收体积。

② COD 和 TN 去除量

$$R_j = Q\times（\rho_{in,j}-\rho_{out,j}）\times 10^{-6} \tag{7-3}$$

式中，R_j——第 j 种水污染物的年去除量，t/a；

j——水污染物 COD 和 TN；

Q——城镇污水处理厂污水年处理量，m^3/a；

$\rho_{in,j}$——入厂城镇污水中污染物 j 的年均浓度，g/m^3；

$\rho_{out,j}$——出厂城镇污水中污染物 j 的年均浓度，g/m^3。

活动水平数据收集：Q 可由城镇污水处理厂统计报表中获得，$\rho_{in,j}$ 和 $\rho_{out,j}$ 可由城镇污水处理厂监测的年平均数据获得。

③ 污泥处理量

$$SR = SG-SE \tag{7-4}$$

$$SG = W_a\times EF_s\times D\times 10^{-4} \tag{7-5}$$

式中，SR——厂区污泥干物质年处理量，t/a；

SG——城镇污水处理厂污泥干物质产生量，t/a；

SE——输送出城镇污水处理厂边界之外的污泥干物质量，t/a；

W_a——城镇污水处理厂城镇污水日处理量，m^3/d；

EF_s——城镇污水处理厂日处理城镇污水产生污泥干物质量［t/（万 m^3·d）］；

D——城镇污水处理厂年运行日数，d/a。

活动水平数据收集：SE、W_a 和 D 由城镇污水处理厂采用实测法或基于统计报表中获得，EF_s 通过实测获得或采用推荐值 1.0～2.0 t/（万 m^3·d）。

（2）温室气体排放量核算

① 回收 CH_4 产生的温室气体减排量

$$E_1 = W_{CH_4}\times GWP_{CH_4} \tag{7-6}$$

式中，E_1——城镇污水处理过程中回收 CH_4 折算为二氧化碳当量的年减排量，t CO_2 eq/a；

W_{CH_4}——城镇污水处理过程中作为污染物的 CH_4 年回收量，t CH_4/a；

GWP_{CH_4}——CH_4 全球增温潜势值，取值为 21。

活动水平数据收集：W_{CH_4} 依据公式（7-1）获得。

② 去除 COD 产生的温室气体排放量

$$E_2=[(R_{COD}-SG\times\rho_s)\cdot EF_{CH_4}-W_{CH_4}]\times GWP_{CH_4} \quad (7-7)$$

式中，E_2——去除城镇污水中COD所产生的CH_4折算为二氧化碳当量的年排放量，$t\ CO_2\ eq/a$；

R_{COD}——城镇污水处理 COD 年去除量，t COD/a；

SG——城镇污水处理厂污泥干物质年产生量，t/a；

ρ_s——城镇污水处理厂污泥干物质中有机物质含量，t COD/t；

W_{CH_4}——城镇污水处理厂 CH_4 年回收量，$t\ CH_4/a$；

EF_{CH_4}——CH_4 排放因子，$t\ CH_4/t\ COD$；

GWP_{CH_4}——CH_4 全球增温潜势值，取值为 21。

A. 活动水平数据收集：R_{COD} 依据公式（7-3）获得；SG 依据公式（7-5）获得；ρ_s 可采用实测法或基于污水处理厂统计报表获得；W_{CH_4} 依据公式（7-1）获得。

B. 排放因子确定：W_{CH_4} 排放因子计算见公式（7-8）。

$$EF_{CH_4}=B_0\times MCF \quad (7-8)$$

式中，EF_{CH_4}——CH_4 排放因子，$t\ CH_4/t\ COD$；

MCF——CH_4 修正因子，完全厌氧处理取值为 1，完全好氧处理取值为 0；

B_0——最大 CH_4 产生潜势，取值为 0.25 $t\ CH_4/t\ COD$。

③ 处理污泥产生的温室气体排放量

$$E_3=SR\times\beta_s\times DOC_f\times MCF\times F\times C_{CH_4/C}\times GWP_{CH_4} \quad (7-9)$$

式中，E_3——城镇污水处理厂去除污泥产生的 CH_4 折算为二氧化碳当量的年排放量，$t\ CO_2\ eq/a$；

SR——污水处理厂污泥干物质年去除量，t/a；

β_s——城镇污水处理厂污泥干物质中有机质含量，t C/t；

DOC_f——污泥干物质中可降解有机碳比率，取值为 50%；

MCF——CH_4 修正因子，完全厌氧取值为 1，完全好氧取值为 0；

F——可降解有机碳中可产生 CH_4 的碳的比例，取值为 50%；

$C_{CH_4/C}$——CH_4/C 分子量之比，为 16/12。

活动水平数据收集：SR 依据公式（7-3）获得；可采用实测法或基于污水处理厂统计报表获得。

④ 去除 TN 产生的 N_2O 排放量

$$E_4=R_{TN}\times EF_{N_2O}\times C_{N_2O/N_2}\times GWP_{N_2O}\times GWP_{N_2O} \quad (7-10)$$

式中，E_4——城镇污水处理厂年去除 TN 产生的 N_2O 折算为二氧化碳当量的年排放量，$t\ CO_2\ eq/a$；

R_{TN}——城镇污水处理厂 TN 年去除量，t N/a；

EF_{N_2O}——污水中单位质量的氮能够转化为氧化亚氮的氮量，好氧段取值为 0，缺氧段取值为 0.005 t N_2O-N/t N；

C_{N_2O/N_2}——N_2O/N_2 分子量之比，44/28；

GWP_{N_2O}——N_2O 全球增温潜势值，取值为 310。

活动水平数据收集：R_{TN} 由公式（7-3）获得。

2. 间接排放部分

（1）电耗碳排放核算

根据《城镇污水处理厂污染物去除协同控制温室气体核算技术指南（试行）》，其中电力消耗产生的 CO_2：

$$E_5 = EH \times EF_{CO_2} \times GWP_{CO_2} \tag{7-11}$$

式中，E_5——城镇污水处理厂污水处理设备运行年耗电力产生的 CO_2 排放当量，t CO_2 eq/a；

EH——城镇污水处理厂污水处理设备运行年耗电量，MW·h/a；

EF_{CO_2}——电力 CO_2 排放因子，t CO_2/MW·h；

GWP_{CO_2}——CO_2 全球增温潜势值，取值为 1。

A. 活动水平数据收集：EH 可根据核算期内污水处理电力购售结算凭证以及企业能源台账获得。

B. 排放因子确定：可采用实测法或使用排放因子推荐值。

（2）药耗碳排放核算

根据《小城镇污水处理厂生命周期的碳排放评估》，药耗引起的碳排放的计算公式如下：

$$M_{CO_2} \cdot Y = \sum Y_i \times EF_{CO_2} \cdot Y \tag{7-12}$$

式中，$M_{CO_2} \cdot Y$——药耗间接 CO_2 排放量，kg；

Y_i——药剂 i 消耗量，kg；

$EF_{CO_2} \cdot Y$——i 药剂的 CO_2 排放因子（kg CO_2/kg），根据统计数据，$EF_{CO_2} \cdot Y$ 混凝剂为 25 kg CO_2/kg。

（四）绿色低碳技术碳排放量核算，与传统技术对比

通过对典型绿色低碳水处理技术和传统水处理技术的碳排放源核算，得到各个技术的直接排放和间接排放二氧化碳当量值，见表 7-3。通过对比分析，传统水处理技术总碳排放量普遍高于绿色低碳技术，最大相差 196.67 g CO_2/m^3。

在减少电力消耗和药剂投加等间接排放源方面，绿色低碳污水处理技术具有较大优势。以 CRI 系统为例，该技术利用重力布水，以布水过程中的喷洒充氧和落干过程中

的自然复氧为供氧手段，无须二次提升，也不需要鼓风机等曝气设备（曝气系统能耗可占总能耗的 50%～70%），可节约大量能耗；同时，CRI 系统在运行过程中，不产生剩余活性污泥，可省去由剩余活性污泥的处理带来的动力能耗（污泥处理可占总能耗的 10%～25%）；总体而言，CRI 系统的平均电耗仅为 0.13 kW·h/m^3，换算 CO_2 排放当量为 126.78 g CO_2/m^3，加上 PAM 使用量的 CO_2 排放当量 12.5 g CO_2/m^3，CRI 系统的间接碳排放源仅为 139.28 g CO_2/m^3。

表 7-3　各类污水处理技术碳排放核算

	绿色低碳污水处理技术				传统污水处理技术		
碳排放源	人工湿地（表面流）	人工快渗	好氧颗粒污泥	自养反硝化	A^2/O	传统活性污泥法	Orbal 氧化沟
直接排放 /（g CO_2/m^3）	57.94	51.76	43.59	34.4	21.84	17.43	53.22
间接排放 /（g CO_2/m^3）	99.7	139.28	163.34	191.28	266.20	268.19	301.09
合计	157.64	191.04	206.93	225.68	288.04	285.62	354.31

（五）碳减排效益分析

1. 经济效益

未来，污水处理中绿色低碳技术相比传统技术所减少的碳排放量通过转让交易将为企业和国家带来经济效益。根据我国《清洁发展机制项目运行管理办法》中的有关规定，在清洁发展机制（CDM）项目中通过转让温室气体减排量所获得的收益一部分归实施企业所有，一部分归国家所有。国家将收取收益作为中国清洁发展机制基金，支持和促进国家应对气候变化的工作。对于企业自留的 CDM 收益，除了企业用于减排设备运行维护外，还能用于自身节能减排或可持续发展项目。可以看出，大力发展绿色低碳污水处理技术不但有助于温室气体的减排，还具有很大的经济效益潜力，同时作为我国引进发达国家资金和技术的良好契机，能在一定程度上缓解投资压力，提高水处理行业在技术、设备和工艺等方面的整体水平，促进我国经济社会的可持续发展。

2. 环境效益

污水处理行业作为一个高耗能行业，发展节能降耗的绿色技术将有力减缓全球气候变化，积极解决现存环境问题。首先，绿色污水处理技术在根本上减少释放气体中的 CO_2、CH_4 和 N_2O 含量，缓解气候问题，保护人类的生存环境，维护生态平衡，推动人类与自然和谐共存。其次，绿色技术在药剂投加量和能耗上明显减少，从而提高了环境资源的整体利用率，最终实现环境资源的优化配置，促进温室气体排放总量的减少及排放强度的降低，起到缓解环境污染的关键作用。

3. 社会效益

绿色低碳水处理技术的社会效益体现在整个水处理过程社会管理的变化程度。水处理活动是在政府部门宏观调控和监管的基础上进行的，体现了相关部门有效监管和企业技术的发展创新。水处理技术的绿色发展是以“双碳”背景下制定的碳排放总量为基础，以碳交易市场为载体，从而达到对 CO_2 的排放总量的有效控制。从行业角度看，作为碳排放大户的水处理行业可以通过节能降耗落实减排政策，实现发展方式的转变，并提高水电、风电等清洁电源在水治理行业中的使用比例。通过自身减排能力的加强，将使环保企业在未来碳交易市场中占据更为有利的社会位置，促进环保服务水治理行业的产业化发展。

第三节　未来污水处理行业发展面临的问题及建议

一、排放标准制定需考虑碳排放

近年来污水处理指标不断提升，为顺利达标排放工艺过程投入的更多药剂，造成更多的碳排放，成为新的碳排放点。因此需要使污水处理行业与绿色、循环标准体系相衔接的低碳发展标准体系，针对污水处理厂的考核指标制定绿色与循环类标准，包括出水污染物排放标准、污泥排放标准和大气污染物排放标准，循环类标准包括水资源的循环利用标准等，使市政污水处理企业的运行在成本核算的前提下，在低碳发展指标方面，设立污水能源利用、污泥热能利用、企业运营节能、光伏发电、企业碳汇建设 5 类指标，使得污水处理行业向低碳发展转型过渡。

二、进一步完善污水厂碳排放核算体系

在“双碳”发展的背景下，未来污水处理行业碳核算工作将成为行业绿色转型必要的核算环节。在获取水处理活动水平碳排放核算数据和相关参数时，由于排放机理尚未被完全掌握，无法涵盖所有的排放环节，且缺乏监测结果及其他相关数据的支持，造成核算数据的不准确性。而在现有条件下无法获得或者难以获得相关数据，仪器校准或测量标准不精确，因而使用替代数据或其他估算、经验数据，也将带来计算结果存在较大的不确定性。

三、加强污泥有机质资源化利用

“双碳”目标下污泥更需要合理妥善处置，不能一味地采用焚烧处理，需要多方考

量达成“减量化、资源化、无害化”目标。支持污泥与其他有机质的协同处置，提高原料的有机质含量，促进市政污水处理企业或者与市政污水处理厂开展有机质的协同处置，提高原料的有机质含量，提高产气量，提高经济效益。

四、重视污水厂可持续发展

污水厂内多途径探索低能耗、低药耗，建设智慧水厂、智能控制。提高能源利用的新技术、新工艺，降低浪费，不仅要追求“创新”，也要在现有技术上进行改造、提高、增效、减耗、减排。在此基础上，采用可持续新型工艺，可挖掘更多碳排放潜力，有望使污水处理实现“零碳排放”，成为名副其实的“能源工厂”。

第八章 “一带一路”绿色产业基金的规划与建设

第一节 绿色产业及绿色产业基金的发展现状

一、绿色产业的定义和发展现状

（一）绿色产业的界定

1989 年，加拿大政府提出“绿色计划”，首次将绿色理念和国家发展结合起来，之后美国、日本等国陆续发布符合自身国情的“绿色计划”。随着各国“绿色计划”的贯彻实施，国际社会开始重视发展绿色经济，并由此逐步诞生出“绿色产业”的概念。但是由于“绿色”概念较为宏观、抽象，绿色产业难以划定边界，这引发了国内外学者围绕如何定义“绿色产业”而开展的一系列研究，相关研究成果详见表 8-1。

表 8-1 国内外关于绿色产业的定义

作者或机构	含义
联合国发展计划署	为防止和减少污染的产品、设备、服务和技术，以及减少资源投入，提高效率和产品的设备、产品、服务与技术
国际绿色产业联合会	基于环保考虑，借助科技，以绿色生产机制力求在资源使用上节约以及污染减少（节能减排）的产业，我们可称其为绿色产业
Charles R.Hall，Alan W.Hodges John J.Haydu	绿色产业（如环境园艺产业）可以为当地和区域经济中的个人收入和就业增长做出贡献，绿色产业对经济可持续发展具有重要影响
世界银行	绿色产业由一系列工业组成，是实现可持续增长的有效途径，为实现绿色发展政府实施一定的绿色产业政策是必需的
Adil Najam & Henrik Selin	绿色产业是指能够实现节能减排，实现全球经济可持续发展促进社会公平和解决本国的发展模式，其发展也依赖经济制度的支持
联合国环境规划署	绿色产业不仅可以实现全球经济稳定可持续的增长，更能实现不同社会福利的结合
刘小清	在国民经济发展过程中把治理环境破坏和环境污染、改善和提高自然生态环境质量作为主要目标而发动的包括系列技术开发以及自然生态保护等行动

作者或机构	含义
陈飞用、石冬梅	从广义来看，绿色产业是指对各种环境友好的产业
刘思华	广义绿色产业是指在保护环境、改善生态、建设自然的生产活动中，从事生产、创造生态环境产品或生态环境受益的产业和为生态环境保护与建设服务的产业
林毓鹏	绿色产业是基于可持续发展要求，以绿色技术的采用为其内在需求，以达成最大限度地减少外部成本，追求环境效益和经济效益最大化为目的企业及其相关组织的集合
刘景林、隋舵	所谓绿色产业，是指生产经过程及产品符合环保要求或对自然资源以及生态环境进行保护和维修的产业总称
曾建民	绿色产业是从事绿色产品生产、经营以及提供绿色服务活动并能获取较高经济和社会效益的综合性产业群体
李春才	绿色产业是指那些用绿色生产力和绿色生产方式来生产和提供绿色产品和绿色劳务的产业
刘国涛	绿色产业是一种适应区域型绿色产业发展的新兴产业类型，其内涵是不断发展变化的
裴庆冰、谷力静、白泉	狭义的绿色产业指提供有利于资源节约、环境友好、生态良好的产品、服务的企业的集合体
李晓西、王佳宁	绿色产业是以可持续发展为宗旨，坚持环境、经济和社会协调发展，达到良性循环，实现经济效益，生态效益，社会效益相统一的产业模式

数据来源：海南省绿色金融研究院。

经整理研究，容易看出国内外相关学者、机构对绿色产业的定义虽略有不同，但是对于绿色产业的核心特征不谋而合，绿色产业主要体现在 3 个方面：

（1）绿色产业与可持续发展是紧密联系的；

（2）绿色产业源于环境问题，最终利于环境改善；

（3）绿色产业虽是新兴产业，但具有系统的绿色产业链和价值链。

（二）我国绿色产业发展现状

近 40 年来，我国的绿色产业经历了一个从无到有、从弱变强的过程。我国早期的经济发展模式主要以高能耗、高投入的粗放式发展为主，由此引发了诸多环境和气候问题，给人们正常的生产生活带来了许多负面影响。由于国家实力的整体提升、居民对生活品质的更高要求，我国正逐步转变经济发展的驱动因素，以绿色产业为代表的一批可以兼顾环境保护和经济发展的新兴产业逐渐兴起，在国民经济 GDP 占比中逐年上升，已经成为驱动国民经济增长的重要引擎。仅从国家能源利用效率上来看，2013—

2019年，中国以年均2.8%的能源消耗增长率支撑了国家GDP年均7%的增长，清洁能源在能源消耗量的占比也在逐年上升。根据国务院新闻办公室《全面建成小康社会：中国人权事业发展的光辉篇章》白皮书数据，截至2020年，我国清洁能源的占比已达24.3%，我国在提升能源利用效率、推广使用清洁能源等方面取得了巨大进步。

随着我国“十四五”建设和“碳达峰、碳中和”战略的逐步推进，绿色产业作为国家绿色发展的重要支撑，国家和地方各级政府先后出台了系列政策，支持和鼓励发展绿色产业。2020年财政部、生态环境部等部委联合设立了“国家绿色发展基金”，重点投资污染治理、生态修复、能源节约利用等领域，为绿色产业发展提供金融支持，引导投资向绿色产业倾斜，促进绿色产业发展，为产业提供金融支持等工作已经成为我国“十四五”规划的重点工作之一。

（三）“一带一路”沿线国家绿色产业发展现状

1.“一带一路”沿线国家发展现状

“一带一路”沿线63个国家多为发展中国家，其中仅有18个国家属于高收入国家。沿线发展中国家也多采取粗放式管理，以大规模的资源消耗、环境破坏为代价换取本国的经济增长，相关国家的单位GDP能耗、CO_2排放量等远超国际平均水平。

此外，面对日益严峻的环境污染、生态破坏问题，“一带一路”沿线国家仍然缺少有效的环境治理、生态保护能力。虽然部分国家已经积极采取行动应对环境污染，但一方面受制于人才、技术水平等客观条件，另一方面也由于相关国家对现有经济发展方式的“路径依赖”，缺少从根本上改变现状的强烈动力，导致环境条件迟迟得不到改善。

2.“一带一路”沿线国家的环境问题

（1）环境脆弱，易受人类活动影响

从自然条件方面看，沿线国家气候、地质、自然环境情况多样，区域既有森林草原、平原海洋也有荒漠、沙漠和高原。中国科技部与国家遥感中心的有关数据显示，“一带一路”区域裸地及人工活动强度较大的面积显著高于全球平均水平，而森林、草地和灌木丛所占比例明显低于全球平均水平，区域生态系统较为脆弱。

（2）重度依赖油气资源，加重环境污染

沿线国家大多依赖水、油气、矿产等资源的开采利用，推进国家经济发展和城市化进程，发展模式粗放。同时，由于自身发展阶段、技术和思想理念限制，在开发资源时对环境保护力度欠缺，进一步加重了空气污染、水污染、土地沙化等问题。

（3）面临的突出环境问题各有不同，情况复杂

东南亚区域受季风气候影响，降水较多，洪水高发，也是世界上生物最为多样、最为丰富的地区之一，这一区域面临的环境问题主要包括森林面积锐减、生物多样性丧

失、工业污染、生活垃圾污染、有毒有害化学品污染等；中亚地区远离海洋，处于干旱和半干旱地区，降水不足导致的主要环境问题为土地沙化、土地荒漠化、水资源短缺等；南亚地区尤其是印度，人口众多，基础设施建设不足，生活污水污染、生活垃圾污染，农业面源污染较为严重，同时为适应快速的城市化也导致了一系列的工业污染、化学药品污染。

（4）碳排放量增速远超国际平均水平

“一带一路”沿线国家在全球产业分工中的地位决定了大部分国家以能源、原材料供应为主，产业结构偏重高碳排放型。1992—2014 年，沿线国家的人均碳排放量从 2.69 t 增长至 4.43 t，总体呈现先波动下降后上升的趋势，年均增长率为 2.3%。与全球平均水平相比，沿线国家历年人均碳排放量均低于全球平均水平，但年增长率高于全球平均水平（0.92%）。

如上所述，“一带一路”沿线国家面临的环境问题较多，国家经济绿色转型任务艰巨，在各国实现绿色发展、保护环境的意愿不断提高的背景下，各国政府也将逐步完善绿色产业领域的支持政策，推进改善国家生态环境质量，例如：哈萨克斯坦在 2014 年国情咨文中提出“绿色经济是哈萨克斯坦通往未来发展必经之路”；乌兹别克斯坦在 2013 年通过了《2013—2017 年保护环境行动计划》，将环境可持续发展作为支柱行业；印度尼西亚在 2005—2025 年国家长期发展规划中提出“绿色印尼，永续印尼”的目标。

二、绿色产业基金的定义及发展现状

（一）绿色产业基金的定义及发展历程

绿色产业基金也被称为绿色基金，是绿色金融的重要组成部分。该类基金主要面向国家绿色发展战略所需要的节能、低碳等相关产业，聚焦于传统基建的绿色改造、传统施工技术的绿色升级等领域。在绿色金融体系中，绿色基金的来源最为广泛，且属于直接融资体系，是一种将生态发展与经济收益相结合的基金模式，在保护生态环境质量、改善金融结构失衡等方面具有举足轻重的作用。

美国是世界上最早将环境因素纳入基金考核标准的国家，其在 1982 年成立的“Calvert Balanced Portfolio A”基金是全美国范围内的第一支绿色投资基金。在这之后，世界各国陆续开始设立具有绿色属性的基金产品。进入 21 世纪，美国的绿色投资基金业务高速发展，有力支撑了美国社会生产效率的快速提高。在日本、西欧等主要发达国家中，绿色基金也都获得良好的发展，取得了经济和环境的双重效益。但不同发达国家之间，绿色基金的市场表现不尽相同，在美国和西欧，绿色基金主要以非政府的社会组织或者非政府的机构投资者牵头发起，在日本则主要以企业为主体。

（二）我国绿色产业基金的发展现状

中国政府“坚持绿色发展，着力改善生态环境”，明确提出加快推进绿色城市、智慧城市、人文城市建设，推进财税体制和投融资机制的改革，创新金融服务。“发展绿色金融，设立绿色发展基金”被列入国家发展规划，成为中国可持续发展的新引擎。

在国家宏观政策引导下，绿色产业迅速发展，绿色金融方兴未艾。绿色产业基金凭借融资条件、资金来源、投资期限等方面的独特优势，已成为我国立体化绿色金融体系的重要组成部分，一系列政策规划密集推出，不断加大对绿色产业投融资的支持力度，我国绿色产业基金迎来迅速发展期。

截至2016年年底，全国已设立并在中国证券投资基金业协会备案的绿色私募基金共有265支，其中约59支由地方政府及融资平台参与发起设立，占比达到22%；绿色私募基金的备案数量也呈明显上升趋势，如图8-1所示。截至2017年第三季度末，我国以环境（E）、社会（S）和公司治理（G）为核心的ESG社会责任投资基金共计106支。ESG投资相对于一般投资具有较强的风险防控力以及稳定的长期回报，因此ESG投资理念与资产管理行业追求价值增长这一要求完美契合。根据基金业协会数据统计，截至2017年6月底，包括基金、信托等各类资产管理产品规模达97.81万亿元，在基金业协会行业自律管理下的资产管理规模达52.80万亿元，约占整个资产管理行业的54%。

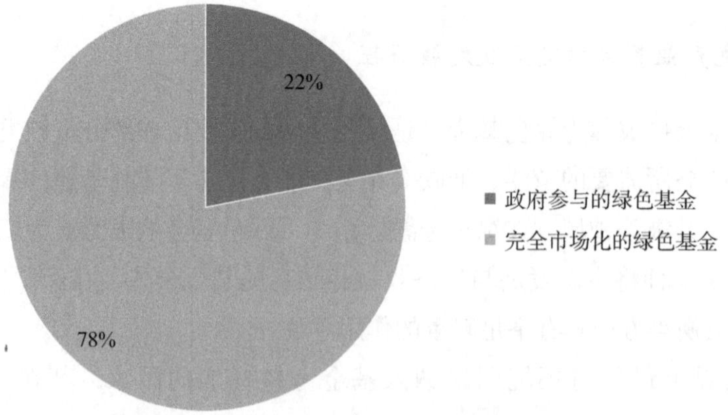

图8-1　政府参与绿色方向私募基金情况

数据来源：中国证券投资基金业协会。

绿色方向私募基金类型分布如图8-2所示。

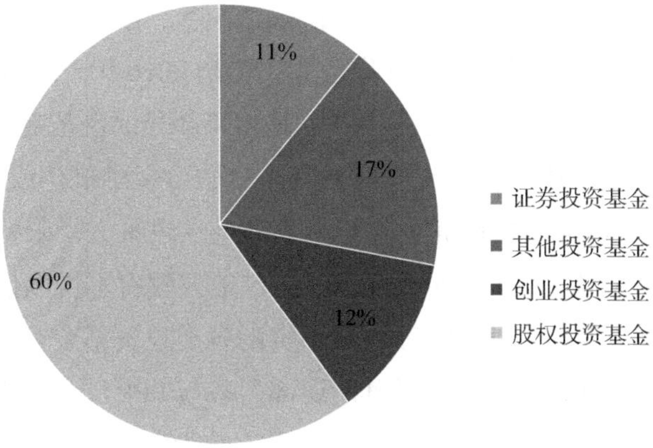

图 8-2 绿色方向私募基金类型分布

数据来源：中国证券投资基金业协会。

按投资领域划分，投资环保产业的基金共 79 支；投资节能产业的仅 6 支；投资清洁能源领域的 136 支；未明确具体投资产业类型的 44 支（图 8-3）。其中清洁能源是指不排放污染物，能够直接用于生产生活的能源，包括太阳能、风能、生物能、地热能、水能等。

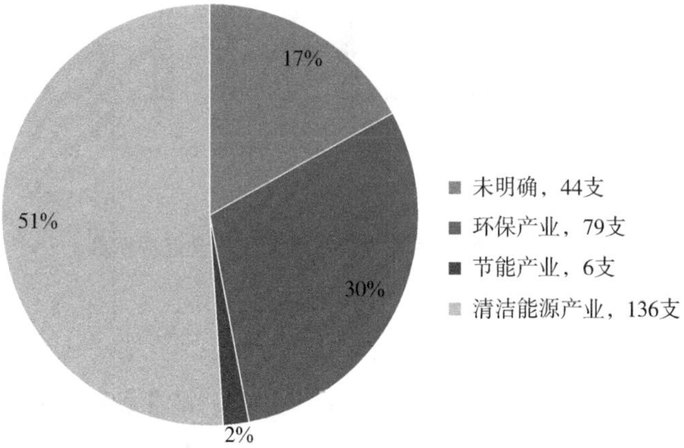

图 8-3 绿色方向私募基金投资领域分布

数据来源：中国证券投资基金业协会。

从基金所属政府行政级别方面来看，我国省级绿色基金和地市级绿色基金发展迅速。省级绿色基金中浙江产业基金、广东环保基金、新疆绿色产业基金、贵州大数据基金和绿色金融交易平台、山东省政府投资引导基金和节能投资引导基金、陕西省创业投资引导基金、重庆市环保产业股权投资基金、广西壮族自治区投资引导基金、江苏省环保产业基金、宁夏环保产业基金等发展迅速。地市级绿色发展产业基金中，云南普洱市绿色经济发展基金、河北张家口市绿色发展产业基金、安徽新安江绿色发展基金、江西省丰城市循环产业发展基金等也积极开展绿色投融资工作。

2017 年之后，绿色基金备案数量有一定幅度下降，有 3 个方面的原因，一是由于备案政策收紧，整体基金备案数量呈下降趋势；二是 2016 年、2017 年是绿色金融重大政策发布期，绿色基金备案相对较为集中；三是相当部分绿色基金投向为地方基建或公益类项目，这类绿色基金通常由地方政府融资平台联合金融机构或私募机构发起设立，而由于 2017 年之后商业银行理财资金参与私募基金在政策上受限，地方政府以基金方式进行融资也受制于财预〔2017〕50 号的规定："地方政府不得以借贷资金出资设立各类投资基金，严禁地方政府利用 PPP、政府出资的各类投资基金等方式违法违规变相举债，除国务院另有规定外，地方政府及其所属部门参与 PPP 项目、设立政府出资的各类投资基金时，不得以任何方式承诺回购社会资本方的投资本金，不得以任何方式承担社会资本方的投资本金损失，不得以任何方式向社会资本方承诺最低收益，不得对有限合伙制基金等任何股权投资方式额外附加条款变相举债。"（图 8-4）

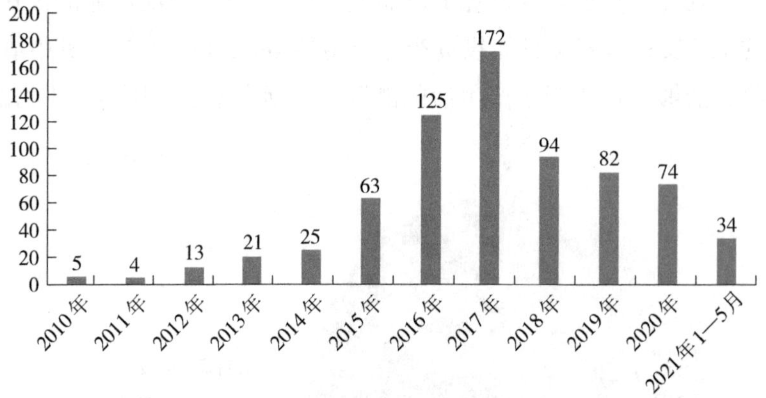

图 8-4 历年绿色基金备案数量（不含证券私募）

数据来源：中国证券投资基金业协会。

根据基金业协会数据，截至 2021 年 5 月，已设立并备案的股权基金中，以绿色相关行业为主要投向的基金共 712 支，在私募股权投资基金与创业投资基金中占比约为 1.71%，据此估算，绿色股权基金规模约为 2 000 亿元。

不仅是绿色产业基金，"双碳"目标的提出为市场化私募股权基金也提供了新的增长点。截至 2021 年 7 月末，以绿色产业为投向的私募股权基金达 872 支。2021 年 9 月，由红杉资本与远景科技集团共同成立的全国首只零碳风险投资基金——远景红杉碳中和基金落户无锡高新区。远景红杉碳中和基金是全国首支由绿色科技企业携手创投机构发起和落地的百亿元规模的碳中和专项基金，首期募集 50 亿元。

鉴于，"双碳"目标下全球迎来投资热潮，碳中和、零排放正在以前所未有的方式重塑投资。多家研究机构估算，未来 30 年内，我国实现碳中和所需投资规模在百万亿元以上，将为绿色金融带来巨大的发展机遇。

（三）“一带一路”沿线国家绿色产业基金的发展现状

自2013年共建“一带一路”倡议提出以来，我国秉持共商、共建、共享原则，不断推进绿色“一带一路”建设，我国的金融机构以股权投资形式在南亚、东南亚“一带一路”沿线国家参与了大量风电项目；国家开发银行为赞比亚提供贷款建设了近1 600个太阳能磨坊厂；国家开发银行、中国进出口银行、丝路基金和国际金融公司共同为巴基斯坦卡洛特水电站提供了银团贷款，预计项目建成后将减少二氧化碳排放量约270万t，有力地支持了沿线国家绿色可持续发展。

“一带一路”沿线国家积极支持和响应绿色“一带一路”建设，在建立绿色金融体系、推进绿色发展战略方面采取了一系列举措：

（1）哈萨克斯坦阿斯塔纳国际金融中心（Astana International Finance Centre，AIFC）是哈萨克斯坦绿色金融发展的主要推动者。截至2020年12月，在AIFC的推动下，哈萨克斯坦成功设立专门的绿色金融中心（Green Finance Centre，AIFC GFC）负责创建本国绿色资本市场、能力建设，开展国际合作。2020年8月，哈萨克斯坦成功发行了首支创业发展基金（Damu基金），规模为2亿坚戈（约300万元人民币）。

（2）俄罗斯绿色金融主要以绿色债券作为主要工具，其他金融工具的运用则十分有限。其绿色债券的发展从2018年开始，主要在莫斯科交易所发行。该交易所于2018年12月发行了第一笔俄罗斯绿色债券，用于投资可持续垃圾收集和处理。截至2020年，俄罗斯累计绿色债券发行量为10亿美元。

（3）蒙古国银行业协会在2013年创立的蒙古国可持续金融倡议（MSFI）是推动蒙古国向可持续金融体系过渡的主要力量。为了覆盖除银行外更多类型的金融机构，蒙古国银行业协会于2018年进一步成立了蒙古国可持续金融协会（MSFA），以促进不同类型的金融机构逐步开展可持续金融实践。根据蒙古国《国家可持续金融路线图》，MSFA在绿色定义、绿色债券、数据收集和量化评估及绿色金融产品等方面制定了一系列的绿色金融具体行动。XacBank积极投资可再生能源项目，是蒙古第一家投资10 MW·h光伏电站的商业银行；可汗银行和可持续发展联盟根据相关技术标准推出针对牧民合作社的信贷产品，旨在通过鼓励牧民减少牲畜数量和采用更可持续的畜牧业生产方式解决牧场退化和过度放牧问题。2019年，麦格理（Macquarie）下属绿色投资集团正式宣布与绿色气候基金和蒙古国政府共同筹建蒙古国家绿色金融公司，期望通过提供优惠资金和风险管理工具，使金融机构和绿色项目开发商能够获得信贷资金优惠利率，最终促进私营部门参与绿色投资。

总体来说，“一带一路”国家绿色金融发展较为滞后，且更侧重于绿色金融中的绿色债券、绿色信贷，未能建立完善的绿色金融体系，在绿色基金方面仍有很大的发展空间。相较之下，我国在绿色金融体系构建、绿色基金投资方面具有丰富的理论和实践经验，国内的金融机构依托国内绿色金融发展的优势，持续扩大和“一带一路”国家的投资合作，通过实际合作向相关国家提供着发展绿色金融的“中国智慧”，促进“一带一路”资金的互融互通。

（四）我国绿色产业基金存在的问题

虽然我国的绿色金融工作已取得积极进展，但在现有的宏观金融形势、金融改革背景和“双碳”发展目标之下，我国的绿色产业发展还面临着许多融资挑战。针对绿色投融资常面临的高风险、期限错配、信息不对称、产品和分析工具缺失等问题，政策的顶层设计落到具体执行层面时，所依据的细则还不够完善，激励投资者进行绿色投资的动力不足；绿色金融产品在设计和发行过程中，无法突破原有的限制，配套的细则尚未落实到位。

1. 绿色基金发展规范性不足

由于政策的倡导，近 5 年我国绿色产业基金发展迅速，但数量迅速增长的同时，基金质量不高、规范性不足。各地设立的政府性引导基金，存在前期调研不足，规模虚大，落地较难，管理能力不足等问题，导致募集难、投资难。在募集过程中，容易出现政府隐性担保问题，违背了基金共同投资、共担风险的运作原则，甚至会出现基金的融资工具化，将基金变为债务融资的工具。而在投资过程中，由于投资标准不够清晰，管理不够规范，容易出现资金投向非绿色领域，偏离绿色投资，违约绿色基金设立目标的问题。

而对于偏市场化的绿色投资基金，如大型企业集团设立的绿色产业基金、金融机构与私人设立的 PE、VC 绿色基金，由于绿色标准、绿色评价、绿色认证、绿色监管尚未形成，导致难以准确判断某个基金是否为绿色基金，只能通过基金名称或投向简单地进行识别和分类。基金业协会虽然已发布《绿色投资指引》，并要求基金管理人每年开展一次绿色投资情况自评估，但管理人自评偏形式化，从基金业协会发布的《基金管理人绿色投资自评报告》看，股权版问卷仅收到 586 份结果，其中，有效样本仅有 224 份，在绿色投资产品运作方面，有 19 家样本私募股权机构声称发行过或正在发行以绿色投资为目标的产品，合计仅 21 支，与备案公示信息差异巨大。

2. 绿色基金缺乏配套政策支持

国家对于绿色基金，目前主要是政策上的鼓励与倡导，尚未形成具体、可实施的扶持政策、激励措施。地方层面上，只有少数省市制定了支持绿色基金发展的相关配套支持措施，且主要是东部发达省份。

由于绿色投资领域具有一定的公益性与外部性，在投资周期、投资回报、投资风险方面与社会资本的属性不完全匹配，因此，除了要倡导社会责任投资，发挥政府性基金的引导作用之外，还需要在人才、税收等方面提供支持与鼓励。在政策制定过程中，也需要把握尺度与原则，既要避免力度不足导致激励效果下降，也要避免标准不科学或把关不严，导致政策被滥用，形成政策套利或政策寻租。

3. 社会资本对绿色投资参与不足

社会资本参与度不足既有绿色产业自身特点的原因，也有企业社会责任意识、基金管理运作等方面的原因。

社会资本参与不足是绿色投资的天然缺陷，社会资本的逐利性与绿色项目的低收益特点是错位的，无法完全通过市场化方式进行有效的资源配置，阻碍了绿色基金的发展。而要解决这一问题，一方面，需要大型企业主动参与，承担和履行社会责任；另一方面，也需要政策的引导，建立有效的社会动员机制。部分绿色基金存在由政府主导基金运作管理、项目选择和投资决策的现象，导致基金市场化程度较低，直接影响基金的运作效率，降低了社会资本参与的积极性。

企业社会责任意识不强也是社会资本参与不足的重要原因。在欧美国家，绿色发展基金通常由社会机构主导，各类市场主体会积极参与绿色发展，并将其作为企业的重要社会责任。巴克莱银行设定了 2050 年成为净零银行的目标，并设立了 1.75 亿英镑绿色创新投资基金，投资于碳捕获、碳封存技术等。苹果公司提出 2030 年前实现全产业链碳中和，并与国际组织合作建立基金，积极投资全球生态修复和森林保护项目。无论是从国外经验来看，还是从现实的必要性来看，绿色发展都是一个社会性问题，必须系统性规划，自上而下全员式参与。从绿色投资的角度来讲，应当形成政府有效引导，大型企业自主担责，产业企业规范尽责，社会资本积极参与的合力，政府的相关机构应该通过金融工具和服务手段创新，多维度地满足不同类型投资者的利益诉求，提升产业头部企业的社会担当。

（五）国内绿色产业基金政策、规范及标准

我国的绿色发展基金起步虽晚，但国家先后出台了《国务院关于加强环境保护重点工作的意见》（2011 年 10 月）、《关于构建绿色金融体系的指导意见》（2016 年 8 月）、“十三五”规划等一系列重要支持政策，引导各级政府和社会各界参与组建绿色发展基金。进入新发展阶段，国家在“十四五”规划中又再次强调了发展绿色金融的重要性。绿色发展基金作为绿色金融中的重要组成部分，在国家政策的引导和支持下取得快速发展。

为规范各类型基金业务、防范金融风险，中国证券监督管理委员会、中国证券投资基金业协会发布并实施了一系列制度，逐步形成较为完整的基金运作规范。

此外，绿色产业基金一般需要国有资产参与，并在一定程度上发挥政府产业引导、产业优化布局职能，其组建和运行不仅需要遵守上述主管部门发布的普遍性规定，也需要接受财政部、国家发展和改革委员会（以下简称发展改革委）、国务院国有资产监督

管理委员会（以下简称国资委）等国有资产监管部门针对绿色发展基金的国有资产部分的监督和约束。

1. 普遍性基金监管规定

普遍性基金监管规定主要由证监会的行业监管规定和基金业协会的行业自律规范构成，是基金业务的一般适用性规范。普遍性基金监管规定贯穿基金成立全过程，从基金一开始的登记备案到基金运行中的事中监管，再到基金退出后的事后监管。

基金登记备案阶段，普遍性规定着重解决机构登记、产品备案、基金业协会会员管理、基金各类型从业者管理等重点工作；事中监管阶段，普遍性规定着重于基金运行信息的及时披露，相关规定要求基金应当在每年结束之日起 4 个月以内披露“基金份额总值和财务情况、投资收益情况”等信息，便于让市场上的投资者及时把握当前基金的运行情况，从而决策自己的投资行为，信息披露还被要求在重大事情发生后进行及时披露；事后监管阶段，普遍性规定的重点在于基金的投诉处理、基金自查等方面，相关人员可以就基金产品宣讲、资金募集、基金投资、从业人员行为规范等不规范行动进行投诉，相关机构根据具体情况采取行政监管措施、市场禁入措施，主管部门坚持依法从严监管（图 8-5）。

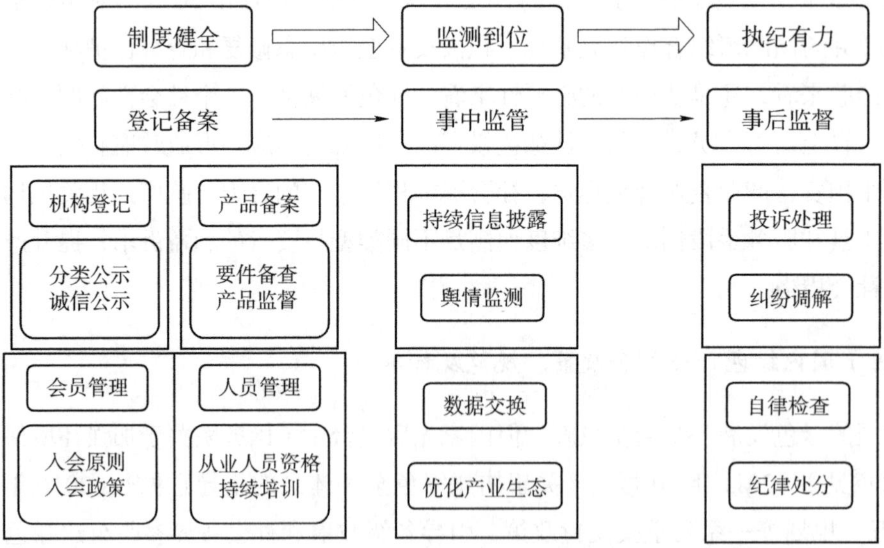

图 8-5 普遍性基金监管规定

2. 专门性规范的监管要求

专门性规范针对绿色发展基金中的国有资产部分，国有资产的投资运作、风险控制、终止退出等需要接受国有资产相关监管部门的监督管理，主要涉及财政部、发展改革委、国资委，重要制度文件见表 8-2。

专门性规范牵涉的主管部门较多，规范体系较为繁杂，存在有职能相互交叉，一定程度上增加了实际管理中对适用制度的选择难度，但是大多数制度是可以相互补充、互相说明的，这是各相关机构保持制度延续性的同时，及时根据实际市场反映情况进行制度完善的体现。

绿色发展基金在运作中还会涉及包括国有股标识及转持问题、国有资产交易问题等特殊规则，实际操作中需要根据国资委等主管部门的规定严格执行，避免国有资本流失等风险，当时实操中也会存在国有资产期满退出后，基金股权转让条款效力存疑等现实问题，还需要相关部门进一步完善制度体系建设。

表 8-2 绿色发展基金重要政策

时间	颁布部门	政策名称
2014 年 11 月	国务院	《关于创新重点领域投融资机制　鼓励社会投资的指导意见》
2015 年 12 月	财政部	《关于财政资金注资政府投资基金》
2015 年 11 月	财政部	《政府投资基金暂行管理办法》
2016 年 9 月	国务院	《关于促进创业投资持续健康发展的若干意见》
2016 年 12 月	发展改革委	《政府出资产业投资基金管理暂行办法》
2018 年 9 月	发展改革委	《关于做好政府出资产业投资基金绩效评价有关工作的通知》
2020 年 2 月	财政部	《关于加强政府投资基金管理　提高财政出资效益的通知》
2020 年 3 月	证监会	《上市公司创业投资基金股东减持股份的特别规定（2020 年修订）》
2020 年 4 月	证监会	《公开募集证券投资基金投资全国中小企业股份转让系统挂牌股票指引》
2020 年 4 月	证监会	《关于推进基础设施领域不动产投资信托基金（RETs）试点相关工作的通知》
2020 年 5 月	证监会	《推进商业银行发起设立基金管理公司》
2020 年 6 月	央行等八部委	《引导私募股权投资和创业投资投早投小》
2020 年 10 月	证监会	《关于加强私募投资基金监管的若干规定（征求意见稿）》

第二节 “一带一路”绿色产业基金的设立流程与管理运行

一、“一带一路”绿色产业基金设立的主要流程

为促进“一带一路”绿色产业基金的成功设立，将重点研究如何设立基金管理公

司、协助基金管理公司备案、基金产品设计及募资这三部分工作，并提出相应的基金设立方案为“一带一路”绿色产业基金最终设立提供参考。设立流程如图 8-6 所示。

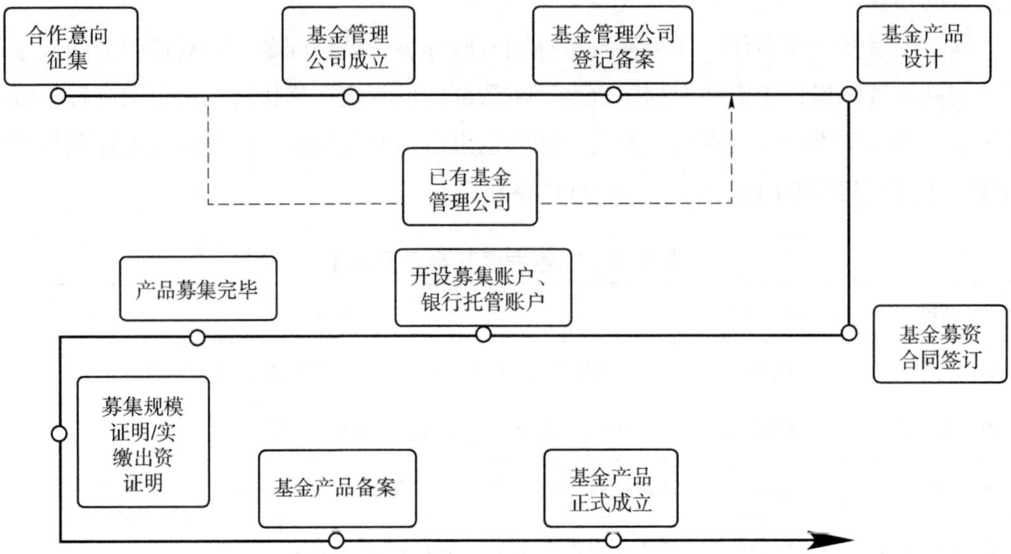

图 8-6　基金设立流程示意

（一）合作意向征集

在成立公司“一带一路”绿色产业基金管理公司前，应先确定参与基金的主体，由参与主体协商，基金管理公司的组建方案、“一带一路”绿色产业基金的工作方案，包括基金管理公司的组织形式、股权结构、董监高人员、注册地址、注册资金、实缴资金等；基金的工作方案包括了基金管理人、基金规模、执行合伙人、募资对象、投资领域、投资方式、退出方式等。

1. 基金管理公司的组织形式

当前国内私募股权投资基金主要有 3 种组织形式：公司型、有限合伙型和契约型。3 种不同基金的架构之间在投资者权利、税收地位、信息披露、投资者规模限制、出资进度及责任承担等方面具有不同的特点（表 8-3）。

表 8-3　产业基金组织形式

类型	内容
公司型	在公司制模式下，投资者作为股东参与投资，依法享有股东权利并以其出资为限对基金债务承担有限责任。基金管理人可以直接作为股东参股基金，也可以作为外部顾问接受基金委托管理基金的投资事务

类型	内容
契约型	契约型产业投资基金不是法人，必须委托基金管理公司管理运作基金资产，所有权和经营权分离，有利于产业投资基金进行长期稳定的运作
有限合伙型	有限合伙型产业基金由普通合伙人（General Partner，GP）和有限合伙人（Limited Partner，LP）组成，在有限合伙制模式下，基金的投资者作为有限合伙制人（LP）参与投资，依法享有合伙企业财产权。普通合伙人代表私募股权基金对外行使民事权利，并对基金债务承担无限连带责任。投资者作为有限合伙人以其认缴出资额为限对私募股权基金债务承担连带责任，在实践操作中，多数私募股权基金采用基金管理人与一般合伙人（GP）分离的组织形式

架构一：公司型基金。公司制基金的投资者作为股东参与基金的投资，依法享有《公司法》规定的股东权利，并以其出资为限对公司债务承担有限责任。基金管理人的存在可有两种形式：一种是以公司常设的董事身份作为公司高级管理人员直接参与公司投资管理；另一种是以外部管理公司的身份接受基金委托进行投资管理（图 8-7）。

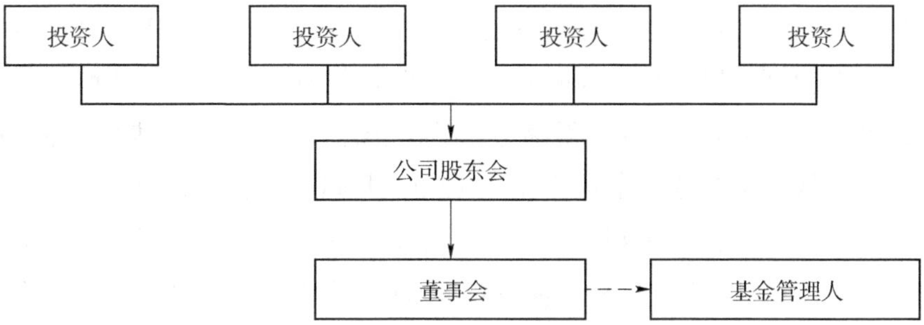

图 8-7　公司型基金管理公司架构示意图

架构二：有限合伙型基金。合伙型基金的设立依据是《合伙企业法》，主要形式为有限合伙企业，由普通合伙人对合伙债务承担无限责任，有限合伙人以出资多少为限，对债务承担有限责任，而基金管理人负责私募基金资金的运作和投资。通常是普通合伙人（GP）出少量资金，获取较少收益。而有限合伙人（LP）出大量资金，获取较多收益（图 8-8）。

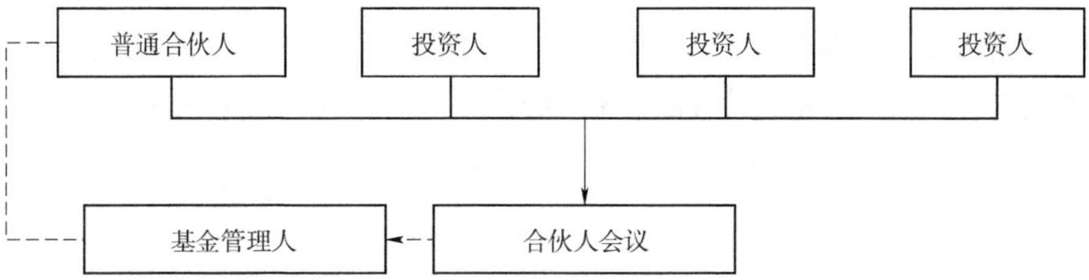

图 8-8　有限合伙型基金管理公司架构示意图

架构三：契约型基金。契约型基金又称信托型基金，其地位比较特殊，由于其设立的基础是信托契约，因此其并不具有法律实体的地位。但其仍可通过各种法律合同和契约，约束和控制私募基金资金的管理及投资。通常的组织形式，是由基金出资人建立契约型基金，并与基金管理人签订基金契约，委托基金管理人进行管理。而契约型基金的资金，则托管给基金托管人，由基金管理人向基金托管人发出指令进行投资操作（图 8-9）。

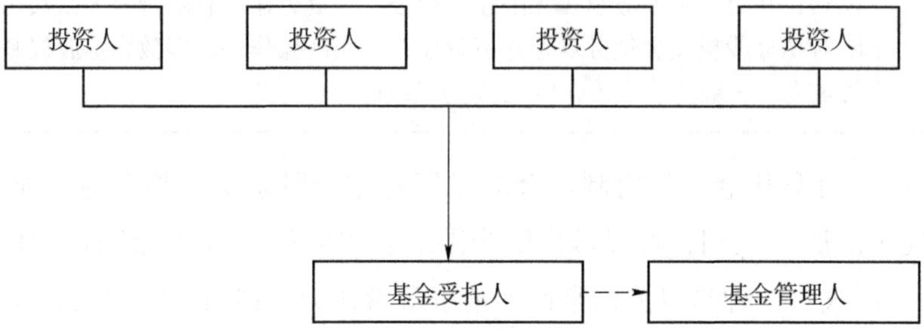

图 8-9　契约型基金管理公司架构示意图

以上 3 种基金架构有各自优势与不足，公司型基金的投资者作为股东参与基金的投资，享有股东权利，以其出资为限对公司债务承担有限责任，灵活性不足，对于投资者来说，投资所得在缴纳企业所得税之外还需缴纳个人所得税，涉及双重征税；有限合伙型由普通合伙人（GP）与有限合伙人（LP）共同组成有限合伙企业，是国内最常见的形式，成功案例较多，制度机制成熟，且比较灵活，投资者不涉及双重缴税；契约型基金类似有限合伙型基金，同样不涉及双重缴税，但涉及信托中间机构，会增加基金的运作成本。

2. 设立基金管理公司的组织架构

基金管理公司常见的有两层结构和三层结构，两层结构是直接由基金意向主体中的基金管理公司作为 GP，联合意向主体中的 LP（机构、个人投资者），联合成立的基金；三层结构是基金意向主体中的基金管理公司联合机构、个人投资者先成立全新的基金管理公司（一般为有限合伙型），由其作为基金的 GP，再对外征集基金 LP，共同成立基金。两种组织方式都有各自的适用场景：两层结构适用意向主体中有成熟基金管理的公司，基金 LP 认可该公司的基金管理能力，同意其作为基金 GP 进行管理；三层结构适用意向主体就基金 GP 难以达成一致意见，基金 LP 希望更多参与基金管理运作或是现有的基金管理公司业绩、基金管理能力不足的情况（图 8-10、图 8-11）。

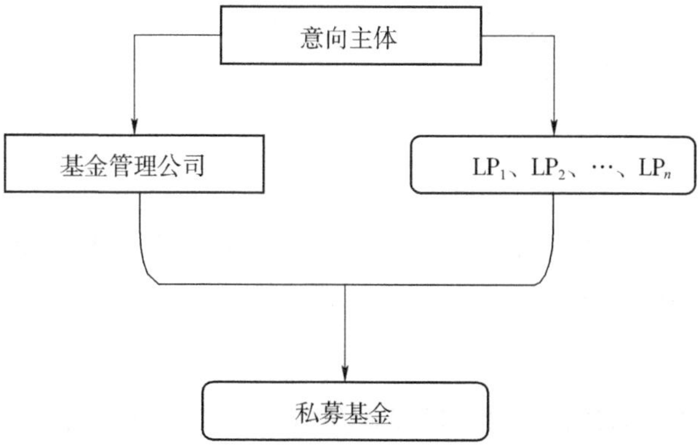

图 8-10 基金管理的两层结构

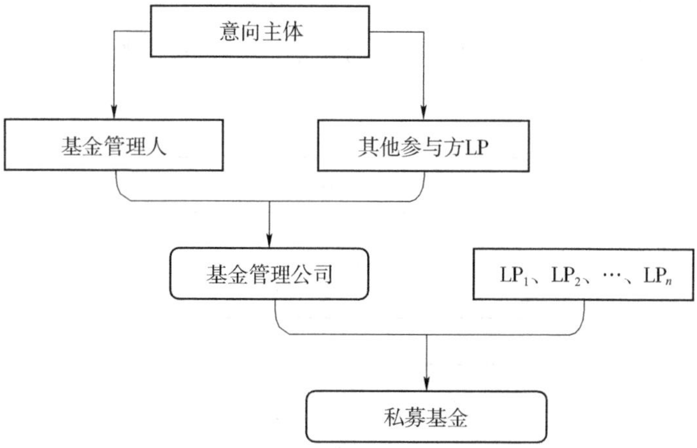

图 8-11 基金管理的三层结构

在上述两种组织架构之外，还存在一种特殊的基金管理模式及双 GP 管理，在详细介绍此模式前需要对基金管理中最重要的两个角色——基金管理人、执行事务合伙人进行简要介绍。

基金管理人是指凭借专业知识与经验，运用所管理基金的资产，根据法律、法规及基金章程或基金契约的规定，按照科学的投资组合原理进行投资决策，谋求所管理基金资产的不断增值，并使基金持有人获取尽可能多收益的机构；执行事务合伙人即执行合伙企业事务的合伙人，对外代表合伙企业，执行合伙企业事务合伙人与其他合伙人的关系，是合伙型公司中的重要角色。一般情况下基金管理人和执行事务合伙人为同一人，都是由同一家基金管理公司担任，但若存在两个对参与基金管理诉求强烈或是一方 GP 能力缺陷需要合作互补的情况，则可以选定不同机构担任，具体分工如下：

基金管理人：负责股权基金的募、投、管、退等专业性工作，向基协履行登记手续，报送基本情况。

基金执行事务合伙人：负责股权基金的经营管理方面事务、业务管理（行政、资料保存）、财务管理、员工聘用、利润分配、解散清算。

（二）基金管理公司成立

基金管理公司是依据《证券投资基金法》等相关法律、法规设立的对基金的募集、基金份额的申购和赎回、基金财产的投资、收益分配等基金运作活动进行管理的公司，是基金管理的主体。

具备正式申请设立基金管理公司的基础条件，就可以开展着手进行基金管理公司设立的申报工作。根据国家工商总局、人民银行等部委发布的《互联网金融风险专项整治工作实施方案》，深圳从 2016 年暂停资产管理、投资管理、基金管理、股权投资等金融公司注册申请，2021 年深圳市正式恢复了私募证券基金管理人工商注册工作，但新设立的基金管理公司需要经过深圳市金融局的前置审批，审批合格之后方可进行工商注册。流程如图 8-12 所示：

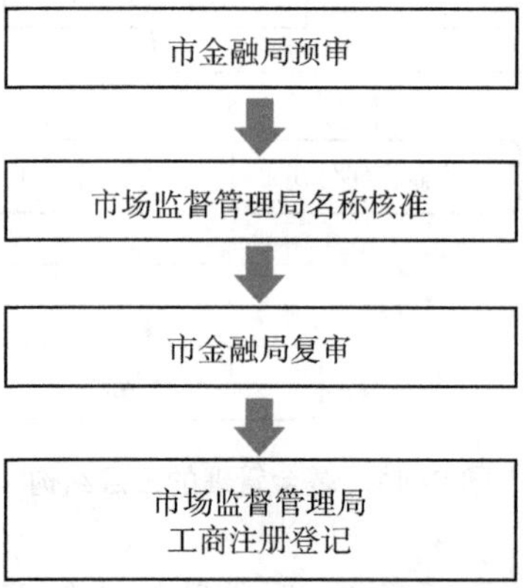

图 8-12　基金管理公司注册主要流程

目前，深圳市金融局会着重审核私募基金管理人团队规模、从业经验、股东背景、企业规模、实际经营场地等诸多细节。申请机构需要向深圳市金融局提交：企业设立背景、原因、主要股东、拟设企业名称、注册地、经营范围、注册资本、基金规模等方面的详细说明；股东架构图（穿透至最顶层）；股权类的如有深圳市、各区引导基金及天使母基金等意向出资的，提供相关出资意向函、出资证明、确认资格通知、公示等相关材料名称核准通知书：初审之后符合设立条件的，金融办邮件通知企业办理名称核准。核准材料需要提交：全体投资者共同签署的《企业名称预先核准申请书》；字号查询证明；经办人身份证明；由企业登记代理机构代理的，同时提交企业登记代理机构营业执照；投资者的资格证明复印件。股东或发起人的营业执照或事业法人登记证或社团法人登记证或其他有关法律法规规定的资格证明，自然人为股东的提交身份证。

通过深圳市金融局核准后，申请机构需要再次提交市金融局申请复核，在初审基础上附上市场监督管理局名称核准文件。需要提交的材料有企业设立背景、原因、主要股东、拟设企业名称、注册地、经营范围、注册资本、基金规模等方面的详细说明；股东架构图（穿透至最顶层）；股权类的如有深圳市、各区引导基金及天使母基金等意向出资的，提供相关出资意向函、出资证明、确认资格通知、公示等相关材料；名称核准通知书。

通过复核后申请机构再次提交市场监督管理局申请基金管理公司注册，需提交如下材料：法定代表人、全体股东身份证原件；股东间股权分配比例；拟订的公司名称；公司的经营范围：根据《商事登记自助服务系统》生成的经营范围为准；公司办公的租赁合同，承租人必须为股东。

（三）基金管理公司登记备案

基金管理公司通过基金协会备案才可成为合格的基金管理人。据调研，中国证券投资基金业协会办理基金管理公司的备案重点考察：高管及机构人员、经营范围、注册资本及办公条件、制度性文件、申请基金牌照类型这几部分内容，具体要求如下：

（1）高管及机构人员：一般需要至少 4 名高管具有基金从业资格，其中法定代表人、风控负责人、市场部经理、投资经理一定要基金从业资格；5～10 名员工，组织架构有总经理、投资部、风控部、行政部、市场部、人事部等，各 1～2 名员工，其中总经理、风控负责人、投资经理最好是全职，其他人员可以兼职。

（2）经营范围：基本和注册基金管理公司时要求一致，要求基金管理公司的名称和经营范围必须一一对应，明确能体现资产管理、投资管理、股权投资、股权投资管理、股权基金投资管理这 5 项中的其中之一。

（3）注册资本及办公条件：要求注册资本在 1 000 万元以上，实缴资本比例在 25% 及以上；需要有实际的办公地址，大小不限，能满足公司所有员工正常办公，以及适当的办公设备。

（4）制度性文件：按照中国证券投资基金业协会和公司自身情况，编写制度性文件，一般有 9～23 个制度性文件（如运营风险控制制度、信息披露制度、机构内部交易记录制度、防范内幕交易、利益冲突的投资交易制度、合格投资者风险提示制度、内部控制管理制度等），需要注意切勿全盘复制其他基金公司的模板，协会对这方面审核很严格，要严格根据自身情况编写，和自己公司相匹配。

（5）申请牌照类型：根据中国证券投资基金业协会最新改版通知，私募基金管理人可分为下列 3 种：私募证券投资基金管理人，私募股权、创业投资基金管理人，其他私募投资基金管理人。基金管理人应明确基金管理人类型。

根据中国证券投资基金业协会规定，私募基金管理人登记全流程在线办理。申请机构首先完成用户注册，按要求提交相关证明材料，由协会对其内部控制机制、资金情况、办公地、高管及工作人员、专业胜任能力等方面进行综合评判，做出是否同意登记的决定，基本流程如下，一般需要20个工作日办结（图8-13）。

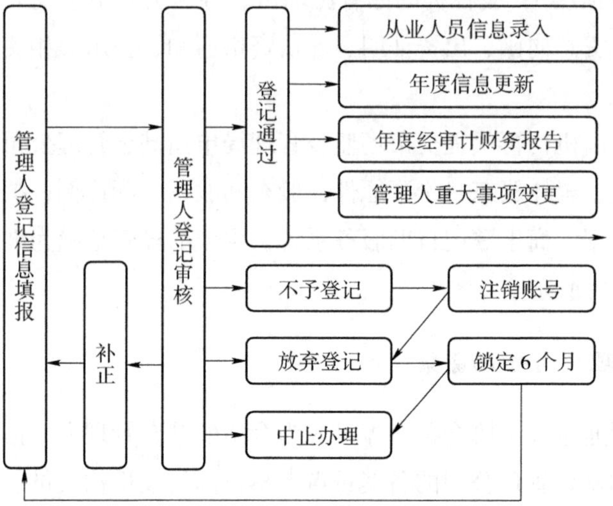

图8-13　基金管理公司备案流程

（四）基金产品设计

基金管理公司成功备案后，需在6个月内完成首支基金产品的备案工作，过时需重新提交申请，所以基金管理公司在完成备案完成，需尽快开展基金产品的设计及募资工作。

基金产品的设计要明确基金的投资标的、基金运作方式、基金的费用、基金的收益分配机制这四部分内容。

（1）基金投资标的：优质的投资标的将促进基金募资的最终成功，一般来说投资标需要在组建基金管理公司时即初步建立优质项目库，有了优质项目才有可能在基金募资完毕后，在基金投资中获得超额收益。

（2）基金运作方式：原则上，私募股权基金一般要求全封闭运作，但由于股权基金投资期限较长，大部分基金难以一次性募集到位，抑或出于备案因素的考虑，也可以设为半开放式。根据多家机构与协会沟通反馈来看，目前默许私募股权基金管理人多次募集。

由于股权类基金资产流动性较差，产品通常采用预先支付的方式来一次性支付管理费。如一个“3+1+1”的私募股权基金产品，往往需一次性支付3年的管理费，退出期间则采取按年支付的方式。此外，私募股权基金的管理费用通常按照实缴本金为计算基数，有限合伙型基金也可按照实际认缴规模计算。

基金的收益分配主要在投资人和管理人之间进行。股权投资基金的收入主要来源为所投资企业分配的红利以及实现项目推出后的股权转让所得。

基金的收益分配一般按照以下顺序进行：

（1）预先扣除管理费、托管费和运营服务费等费用；

（2）返还投资人本金；

（3）支付各投资人预期基准收益；

（4）上述分配完后，如有剩余收益，基金管理人与投资人按一定比例分配剩余收益，通常最简单的一种方式是二八或三七分配，即将剩余投资收益的 20% 或 30% 分配给管理公司，80% 或 70% 在普通合伙人及各有限合伙人之间依照其实缴出资比例进行分配，也可在法律规定基础上有所调整。

二八 / 三七分配是最简单的一种分配方式，在偿还投资者本金之后，剩下的基金收益部分，管理人和投资者安排 2 ∶ 8/3 ∶ 7 的比例进行分配。

门槛收益，投资者在收回本金之外，还能得到约定的年化收益。在满足上述两个条件之后，再按照二八 / 三七的方式计提业绩报酬。

追补机制指的是在满足投资者收回本金和获取门槛收益之后，剩下的基金收益按照约定年化收益分给管理人，然后剩下的超额收益部分再按照二八 / 三七机制分配。

在实践过程中，往往需要设立一个回拨机制，即管理人按照每个项目计提业绩报酬，若基金存续期发现投资者不赚钱或者本金受损的情况，则要求管理人将其计提的业绩报酬回拨，从而弥补投资者的收益或者本金损失。

（五）开设募资账户、托管账户

私募基金由基金管理人申请开户，具备资产托管人的私募基金，也可以由资产托管人申请开户。每设立一支私募基金，可以在不同的证券交易场所（深圳证券交易场所、上海证券交易场所）各申请开立一个证券账户（图 8-14）。

（六）基金产品备案

基金管理公司募资完成后需在基金业协会中完成产品备案工作，基金完成备案即正式成立。需备案的内容有基金产品名称、类型、募资规模证明 / 实缴出资证明、组织形式、投资方式、主要投资方向等。

基金成立后还需在每年 4 月 30 日之前在私募管理人系统中上传上一年的《年度审计报告》，需要按时进行基金产品的月度、季度和年度信息披露，有重大变动时需要及时办理变更。

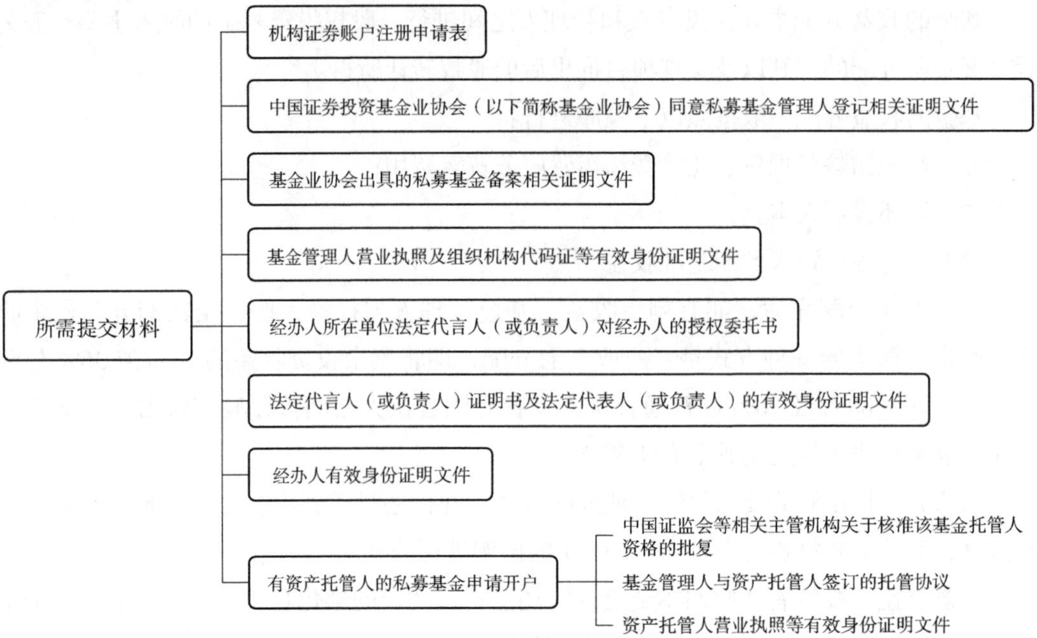

图 8-14　开设募资账户所需提交材料

其中，重大事项变更是指管理人主体资格证明文件及相关内容变更、重大违法规情况、主要投资基金类型及业务变更、高级管理人员 / 基金经理变更、实际控制人变更、股东 / 合伙人变更、管理人依法解散、撤销、破产等情形。

二、"一带一路"绿色产业基金的管理运行

（一）"一带一路"绿色产业基金的发展规划

"一带一路"绿色产业基金发展规划体系的制定，是基金在市场中长远发展的基础和保障。制定发展规划是确定基金各阶段发展目标，并将其付诸实施的过程。过程中需全面分析参与基金的不同主体，制定符合本基金特色的战略规划体系。

制定发展规划一般需经历 4 个阶段。第一阶段是对自身基础条件和所处产业发展现状的综合分析；第二阶段是确定发展目标，指明基金的发展方向；第三阶段是研究实现基金目标的措施、手段和方法；第四阶段是将上述内容形成文本，建立发展规划的评估修正机制，在基金实际运行中及时调整。

1."一带一路"绿色产业基金的使命、愿景、价值观

使命、愿景、价值观的设计与提炼，应重点从 3 个纬度去架构和思考，一是基于各参与主体在发展里程中积淀的优秀文化基因；二是针对基金成立重点需要解决的问题和发展方向；三是面向基金未来发展。

使命是基金存在的理由，是基金需要承担并努力实现的责任，是回答基金要实现什么的问题。

愿景是对基金未来的设想和展望，是基金在整体发展方向上要达到的一个状态，是回答基金将成为什么的问题。

价值观是基金各参与方共同认可和崇尚的价值评判标准，是共同遵守的思维模式和职业道德。回答基金为实现使命和愿景如何采取行动的问题；为工作提供行动准则，也为基金工作中处理矛盾提供判断依据。

2.“一带一路”绿色产业基金发展目标

“一带一路”绿色产业基金的发展目标应该根据前文中的使命、愿景、价值观来确定。

当前，我国绿色产业处于快速发展期，绿色产业相关政策纷纷出台，基金所面对的产业环境、政策环境、市场环境时刻在变化，基金的发展目标必须预留调整机制，以做到与时俱进。本基金参与主体类型众多，各自诉求也不尽相同，需要在实际合作和基金运行中寻找各方普遍认同的基金发展目标，因此基金的发展目标应按照年度目标（1 年）、中期目标（3～5 年）、长期目标（5 年及以上）分阶段提出，年度规划需要精确、具体、量化地陈述在 1 年内达到的目标；中期规划需要宏观、定性，陈述基金要达成的结果状态，而长期规划将更侧重表述希望基金发展的战略愿景。

（二）打造“一带一路”绿色产业基金“募、投、管、退”的全过程管控体系

“一带一路”绿色产业基金应坚持市场化运作募资方面引入多元化出资主体（社保基金、保险资金等机构性质资金、国企民企资金）共同设立母基金，加大杠杆作用。投资方面突破地域限制吸引子基金、储备项目自主决策，发挥市场资源配置作用。激励机制方面通过绩效评价，辨识基金团队的专业性、匹配度等，采取相应的激励和淘汰手段，有利于基金运行中的纠偏。

打造“一带一路”绿色产业基金“募、投、管、退”的全过程管控体系，能够加强财政监督管理，落实财政出资人职责，避免出现隐性的债务风险。在打造“募、投、管、退”全生命周期管控体系方面，本章将研究在投资前、投资后以及退出清算不同阶段的管控重点。做到“募得着、投得准、管得好、退得出”，引导回归行业本源，主动融入国家发展大局。

1. 资金募集

基金的主流募集对象有以下几种：一是个人投资者，一般是上市公司的高管、高净值客户等。二是机构投资者，有些大的集团、财团，比如万科、碧桂园、海尔都会投资一些股权类基金。三是专业母基金，中国最大的几个专业母基金如诺亚财富、前海母基金。四是政府引导基金，相对而言要求较多，具有一定的局限性。

基金投资人的募集要求：必须为合格投资者。合格投资者主要分为两个大方向，一

是个人投资者，净资产不低于300万元，或者3年的个人年均收入不低于50万元。金融资产包括银行存款、股票、债券、基金份额、资产管理计划、银行的理财产品、信托计划、保险产品、期货权益等。二是企业投资人，净资产不低于1 000万元。无论是单位投资，还是个人投资，其出资的金额都不能低于100万元。在实操层面，建议募集机构审慎审查投资者是否符合私募基金合格投资者的标准，募集机构有义务对合格投资者进行甄别和认定。募集机构在完成私募基金的风险提示后，应该要求投资者提供必要的资产证明和收入证明，这个要求形式审查，不做实质审查。

2. 项目投资

通过整合已有资源，建立项目网络，以“长短结合，以点带面，项目优中选优”为主要的项目筛选策略，同时建立起一套适用绿色产业基金发展战略的项目评价体系。

对于优质项目的投资总体可以分为两大阶段，首先是优质项目的筛选，通过初步评价、尽职调查、专家研判来进行项目的筛选；其次是项目价值评估，结合对所投项目的收益、风险、投资者与被投资者谈判等方面的研判，确定投资的方式、投资规模。不同基金根据滋生的投资理念、投资偏好等，形成的评价标准都不一致，但一般需要考察以下要素。

（1）优质项目筛选评价指标体系

投资项目筛选的影响因素有宏观环境、投资偏好、企业家和管理团队综合素质、市场前景、技术水平和财务因素等（表8-4）。

①宏观环境是指影响投资的外在政策环境，它主要包括经济环境政策环境和金融市场环境。

②投资偏好是指投资者由于投资理念、风险偏好和其行业经验和优势不同而表现为在项目选择上的差异，如在投资规模、投资行业投资阶段和投资地点方面的选择、管理。

③企业家和管理团队综合素质是指管理者和管理团队的管理能力，对企业家来说看重其战略思想、整合资源能力、个人品质；对于管理团队来说看重团队精神、团队管理机制和管理经验等方面的综合实力。管理团队的素质是决定风险投资成败的决定性因素。因而管理团队的素质是投资者进行项目筛选考虑的首选因素。

④市场前景是指未来市场的发展前途和潜力影响。市场前景的影响因素主要有市场竞争优势、市场增值潜力和市场规模等。

⑤技术水平是指技术创新程度和技术的产业化潜力的高低，主要影响因素包括企业的研发能力、技术的竞争优势和技术的产业化潜力等。

⑥财务因素是指项目的财务状况，它主要包括财务收益潜力以及投资退出潜力两个方面。

表 8–4 项目筛选指标体系

	影响因素	具体内容	指标描述
项目筛选指标体系	宏观环境	经济环境	
		政策环境	
		金融市场环境	
	投资偏好	投资规模	
		投资领域	
		投资阶段	
		投资区域	
	企业家和管理团队综合素质	企业家综合素质	战略思想、整合资源能力、个人品质
		管理团队综合素质	团队精神、团队管理机制和管理经验
	市场前景	市场竞争优势	
		市场增值潜力	
		市场规模	
		市场进入门槛	
	技术水平	研发能力	
		技术的竞争优势	
		技术的产业化潜力	
	财务因素	财务收潜力	投资回报率、预期成长获利机会、收益分配机制
		投资退出益潜力	

（2）项目价值评价指标体系

投资项目的价值评估影响因素主要有市场潜力、产品的商业化运作水平、宏观环境、企业管理、技术实力分析、市场情况分析、财务状况分析、与被投资者间的谈判。其中前两项因素主要影响项目的现金流量即项目的收益能力，后几个因素则主要是项目所面临的风险，其存在增加了项目收益的不确定性。由于谈判双方所掌握的信息不同、评估目的评估角度也不相同，这直接导致了评估结果的不同，所以此项内容也非常重要（表 8–5）。

①市场潜力是指未来市场的发展前途和增值潜力，它的影响因素主要是市场容量、市场竞争优势和市场增长潜力；

②产品的商业化运作水平是指产品的规模生产和销售的扩展程度，它的主要影响因素是指商业化潜力和市场营销水平；

③宏观环境是指由于国家政策、法规、社会和经济环境等因素的变动而导致的经营不确定性，主要包括经济风险、政策风险和金融市场风险；

④企业管理是指企业家综合素质、管理团队综合素质、对被投资者的管理等因素决定，其中，企业家综合素质是最核心的影响因素；

⑤技术实力分析是指对项目研究开发能力、技术的核心竞争力、技术市场应用前景、技术风险等的分析；

⑥市场情况分析是指市场需求潜力、市场竞争格局、市场规模和成长性等；

⑦财务状况分析是对被投项目的财务管理能力、融资能力、投资回报率、资金运用计划、利润预测及资产收益、退出机制等的分析和研判。

表 8-5　项目价值评价指标体系

<table>
<tr><td rowspan="27">项目价值评价指标体系</td><th>影响因素</th><th>具体内容</th><th>指标描述</th></tr>
<tr><td rowspan="3">市场潜力</td><td>市场容量</td><td>市场现状、潜在规模</td></tr>
<tr><td>市场竞争优势</td><td>市场竞争态势、竞争格局</td></tr>
<tr><td>市场增长潜力</td><td></td></tr>
<tr><td rowspan="2">产品的商业化运作水平</td><td>技术的商业化潜力</td><td>技术自身发展能力、人才、资金、配套设施条件、与技术和政策方向是否相符</td></tr>
<tr><td>市场营销水平</td><td>营销策略、营销人员素质、营销投入</td></tr>
<tr><td rowspan="3">宏观环境</td><td>经济风险</td><td></td></tr>
<tr><td>政策风险</td><td></td></tr>
<tr><td>金融市场风险</td><td></td></tr>
<tr><td rowspan="3">企业管理</td><td>企业家综合素质</td><td>同表 8-4</td></tr>
<tr><td>管理团队综合素质</td><td>同表 8-4</td></tr>
<tr><td>对被投项目的管理</td><td>参与管理的程度、管理者的专业能力</td></tr>
<tr><td rowspan="4">技术实力分析</td><td>研究开发能力</td><td>研究人员、基础设施、管理机制、领军人物</td></tr>
<tr><td>技术的核心竞争力</td><td></td></tr>
<tr><td>技术市场应用前景</td><td></td></tr>
<tr><td>技术风险</td><td>研究开发风险、应用开发风险、生产开发风险</td></tr>
<tr><td rowspan="3">市场情况分析</td><td>市场需求潜力</td><td></td></tr>
<tr><td>市场竞争格局</td><td>市场进入障碍、可替代产品、同类企业</td></tr>
<tr><td>市场规模和成长性</td><td></td></tr>
<tr><td rowspan="6">财务状况分析</td><td>财务管理能力</td><td></td></tr>
<tr><td>投资回报率</td><td></td></tr>
<tr><td>资金运用计划</td><td></td></tr>
<tr><td>利润预测及资产收益</td><td></td></tr>
<tr><td>退出机制</td><td></td></tr>
<tr><td>融资能力</td><td></td></tr>
<tr><td rowspan="2">与被投资者间的谈判</td><td>谈判双方的信息掌握程度</td><td></td></tr>
<tr><td>谈判双方的经验和谈判能力</td><td></td></tr>
</table>

3. 投后管理

投后管理是规避投资风险、实现基金顺利退出获得投资收益的关键环节，对整个投资项目的运营成功与否起着至关重要的作用。投资后基金应重视增值服务，增值服务主要包括在公司治理、业务发展、资本运作3大方面给被投企业提供协助，“一带一路”绿色产业基金在上述3个方面的工作内容如下：

（1）公司治理方面，提升被投资企业内部运行效率。“一带一路”绿色产业基金为被投资企业提供人力资源支持，帮助被投资企业引荐、招聘管理人才，如财务总监、人力总监等核心岗位，搭建更有战斗力的管理团队。协助被投资企业完善组织架构，建立内控制度，利用掌握的大量企业成功案例资源，帮助被投资企业吸取经验，协助解决被投资企业前期组织架构和运营管理上存在的弊端，实现被投资企业公司规范化治理。

（2）业务发展方面，帮助被投资企业整合市场资源。“一带一路”绿色产业基金可以利用全行业的上下游资源，梳理过往优质项目和已有的人际关系网络，引荐合作伙伴，参与制定被投资企业发展战略，导入绿色产业链上下游资源，帮助被投资企业开拓市场，提升企业生产、销售和售后服务水平，提高被投资企业知名度。

（3）资本运作方面，帮助被投资企业实现资本扩张。通过基金参与方的产业资源和资本运作经验，为被投企业后续轮次再融资提供示范效应，为企业再募资寻找到资金方；同时基金应和中介机构（律所、会计事务所）保持密切的业务联系，能够在企业制订上市计划、实施上市方案时向企业推荐合适的中介机构，帮助被投资企业及时排雷，提升被投资企业上市成功概率。

基金管理公司还需配置专门的投后管理人员实现对被投企业的日常监控管理，主要途径如下：

（1）保持定期联系，关注财务指标。保持日常联络和沟通工作，如与被投资企业管理人员微信、电话、实体考察等，定期联系获取财务、业务、经营、人员等信息，以便对被投资企业提供有针对性的辅导。

（2）派驻“董监高”代表，参与“三会”审批。采取委派“董监高”代表形式，参加审议相关议案，借以获取与被投资企业发展相关的重要信息。

（3）定期进行项目复盘，掌控整体运行状况。对投资项目进行风险评估，分析研判，制定专项方案，发挥监控作用。

（4）紧盯所投资金去向，确保款项专款专用。关注每笔投资款项与每个被投资企业申请融资的用途是否一致，落实及监控资金使用情况，发挥资金使用效益，避免资金出逃或用于非指定用途。

4. 基金退出

退出管理是指私募股权基金在投资一定期限后收回投资回报的方式选择，产业基金在所投资企业发展到一定程度后，都要退出所投资企业。成功退出是私募股权投资公司衡量投资项目投后管理成功与否的重要考核因素。产业投资基金投资与贷款等传统的债权投资方式相比，一个重要差异为基金投资是权益性的，着眼点不在于投资对象当前的盈亏，而在于它们的发展前景和资产增值，以期通过上市或出售获得高额的资本利得回报。

（1）正常退出。若被投资企业通过IPO、并购等方式上市，则基金应配合整理相关材料，推荐券商等中介机构，待被投资企业挂牌上市后，应积极跟踪二级市场行情，执行减持计划；若被投资企业需要股权转让，基金应联系同行，寻找买家；若被投资企业选择回购，基金需要与大股东或实际控制人沟通，涉及诉讼时聘请律师等。

（2）非正常退出。除被投资企业正常退出情况外的统称为非正常退出，主要情形发生于被投资企业日常管理失控或造假、未完成承诺业绩约定、被国家政策禁止或约束被投资企业发展等。若被投资企业需要清算，则组建跟进破产清算组，聘请律师审议清算相关议案等。

普遍认为私募股权投资基金收益最高的退出模式为企业上市退出，其次是并购方式退出。在新兴市场上，对于私募股权投资基金退出方式的选择，国家政策方面的影响也十分明显。譬如法律法规的规范性较强、外部投融资环境较好，私募股权投资基金以IPO、并购等方式退出的金额和规模就较多，反之，若法律法规的规范性较弱、外部投融资环境较差，私募股权投资基金以大股东溢价回购等债权方式退出的金额和规模就相对较多。基金团队应适时创造合理退出时机与路径，确保顺利退出，且未来与优秀的被投企业还能再次合作。

（三）“一带一路”绿色产业基金优质项目库

1. 绿色产业创新创业优质项目

优质投资标的是投资成功的基本条件，由本报告编写单位主办、承办的“共筑梦想、创赢未来”绿色产业创新创业大赛可以作为基金设立后的优质项目来源渠道。经过2年的发展，该大赛共征集到600余个项目报名，经过专家评审，其中的120个项目具有较好的技术实力和市场前景，较合理管理机制和团队配置，是“一带一路”绿色产业基金重要的项目库（表8-6）。

表8-6 大赛优质项目基本信息（部分）

项目名	资金需求	项目基本信息
面向高难废水处理的T-MAX分离膜	新设合资公司引入战役，融资2 000万元	北京中环膜材料科技有限公司截至目前共申请专利49项。荣获中国化工学会科学技术奖一等奖、中国膜工业协会科学技术奖一等奖、国际NSF认证、国家重点新产品、北京市新技术新产品等多项荣誉，项目产品已经在全球10多个国家和地区，20多个行业的数百项案例中使用，主要客户和应用场景包括中石油、中石化、中海油、延长石油、国家能源集团、兖矿集团等大型能源化工企业的废水处理项目

项目名	资金需求	项目基本信息
欧卡无人驾驶清洁船	融资 3 000 万元	欧卡智能由清华大学、西北工业大学等知名高校博士组成的中外合资高新技术企业，专注“水上无人驾驶技术”与细分市场下的产品落地能力，公司主营业务聚焦水面自动清理场景，主要产品是无人环保船 ELFIN 系列、SMURF 系列、TITIAN 系列
水盼科技——公共机构节水方案	2020 年 A 轮融资，4 000 万元完成	水盼科技主要产品为自主研发的“免冲水小便器”“自闭式节水龙头”等相关节水产品。其中“免冲水小便器”2019 年全年销售额达 4 360 万元，市场占有率居全国第一。2020 年完成 Pre A 轮融资
水下原位智能监测预警系统的产业化与应用	融资 500 万～1 000 万元	深圳市绿洲光生物技术有限公司是一家科技型创新企业，致力于高精尖智能海工设备开发与成果转化，服务于水体生态智慧监测。公司主营业务包括水下原位监测设备的销售、海洋牧场智慧育种及安全养殖服务、冷源安全监测预警服务、海洋生态调研技术服务等。公司与清华大学深圳国际研究生院建立长期科研合作，获得强大的理论创新与技术支持
余热蒸发高盐废水零排放装置产业化	采用出让股权的方式，融资 700 万元。 用于生产线生产、市场推广、产品销售、装置研发	本项目属于节能环保装置制造产业，生产新型高盐废水蒸发装置，用于化工、印染等排污大户的高盐废水处理，通过回收企业废弃的余热或废热用于废水蒸发，回收高品质蒸馏水从而实现废水零排放。余热利用高盐废水蒸发技术成功应用于新疆油田废水处理项目：能耗成本降低 40%，处理成本降低到 5 元 /t 水
高浓度超微气泡发生装置的研发及应用	计划融资 1 000 万元，释放 10% 股权，用于扩建厂房、扩充人员、研发投入、产品备货、机械设备、试用成本、公司运营	公司专注超微气泡水及相关领域的研发及应用，以水体治理和水产养殖为主要方向，实现迅速提高处理效率，大幅提升气液混合传质效果，逐渐推进以高新技术产业代替传统低效高耗能生产方式，企业连续 3 年业绩增幅达到 100% 以上
光等离子净化技术在公共空间空气净化杀菌消毒的应用	融资 5 000 万元，用于新项目研发、细分市场开拓及生产运营	该公司多年来致力于军用环保及反恐产品的研发，所涉及的领域包括空气净化、智慧城市、数字城管、轨道交通、放射性源净化等，拥有国内外专业的环保专家研发团队以及多项自主专利，推动了国外尖端净化技术的国产化进程，是行业领先的空气净化智能化系统解决方案和服务商，为城市、企事业单位以及大型工业机构等提供技术支持与服务

2. 基础设施建设优质项目

从宏观环境的角度来看，绿色产业的基建类项目属于国家的发展需求，随着“十四五”的开启和“双碳”战略的贯彻落实，深圳市政府及各区都公布了“十四五”规划的重点项目，项目类型包括基础设施建设、城改旧改、生态环境保护、污染治理、社会保障体系建设等多个领域，其中与绿色产业相关的重点项目占比较大，将是基金设立后的重点投资方向。

从投资偏好的角度来看，“一带一路”绿色产业基金的参与主体（如中电建生态环境集团有限公司、山东高速集团有限公司、平安建设等）都具有基建类的项目经验、完备的项目运作模式，在世界基建项目领域都占有较高的比例份额，拥有议价能力；对于市场发展前景而言，基建类项目体量大，且由政府引导相对稳定可控，也符合绿色发展的要求。

基于如上考量及对前期调研获得的龙岗区和深圳市的“十四五”重点项目详情见表 8-7。

表 8-7 “十四五”重点建设项目（部分）

项目来源	项目类型	具体内容
龙岗区“十四五”重点项目	9 大城市品质提升工程	2021 年碧道建设工程、儿童公园、雪象体育公园、龙湖体育公园、嶂背郊野公园、南湾郊野公园、丁山河（盐龙大道以北、环坪路以南河道）两岸景观提升工程、大芬油画村综合整治、甘坑客家小镇基础设施提升
	3 大治水工程	2019 年 3 大流域消除黑臭及河流水质保障工程、2020 年 3 大流域河流水质提升及污水处理提质增效工程、2021 年水质提升及内涝整治工程
龙岗区 2021 年重大项目	城市安全和环境资源	河流整治、污水处理厂及其配套管网、截污和排水管网、水库、水厂、引水工程
		生活垃圾处理项目、余泥渣土受纳场项目、海绵城市项目、综合管廊项目
		可再生能源利用和开发（风能、太阳能、水能、生物质能、海洋能等非化石能源）
	综合交通	综合交通枢纽及配套
		中小运量轨道交通系统（单轨、有轨电车等）
深圳市“十四五”重点项目	碧道工程	以茅洲河、深圳河、观澜河、龙岗河、坪山河和光明湖、石岩湖“五河两湖”为重点，建成 210 km 碧道

第三节 基金业绩评价及风险管控

为充分了解基金投资回报水平，管控潜在的管理运行风险，需要阶段性地对基金综合业绩进行评价，了解基金各项风险因素，保证在基金设立之初，做好基金的组织架构和管理制度设计等工作。

一、基金业绩评价常见指标

私募基金业绩评价最核心的工作就是评价指标的确定，基金业绩评价发展的几十年里，学术界对于基金业绩研究的侧重点也在不断改变，目前基金业绩评价主要有 4 个方向：基金收益能力、基金风险水平、基金经理能力、基金业绩持续性。

（一）基金风险水平指标

随着私募基金行业的快速发展，其高风险、高收益的特点逐步被市场所重视，尤其是近几年，在市场持续低迷、不景气的大背景下，降低投资风险成为投资者首先要考虑的因素。目前衡量基金风险水平的指标有两个：收益率标准差与风险系数。收益率标准差表征了收益率的绝对波动程度，而风险系数表征了基金相对于市场基准组合波动的程度。

收益率指标（σ）：

$$\sigma=\sqrt{\sum_{i=1}^{n}\left[R_i-E\left(R_i\right)\right]^2} \tag{8-1}$$

式中，R_i——基金月度收益率；

E（R_i）——基金月度平均收益率。

风险系数（β）：

$$\beta=\frac{\mathrm{COV}\left(R_{\mathrm{p}},R_{\mathrm{m}}\right)}{\mathrm{VAR}\left(R_{\mathrm{m}}\right)} \tag{8-2}$$

式中，COV（R_{p}, R_{m}）——基金投资组合与市场基准组合收益率的协方差；

VAR（R_{m}）——市场基准组合收益率方差。

系数若大于 1 表明投资组合风险要大于市场基准组合，若小于 1 则表明投资组合风险要小于市场基准组合。

（二）基金收益能力

尽管私募基金的收益不能作为私募基金业绩评价的唯一指标，但无法否认，基金的收益率仍是衡量基金业绩最为直观、重要的指标，也是影响投资者决策最为重要的因素。此方面常用基金净值收益率、夏普（Sharpe）指数、詹森（Jensen）指数三大经典指标作为评价指标。

基金净值收益率（$R_{\mathrm{p}t}$）：

$$R_{\mathrm{p}t}=\frac{\left(NAV_t-NAV_{t-1}\right)+D_t}{NAV_{t-1}} \tag{8-3}$$

式中，　$R_{\mathrm{p}t}$——基金在 t 时期的收益率；

D_t——基金在 t 时期的分红；

NAV_t、NAV_{t-1}——基金在 t 时期、（$t-1$）时期的基金净值。

夏普（Sharpe）指数：

$$S_{\mathrm{p}}=\frac{\bar{R}_{\mathrm{p}}-R_{\mathrm{f}}}{\delta_{\mathrm{p}}} \tag{8-4}$$

式中，R_p——基金历史平均净值；

R_f——无风险收益率；

δ_p——基金净值收益率的标准差。

夏普指数能够衡量在一定风险下基金收益能力的高低。指数越大基金风险越大。

詹森指数（α_i）：Jensen 指数是在相同系统风险水平下，样本基金历史平均收益率与市场基准组合收益率的差值，如果 Jensen 指数显著为正，说明在该研究期间基金业绩优于市场投资组合绩效，战胜了市场；如果 Jensen 指数显著为负，则说明在该研究期间基金业绩不优于市场投资组合绩效，未能战胜市场。

$$\alpha_i=R_i-\left[R_f+\beta_i\left(R_m-R_f\right)\right] \quad (8-5)$$

式中，R_i——基金净值收益率；

R_f——基金无风险收益率；

R_m——市场收益率。

（三）基金经理能力

基金经理对于基金产品的管理能力直接影响到基金的业绩表现。一般认为基金的业绩主要有 3 个来源：承担市场风险所获得的风险补偿收益、由基金经理所具有的市场时机选择能力带来的收益、由基金经理所具有的证券选择能力所带来的收益。因此除了基金业绩的表象外，基金经理对于基金的投资管理能力也应作为投资时所考虑的指标加以评估。较为传统的评价方式为 T-M 模型。

T-M 二次项模型是在 Jensen 指数的所使用的回归模型的基础上增加二次项得出，主要考察基金经理的选股能力、择时能力。常用公式为

$$R_i-R_f=\alpha_i+\beta_t\left(R_m-R_f\right)+\gamma_t\left(R_m-R_f\right)^2+\epsilon \quad (8-6)$$

式中，R_i——投资组合收益率；

R_m——市场收益率；

R_f——无风险收益率；

α_i——基金的选股能力，能力越强超额收益越高；

γ_t——基金的择时能力，其值为正表示该基金有强于市场风险的溢价能力，值为负则表示溢价能力较弱。

（四）基金业绩持续性

私募基金是否具有持续性是进行业绩评价的前提。目前国外广泛使用的基金业绩持续性检验方法包括两类：参数检验法与非参数检验法。最常见的是参数检验法，该方法利用对基金业绩排名期与评价期的超额收益的指标进行回归分析，获得横截面回归的斜

率系数，并通过对斜率系数的显著性来判断持续性的存在与否。

二、“一带一路”绿色丝路战略投资基金风险防控

基金设立之后，为防范和化解风险，保证各项业务的合法合规运作，实现经营目标，需要在充分考虑内外部环境的基础上，对经营过程中的风险进行识别、评价和管理的制度安排、组织体系和控制措施，风险管控包括风险识别及评价、风险应对、风险报告和监控及风险管理等全过程。

（一）风险识别

风险存在于基金运作的每个环节，不仅有来自外部环境风险的威胁，也存在于基金自身的因素。明确各类风险的现实情形和影响程度，可在降低风险的同时实现收益的稳定增长。根据风险种类可以大致分为市场风险、信用风险、流动性风险、操作风险、合规风险、声誉风险6类。

基金设立之后应当构建科学有效、职责清晰的风险管理组织架构，建立和完善与其业务特点、规模和复杂程度相适应的风险管理体系，董事会、监事会、管理层依法履行职责，形成高效运转、有效制衡的监督约束机制，保证风险管理的贯彻执行。基金可采取定量和定性相结合的方法进行风险评估，应保持评估方法的一致性，协调好整体风险和单个风险、长期风险和中短期风险的关系。

（二）风险应对

（1）市场风险控制措施：密切关注宏观经济指标和趋势，重大经济政策动向，重大市场行动，评估宏观因素变化可能给投资带来的系统性风险；密切关注行业的周期性、市场竞争、价格、政策环境和所投项目基本面的变化，建立适当的投资组合，分散非系统性风险；关注投资组合的收益质量风险，可采用Sharp比率、Jensen比率等指标衡量，并利用敏感性分析，找出影响投资组合收益的关键因素。

（2）信用风险控制措施：建立内部信用评级制度，结合外部信用评级，进行信用风险管理；建立严格的信用风险监控体系，对信用风险及时发现、汇报和处理。

（3）流动性风险控制措施：制定流动性风险管理制度，平衡资产的流动性与盈利性；及时对投资组合资产进行流动性分析和跟踪，包括计算历史平均交易量、换手率和相应的变现周期，关注投资组合内的资产流动性结构、投资组合持有人结构和投资组合品种类型等因素的流动性匹配情况；建立流动性预警机制。当流动性风险指标达到或超出预警阈值时，应启动流动性风险预警机制。

（4）操作性风险控制措施：建立合规、适用、清晰的日常运作制度体系，加强对员工业务操作技巧的培训，加强程序的控制；建立适当的人力资源政策，避免核心人员流

失，建立关键岗位人员的储备机制；建立危机处理决策、执行及责任机构，制定各种可预期极端情况下的危机处理制度；面对新业务要制定严密的新业务的论证和决策程序，针对新业务的主要操作部门和对新业务开展的支持部门进行业务培训。

（5）合规风险控制措施：建立有效的投资流程和投资授权制度；通过在交易系统中设置风险参数，对投资的合规风险进行自动控制；重点监控投资组合中是否存在内幕交易、利益输送和不公平对待不同投资者等行为；跟踪评估投资比例、投资范围等合规性指标执行情况，确保投资组合投资的合规性指标符合法律法规和基金合同的规定。

（6）声誉风险控制措施：建立有效的公司治理架构、声誉风险管理政策、制度和流程，对声誉风险事件进行有效管理；建立声誉风险情景分析，评估重大声誉风险事件可能产生的影响和后果，并根据情景分析结果制定可行的应急预案。

（三）风险报告和监控

基金应当建立清晰的报告监测体系，对风险指标进行系统和有效的监控，根据风险事件发生频率和事件的影响来确定风险报告的频率和路径。

风险报告应明确风险等级、关键风险点、风险后果及相关责任、责任部门、责任人、风险处理建议和责任部门反馈意见等，确保基金公司管理层能够及时获得真实、准确、完整的风险动态监控信息，明确并落实各相关部门的监控职责。应当对风险管理体系进行定期评价，对风险管理系统的安全性、合理性、适用性和成本与效益进行分析、检查、评估和修正，以提高风险管理的有效性。

第四节　国内绿色产业基金优秀案例及经验总结

一、国内绿色产业基金优秀案例

（一）内蒙古“环保基金”的设立及运作模式分析

（1）内蒙古环保基金的投资规模。按照目前同行的有限合伙制的经营模式，采取认筹方式确定环保母基金的合伙人，与内蒙古政府引导性资金共同组成母基金，初始规模40亿元。其中，政府引导性资金10亿元、吸收其他社会资本30亿元。在母基金的基础上，按照市场化运作方式，以不低于1∶5的比例放大母基金，形成最低200亿元的环保基金年度投资规模。

（2）环保母基金的来源。环保母基金由政府引导性资金和合伙人共同出资组成。按有关规定要求，政府引导性资金是先将政府财政资金注入环投公司，再由环投公司投入母基金，因此，注入环投公司的政府财政资金，即环投公司的注册资本金就是政府引导性资金的来源。按照分年度、可分期注入认缴的规定，拟用 5 年时间、每年按 10 亿元注入完成 50 亿元的政府引导性资金。

（3）环保基金的投资方向。一是解决政府职责范围内的公共环境问题，如城镇污水处理厂的新建和提标改造、城镇雨污分流管网配套建设、城镇生活垃圾无害化处理和综合治理利用、工业园区环境综合整治等社会公益项目，都是由于地方政府重视不够、投入不足，从而形成了发展中的环境欠账问题，在新的发展要求下，环境治理领域还旧账、补短板，是地方政府急需解决的问题，也是环保基金投入的重点方向；二是支持企业解决污染治理设施建设运行和污染物综合利用资金投入不足的问题；三是充分发挥基金投入的杠杆效应，引进和吸收国内外环境治理先进技术和团队，推动环境治理技术的研发、应用和第三方服务市场的形成与发展；四是通过环保基金的引导投入，在呼和浩特市创建环保产业园，发挥孵化效能，填补空白，打造新的经济增长点，从而推动区内环保产业加快发展。

（4）环保基金投资原则范围。一是坚持“优先区内、优先治理”的原则，考虑环保基金的长远发展；二是坚持“先易后难、先急后缓、复制推广、滚动发展”的原则，进一步促进和扩大环保基金的效能，实现加快解决突出环境问题、改善环境质量、促进环保产业和经济社会可持续发展的目的。

（5）环保基金投资风险管控。环保基金的风险管控，是基金投资过程中需要重点监管的一个环节。综合国内基金运行规则，重点把握好以下几个节点。一是通过托管银行封闭管理规避风险。二是通过市场择优选择投资项目来规避风险。三是通过股权投资的方式确保基金退出来规避风险。四是通过有效的担保基金和担保体系来规避风险。五是通过债券投资的方式确保基金退出来规避风险。六是通过破产清算的方式确保基金退出来规避风险。

（6）环保基金的经营管理。按照有关法律规定，环保基金首先要注册确立基金管理公司（GP），政府引导性资金作为有限合伙人（LP）。公司负责建立基金投资的原则、经营策略、资产分配等一系列规章，确定长期投资规划，审定每个项目包的投资规模，决策重大投资事项。基金公司的管理由合伙人代表共同负责，具体事务按基金管理公司的章程运行。

为确保基金的良好运行，“母基金”将设立合伙人联席会、投资决策委员会、专家咨询委员会等议事决策及管理机构，其主要职能是对基金投向、重点项目的筛选、绩效评价等事宜的审核和把关。按照基金市场化的运作模式，母基金不直接投资项目，而是针对区内不同的环境治理项目，将分别打造若干个项目包，向国内公开招标专业的基金管理公司来运营。

内蒙古环保基金平台如图 8-15 所示。

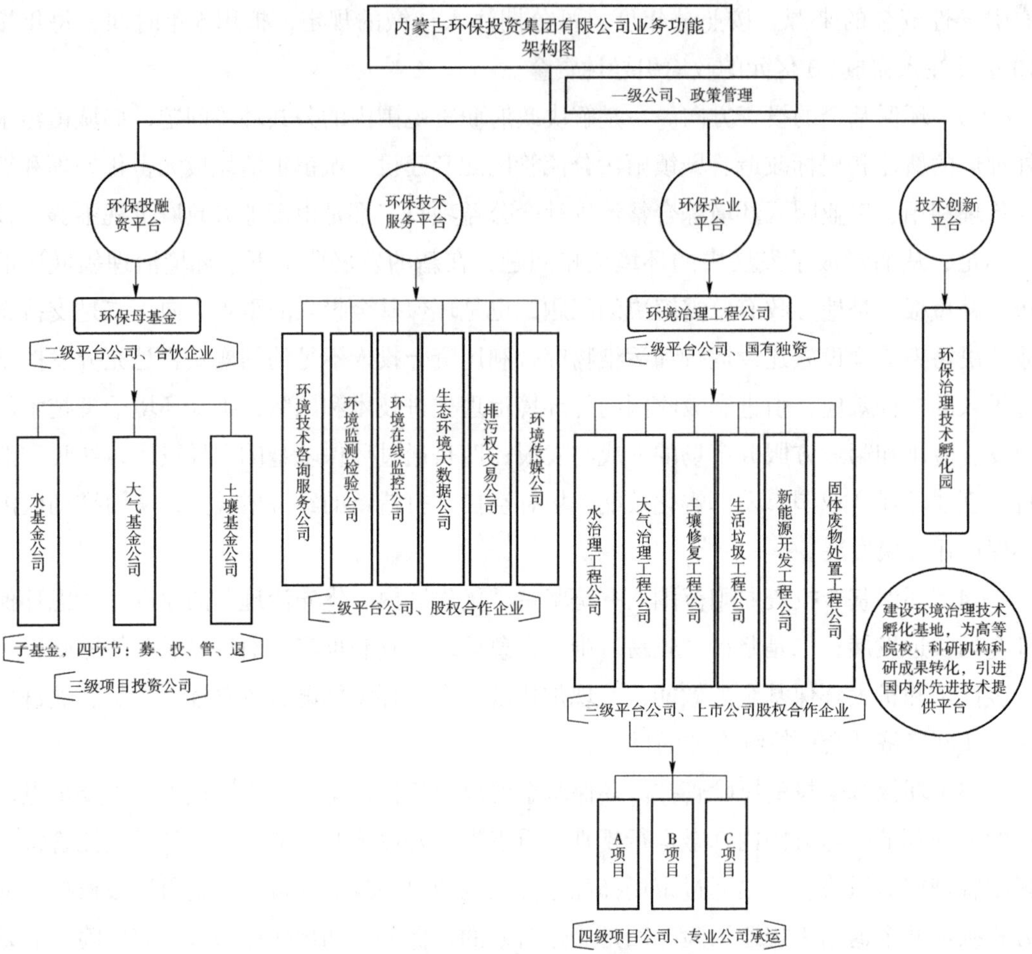

图 8-15　内蒙古环保基金平台

母基金管理公司注册资本构成如图 8-16 所示。

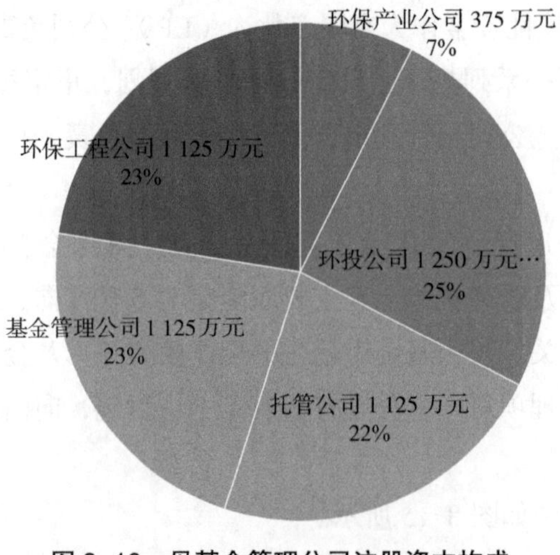

图 8-16　母基金管理公司注册资本构成

子基金是由中标后的专业基金管理公司负责对项目包的投资经营管理。通过环保母基金引导资金的注入，由子基金管理公司负责吸收其他社会资本进入，二次放大后形成各子基金的投资规模。子基金的主要职能是负责直接对环境治理项目的投资，各基金专业管理公司根据公司经营的特长，通过投标的方式选择环境治理项目包，对治理项目进行投资估算、运行管理、风险管控、收益分配、基金退出等全过程管理。

基金投资后所得红利按章程进行分配，政府引导资金主要目的是解决环境治理和培育环保产业的发展，因而政府引导资金所得红利要提取一定的比例用来奖励合伙人或子基金管理公司，剩余红利主要用来补充政府引导资金的资本金或开展环保产业的一些业务合作所需。

（7）协同抓好与环保基金配套改革事项。中央内蒙古和自治区生态文明体制改革都明确要求，鼓励各类投资进入环保市场，能由政府和社会资本合作开展的环境治理和生态保护事务，都可以吸引社会资本参与和运营，通过政府购买服务等方式，加大对环境污染第三方治理的支持和技术服务。为落实改革要求，尽快组建运营环保基金，需要建立和完善与环保基金相配套设施。

（二）重庆环保基金

重庆环保产业股权投资基金管理有限公司成立于 2015 年 10 月，是在生态环境部和重庆市政府大力支持下，由生态环境部对外合作中心和重庆市生态环境局共同发起成立的，是国内第一家在中国证券投资基金业协会登记注册的政府主导的环保类股权投资基金管理公司。基金管理运行中，政府不直接参与基金的管理和投资决策，保证了基金的市场化运行，基金通过股权投资、债转股、并购重组、定向增发、大宗交易等多种投资方式，对节能环保、新能源、新材料、高新制造等领域的企业进行投资。

基金采取“重庆市环保产业基金母基金 + 当地政府资金”的形式在全国开展工作，重庆市环保产业基金管理有限公司多作为 GP 的形式对基金进行管理，基金结合当地政府诉求，为地方政府引进技术、促进企业落地和技术孵化，为当地政府带来招商引资的成熟商业模式。

基金建立了内部投资决策委员会和外部投资决策委会共同决策投资决策事项的机制，内部主要团队均有环保从业背景，将拟投项目的技术先进性和实用性摆在第一位，兼顾财务、法务等其他方面，利用其他基金不具备的专业优势，加强对环保项目的甄别，发现价值，专注于环保领域投资。采取投资与管理分离的有限合伙方式，按照“政府引导、市场运作、科学决策、防范风险”原则进行管理；利用 10 亿元基金杠杆，计划实现 40 亿～50 亿元资本投入生态环保领域，主要支持生态环保企业，支持环保产业项目做大做强。同时，与其他产业引导基金建立合作机制，充分释放协同效应。基金的成立对提升环保产业投资规模、优化环保企业股权结构、促进环保产业换挡升级等多重利好。

重庆环保基金组织架构图如图 8-17 所示。

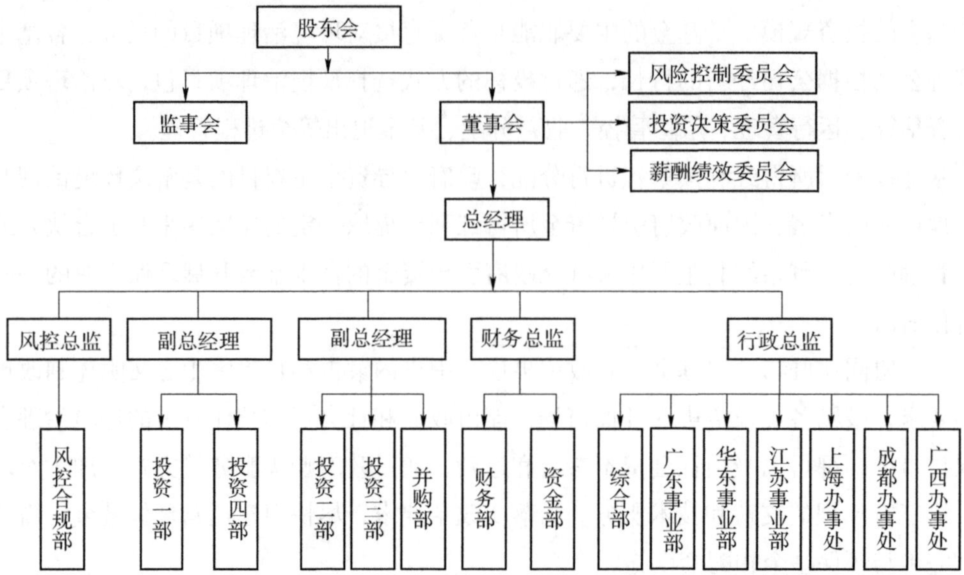

图 8-17　重庆环保基金组织架构

基金主要面对已进入快速成长期或成熟期的生态环保企业、上市公司环保类项目定增计划、以股权投资方式推动环保类企业的并购、重组，促进环保类龙头企业发展，以与银行、机构合作的方式组建专项产业促进基金支持政府和企业重大环保类基础设施建设等方面投资。在全国各省、自治区、直辖市设立环保基金，逐步向地市、县级延伸，提高业务覆盖范围，通过各地政府环保部门、环保产业协会以及行业内优秀企业的举荐等多种方式有意识地挖掘处于种子、天使、成长、成熟、Pre-IPO 等各发展阶段的企业、项目，更侧重于处于成熟期企业、项目，组建项目库。基金近期参与组建了重庆市的气候投融资项目研究中心，将对涉及“碳达峰碳中和”的企业、技术进行收集整理，建立项目库。

截至目前，公司共设立基金 23 支，其中母基金 1 支，子基金 17 支，种子基金 1 支、平行基金 4 支，规模 115 亿元；已投出项目 53 个，投资总额 10 亿元。优质项目举例介绍如下：奥福环保（股票代码：688021）致力于研发、制造、销售蜂窝陶瓷蓄热体、柴油车尾气治理用的催化剂载体、尾气颗粒捕集器（DPF）等材料，是世界三大车用蜂窝陶瓷制造商之一，客户包括中国重汽、广西玉柴、中自催化、德国戴姆勒 - 奔驰等国内外知名企业。基金于 2017 年投资该项目，投后企业发展迅速，2019 年 11 月 6 日在科创板成功上市，是科创板“环保第一股”。该企业目前市值 35 亿元。广州禾信仪器股份有限公司是一家集质谱仪研发、制造、销售及技术服务为一体的国家火炬计划重点高新技术企业和国家“千人计划”创业企业，率先实现质谱仪器产品自主正向研发，其生产的飞行时间质谱仪具有完全自主知识产权，打破了长期以来国外企业对高端质谱仪的垄断。公司立足环境监测，并不断向临床医疗、食品安全、工业分析等新领域拓展。2021 年 3 月 31 日，获上海证券交易所科创板股票上市委员会审核通过；海螺集团该项目通过水泥窑协同处置危险废物和一般固体废物，处理废矿物油废物、有色金属冶炼废物等危险废物 16.5 万 t/a，污泥、污染土等一般工业固体废物 30 万 t/a。2020 年实现年收入 2 亿元，净利润 1.05 亿元，具有良好的经济效益、社会效益和环保效益。

重庆环保基金的优势在于：

（1）股东优势：由生态环境部对外合作中心和重庆市生态环境局共同发起成立，是国内首家在中国基金业协会登记的政府主导的环保类基金管理公司；

（2）政策优势：参与环保政策和标准制定，精准掌握环保政策动向；

（3）市场优势：知晓环保细分领域的市场需求，掌握环保领域市场资源；

（4）技术优势，了解环保产业现状，熟悉环保技术发展趋势；

（5）团队优势：核心团队除投融资、财务、法务专业人才以外，还拥有环保领域专业人才和专家顾问团队。

其股权结构如图 8-18 所示。

（三）云南普洱市绿色经济发展基金

2016 年 4 月，普洱市人民政府与国家开发银行云南省分行联合设立“普洱市绿色经济发展基金”，总规模 50 亿元，是全国首支绿色经济发展基金中非信银（上海）股权投资管理有限公司为基金管理人。7 月 15 日，普洱市绿色经济发展基金顺利实现首期 10 亿元资金交割，普洱国资公司出资 2 亿元劣后级资金，分行牵头募集 8 亿元优先级资金，期限 5 年，投资普洱交投公司股权，最终投向景文高速公路项目（财政部第二批 PPP 示范项目）。云南省普洱市是国家绿色经济试验示范区，自然资源丰富，发展基金设立后，将进一步提升普洱原生态与环境的保护水平，加快国家特色生物产业、清洁能源、现代林产业和休闲度假四大产业基地的建设进度。

（1）云南省出台绿色发展基金的相关政策。国家发展改革委于 2013 年 6 月正式批准普洱建设首个国家绿色经济试验示范区。为加快推进普洱市国家绿色经济试验示范区建设，充分发挥财政资金的引导作用，吸引社会资本参与普洱市绿色经济发展，根据《中华人民共和国预算法》《中华人民共和国合伙企业法》和《政府投资资金暂行管理办法》相关规定按照国家发展改革委批准的《普洱市建设国家绿色经济试验示范区发展规划》（发改环资〔2014〕434 号）和云南省发展改革委批准的《普洱市建设国家绿色经济试验示范区实施方案》（云发改资环函〔2015〕517 号）以及《云南省人民政府关于印发支持普洱市建设国家绿色经济试验示范区若干政策的通知》（云政发〔2015〕24 号），普洱市制定出台了《普洱市绿色经济发展基金设计方案》，于 2016 年 4 月 13 日

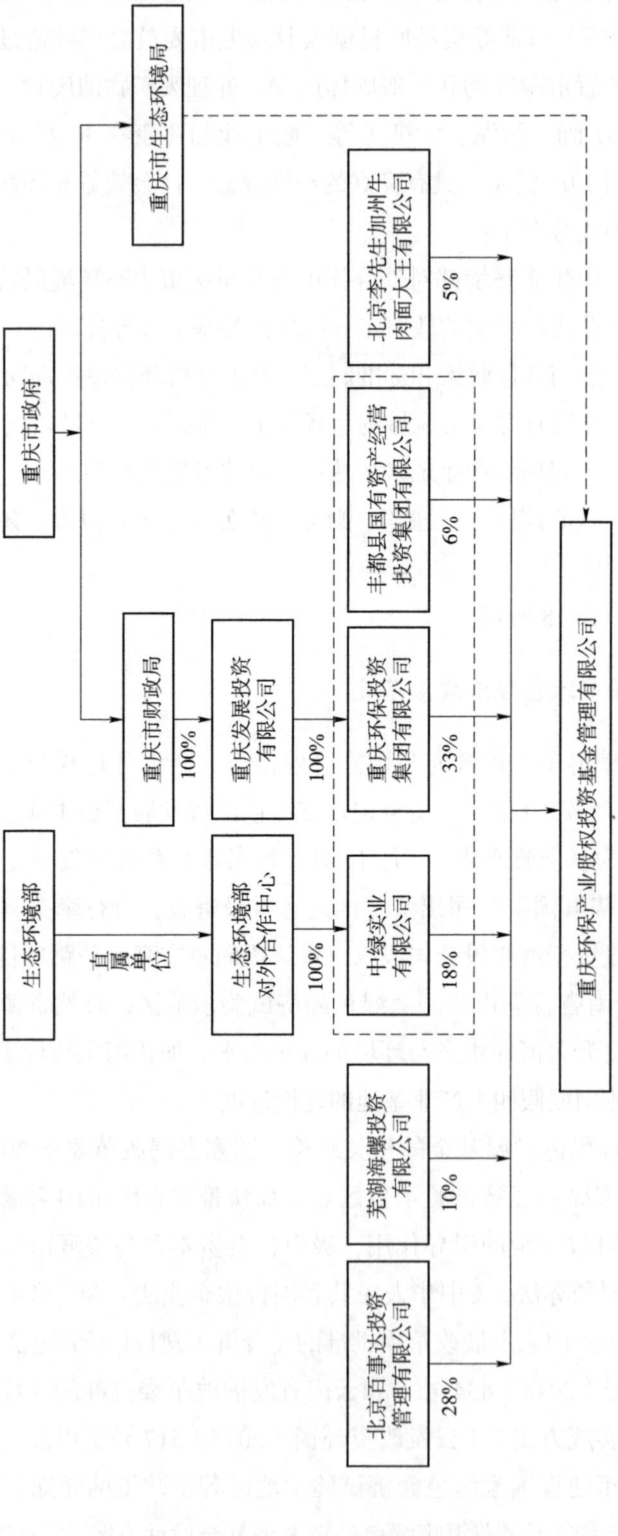

图 8-18 重庆环保基金股权结构

注册成立了普洱市绿色经济发展基金。

（2）基金规模。普洱市绿色经济发展基金拟设总规模 50 亿元，首期发行 10 亿元，基金存续期 5 年，综合融资成本 6.7%/a；二期发行 12.5 亿元，基金存续期 8 年，综合融资成本 64%/a。截至 2017 年 5 月底，一期基金规模合计 225 亿元，资金已全部到位，并已全部投放，分别占基金总规模和已发行规模的 45%、100%。

（3）基金运作模式

①首期基金运作模式。普洱市绿色经济发展基金首期基金名称为普洱市绿色经济发展基金合伙企业（有限合伙），发起人为普洱市人民政府、国家开发银行云南省分行、中非信银（上海）股权投资管理有限公司，基金规模 10 亿元。基金采取承诺出资、分期到位机制，即基金单次出资金额根据项目投资需求，分期到位。分级安排为普洱市国资公司代表普洱市财政局出资 2 亿元，为普通级投资人；国家开发银行云南省分行牵头募资（由国开证券代表出资）8 亿元，为优先级投资人，与普洱市财政局的出资同比例到位。

收益分配：优先级资金享有约定的投资收益，收益以发行当期市场资金价格为准；基金需支付资金管理人的管理费、托管银行的托管费、应向普洱市当地税务局缴纳的税费等费用；普通级资金参与收益分配，收益分配顺序在优先级和各项税费之后，并对优先级资金承担收益差额补足义务。基金存续期内，按约定基金向优先级投资人支付预期投资收益，普通级投资人在基金到期后方可参与最终收益分配。当时各方职责：普洱市人民政府牵头协调对接基金相关工作，包括基金的设立、协调融资平台、确定投资项目、投资条款和相关决策等；国家开发银行云南省分行作为基金托管人、基金顾问和综合金融服务支持者，负责基金设立和政府的协调、基金募集、投资决策和协助投后管理等工作；中非信银作为基金管理人，负责基金的筹建工作，起草与基金组建相关的法律文件，并协调、安排相关方签署，以及基金设立、运营和投后管理等工作。首期基金交易结构如图 8-19 所示。

②二期基金运作模式。普洱市绿色经济发展基金二期基金名称为普洱市绿色经济发展基金合伙企业（有限合伙），发起人为普洱市人民政府、国家开发银行云南省分行、中非信银（上海）股权投资管理有限公司，基金规模 12.5 亿元。出资比例为优先、劣后比例 8∶2，即国家开发银行云南省分行牵头广发证券资管公司发行定向资产管理计划，募资优先级认购本期规模 80%，普洱国资公司代表普洱市财政局出资劣后级认购本期规模 20% 收益分配及各方职责：基金按约定向优先级投资份额支付投资收益普洱国资公司对该优先级份额收益承担差额补足义务；按约定，普洱国资公司回购优先级投资人广发证券定向资产管理计划持有的优先级份额；普洱市政府将基金优先级投资资金和投资收益需支付的资金以政府购买服务方式纳入年度财政预算。基金的投资决策委员会由普洱国资公司、国家开发银行云南省分行、中非信银及基金优先级投资方委派，对基金重大

事项进行决策，决策事项包括投资项目、资金用款等。

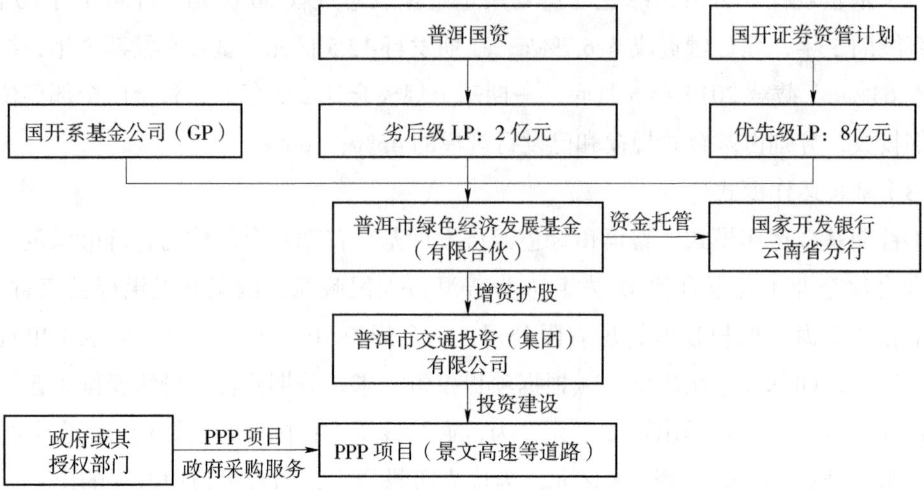

图 8-19　基金交易结构

二期基金交易结构如图 8-20 所示。

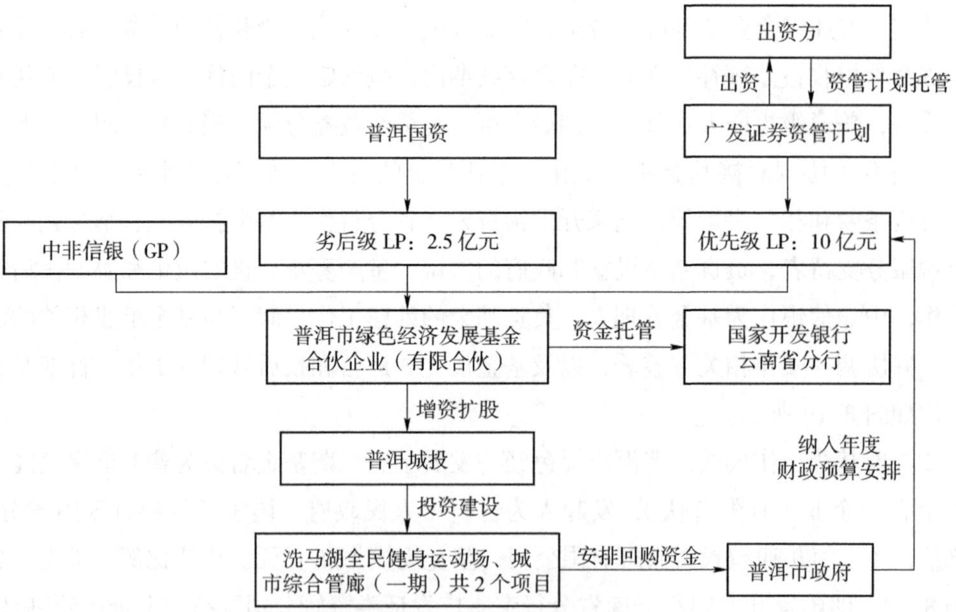

图 8-20　二期基金交易结构

③基金投向。普洱市绿色经济发展基金主要投向于普洱市基础设施建设、绿色产业、生态环保、公共服务等绿色经济发展领域。首期基金 10 亿元以增资扩股形式投向普洱市交通投资（集团）有限责任公司，用于景东至文东高速公路项目建设；二期基金 12.5 亿元以增资扩股形式投向普洱市城建投资开发有限公司，用于普洱市城市地下综合

管廊（一期）建设项目。

财政部等六部委《关于进一步规范地方政府举债融资行为的通知》（财预〔2017〕50号）、财政部《关于坚决制止地方以政府购买服务名义违法违规融资的通知》（财预〔2017〕87号）出台以后对地方政府举债融资行为进行了规范、加强了管理，给地方政府参与设立绿色发展基金带来一定程度的挑战。

根据《普洱市绿色发展基金设计方案》，该基金主要投向普洱市基础设施建设、绿色产业、生态环保、公共服务等绿色经济发展领域。据调查，普洱市绿色经济发展基金除20%由地方财政出资外，其余80%的资金主要来自金融机构。官方资料显示，一、二期基金2.5亿元，主要投向普洱市基础设施建设和公共服务领域。由于目前国家对“绿色项目”的界定较为模糊，基础设施建设、公共服务是否属于绿色项目颇有争议。而决策机制和信息披露，包括情况、管理模式、投资模式、风险揭示等均未按照基金信息披露亟待完善。

二、可参考的成功经验

绿色基金要获得长远发展需要重视以下几个方面工作：

（1）必要的市场条件

成功运作绿色基金必要的市场条件包括①政府承诺实施的绿色能源项目；②绿色能源项目融资需求；③目标市场领域缺乏足够资金；④建立“碳汇交易”等节能收益偿还机制。

（2）基金的组织与治理

绿色基金最好作为独立组织设立。政府的产业基金治理通常由政府任命的管理委员会进行，管理委员会则由代表公共和私营部门的主要利益相关方组成。如龙岗区创业投资引导基金的投资需要龙岗区创业投资引导基金联席会议决策。

（3）可持续性

为了实现绿色基金的可持续发展，需要确保资金来源的稳定性和可靠性。一旦基金开始运作，资金回收期一般为5～7年或以上。因此，基金需要有稳定可靠的资金来源渠道，使基金能够持续运作，为后续项目提供融资。

绿色产业项目投资时间长，资金回收慢，其长期投资的特点决定了中小投资者很难成为基金的资金来源渠道，现阶段本基金各意向主体都具有一定的机构规模、资金实力，可以在基金持续运作出现困难时提供稳定的资金源。本基金还可与部分个人投资者、机构投资者、专业母基金建立常态联系，扩展资金来源渠道。

此外，“一带一路”绿色产业基金的运行中需要采取流动性风险控制措施，制定流动性风险管理制度，建立流动性预警机制。当流动性风险指标达到或超出预警阈值时，应启动流动性风险预警机制，以保持本基金的持续性。

（4）基金管理人的选择

基金管理人的选择直接关系到基金能否顺利运行、持续获利，国内基金管理机构有很多选择，包括独立的、新成立的机构；现有的非独立公共机构；国家开发银行、公共事业公司或其他企业。

（5）深入研究细分行业

绿色产业包括节能低碳、生态环境保护、清洁能源、清洁生产等多个细分领域，投资绿色产业需在众多细分赛道中发掘有潜力、符合政策方向的投资项目。对“一带一路”绿色产业基金而言，基金运行初期应聚焦某一个熟悉领域，后期随基金投资经验的逐渐丰富，再逐步扩大基金的投资范围。只有对各细分领域进行详细研究和分析，才能得出对某个行业发展前景的整体判断，也才能真正将资金有效合理地配置到相关绿色项目上。

除此之外，做好一支基金还需要注意强化多方信心，增强项目相关方对项目成功实施的信心，降低项目综合财务成本及项目相关的违约风险；合理匹配项目需求，绿色产业类项目投资期限相对较长，应匹配项目投资运营需求，缓解项目净现金流前低后高的压力；规范运作，确保合作模式灵活，风险共担，收益共享，提供多种合作模式，吸引社会资本；保证投资决策效率，人员精干，管理扁平，缩短决策链条；提高管理团队的专业度，团队需具备较高的理论政策水平和丰富的项目投资经验，提供全方位服务；强化资源整合能力，结合多方优势，提供“一站式”“全链条”服务，加速项目落地。

第九章　混凝土护岸产品关键技术研发和应用

第一节　混凝土护岸产品现状与问题

一、河湖护岸的发展历程

（一）传统河湖护岸

河湖工程中护岸的主要作用是防止波浪、水流对岸坡的淘刷和侵蚀以及地下水渗透和土压力作用下岸坡的崩塌，控制水土流失，从而保持岸线稳定，以满足河流的防洪、输水或航运功能，岸坡稳定是其唯一的控制指标。因此，传统的河湖护岸主要以现浇混凝土、浆砌块石等不透水硬质护岸结构为主，结构形态较为单一，随着石料开采的限制，近年来浆砌块石护岸逐步被混凝土结构所代替（图 9-1）。

（a）浆砌块石护岸　　（b）混凝土护岸

图 9-1　传统护岸形式

（二）设计理念转变

20 世纪 90 年代以前，人们的环保意识极度缺乏，这个时期主要是河流护岸的防御性设计阶段，以结构安全为设计导向，主要通过工程手段——传统护岸结构改变河流边界条件，河流整治后呈“平面化”和“直线化”，同时也割裂了水路生态系统的物质和能量交换，使河道渠化严重，湿地洲滩逐渐消失，破坏了河流和河岸带动植物的生存环境，造成河流生态功能和自净能力的丧失。

随着国外在河流生态治理研究方面的快速发展，以及渠化河道环境问题的日渐凸现，进入20世纪90年代以后，河流治理进入防洪排污整治阶段，国内学者也逐步开始关注护岸的生态设计，在总结国外研究成果和工程实践经验的基础上，探索性地开展了相关理论研究和工程实践，形成了自然生态型护岸、人工生态型护岸（植物+工程材料）的形式。

自然生态型护岸是指以最小限度的人为干扰保护原生态岸坡或将受损的岸坡恢复至近自然原生态岸坡，一般通过在坡面种草、铺草皮、植树等植物防护措施达到恢复或修复的目的。岸坡依靠植物根系与土壤之间的附着力以及根系之间的相互缠绕，在土体中易形成三维网状结构，对土体起到加筋和锚固作用，同时利用植物根、茎、叶的空间效应，实现对雨水的截留、缓冲和引流作用，减小雨水对坡面土壤冲蚀，有效控制水土流失现象，有利于防治坡体产生崩塌、滑坡等灾害现象，保证水岸生态系统的平衡。由于自然生态型护岸要求护岸本身整体稳定，且在植物生长初期其防护能力相对较弱，故一般仅适用水流较缓、水位变化不大的坡式护岸。为提升早期植物的存活能力，减少后期维护压力，拓展自然生态护岸的适用范围，通过对种植方法和工艺的改良，形成了液压喷播植草、客土种植等关键技术。

对于其他水文条件复杂或场地受限的区域多采用人工生态型护岸，即通过合成材料、混凝土等材料保证岸坡的稳定，并综合考虑水岸生境、植物种群、生物廊道等生态因子的影响。人工生态型护岸通过给植物提供一个相对“安全”的扎根环境，减少雨水、地表径流和河道水流对植物栽植初期的影响，提高成活率，所以这类防护材料需要留有内外水体交互通道和动植物生存的空间，在植物成活后，其锚固土体的作用又得以发挥，进一步增强抗冲刷的稳定性，同时，植物的成长繁殖使河岸带生物环境得以修复，实现河岸带生态环境的平衡。对于城镇河湖治理来说，由于场地、径流等条件的制约，其生态护岸的形式多以人工生态型护岸为主，早期摸索性研究形成的生态护岸产品主要包括土壤固化剂、三维植被网、生态袋、格宾石笼、水泥基护坡砖、植生混凝土、混凝土联锁块等，普遍以坡面防护为主，故多数产品的应用仍是坡式护岸，少量混凝土制品可用于陡坡式护岸结构。一方面党的十八大报告正式提出生态文明建设战略，从国家政策层面引领绿色发展之路，党的十九大报告进一步指出，加快生态文明体制改革，建设美丽中国，人民群众对于生态的需求极为迫切；另一方面“十二五”以来装配式建筑进入一个相对快速的发展期，装配式混凝土技术从工业化制造到标准化设计再到机械化施工的全产业链技术逐渐趋于成熟，在此双重历史机遇下，护岸产品取得了众多的关键性技术突破，特别是对于预制混凝土生态护岸产品，形成了新材料、新结构和新工艺的多元化产品结构体系，极大地拓宽了生态护岸的应用场景。

二、混凝土护岸产品发展现状

预制装配与传统现浇模式相比，是将施工现场大量高强度的作业移向“工作环境可实现人为控制的厂房内”进行现代化生产，因其在可持续发展、绿色环保、节能减排、质量控制等方面的优势，受到工程建设各方的青睐。对于河湖工程护岸，其在2000年以后通过对国外技术的引进吸收，陆续出现了各类护面砌块构件，其结构简单，制作难度小，但仅适用水流条件平稳的坡式护岸，长期以来其在护岸建设工程中扮演了重要角色，近10年来随着生态护岸技术迅速的发展，护岸产品已由单一的护面砌块发展形成了多种系列化产品，产品在抗冲刷、抗侵蚀能力、耐久性等方面取得了大幅度提升。

总体来说，目前的混凝土生态护岸产品主要分为以下几类：

（1）以普通混凝土或再生集料混凝土制作而成的实心或空心砌体产品，其主要在早期砌块应用的基础上进行革新，新型的生态型砌块形状、规格、连接方式各异，种类繁多，按照基本几何形状可分为三角形、矩形、多边形和异形等，以砌块是否存在空洞，又可分为生态多孔型砌块以及实心砌块，多通过构件形状间相互咬合连锁或机械连接（锚固棒、预埋连接件等）形成护岸结构。构件尺寸一般不超1.0 m，自重轻，砌块孔洞之间填充土料或石料。砌块类护岸产品主要适用坡式护岸，如平达挡排砌块、双向互锁砌块、三角铰链式砌块等，也有如自嵌式砌块可用于陡坡式护岸，但由于构件自重小，应用时需要结合土工格栅形成加筋土式挡土墙，生态和景观效果较好。

（2）采用特殊的制作工艺形成的植生混凝土产品，以多孔混凝土作为骨架，在内部填充保水性材料，将植物种子与肥料充分混合后填充到混凝土的孔隙和表面，植物在多孔混凝土的孔隙中生根发芽，与混凝土结构融为一体，形成具有一定强度和植被覆盖率的环境友好型护岸材料，抗冲刷性能较好，目前多以现浇为主，有部分预制的砌块类产品，已在坡式护岸中应用较多。

（3）钢筋混凝土空箱型护岸产品，以正方体或长方体有底或无底箱体为基本形状，通过造型设计形成，按侧壁开孔情况分为有孔洞和无孔洞，构件一般通过机械连接、阴阳榫等方式形成护岸结构，空腔内通过回填土料、石料等实现岸坡的稳定，高度较大时也可以增设土工合成材料做加筋处理。该类产品多用于陡坡型墙式护岸，作为护岸材料其结构稳定性、抗冲性能、耐久性、生态性、景观性等各项技术指标均较为突出。

（4）钢筋混凝土桩类护岸产品，按制作方式分为浇筑成型和离心成型两大类，按截面形式可分为圆形、环形、方形、矩形和异形等，多数为异形截面，通过机械设备垂直打入地基形成排桩式挡土结构，适用墙式护岸结构，相比于其他护岸产品抗冲刷性能和耐久性最优，糙率小。

总体而言，大部分产品已经能够解决“绿化”与“硬化”的治理矛盾，并逐步重视水生物生境设计，通过设计理念的转变和护岸产品的升级从而建立完整的修复型、自净型生态护岸系统，打造生物多样、生态宜居环境。

三、混凝土护岸产品发展存在的问题

混凝土产品是构建生态护岸的优良建设材料，因此在护岸工程中得到广泛的应用，但是其在发展中仍然存在一些较为突出的问题。

（一）规范体系支撑不足

新型混凝土产品行业性规范、标准体系建立缓慢，而混凝土产品制造企业技术能力良莠不齐，对于混凝土产品质量缺少统一的标准体系、评价标准，不能有效把控产品质量，部分劣质产品充斥市场，造成恶劣影响，不利于大范围推广使用，严重阻碍了混凝土护岸产品的发展。

（二）改造工程应用研究不足

目前仍有大量需要改造的传统硬质护岸，若大规模地拆除重建生态护岸并不现实，从经济、防洪安全和空间的角度看均需付出较大代价，而且拆除混凝土后产生的建筑垃圾也会出现次生环境问题。因此，对于传统护岸的生态化改造、混凝土护岸产品如何融合应用以及最大限度地减少资源浪费和环境污染方面仍有待进一步研究。

（三）缺乏可持续管理手段

混凝土生态护岸工程建成后，气候、水质、降水量、病虫害以及动物啃食等因素均会影响植物的存活率和生长状况，进而影响护岸的运行。同时，大部分亲水植物寿命较短，若缺乏维护和清理将会导致植物死亡残体常年积累和腐烂在水体里，不仅造成河道淤积，而且会对水环境造成不利影响。但是目前大部分生态护岸建设缺乏长期的跟踪监测或工程后评估，后续的配套管理及维护措施跟不上，导致工程的运行效果较差，不利于混凝土护岸产品持续推广。

第二节　生态护岸产品关键技术

生态护岸是一项综合性治理技术，需要结合工程力学、土壤学和生物学等多学科理论开展系统性研究，探明其内部运行方式以及与周边环境系统的联系，以确保其生态效应并带来一定的景观效果。本节侧重对生态护岸所应用的混凝土护岸产品关键技术进行综述。

一、生态护岸产品研究概述

（一）生态护岸的概念

目前，国内对于生态护岸的定义一般是指治理后的河岸具有自然河岸的“可渗透性”特点，能够满足生物生活习性，在边坡形态稳定的基础上能够自我运行，并有一定的抗干扰和自我修复能力的完整生态系统。防护材料在水陆生态系统之间起着桥梁作用，保证河岸与河流水体之间的物质交换和调节，实现土体与生物相互涵养，创造出较原自然状况更稳定的适合生物生长的仿自然状态。

（二）生态护岸的设计原则

对于混凝土范畴的生态护岸产品，其是一种工程措施与植物防护结合的护岸形态，在研究和应用时也应遵循生态护岸设计的一般性原则：

1. 稳定性原则

生态护岸设计的基本要求是满足岸坡的稳定性。岸坡潜在的不稳定因素包括①岸坡面的长期冲刷引起的不稳定；②表层土体结构破坏引起滑动造成浅层的不稳定；③深层土体滑动引起的不稳定；④防护结构连接不可靠造成的不稳定。因此，应准确分析河流水力、岩土参数和岸坡功能分区，选择适合护岸条件并可以实现护岸稳定的产品。

2. 因地制宜原则

生态护岸技术是利用自然植物和护岸材料对已经破坏的自然环境进行调和修复，提升现有环境质量，包括植物生境和动物栖息地的质量，这就必然要求与当地或周边区域的生态环境进行协调融合，排除“生物入侵”的可能，保持自然生态系统健康以改善人居环境。因此在设计中需要因地制宜，其中包含三层意思：第一层是尊重当地文化和习俗；第二层是要适应场所自然过程，设计时要将这些带有场所特征的自然因素考虑进去；第三层是根据当地实际情况，尽量使用当地材料、植物和建材，这不仅可以降低周转运输成本，而且也会使生态护岸与当地自然环境有较高的匹配度。

3. 保护和节约自然资源原则

对于混凝土生态护岸的应用，其在自然资源利用方面应重点关注下列内容：①应充分发挥和提升混凝土材料性能，提升耐久性，减少地材用量，做到循环利用；②尽可能减少能源、土地、水、生物资源的使用，提高使用效率；③利用原有材料，包括植被、土壤、砖石等服务于新的功能，可以大大节约资源和能源的耗费；④尽量让护岸处于良性循环中，从而使资源可以再生。

4. 自然统一原则

每一个健康的生态系统，都有完善的食物链和营养级，故生态护岸的设计不能阻碍和破坏任何完整生态链的自我运转。

现代生物学研究表明，生态系统之间存在边缘效应，即在两个或多个不同的生态系统边缘带，有更活跃的能流和物流，具有丰富的物种和更高的生产力，也是生物群落最丰富、生态效益最高的地段，河道岸坡作为水体生态与陆地生态之间的边缘带，在设计时应着重考虑其边缘效应。同时，生态护岸会受到自然的干扰，包括生物干扰引起破坏、自然火灾过程、旱雨季的交替规律以及洪水的季节性泛滥，即便如此，也要尊重自然界的这种干扰，不应强制介入，破坏自然演替的生态过程。

（三）混凝土产品实现生态的路径

混凝土本质上为硬性材料，防冲刷性能和耐久性好，其用于传统重力式、半重力式和悬臂式护岸结构时，能获得可靠的防护作用，特别是对于河势变化剧烈、水文环境复杂的河段仍在大量使用。在生态护岸中利用时，应进一步发挥它的材料优势，改变其完全割断水土联系的缺点，挖掘其生态特性。经深入分析生态护岸的本质特征，对于护岸产品本身来说其生态性有两层含义：一是护岸结构应具备“可渗透”，二是护岸产品应能节约并保护自然资源。据此主要可通过材料和结构方面的技术路线来实现硬性材料的生态化：

1. 材料技术

混凝土材料本身生态性的研究，主要有 3 种研究方向，第一种是废弃物再利用，如建筑垃圾、工业废渣、植物纤维等，通过工业方法处理后代替传统集料，并增加辅助胶凝材料，保证混凝土的性能；第二种是透水隙混凝土，其不含有细集料，故混凝土结构含有大量的孔隙，水流可在其中流动；第三种是高性能混凝土，高强度、高耐久性和高工作性能的混凝土，可降低混凝土的用量和制作成型过程中的功耗。

2. 结构技术

对于不透水的普通混凝土产品，为实现“可渗透”，其实现路径是将护岸产品模块化，形成一种全新的拼装成型的护岸结构，相邻构件间的缝隙及产品本身开设的各类孔洞，提供了足够的渗透通道。同时，护岸产品还可采取空腔的构造形式，减少混凝土的用量，在空腔内放入废弃土石料或建筑垃圾等材料共同形成护岸结构，使资源最大化利用。

二、混凝土生态护岸产品关键技术

新型生态护岸产品基本是从前文分析的技术路径出发，通过对国内外相关技术的调查分析并消化吸收，寻找差距点，以此为切入点进行新技术的探索开发，主要对混凝土配合比、制备方法、结构形式、制造工艺、设计和应用方法等关键技术进行研究。

（一）特种材料生态护岸产品技术

特种材料是指透水混凝土、固体废物再生集料混凝土等生态型建材，本条主要是关于植生混凝土在生态护岸中的应用技术。

1. 技术内容

透水混凝土是由粗集料表面包覆一薄层水泥浆相互黏结而形成孔穴均匀分布的蜂窝状结构（也称“沙琪玛骨架”），相比普通混凝土具有透气、透水和重量轻的特点，可以满足生态护岸“可渗透”的技术要求。以透水混凝土为基本架构，对相关技术特点进行优化后形成了植生型护岸产品，由于其无细集料故强度一般不高，且孔隙和强度是相悖的两面，即强度越高则孔隙率越小，透水性越差，所以此类产品一般多是牺牲强度换取高孔隙率，较适用坡式护岸的护面层。

植生型混凝土由透水混凝土和填充材料（营养物质、填充土）组成，其内部呈连续多孔状，孔隙与孔隙之间相互连通，孔隙及其内部填充料可为动植物提供生存空间。将植物种子混入填充材料，经过一段时间的培育后，植物萌发生长，植物根系在多孔混凝土孔隙中延伸生长，植物与混凝土融为一体（图 9-2）。

图 9–2　植生混凝土结构

运用植生混凝土技术预制形成的护岸产品一般为小型砌块，构件平面尺寸一般不超过 1.0 m，厚度多为 200～300 mm，构件本身多设有孔洞，进一步增加其孔隙率，增加水土接触面和动植物生存空间（图 9-3）。

2. 材料制备技术

（1）技术指标

植生混凝土作为坡式护岸的护面产品应用时虽无强度要求，但为保证产品在脱模、吊运和施工搬运过程中不至于损坏，需要有一定的强度保证，同时还要满足植物生长所需的透水性、孔隙率、内部碱度等条件（表 9-1）。

（a）透水连锁砌块　　（b）蜂巢块　　（c）棕榈石

图 9-3　常见预制植生混凝土砌块

表 9-1　植生混凝土性能指标

项目		要求
连续孔隙率 /%		≥21，≤30
植生孔径 /%		≥50
抗压强度 /MPa	7 d	≥3
	28 d	≥10
pH		≥6.0，≤9.0

（2）混凝土制备

透水混凝土与普通混凝土最大区别是无细集料，它是在粗集料表面包覆一层水泥浆，然后胶结而成的具有多孔结构的特种功能性建筑材料，其内部存在大量连通孔隙。制备工艺不当会导致混凝土孔隙分布不均匀和不连续孔隙所占比例增大。因此，在制作过程中需采取特殊的工艺。

其混凝土的搅拌工艺一般多采用裹浆法，先将水泥、水、外加剂混合进行搅拌，当胶结浆体搅拌均匀后，加入粗集料，继续搅拌充分至稠度适宜的胶结浆体均匀包裹在粗集料表面，这样集料表面均匀包裹一层高流动度的浆体，可以使集料与集料之间的摩擦力大幅度降低，从而防止粗集料因阻力过大而被挤碎。

透水混凝土中粗集料语意重复，“大概”“左右”两者删其一，由粗集料与水泥的点与点接触支撑，成型后需保持一定的孔隙率来保证混凝土的透水性能，因此在成型过程中不能采用普通混凝土的强力振捣密实成型方法。因为强力振捣的振动频率较高，会使大量的浆料从集料表面释放到混凝土的底部，导致底部孔堵塞，形成底部密封现象，并且透水性降低。进一步通过对插捣成型、压力成型、平板振捣成型等成型工艺的对比研究，发现采用插捣成型的透水混凝土的透水性最优，其余依次为压力成型、平板振捣成型，抗压强度相当，所以应根据强度、透水系数要求选择合适的成型方法，在大面积工厂化制作时宜采用压力或平板振捣成型工艺。

由于透水混凝土内部为多孔结构，混凝土内部的水分易蒸发，成型后应及时养护，经对比发现不同的养护方式对透水系数影响较小，仅对强度的增长速度稍有区别，工厂化制作时养护制度完善，一般均可控制。

3. 内部降碱技术

普通硅酸盐水泥制作的混凝土 pH 高达 12～13，这种强碱性不利于植物发芽及其后期生长（植物适宜生长环境的 pH 一般为 3.5～8.5），因此对于植生混凝土护岸产品需要降低其内部环境的碱度，才能使植株在其内部孔隙生根发芽。降碱技术的应用不能影响混凝土的强度、降低产品的耐久性，降碱可采用的技术手段主要分为低碱材料法、中和法、封闭法和释放消除法：①低碱材料法：采用低碱或中性胶凝材料，如硫铝酸盐水泥、磷酸盐水泥和不饱和聚酯树脂等，硬化后 pH 可保持为 6～8，可解决后期植物生长环境碱度过高的问题；②中和法：采用添加掺合料或溶液浸泡的方式，掺合料可一定范围降低混凝土孔隙溶液碱度，维持 pH 为 8～9，酸性溶液浸泡持续时间长，对混凝土强度等性能有劣化作用，总体效果较其他方式稍差；③封闭法：在表面喷洒一层氧化薄膜，将混凝土内的碱性物质封闭在薄膜内，使其碱性物质不能释放，从而使混凝土释放的碱性物质不会进入植物根系环境；④释放消除法：延长碱性物质的释放时间，通过阳光或紫外线照射，时间周期较长，另一种思路是延缓植物与护坡接触时间，如在透水混凝土表面增加一层弱酸性椰子纤维形成的棕榈石，早期椰子纤维层隔离混凝土的碱性保证植物的生产，在长期的水流冲刷下，混凝土内部的碱性逐渐释放至适宜植物生长（约 3 年），而椰子纤维的分解需要 7～8 年时间，最终形成完全不受碱性影响的自然生态护岸。

4. 生态化应用技术

预制植生混凝土砌块构件的尺寸和自重均较小，一般用于坡度缓于 1∶1.5 的坡式护岸，少部分自嵌式砌块可用于陡坡式护岸，但需要对土体进行加筋处理。作为生态护岸的防冲材料和植物生长基体，砌块间应有连接或咬合以增加整体性，提高坡面的稳定性和防冲性。

根据砌块所处的位置分为上置式和中置式，上置式即砌块处于岸坡的最表层，以泥土、肥料、保水保肥添加剂等填充孔隙，并将草籽均匀地撒入覆土的砌块植物空腔内；中置式是指在砌块安装后其顶面覆盖一层种植土，在表层土中撒播种子或直接覆盖草皮。在植物的选择上宜选择匍匐型草种，增加绿化覆盖率，减少水分的蒸发，同时也要选择对生长环境 pH 要求偏中性和碱性的植物，促进生态的迅速恢复。

（二）“仿生”型生态护岸产品技术

1. 技术内容

传统护岸在结构形式上较为单一，立面平整呆板，立体和景观效果差，且不能与周边环境很好地融合；对于墙式护岸，其稳定性主要依靠挡土结构的自重，要求截面尺寸大，材料用量多，造价高。为改进上述墙式护岸的不足，在不降低护岸结构稳定性和抗冲刷能力的前提下，赋予其生态性和景观性，结合混凝土装配式技术，将护岸结构拆分为标准的模块化构件，形成一种全新的薄壁空箱式护岸产品，其结构形状一般为近似的长方体或正方体，为无底板（或有底）的空箱结构，造型多样，且箱体多设孔洞，外立面设置各种“仿生”纹理。

较为常见的产品包括阶梯型生态框、堆砌型生态框、鱼巢型生态框以及植草型生态框等，此类生态护岸产品的尺寸一般不超过 2.0 m，逐层堆砌形成护岸结构，护岸的断面形状包括直立式、台梯式和陡坡式，箱体内填入填料保证结构的稳定，并在水面以上的箱体种植绿色植物。由于此类生态护岸挡土高度一般不高，构件内力较小，但考虑吊运和安装的受力要求，构件内需要配置构造钢筋，而混凝土强度以满足最低的耐久性要求为控制指标，一般不小于 C30（图 9-4）。

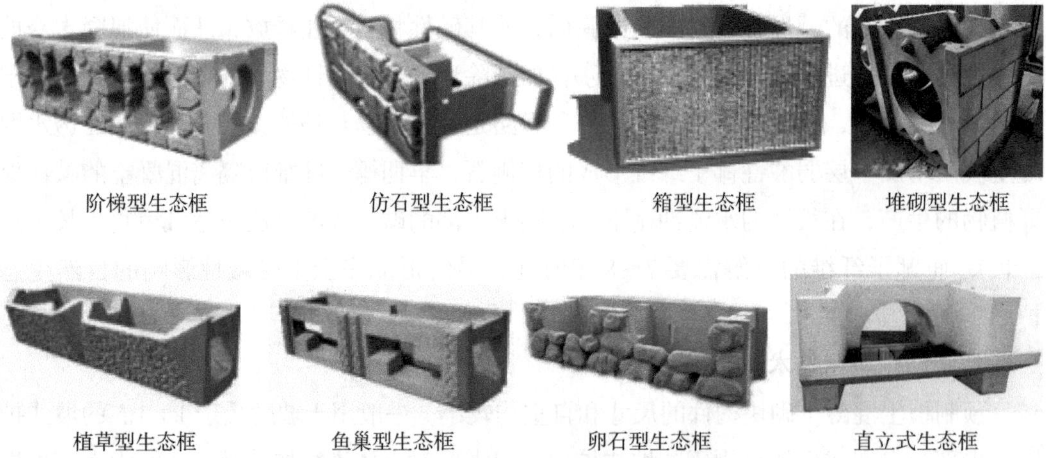

图 9-4　常见的“仿生”型生态护岸产品

2.“仿生”技术

作为传统现浇重力式挡土墙升级的装配化产品，其需要具备一定的仿自然功能，即河岸带应具有动植物生长繁衍的空间、不割断河流和河岸内的物质和能量互换。为此，综合自然景观需求、生物习性，利用“仿生”技术创造出多功能混凝土材料的仿自然产品，其“仿生”技术主要体现在以下几个方面。

（1）精心设计产品造型，形成护岸后具有层次变化，并在外立面设置仿石、仿木、仿砖等装饰性纹理，以达到护岸的景观需求；

（2）开设生物空洞，为水中鱼、虾等生物筑巢、躲避天敌、繁殖提供空间，同时也是水体、物质等交换的通道；

（3）在空箱内回填土体形成种植环境，可种植绿色植物，打造绿色护岸。

3. 结构稳定技术

（1）构件重量控制

“仿生”型生态护岸产品形成的护岸结构实际是一种墙背仰斜的重力式挡土墙，自重仍是其结构稳定的主要控制因素，从结构安全的角度看，构件自重应是越大越好，这与生态护岸节约资源的原则相悖；同时，护岸在进行施工时，势必要有大量预制构件运往施工现场，构件过重则生产、运输、吊装等均需付出更大的经济成本，构件过小又使预制构件数量巨大，造成拼装后护岸的整体性不足。通过对比发现挡土高度在 5.0 m 以内的生态护岸，在不考虑护岸后进行加筋处理的情况下，单个构件质量控制在 0.3～1.0 t 范围内较为合适；否则可根据稳定需求提高构件的重量，一般建议不超过 7.0 t。

（2）连接技术

将模块化构件拼装形成护岸结构，其纵向和横向均存在连接缝，需要采用合适的技术措施保证局部以及整体的稳定性，避免因受力不均而引起的滑移错位和不均匀沉降等安全问题。连接方式一般根据护岸产品的结构形式、应用方式和适用范围等因素确定，为保证结构的生态性，主要以干式连接为主，一般的护岸按半刚性结构设计，纵向相邻构件间多通过侧壁预留的螺孔用对穿螺杆进行连接，也可采用阴阳榫的方式，上下层构件为混凝土面接触，构件自重较大时可以不设连接，仅设置必要的阻滑键，构件自重较小或挡土高度大时，可在构件的顶面和底面设置凹凸榫槽连接，如鱼巢型生态框在底面凸起顶面设相应的凹槽，也可采用堆砌型生态框的方式，在侧壁的上下面处预留凹槽，安装时在凹槽内放入混凝土抗剪块；岸坡稳定性条件较好的，护坡结构按柔性设计时，可在构件内部回填碎石，而纵横向不设连接措施（图 9-5）。

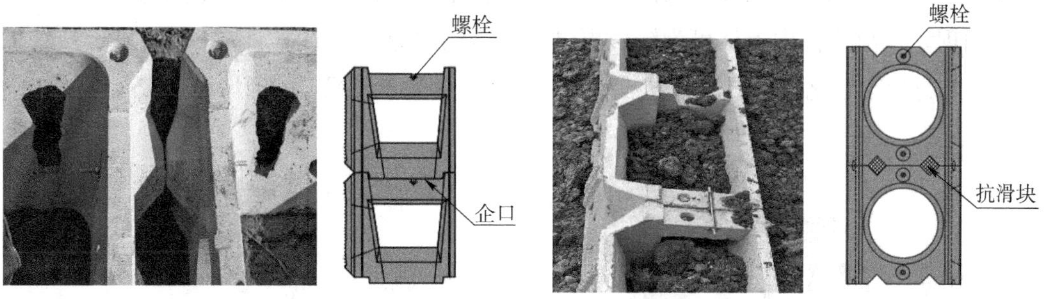

（a）螺栓连接　（b）承插+螺栓连接　（c）螺栓+抗滑块

图 9-5 常见连接方式示意图

（3）稳定性分析方法建立

“仿生”型生态护岸是由生态框构件逐层堆砌形成的护岸结构，一般属于墙式护岸中陡坡式结构，稳定性分析分为内部稳定和外部稳定两方面，其中内部稳定分析主要是指生态框护岸结构的抗滑稳定性、抗倾稳定性和地基承载力，由于其为装配成型的干式连接结构，结构分层清晰，故在进行抗滑稳定性及抗倾稳定性分析时，需从最上层结构开始依次向下，对每一层构件进行验算，地基承载力按整体结构对基础进行分析；外部稳定主要是指整体稳定性，与一般护岸结构的分析方式相同。

4. 制造工艺技术

“仿生”型生态护岸产品为空箱薄壁型构件，相比常规预制构件，造型多变，内壁开孔多，结构稍显复杂，模具设计和制作难度大，同时还要兼顾工厂化生产的效率、降低能源消耗，需要进行整体生产工艺的设计。模具一般拆合模方式优先采用推拉式，内腔采用一体式也可采用松紧机构，并设置相应的压缩弹簧装置，生产作业便捷灵活，减少开模作业量，提升模具使用寿命。为加快模具周转效率，一般配套有相应的自动化生产线，可采用“1+2”模式（1 条工作线，2 条蒸养线）的简易循环生产线，最快一天内模具可周转 3 遍以上，自动化制造大幅降低单位产品能耗。

5. 生态化应用技术

“仿生”型生态护岸产品的生态性得益于其模块化的空箱结构形式，同等条件与传统混凝土挡土墙相比，可节约混凝土量约 80%，为低碳化工业产品，装配形成护岸后其纵横向的安装缝均是天然的水体连通通道，同时箱体上的开孔使箱体间的微环境互通，打造多维立体化的仿自然河岸带。

在满足结构稳定性要求时，空箱内的回填料以河流的设计水位、流速作为选择依据。通常情况下，常水位以下构件由于长期淹没于水体，箱内填充物以块石、碎石、透水混凝土块等粗颗粒料为主，粗颗粒料间的孔隙即可过滤水体，也可为小型水生物提供生存空间，对水体净化要求较高时，也可以填充活性炭等固体吸附材料；常水位以上仅在丰水期或洪水期可能淹没，箱内一般可填充耕植土并种植适宜的绿化植物，由于土体的毛细现象，故构件内土体可为绿植提供所必需的水分，后期维护量小，突破了传统护岸无法进行生态绿化的局限，形成“河畅、水清、景美、岸绿”的河岸风景带（图 9-6）。

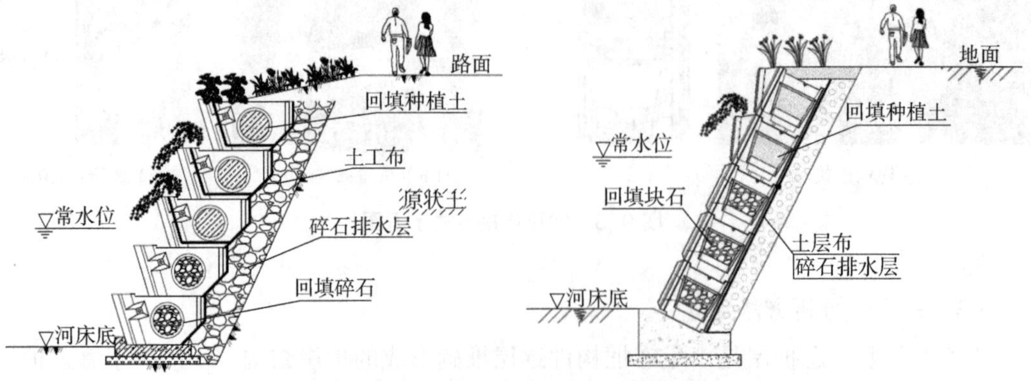

图 9-6 常见“仿生”型生态护岸应用方式

（三）免开挖生态护岸产品技术

1. 技术内容

板桩式护岸结构是一种直立式支挡结构，多用于陡岸、水流套刷严重或场地限制的河岸，相比于重力式挡土墙，其是一种轻型挡土结构，通过连续打入地基的板型桩形成挡土墙体。河湖工程中常用的传统板型桩主要有预制板桩（非预应力）、钻孔灌注桩、地下连续墙和钢板桩等材料，其中钢板桩挡土高度不大，变形大，后期维护量大，其余桩型单位材料的承载力低，材料用量大，成墙后外观效果差，不符合生态护岸建设要求。

本技术是利用现有成熟的管桩制作工艺，通过对截面形状、配筋形式、材料配方等优化形成的先张法预应力高强度混凝土桩（强度 C60 以上），一般为异形薄壁空心或异形薄壁截面，桩身两侧设有组合的防渗漏措施，河湖护岸工程中应用较为成熟的桩型有波浪桩、空心板桩、护壁桩、空心支护桩、仿木桩和 U 形板桩等，除 U 形板桩外基本均可采用离心法生产。应用时采用机械设备打入地基中形成挡土结构，可带水作业，且挡土结构后方不需要大面积开挖，应用方便（图 9–7）。

（a）波浪桩　（b）空心平板桩　（c）空心翼边板桩　（d）护壁桩

（e）仿木桩　（f）空心支护桩　（g）组合式生态板桩　（h）“U”形板桩

图 9–7　常见免开挖生态护岸产品

2. 连接技术

免开挖生态护岸墙体为排桩结构，桩与桩之间需要采取连接措施，以防止墙后土体流失，造成岸坡塌陷，从而引起道路或堤防的损坏。传统现浇排桩结构，在桩间一般采用水泥土搅拌桩或高压旋喷桩进行处理，成本高、污染大，而免开挖生态护岸产品采取在桩侧设置连接设施的办法，来实现桩间防漏，常见的连接方式有以下几种：①湿连接方式，在两侧设置梯形或半圆凹槽，沉桩拼接后，在形成的圆形或六边形凹槽内灌注无收缩细石混凝土或砂浆，通过湿连接节点实现防漏，如空心板桩、护壁桩等；②咬合式干连接，在端部设置承插式企口，沉桩后相互咬合，通过干连接节点实现防漏，如波浪桩；③柔性干连接，对于圆形截面的预制桩，如“仿木”桩，由于其挡土高度一般均在2.0 m以内，多采取墙后铺贴土工布的方式（图9-8）。

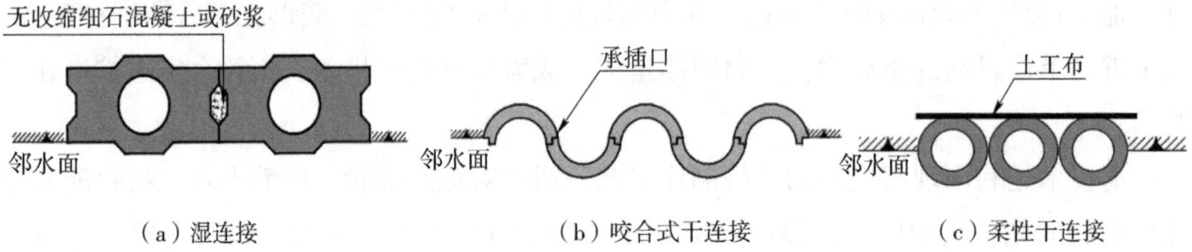

图9-8 免开挖生态护岸连接方式

3. 制造工艺技术

免开挖生态护岸所采用的先张法预应力、离心成型和养护工艺基本与管桩相同，但其多为异形截面，笼筋形状有长方形、六边形等布置方式，形状各异，因此需对滚焊机焊接铜环及穿筋盘调整，并通过定量分析建立压轮压力与钢筋笼参数的关系，优化自动滚焊控制系统，实现异形截面钢筋笼自动化焊接，大幅度提升生产效率。通过技术改进基本实现智能化生产，可大幅度提高资源利用率，降低单位产品能耗。

离心法生产必须采用圆形管模，对于异形截面，存在模具相互垂直的两个方向重量不同的情况，特别是对于长宽比超过2的构件，其不仅两个方向的自重不平衡而且混凝土的填充率超过85%，远高于一般的管桩（一般不超过75%），离心法生产时极易造成管模跳模和混凝土分布不均匀等不利影响，通过设置调平装置，并经过专项试验验证确定合理的离心工艺参数指导生产。

4. 施工控制技术

免开挖生态护岸是采用锤击、振动或静压的方式将预制桩打入地基，预制桩为沿河岸密排线性布置，沉桩顺序为依次连续打入，作为挤土桩，在连续打入过程中极易引起桩身偏位，造成两侧防渗漏措施失效，探索性开发和使用了四向的定位导向架，通过严格的限位措施，可将工程桩的轴线偏离和垂直度误差控制在允许的范围内。

对于异形截面的桩，在施工过程中还有一个极为重要的问题，即是无论采用何种打桩方式，其桩帽或夹具应能与桩截面相匹配，否则极易造成桩头损坏。同时，由于板桩一般无竖向承载力要求，故板桩沉桩的收锤标准为桩长控制。

5. 生态化应用技术

首先，免开挖生态护岸相比于其他护岸形式最为典型的特点，就是在施工时可以不设置围堰，不影响航道通航，除洪水期以外，基本不受季节影响，改变了河湖护岸仅可在枯水期施工的特点。在河湖护岸工程一般多是采用无锚板桩的结构形式，故免开挖生态护岸除了河道清淤和后方土坡埋坡外，基本无土方开挖工程，避免大量弃方外运带来的资源浪费问题。同时，作为生态护岸应用时，桩顶标高一般在常水位附近，可为人们提供稳定安全的亲水平台，或作为护脚使用完全位于水下，维持岸坡的整体稳定，在水下范围内有效阻断水流淘刷，可防止水土流失，对于桩间实施止水措施的，可在桩身预留连通孔，保证内外水系连通。

其次，免开挖生态护岸产品采用 C60 以上高强混凝土制作，并施加预应力，同等配筋率水平下其抗裂、抗弯和抗剪承载力远高于传统混凝土桩，相同抗弯刚度下桩身混凝土用量可节约 20% 以上，同时高强混凝土中掺入粉煤灰等掺合料，有效地减少了水泥用量。

综上所述，作为传统护岸结构的工业化升级产品，其资源节约明显，减碳效果显著。

第三节　生态护岸产品应用典型案例

一、珠海市香洲区问题河涌（含黑臭水体）管养提升项目

（一）项目概况

香洲区问题河涌（含黑臭水体）管养提升项目包括银林排洪渠、东桥排洪渠、北山排洪渠、十二村排洪渠、南屏中排洪渠、G105 排洪渠、翠屏排洪渠等 12 条河涌，总长度 15.8 km，由于生活污水和工业污水排放使水体污染严重，垃圾杂物堆积，为提升辖区内水环境质量，2019 年，香洲区根据各项工作要求，计划投入 4.1 亿元对 12 条黑臭水体进行整治，并以高标准打造前山河生态“碧道”，确保汛期雨季污水不溢流，渠内无黑臭，使前山河成为“水清岸绿、鱼翔浅底、水草丰美、白鹭成群”的生态廊道。

（二）治理技术

其中北山排洪渠发源于北山村，接自南湾大道现状雨水暗渠，自西向东排入前山河，渠道总长约 1 630 m，渠宽 3.5～9 m，通过清淤疏浚、截污纳管、生态修复等方式对河涌进行综合治理。根据工程场地条件、行洪和生态景观要求，护岸结构采用“植物 + 工程”的生态护岸形式，护岸产品采用阶梯形生态框，最大堆砌高度约 4.0 m，护底采用连锁块铺砌，沿线通过槽式混凝土截污井对渠道沿线多处排污口进行截污。考虑到广东亚热带气候、水位变化大、景观效果等多方因素，最终采用独特的植物搭配方式——低地种植水生美人蕉、高地种植红檵木、黄金叶、红花勒、杜鹃等常见耐活植物。由生

态框与不同植物的搭配结合，既形成了错落有致、逐层变化的“色带”景观，又实现了保持水土、促进植物生长的效果，成功地将岸坡治理和景观改造有机结合。

（三）治理效果

经过综合整治后，岸坡花团锦簇，岸上树林阴翳，水质已由治理前的劣Ⅴ类跃升至Ⅲ类地表水质标准，由原来的黑臭水体摇身一变成了人民休闲娱乐的“后花园”，往日的“闻渠色变”已成历史，实现了“水清、河畅、岸绿、景美”的整体目标（图 9-9）。

（a）整治前　（b）整治中　（c）整治后

图 9-9　项目整治过程

二、桓台县东猪龙河综合治理工程

（一）项目概况

根据规划，该项目从属于桓台县利用亚洲银行贷款地下水漏斗区域综合治理示范工程，总体布局为“三横四纵一湿地”，主要对引黄北干渠、引黄南干渠、孝妇河水系进行清淤，对东猪龙河、乌河、涝淄河等 4 条河道进行生态治理，对马踏湖生态湿地周边河道生态基流进行恢复。

其中东猪龙河位于桓台县的中部，是一条南北流向的河流，最终汇入马踏湖，全长约 20.62 km，主要实施河道治理和堤防填筑，以恢复河道的生态功能，努力拦蓄雨洪资源，减少工业和农业对地下水资源的依赖，促进地下水漏斗区域恢复。

（二）治理技术

针对岸坡未做防护设施段、岸坡坍塌严重、临近村庄和道路的险工段进行加固处理，实施长度共计 4.44 km，早期治理方案拟采用现浇 L 形挡土墙作为坡脚加固结构，通过 1∶2 坡度与坡顶连接，坡面铺设联锁块后进行绿化防护，由于部分河段距离房屋和道路较近，河道围堰截流后，土方开挖对房屋安全、道路通行均有不利影响，故改用免开挖的预制波浪桩进行护岸加固，波浪桩呈 S 形布置，桩顶部设置千层石压顶（图 9-10）。

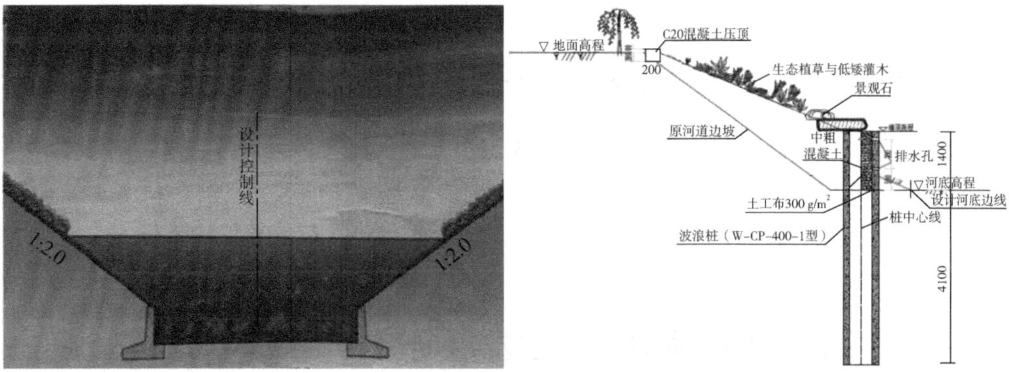

（a）早期方案　　（b）实施方案

图 9-10　治理方案变化

（三）治理效果

治理前，每年洪水期河道坡岸常发生滑坡破坏，造成大量水土流失，给河岸两侧道路和村庄安全带来严重威胁，治理 4 年多来，护岸整体稳定，沿岸绿色景观带生意盎然，已成为当地生态治理典范河道，社会效益显著（图 9-11）。

（a）整治前　　（b）整治中　　（c）整治后

图 9-11　项目整治过程

附录一　历年《中国水环境治理产业发展研究报告》目录

中国水环境治理产业发展研究报告（2020）
目　录

中国水环境治理产业发展研究报告（2019）
目 录

附录二　2021 年水环境治理优秀工程案例集锦

经过“十三五”期间的大力整治，我国的水环境、水生态持续改善，同时，也涌现出了一批优秀的水环境治理案例。为总结推广水环境治理行业优秀技术成果，展示水环境治理行业优秀工程技术案例，表彰行业优秀解决方案，水环境治理产业技术创新战略联盟（简称“水环境联盟”）于 2021 年启动“水环境治理优秀工程案例”征集工作。本次活动共征集案例 28 份，经过网络投票和专家评审，推选出水环境治理优秀工程案例奖 8 个，简介如下。

茅洲河流域水环境治理项目

一、工程基本情况

茅洲河流域水环境治理项目是首个严格按照“流域统筹、系统治理”理念开展的流域水环境综合治理 EPC 工程项目，也是全国第一个在城市高密度建成区采用 EPC 模式实施的城市水环境综合治理项目，治理范围涉及“两市三地”（深圳市、东莞市，宝安区、光明区、长安镇），涵盖河道治理、水质改善、管网、排涝等六大类工程，共包含 12 个项目包（子项目群），152 个项目，总投资 327.48 亿元。项目施工技术和管理的重点难点主要包括以下几个方面：

（1）以水质达标作为整个项目群建设成效的控制考核指标，项目范围管理难度极大；

（2）流域水环境治理领域缺乏统一的技术和定额标准体系，严重影响项目的顺利推进；

（3）各级政府深度参与，项目监管部门繁多，跨地域整合难度大，协调工作要求极高；

（4）项目地处城市高密度建成区，环境复杂，社会关注度高；

（5）项目每年必须按时通过水质考核，但施工环境复杂，有效工期短，进度管理挑战巨大；

（6）河道污染底泥安全处理处置是世界性难题，技术难度极大。

二、工程治理方案

在茅洲河项目中遵循水的自然系统属性，严格按照“流域统筹、系统治理”理念，首创一个平台、一个目标、一个系统、一个项目的“四个一”和全流域统筹、全打包实施、全过程控制、全方位合作、全目标考核的“五个全”创新治理模式，以及完整的流域水环境治理技术体系框架，以破解干支流治理不同步、分段治理、碎片化施工的弊端，为茅洲河项目的成功实施奠定了管理和技术基础。

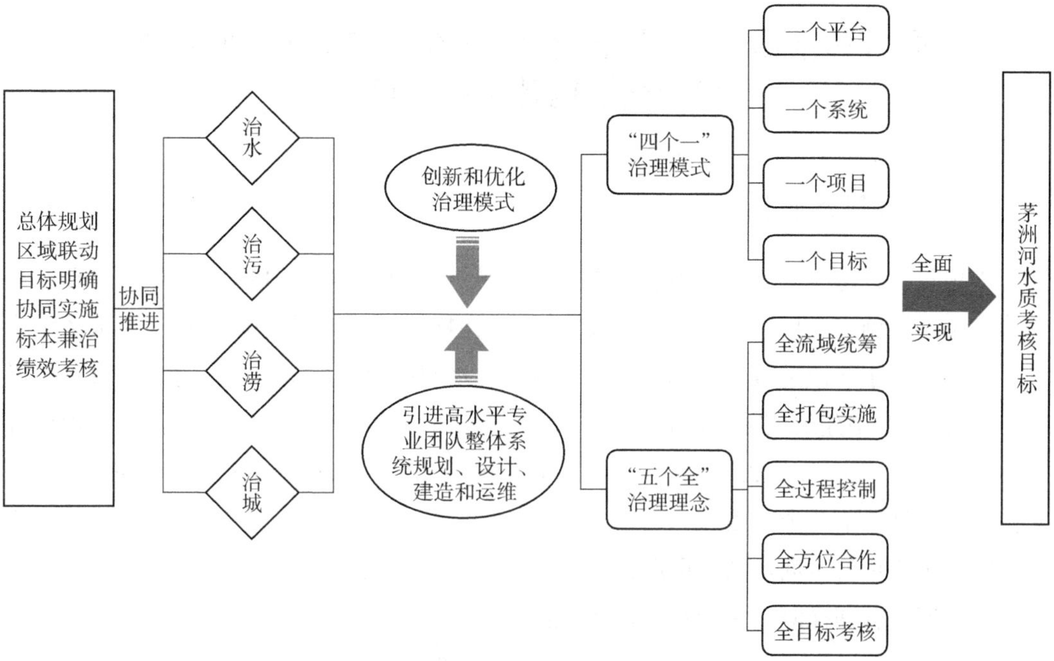

图 1　茅洲河流域综合治理模式

三、工程治理成效

（1）全域消除黑臭水体，水质持续向好

2020 年茅洲河共和村断面水质需达到地表水Ⅴ类标准。自 2019 年 11 月起，茅洲河水质达到并保持在地表水Ⅴ类及以上，流域内 44 个黑臭水体、304 个小微黑臭水体全部消除黑臭，并通过“长治久清”的效果评估。2021 年 12 月上半月，共和断面水质稳定达到Ⅳ类水标准，超额完成国家考核目标。

（2）生态效益显著

在黑臭水体治理的基础上，通过重塑河道蜿蜒性、营造生境、生态岸线改造等生态修复措施，引导自然做工，茅洲河生态有了显著的改善，消失多年的当地螺、蓝尾虾、黑鱼和彩色蜻蜓重现茅洲河，流域水生生物多样性指数提高 43%。

（3）产城与河共融

茅洲河流域综合治理释放出 15 km^2 土地，带动城市空间功能优化和经济结构重塑，初步测算仅释放土地价值一项即达到 1 200 亿元。目前，茅洲河畔旧工业区华丽转变为中国科学院先进研究院和中国科学院深圳理工大学，与茅洲河融为一体；润慧科技园作为典范项目进驻茅洲河畔；沿河旧城也积极参与改造，重新焕发着商业的气息。茅洲河畔的青岛朝日啤酒厂，学习“青岛啤酒节”的模式，结合碧道打造了“啤酒花园”，成为产城融合的先行典范。

香洲区前山河流域综合整治（珠海市城区污水治理综合整治提升工程）项目

一、工程基本情况

本项目建设范围为珠海市香洲区前山河流域，总面积约 114.35 km^2。项目治理包括八大类工程措施，主要包括管网完善修复、雨污混接改造、管网缺陷改造、污水系统改造、正本清源小区改造及污水调配、渠道清淤、水质净化厂尾水管改造等。项目总投资 28.95 亿元，其中建筑安装工程费用 24.1 亿元，工程建设其他费用 2.21 亿元，工程预备费 2.63 亿元，合同金额 22.22 亿元，由区政府财政出资。项目施工技术和管理的重点、难点主要包括以下几个方面：

（1）工程项目工期控制是重点；

（2）现有管网探测、保护及迁改是重点；

（3）立管改造高空作业施工安全是本工程施工的重难点；

（4）清淤施工避免二次污染是重点；

（5）管网工程沟槽（基坑）开挖支护是重点；

（6）雨季施工是重点；

（7）暗涵清淤安全管控是重点。

二、工程治理方案

（一）总体思路

基于前山河水环境情况，明确前山河水环境治理总体思路：源头治污，正本清源；雨污分流，清污分离；顶部精截，小截大分；管网完善，系统治理。以国考断面达标、全面消除黑臭为目标，以全面推进正本清源、管网建设，提高污水收集处理效果为手段，源—厂—网—河统筹考虑，最终实现前山河水环境改善。

（二）技术路线

（1）瞄准治理目标，制定技术措施；

（2）以正本清源及执法整改为手段，解决重点流域小区雨污混流问题；

（3）以打通污水系统为核心，完善现状污水管网，实现流域污水管网全覆盖；

（4）以保障污水处理为目标，建立污水跨区域调配系统；

（5）管养提升和 EPC 模式并举，提升工作效率。

三、工程治理成效

近 2 年来，香洲区以改善和提升水环境质量为核心，紧盯石角咀水闸国考断面水质达Ⅲ类水的工作目标，聚焦 5 条黑臭水体“长治久清”及问题河涌整治，扎实推进前山河各项治理工作。目前，已经累计完成新建改建市政管网 53 km，完成小区正本清源管网建设 603 km，石角咀水闸国考断面水质稳步提升，黑臭水体实现“长治久清”，流域雨污分流效果显著。

（1）国考断面达到考核要求；

（2）完成 5 条黑臭水体整治；

（3）水质净化厂进水浓度持续提升；

（4）遭遇雨季多降雨年份，系统各项指标仍优异。

松岗水质净化厂二期 BOT 项目

一、工程基本情况

新建处理污水量为 15 万 t/d 的污水处理厂，主要建设内容包括预处理设施、生化池以及沉淀池等构筑物。本项目投资模式为 BOT，由深圳市深水水务咨询有限公司投资建设并运营。项目施工技术和管理的重点、难点主要包括以下几个方面：

（1）工期紧，安全文明施工要求高；

（2）施工难度，强度极大；

（3）协调难度大，人员调配困难。

二、工程治理方案

本项目提供了一种“MBBR 生化池 + 圆形二沉池”二级处理与“加磁高密度沉淀池 +D 型滤池”深度处理相结合的先进污水处理工艺。

采用改良 MBBR 工艺的中心思想是在常规污水处理工艺去除 BOD_5、COD、TN、NH^3-N 的基础上再强化生物脱氮除磷过程（尤其是针对 TN 的去除问题），保证 COD、BOD_5、TN、NH^3-N 稳定满足出水水质目标的要求；考虑经改良 MBBR 工艺后去除大部分 TP，然后通过后续化学除磷稳定的达到出水水质目标的要求；SS 的去除则采用曝气沉砂池去除大颗粒无机物后，经高效的圆形辐流二沉池随污泥去除大部分然后通过加磁粉高效沉淀池、D 型滤池过滤确保稳定地达到出水水质目标的要求。工艺技术路线如下：

（1）预处理工艺：粗格栅及提升泵房 + 细格栅及曝气沉砂池 + 初沉池；

（2）污水处理工艺：改良 MBBR 生化池 + 圆形二沉池；

（3）深度处理工艺：加砂高密度沉淀池 +D 型滤池 + 复氧池；

（4）消毒工艺：接触消毒池 + 紫外线消毒。

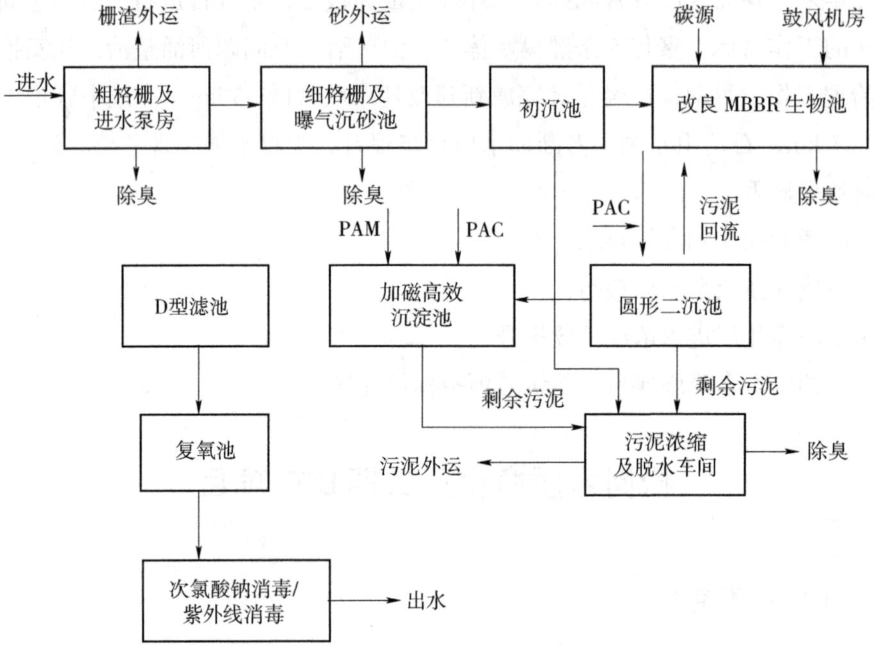

图 1 工艺技术路线

三、工程治理成效

松岗水质净化厂二期 BOT 项目运用了公司自主研发的创新组合工艺，是深圳首个正式投入商业运营的主要出水指标达《地表水环境质量标准》（GB 3838—2002）Ⅳ标准（TN≤10 mg/L）的水质净化厂，也是深圳市目前在运行水质净化厂中出水标准最高的处理设施之一。项目出水作为高品质回用水输送至茅洲河，对河道水环境改善、水生态修复及水景观打造发挥重要作用。

紫竹半岛兰香湖水生态工程项目

一、工程基本情况

本工程主要任务是通过新建河湖工程，增加区域调蓄能力和区域防洪除涝能力，保障水安全；增强区域水资源调度能力，改善水环境；修复河湖生态环境，提高水环境承载能力。本工程实施范围为“一湖、三支河”。“一湖”为新开挖兰香湖；“三支河”为江川河、樱桃河、绿带河，具体规模如下：兰香湖水域面积约 360 000 m^2，湖底高程 -2.0～-1.0 m，三支河水域面积约 50 000 m^2。项目施工技术和管理的重点、难点主要包括以下几个方面：

（1）基础资料收集；

（2）工艺方案选择；

（3）水质目标较高；

（4）补水沉积物；

（5）水生植物配置。

二、工程治理方案

（一）设计思路

由于补水为黄浦江水，泥沙等 SS 含量较高，因此先对前端的引水来源做引水入河净化工程，采用拦截过滤、生物挂膜及沉水植物和一体化多效澄清系统的综合性措施提升入湖水质；在兰香湖湖内原位构建生态系统，即通过构建健康型微生物系统、净水型沉水植物系统、生物操控型水生动物系统、噬藻型浮游动物系统打造全食物链生态系统，并且在局部位置布置水下循环泵以提升水动力，将兰香湖打造成水清、气净、景美、持续稳定的生态系统，使岸上、沿岸、水下景观整体性良好，生态系统构建完毕后，再针对整个生态系统作科学合理系统的后期维护运营，以使水体水质、水景四季长效稳定保持。

（二）治理目标

兰香湖为新开挖湖体，水域面积较大，有通航要求，大部分区域水深较深，引黄浦江水补水，依照兰香湖规划远景，本工程拟将水景打造为：

（1）稳定完善的水生态自净系统；

（2）水体透明度≥1.2 m；

（3）水体无异味、无藻类聚集，无垃圾漂浮物；

（4）“水清、气净、景美、鱼游”的美丽水景。

（三）技术路线

根据设计思路采用以下技术路线实现兰香湖水质整体提升：

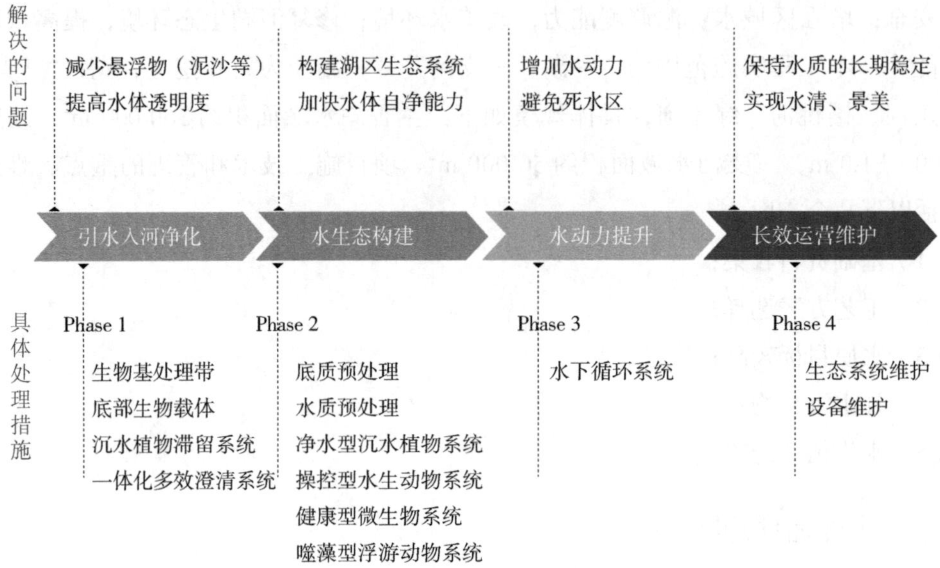

图 1　技术路线图

三、工程治理成效

（1）水生态自净系统：通过 SYD 生态水处理技术，在兰香湖湖区水域内构建稳定完善的水生态自净系统，恢复湖区水体生物多样性，充分利用自然系统的循环再生、自我修复特点，实现了水生态系统的良性循环。经本工程的修复处理，兰香湖范围内水体水质主要富营养化指标（氨氮≤1.0 mg/L、总磷≤0.2 mg/L、高锰酸盐指数≤6.0 mg/L、溶解氧≥5.0 mg/L）达到了国家《地表水环境质量标准》（GB 3838—2002）Ⅲ类水标准并保持至今。

（2）兰香湖平均水体透明度≥1.2 m，局部透明度超过 2 m。

（3）水体无异味、无藻类聚集，无垃圾漂浮物。

（4）形成了“水清、气净、景美、鱼游”的美丽水景。

麒麟山天鹅湖碧道综合整治工程

一、工程基本情况

本次工程实施范围为深圳市南山区麒麟山庄，水体面积约 10.7 km^2，包括生态补水工程、活水循环工程、湿地建设工程、水下森林工程、1# 湖、2# 湖、3# 湖、天鹅湖及护城河景观提升工程等内容。本工程资金来源为政府投资，不考虑商业融资，总投资为 4 807.19 万元，其中：工程费用 3 907.41 万元，工程建设其他费用 670.87 万元，基本预备费 228.91 万元。

二、工程治理方案

本工程采取“水质改善—生态构建—系统稳定—景观提升”四大整治策略，超越传统绿道和河道治理的局限，通过对环境的轻介入完善环湖慢行系统，结合洁净的水下森林构建湖库型碧道，推进水生态保护与修复、景观与游憩系统建设，将麒麟山天鹅湖打造成“水清岸绿、鱼翔浅底、水草丰美、长治久清”的湖库型碧道，为深圳市碧道建设及海绵城市打造起到了良好的示范作用。具体治理内容如下：

（1）水质改善

本项目于天鹅湖水系周边的东江供水干管设置取水点，于天鹅湖水系内设置 6 处补水点，新建调水控制枢纽，实现最大规模为 2 万 t/d 的清水补给。以现有水泵循环系统为基础，增设内部循环管线与跌水分层，实现天鹅湖各封闭水体的活水循环。

（2）生态构建

以“活水循环”系统为基础，结合新建提升泵管，于“死水区”布置潜流净化湿地，降低弱循环区藻类暴发风险；对湖体连通现状溢流堰进行生态化改造，通过布置 3 处生态渗滤堰滤床湿地对循环水体进行过滤净化，有效降低了水体浊度，SS 削减率可达 20%～30%。另外，建立“清淤—底泥消毒改良—沉水植被恢复—生物操纵”技术路线，人工引导优化湖体生态系统。

（3）系统稳定

本项目建立了“日常维护—水质监测—应急响应”“三位一体”的运维系统，加强湿地植物管理，定期实施湿地防堵塞控制措施；结合水质与水生物监测数据，及时采取补水、循环水、微生物驯化等应急措施保障湖体生态系统稳定运行。

（4）景观提升

延续了麒麟山庄及人才研修院原有建筑风格，引入“画意山水”的理念，贯通滨水步行环，实现滨水步行系统的铺装、种植及配套设施的全面提升。通过植被层次结构优化，同时加设观景凉亭、草坪广场等重要景观节点作为休憩活动空间，充分利用活化后的湖体，打造高品质滨水慢行空间。对驳岸进行了生态化改造，环湖游线沿岸增加水生植物，打造体验丰富的水上栈道，进一步营造滨水游览的多样性。

三、工程治理成效

工程实施完工并经过 2 个月调试后对麒麟山天鹅湖水质进行了检测，4 座湖泊各项指标均满足地表水环境质量标准的Ⅲ类水标准，叶绿素 a 大幅度下降，透明度大幅度提高，均在 1 m 以上，整体岸上感观效果也得到显著提升，改造前后对比见图 1、图 2。

图 1　整治前水体浑浊

图 2　整治后水面感官效果提升

武汉汤湖水环境综合治理工程

一、工程基本情况

汤湖治理前，水体的富营养化严重，导致一到夏季蓝绿藻就暴发式生长。汤湖周边区域排水系统管网上游存在错接、混接现象，造成晴天污水入湖和雨天面源污染情况较为严重。本项目建设内容主要包括以下五大工程：控源截污工程、内源治理工程、旁路人工湿地工程、生态修复工程、智慧湖泊工程，项目总投资 59 120.39 万元。主要阶段目标包括：

（1）2018—2019 年，实施控源截污工程、生态清淤工程、旁路人工湿地工程，主要污染物浓度（总氮、总磷、化学需氧量）降低 30%；

（2）2020 年，实施以沉水植物为核心的生态修复工程，重建“草型清水”湖泊，提升水体自净能力，湖泊水质达到地表水Ⅳ类标准，水体透明度大于 1.20 m。

二、工程治理方案

（1）精准控源截污工程

践行海绵城市建设理念，使城市在下雨时拥有雨水自然入渗、涵养地下水、滞留错峰、调蓄收集、净化、资源化利用、安全排放等功能。包括地面的增强型雨水花园建设和管网的清污分流改造。地面的增强型雨水花园建设包括市政道路上的、小区内部的以及商场和公园的增强型雨水花园建设，管网的清污分流改造包括汤湖沿线排口的清污分流改造、汤湖周边分流制小区的清污分流改造和工业区的清污分流改造。

（2）生态修复工程

原位水生态系统构建包括人工湿地和水下森林两个部分。人工湿地构建主要涉及底部环境改良、水生植物构建、微生物群落构建、动物群落构建、曝气等辅助工程和运营维护等。水下森林构建主要涉及生态清淤、生境营造、生态构建和运营维护等部分。

（3）智慧湖泊工程

运用物联网以及大数据技术，建立了“圣禹排水智慧运维中心”，自主研发的远程智慧运维系统可以实现对管网、智能分流井、调蓄池组、污水处理厂等排水构筑物和设施设备进行 24 h 全天候在线监控。能实时监测设备运行状态、水质及水量，并可进行远程运行调度、数据存储、分析预警、设备点检与故障诊断等，还可实现移动终端（手机）监控。

三、工程治理成效

本工程治理后的成效：①水质由劣Ⅴ类提升为Ⅲ类；②经过雨季的考验，未返黑返臭；③水草覆盖率达 60% 以上；④已形成“草型清水常态”水体。

经过半年的治理，汤湖水环境明显好转。图 1 是汤湖治理前的景象，水体蓝绿藻暴发，能见度非常低。图 2～图 6 是项目施工 1 年后的景象，明显能够看出，经过沉水植物修复，底泥污染物得到控制，表面溶解氧充裕，河床恢复正常颜色，湖水清澈见底，沉水植物长势良好。

白花河调蓄池污水处理站服务项目

一、工程基本情况

合建调蓄池与污水处理站，其中调蓄池有效容积为 20 000 m^3；污水处理站核心生化段采用清研环境科技股份有限公司独创的 RPIR 技术，设计废水处理量为 15 000 m^3/d，K=1.53。

受用地限制，本项目采用合建形式，污水处理站主体构筑物建于调蓄池上。调蓄池包括提升泵房和调蓄池体，调蓄池主要调蓄白花河沿河截流干管截污的初期雨水，提升泵房采用初雨水轴流泵与市政污水潜污泵合建，旱季潜污泵直接提升市政污水进入污水处理站处理，雨季轴流泵提升初雨水进入调蓄池调蓄，降雨过后再自流进入提升泵房，由潜污泵提升进入污水处理站进行处理。

二、工程治理方案

（1）核心技术

本项目生化段采用的核心技术是由清研环境科技股份有限公司独创的 RPIR 快速生化污水处理技术。RPIR 是针对传统活性污泥法开发的一种高效生物反应器，它将曝气供氧、气升环流、生化反应、沉淀分离 4 种功能有机地耦合在一起，形成集约型高效生物污水处理反应器，不需要污泥回流，缩短了污水处理的工艺流程；RPIR 的核心装备是 RPIR 模块，它具有独特的结构形式，是一种拼装式组合装备，安装方便，免维护，寿命长；RPIR 工艺具有“投资省、占地少、运行成本低、管理简单、出水水质优良”的特点。

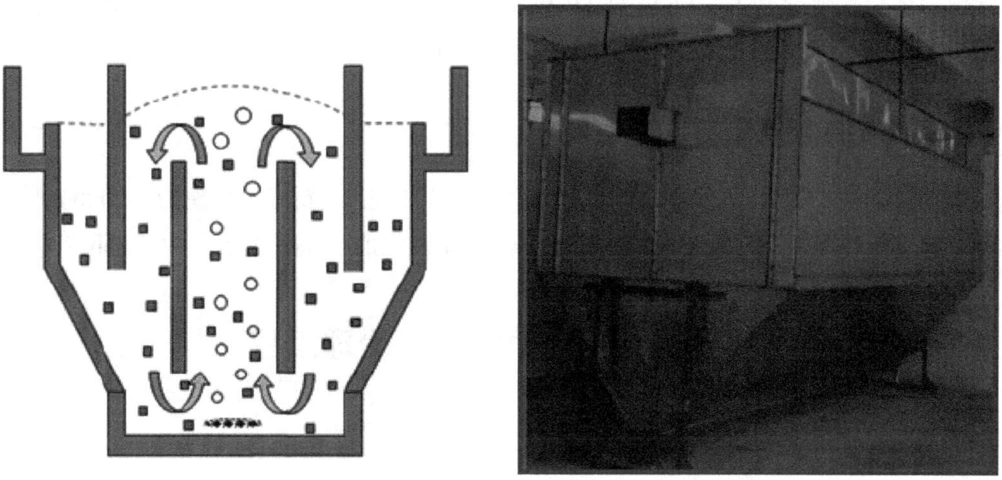

图 1　RPIR 技术原理及 RPIR 模块

（2）工艺流程

本项目设计进水水质参考同类型水质及要求，设计出水水质除 TN 满足《城镇污水处理厂污染物排放标准》（GB 18918—2002）一级 A 外，其余指标执行《地表水环境质量标准》（GB 3838—2002）中的Ⅳ类标准。污水处理流程：预处理 +A/RPIR+ 磁混凝沉淀池。

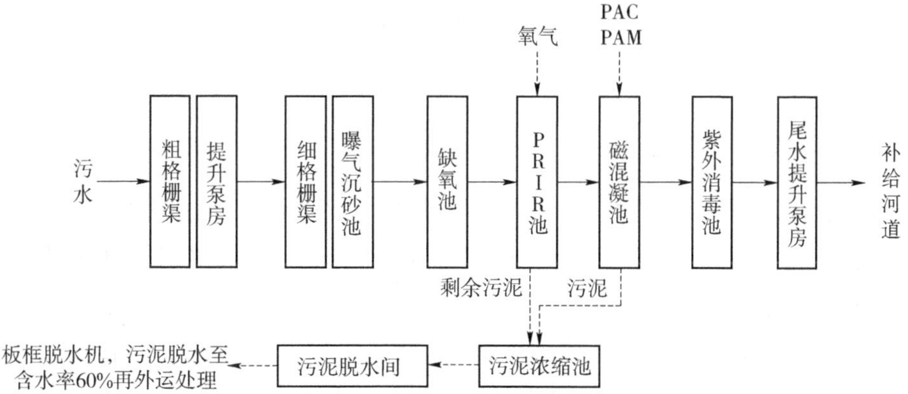

图 2　工艺流程

在提升泵房之前设置粗格栅渠，有效去除塑料、纸质及较小悬浮物等杂质，防止泵及其管道磨损或阻塞。污水再进入提升泵房，利用潜污泵将污水提升至细格栅渠，进一步去除细小的杂质，随后污水再进入曝气沉砂池，在该池内去除污水中的砂滤，沉砂池的出水自流进入缺氧池，与从 RPIR 池回流的硝化液充分混合，该池内的缺氧微生物去除污水中的总氮，完成总氮作用。之后污水进入 RPIR 池内，利用好氧微生物对污水中的 COD_{Cr}、BOD_5、NH_3-N、SS、TP 等污染物进行高效去除。RPIR 池出水再进入磁混凝沉淀池，结合除磷剂 PAC、PAM 对 TP 和 SS 深度处理。磁混凝出水再进入紫外消毒池，经过紫外消毒后进入提升泵房，再利用提升泵二次提升后排放入白花河。

三、工程治理成效

本项目采用“预处理 +A/RPIR 工艺 + 磁混凝沉淀池”，新建了规模为 15 000 m³/d 的污水处理站，处理标准可达《地表水环境质量标准》（GB 3838—2002）中的准Ⅳ类标准。

西安市长安区皂河综合治理工程

一、工程基本情况

西安市长安区皂河综合治理工程范围沿长安区辖内皂河河道，全长约 8.9 km，工程分上游生态修复段、中游清淤提升改造段、下游取盖美化段。工程内容包括以下五项：长安区 / 灌区水源连通及皂河水源补给工程、中水回用工程、水安全工程、水生态工程、水景观工程。此外还包括城市生态景观带及上游水源地工程。项目设计重点、难点主要包括以下几个方面：

（1）设计难点一：环境错综复杂；

（2）设计难点二：无源之河；

（3）设计重点一：尊重河道，也尊重人的行为；

（4）设计重点二：多途径保障皂河水资源。

二、工程治理方案

西安市长安区皂河综合治理工程的治理目标为新建引水管道保障皂河水资源需求，通过河道护岸改造及底泥清淤提升皂河排水能力，在此基础上，新建液压坝及跌水建筑物工程营造河道蓄水景观，同时对两岸绿化及铺装等进行提升，改善投资环境，完善基础设施，极大提升长安区沿线人居环境品质，带动沿线土地增值，提高群众生活水平，增加市民认同感、幸福感。治理方案创新点包括以下几个方面：

（1）创新点一：“无源之河”的河道治理与自然水体景观耦合设计；

（2）创新点二：水生植物衔接生态驳岸，完善水陆生态系统媒介。

三、工程治理成效

（1）源头治理实现水系连通

按照“四库联调、清水进城、河园同建、以河代库”的思路，实施灌区水源连通工程，新建 3.8 km 输水管线，实现大峪、许家沟、东沟、小峪 4 座水库互联互调；实施水源补给工程，铺设 5.1 km 管线，将引滈入皂及“四库联调”生态水引至西长安街，向南、北分水，中区自流退水至皂河，南区自流退水至滈河。通过多点位补水，实现水系连通和水资源高效利用，秦岭北峪清水历史性进城入皂。

（2）截污纳管完成雨污分流

建设城区段截污纳管工程，敷设雨污水主管道 6 284.5 m，新修雨水箱涵 382 m，优化城区排水管网，对沿线 67 处排污口进行整改，污水全部流入市政污水管道，彻底消除合流管道排入皂河产生的水质污染风险问题。同步在西安市第九污水处理厂现有 15 万 t/d 污水处理能力的基础上，实施第九污水处理厂四期项目建设（5 万 t/d 污水处理能力），扩大城市污水收集覆盖面和污水收集率，提升污水处理能力，有效改善城市人居生态环境。

（3）景观提升打造亲水乐园

经过治理改造后，皂河长安段环境得到全面提升，“河床铺彩石，河中鱼儿游，河堤栽绿草，河岸鲜花开”，处处尽显美景，成为大家休闲娱乐的好去处。

附录三　2021 年绿色产业创新创业大赛优胜项目简介

一、“绿创赛”情况简介

2021 年是“十四五”规划开局之年，在绿色发展理念指引和“碳达峰碳中和”战略的贯彻落实下，我国的经济社会发展正经历全面的绿色转型。中电建生态环境集团有限公司、“一带一路”环境技术交流与转移中心（深圳）、天津经济技术开发区科技创新局、中国电力建设集团华东勘测设计研究院有限公司坚持以创新驱动产业发展，联合主办了“共筑梦想、创赢未来”2021 年绿色产业创新创业大赛（以下简称“绿创赛”）。

“绿创赛”于 2021 年 4 月正式启动，分别设有天津赛区、深圳赛区、杭州赛区，各赛区的赛事活动得到了地方政府、行业企业的高度关注和大力支持，吸引线上或线下观众 6 万余人，共征集优秀创新项目 300 余项，参赛企业和团队来自北京、上海、深圳、天津以及香港等 20 余个国内重点城市和海外地区。经过各分赛区的激烈角逐，最终共有 15 组项目突出重围进入全国总决赛，入围项目涉及清洁能源、资源利用、污染治理等绿色产业细分领域，各参赛项目在技术创新性和可实施性等方面都拥有显著优势，充分体现了“绿创赛”汇聚产业创新资源、创新人才，为产业发展注入创新动力、为国家绿色发展战略引入创新资源的赛事初衷。在各方努力和支持下，绿创赛正逐步成长为绿色产业最具影响力的高水平赛事。

二、“绿创赛”各赛区优胜项目名单

（一）天津赛区

油田产出气处理技术 - 脱碳与回收——天津大港油田滨港石油科技集团有限公司
煤气净化副产物（危废）资源化治理——晋盛智能装备制造有限公司
环境昆虫生物转化有机废弃物产业化——玛纳斯县金昆虫生物科技有限公司
金属电解质等离子抛光机床——哈尔滨安泽科技有限公司
可再生吸附系统的产业化及应用——可再生吸附系统团队

（二）深圳赛区

光等离子净化技术在公共空间空气净化杀菌消毒的应用——深圳市百欧森环保科技股份有限公司

现场热再生机组及成套技术——嘉鹏再升科技（深圳）股份有限公司

复合高分子改性塑料建模——深圳市深汕特别合作区磐汩新材料有限公司

国家战略－再生植物纤维环保产业——湖南熙亚图环保科技有限公司

可取代塑料的生物基环保材料研发和产业化推广——深圳前海蜗牛妈妈科技有限公司

（三）杭州赛区

非接触式磁应力检测技术在油气管道的应用——浙江宇坤检测技术股份有限公司

AES 抗菌抗病毒健康新材料——浙江枫翎新材料科技有限公司

基于臭氧催化氧化的难降解有机废水深度处理技术研发及产业化——江苏治水有数环保科技有限公司

水环境 DNA 监测评价技术——中国环境科学研究院

沃特净：全球领先的混合电容去离子海水淡化工艺装备——沃特净团队

三、总决赛获奖项目简介

（一）现场热再生机组及成套技术（特等奖）

1. 项目完成单位简介

嘉鹏再升科技（深圳）股份有限公司（以下简称嘉鹏公司）成立于 2015 年，是一家专门从事沥青路面废旧材料的无害化、高附加值、循环利用技术研究的国家高新技术企业。该企业致力于沥青路面再生剂、添加剂等新材料和大型沥青路面再生新型装备的研发和生产，以及沥青路面养护新装备、新材料、新技术的推广与应用。公司下设嘉鹏精工科技（大连）有限公司全资子公司、深圳嘉鹏九台分公司、河南省实嘉再生公路工程有限公司 3 个分支机构。

嘉鹏公司秉承“更安全、更环保、更节能、更高效、更智能”的产品和服务价值理念；怀着坚定的信心，坚守初心，立志为旧沥青路面材料再生循环利用的产业创造出更好、更大的价值；为我国交通强国精神、道路绿色发展、经济循环发展、节能减排战略方针贡献力量。

2. 项目技术简述

嘉鹏现场热再生是一种预防性养护技术，是采用专用的现场热再生设备，对沥青路面进行加热、耙松，就地掺入一定数量的新沥青、新沥青混合料、再生剂等，经热态拌和、摊铺、碾压等工序，一次性实现对表面一定深度范围内的旧沥青混凝土路面再生的技术。

核心设备为JP6000沥青路面现场循环利用机组，机组由3台加热器、1台松耙器、1台提温器、1台拌合器组成。摊铺机、压路机、自卸车等设备配合机组组成沥青路面现场热再生成套施工队伍。

该机组拥有五项核心技术：1）新型加热原理：热能循环利用，节省能源，减少温室气体排放；2）新型加热方式：有组织无可见烟排放，对周边环境无污染；3）新型提温设计：物料在低氧环境下均匀受热提温，混合料质量更有保证；4）新型拌和模式：现场间歇拌和、多点同时计量投放添加，混合料可达到设计要求；5）新型智能系统：适时监测和控制主要技术指标及数据，保证现场热再生路面质量。

图1 嘉鹏JP6000现场热再生机组

3. 推广应用情况

嘉鹏现场热再生机组及成套技术项目主要应用于高速公路、国省干道、市政道路、一级公路、二级公路等路面浅层病害，包括面层磨耗（脱皮、脱粒）、载荷轮迹（车辙）、应力裂缝（网裂、龟裂）、老化贫油、事故划伤、事故泄漏等。

目前在天津市、陕西省等地区，嘉鹏公司已形成排他性技术优势。JP6000机组在广东省、山西省、安徽省、河北省、陕西省、天津市多个项目成功进行应用，设备耐久度以及实现质量均达到设计要求。

经统计，嘉鹏“现场热再生机组及成套技术”已应用的项目，累计为国家节约道路养护资金超过2000万，循环利用珍贵矿山石料122 851吨，减少二氧化碳排放超过3 700吨。

（二）油田产出气处理技术-脱碳与回收（一等奖）

1. 项目完成单位简介

天津大港油田滨港石油科技集团有限公司（以下简称滨港公司）于2010年1月成立，注册资金4 948万元，管理7家全资、控股子公司，该公司主要从事油田化学品的研发、生产、销售、服务，增能吞吐、调驱（剖）等三次采油、工程技术服务，轻烃、液化气等油气副产品生产销售，钻井泥浆无害化处理及再利用，阴极保护工程技术服务、施工，危化品运输，车辆租赁等业务。

滨港公司遵循“规范化、集团化、品牌化、效益化”的发展定位，坚持“突出主营、快速推进、科技创新、高效发展”的方针，针对油田三次采油发展，致力于油田化学品的研发及适用性工艺技术的成果转化，全力推进以企业为主体、市场为导向、产学研相结合的创新体系。

2. 项目技术简述

滨港公司针对不同类型油藏如何有效开展二氧化碳吞吐措施，如何有效实现封堵、调剖，稠油油藏如何高效开发，油田开发中产生的油泥砂、老化油、钻井废弃泥浆如何实现环保处理及再利用等问题，攻关完成了 4 种特色技术。

（1）CO_2 吞吐技术：滨港公司已形成一套完善的 CO_2 混相驱地面注入及腐蚀防控、放空回收再利用工艺技术体系，施工能力为 180 井次 /a；

（2）调剖（驱）：滨港公司具有海上、陆地区块整体调剖能力，年施工能力 100 井次以上，已形成聚合物凝胶、涂层凝胶、微球、原位乳化表活剂、缔合聚合物和采出液沉积物等调驱体系；

（3）钻井清洁生产：滨港公司具备工艺设备配套、核心技术攻关、管理体系建立、规模现场应用能力，年施工 300 井次；

（4）环保处理技术：废弃泥浆处理技术 2018 年在大港油田试验，形成 3 种药剂体系和 1 项配套技术服务，实施 277 井次，为建设绿色矿山，实现清洁生产奠定了基础。其余 2 项技术攻关取得突破进展，目前应用效果良好。

3. 推广应用情况

滨港公司自 2015 年起成为中国石油阴离子型聚丙烯酰胺一级供应商，其生产的聚合物系列产品累计使用超过 6.5 万 t，累计控递减增油达 30 万 t，已在大港、大庆、长庆、华北、新疆、辽河、冀东、吐哈 8 家油田销售。拥有通过中石油质量认可的产品 42 种，在大港油区市场份额达 70%。

钻井清洁生产方面：大港油田公司 2017 年 10 月—2019 年 6 月交由滨港公司负责偏远井、特殊井钻井废弃物处理，负责河北地区废弃泥浆处理中心建成投产前的钻井废弃物处理工作，累计组织施工 473 井次。之后大港油田公司组织招标实施，滨港公司负责施工监督工作，累计监督 412 井次。2021 年 3 月 3 日，大港油田公司下发《关于落实大港油田公司新钻井泥浆随钻不落地固液分离现场处理服务项目有关事项》的会议纪要，明确新钻井随钻不落地固液分离现场处理服务项目由滨港公司组织实施。

CO_2 增能吞吐方面：滨港公司从 2018 年板 60-43 井、板 60-45H 井 CO_2 吞吐技术先导试验，到 2019 年实施 11 井次的扩大推广试验，再到 2020 年的规模化推广应用，CO_2

吞吐技术在大港油田取得显著成效。截至目前，大港油田累计实施 CO_2 吞吐 250 余井次，综合利用 CO_2 近 10 万 t，阶段累计增油 13.7 万 t，阶段换油率超过 1：1.4。

（三）光等离子净化技术在公共空间空气净化杀菌消毒的应用（二等奖）

1. 项目完成单位简介

深圳市百欧森环保科技股份有限公司成立于 2007 年 1 月 12 日，注册地址为深圳市龙岗区坂田街道中兴路高石集团 B 厂 B 区互联 E 时代 5 楼 A 区，为国家级高新技术企业。该公司于 2016 年 7 月正式加入新三板（股票代码 838287），并根据自身经营发展需要及长期战略发展规划，于 2019 年 8 月 1 日起终止在新三板挂牌。

该公司多年来致力于军用环保及反恐产品的研发，所涉及的领域包括空气净化、智慧城市、数字城管、轨道交通、放射性源净化等，拥有国内外专业的环保专家研发团队以及多项自主专利，推动了国外尖端净化技术的国产化进程，是行业领先的空气净化智能化系统解决方案和服务商，为城市、企事业单位以及大型工业机构等提供技术支持与服务。

2. 项目技术简述

该公司核心技术为定压环流光等离子（Photoplasma）技术，该技术利用特殊材料及工艺制造的光等离子管，在特定波段下辐射能量，将光源周围空气中的水气分子（H_2O）、氧气分子（O_2）转化为物质第四种形态等离子态，光等离子在空气中主动夺取甲醛分子、挥发性有机物 TVOC 分子、细菌蛋白质等有害物质结构中氢（H）元素，让自身还原稳定，达到改变有害物质结构的目的，实现处理污染物的净化效果。等离子团游离在空气中，能彻底分解有害物质，还原自身成为水和二氧化碳。该技术具有消毒、杀菌、分解有机气体等功能，具有安全有效、自动净化、净化速度快、无氮氧化物产生、无二次污染等特点，主要应用于家庭、医疗、空调、水净化、工业废气等领域。

3. 推广应用情况

该公司依托核心消毒技术逐步建立了消毒净化核心部件及产品生产销售、轨道交通空气净化业务、智能空气净化系统及工程业务 3 大业务板块。

消毒净化核心部件及产品生产销售，该公司拥有目前全世界唯一全工艺自动化生产厂线，现全工艺自动化生产线可日产 5 000 根灯管，只需 7 名工人，比传统人工生产节省了近 140 名工人，且生产效率大幅提升。生产厂线拥有独立自主知识产权，可复制性不强。目前，该产能支持公司 5 亿至 10 亿元营收。

轨道交通空气净化是该公司第一个业务板块，主要针对轨道交通系统内部的车厢、站台站厅、公共卫生间等区域进行有效的净化。2010 年开始，该公司第一款轨道交通空气净化设备正式进入市场，同年为北京 6 号线提供 1 024 台车辆空气净化装置合同，是全球地铁车辆采购史上“最大一笔”车辆订单。

智能空气净化系统工程板块业务分为商业净化和工业净化，商业空气净化业务主要服务于医院、机场、五星级酒店、商业及办公场所、学校、银行等客户；工业净化主要方向为市政垃圾除臭项目，主要服务于城市垃圾中转站。

（四）金属电解质等离子抛光机床（二等奖）

1. 项目完成单位简介

哈尔滨安泽科技有限公司（以下简称安泽科技）成立于2009年7月，注册资金200万元，是依托于哈尔滨工业大学机电工程学院和光机电一体化研究所创建的高科技项目产业化实体。安泽科技2020年获得国家级高新企业，2021年获得国家科技型中小企业。

2. 项目技术简述

项目产品为金属电解质等离子抛工机床，该机床可以保证对不锈钢类零件进行优质抛光，并可改善各种金属与合金材料零件表面的光洁度，全面提高该项工艺可确保有效去除各种污物和复杂形状零件被破坏的表层结构，去除毛刺和磨钝尖角。该产品与机械抛光技术相比，可提高生产效率及经济性5～6倍；而与酸化抛光技术相比，则可提高3～4倍，且生产过程中对环境没有污染，是一种绿色技术。该项技术及设备完全可以用来生产有竞争力的产品、降低生产成本、提高产品品质，大大提高生产效率。

3. 推广应用情况

项目在北京、辽宁、浙江、贵州、广东等全国各地都有实际应用案例，并与北京威卡威零部件股份有限公司、北京航天火箭运载研究所第十八所、辽宁苏泊尔卫浴有限公司、徐工集团工程机械股份有限公司江苏徐州工程机械研究院、沈阳远大压缩机股份有限公司、哈尔滨工程大学、中国工程物理研究院电子工程研究所、中山市三角镇城市建设发展有限公司等行业企业及高校、研究机构建立了合作关系。

（五）非接触式磁应力检测技术在油气管道的应用（三等奖）

1. 项目完成单位简介

浙江宇坤检测技术股份有限公司（以下简称宇坤检测）成立于2020年11月，注册资本1 000万元。宇坤检测主导的非接触式磁应力检测技术（发明专利授权公告CN104297336B）已颁布国家标准（GB/T 35090），是管道外检测与评价的关键技术，也是油气管道本体数据采集与分析的核心技术。该项技术的全面应用将实现石油、天然气管道运维。

2. 项目技术简述

宇坤检测核心技术：非接触式磁应力检测技术，其技术原理为当铁磁性构件受到外部载荷作用时，受地球磁场激励，在应力和变形集中区域会发生具有磁致伸缩性质的磁畴组织定向和不可逆的重新取向，磁畴组织的重新取向会导致构件内部产生新的磁状态。金属构件表面的这种磁状态记忆了微观缺陷或应力集中的位置，即所谓的金属磁记忆效应（Metal magnetic memory effect）。通过在地面沿管道上方检测和记录这些磁场数据，对缺陷处管道的应力状况进行分析计算，根据管道局部应力级别的相应变化来评估缺陷，得出缺陷处管道的应力水平、危险程度、维修等级。

可以在埋地钢质管道非开挖的状况下进行检测，对管道本体进行数据采集、缺陷分析。实现管道内外腐蚀（金属损失）、焊缝缺陷、应力集中三大方面的有效检测。检测环境：陆地、河流穿越、海洋管道。检出率达 90%，精确度达 80%。中国石油冀东油田在《管道保护》中对此技术给予高度认可和评价。

3. 推广应用情况

宇坤检测围绕磁应力核心发明专利，申请多项磁应力应用的发明专利，形成“专利池”，建立数据提取施工标准。同时对授权单位进行全方位的免费培训、设备提供、技术支撑与协助。公司检测技术在新疆油田分公司重油公司 61# 处理站污水外输线磁应力检测项目，长庆油田采气一厂、长庆油田输油二处项目，冀东油田分公司陆上作业区外输油管线磁应力检测等项目中都有实际应用。

（六）可再生吸附系统的产业化及应用（三等奖）

1. 项目完成单位简介

项目发起者为中国科学院青岛生物能源与过程研究所“材料绿色合成团队”，该团队以来源广泛且具备良好螯合能力的木质素为碳基原料，通过对材料的改性，提供高丰度结合位点，通过活性组分与碳基材料复合，制备获得高比表面积可再生吸附材料，并通过催化氧化实现吸附材料的再生，最终实现污染物的高效、高负载量吸附并保证吸附材料的高再生率。目前，该技术已在采油废水处理、污染地表水治理、土壤洗脱液处理等方面形成产业示范。该团队从事新型吸附材料技术研发 12 年，主持国家“863”“GF163”等重点课题、基金委面上项目、中科院重点部署课题、省部级重点课题、地方环保专项课题、企业横向等课题，主持经费过亿元，2016 年实现了可再生吸附产品和装备产业应用。

2. 项目技术简述

项目主要产品包含可再生吸附材料，粉末状、柱状、蜂窝状可再生吸附剂及可再生吸附纤维，并可按需定制产品；可再生吸附装备，已研制、生产基于可再生吸附材料的装备，具备良好的应用效果。主要产品具备运行成本低、过程安全便捷、自动化程度高等优势，适用范围广；产品所使用的材料循环利用过程节能 50% 以上；避免了固体废物污染，更加环保；产品能实现智能操作和远程控制。

3. 推广应用情况

项目产品主要应用在废气处理、污水处理、土壤治理等方面。相对旧工艺路线可实现节能 55%，且无固体废物污染，可实现运行模式自动切换。

（1）高 COD、高氨氮废水处理应用

可再生吸附预处理　　生化处理　　出水

图 1　废水处理项目现场情况

（2）采油废水处理

采用可再生吸附技术，处理效率可提高到 130%，节能 24%；无二次污染，具有较好的社会及生态效益。

（3）污染水塘处理

在镇江某地表水项目实际处理中，利用可再生吸附法处理污染池塘水，COD 去除率达到 99%，出水达到地表水Ⅲ类，治理效果显著。可再生吸附技术比同类吸附材料成本节约 30% 以上。

（4）废气处理应用

废气处理量 2 000 m^3/min，VOCs 脱除效率达到 99% 以上；饱和吸附材料原位再生节约 26% 成本。

模型　　装备 1　　装备 2

图 2　废气处理项目情况

（七）水环境 DNA 监测评价技术（三等奖）

1. 项目完成单位简介

项目发起者为中国环境科学研究院环境组学与新技术研发团队，团队在吴丰昌院士带领下，由闫振广研究员、王书平博士等人组建。

2. 项目技术简述

该项目的核心技术为基于 eDNA 的水生态评价体系。该体系可以实现：①表征生物条件的参数，生物类群组成及生物指数的建立、群落（种群）依存关系、食物网结构、外来物种入侵、指示生物、珍稀物种保护的相关参数；②建立参考条件，重建生物背景条件，回溯历史情况（沉积物柱状样品）。

项目建立了从微生物到鱼类的全类群 eDNA 技术，初步完成了本地水生生物 eDNA 数据库构建，可为区域水生态监测评价提供平台支持；构建了"影响因素分析—样品采集—eDNA 捕获—提取—分子标记选择—定量评估"的最优方法组合策略；利用机器学习构建模型识别影响河流水生态状况的关键因素，形成了融合 eDNA 技术和机器学习方法的水生态监测应用技术。

2019—2021 年，该团队在海河流域连续开展了 3 年基于 eDNA 的水生生物监测，回溯生物群落历史状况，探索基于野外实测数据的水质基准制定方法。项目利用 eDNA 基因组学技术，开展了养殖区多类群的生物监测，形成了养殖区生态健康监测的 eDNA 诊断技术；开发病原微生物、水生态健康指示生物的系列化 eDNA CRISPR-CAS12a 基因编辑检测技术，为研发便携生物传感器奠定了基础。此外，项目还创建了以基因表达谱评价污染物毒性效应和环境风险的新方法，通过对 21 种化学物质诱导表达基因的分析，验证了诱导基因表达谱的特异性和灵敏性，创建了用绿色荧光蛋白转基因斑马鱼监测水环境中特异性抑制剂污染物毒性效应和风险的新方法。

3. 推广应用情况

（1）eDNA 技术在我国国家层面已逐步开展试点应用

中国环境监测总站"长江流域鱼类环境 DNA 试点监测、通量试点监测及水生生物样品采集"中涉及对长江流域 15 个断面水样的采集样品、前处理、数据分析、报告撰写，试点水域鱼类 DNA 条形码数据库的构建，试点鱼类环境 DNA 监测方法的建立，试点调查监测数据的产出及试点区域鱼类多样性的调查评估工作。

（2）eDNA 技术在我国省（市）层面的应用

江苏省："十三五"期间，eDNA 水生态监测相关技术已被列入江苏省生态环境保护规划。2020 年，江苏省环境监测中心率先对江苏省 148 个地表水国控断面、饮用水水源地开展了基于 eDNA 技术的生物多样性试点监测，其中涉及长江干流断面 6 个、支流断面 15 个、水源地 12 个，并在南京江宁滨江、大胜关和江边路 3 个点位成功地检测到江豚的eDNA信号。2021年，江苏省生态环境厅发布的《关于加强生物多样性保护工作的意见》指出，建立重点保护物种的环境DNA监测数据库，在长江流域江苏段、太湖、洪泽湖、骆马湖、长荡湖等重要水体利用eDNA技术开展江豚等重点水生物种的监测。

北京市：2020年8月，依托重点流域地表水高密度监测网络建设试点项目，北京市生态环境监测中心委托开展基于eDNA的北京市典型水体水生生物多样性监测和水生态环境状况评估。

上海市：2020年11月，上海市环境科学研究院委托相关研究机构开展eDNA河湖生物监测及优势物种资源调查项目。

（八）可取代塑料的生物基环保材料研发和产业化推广（最佳创意奖）

1. 项目完成单位简介

深圳前海蜗牛妈妈科技有限公司（以下简称蜗牛妈妈）是于2016年2月4日在深圳市南山区粤海街道注册成立的民营企业，注册资金500万元。公司属于其他塑料制品制造业，主营聚乳酸、丙交酯、PLA改性材料及PLA母婴产品等。目前，蜗牛妈妈办公区所在地为福田区，办公用房面积为200 m^3，生产区设立在宝安区，生产用房面积7 000 m^3。

2. 项目技术简述

蜗牛妈妈主要技术为聚乳酸高效成核剂研发与丙交酯研发，主要产品为聚乳酸、丙交酯、PLA改性材料及PLA母婴产品，致力于可取代塑料的无毒、可降解的环保材料（PLA、秸秆、稻壳等植物纤维）的研发和产业化推广。

蜗牛妈妈产品特点：①生物基材质，100%安全无毒；②环境友好性高，100%降解，无二次污染，也可回收进行二次利用；③性价比高，市场售价可与PPSU竞争；④可塑性强，可取代目前市场上大部分塑料材质的一次性、非一次性包装与日用品等。

3. 推广应用情况

产品应用范围包括注塑、吹塑、淋膜，广泛应用于包装，母婴、一次性外卖餐盒、外卖餐具、外卖包装袋、3C电子包装，农膜等。

（九）环境昆虫生物转化有机废弃物产业化（最佳创意奖）

1. 项目完成单位简介

玛纳斯县金昆虫生物科技有限公司于2020年11月4日正式注册成立，是一家由在读博士生领衔创立的，致力于农林牧及城市有机废弃物资源化利用技术研发、示范与推广，集昆虫规模化和工厂化养殖技术开发、昆虫资源开发、生产、加工与销售、生态农产品生产、加工与销售和生物技术服务为一体的新兴科技公司。公司迎着生态文明新时代的浪潮成立，秉承国家创新、协调、绿色、开发、共享的新发展理念，立足有机废弃物资源化利用，生态循环农业发展，创新开发昆虫资源和新兴昆虫产业，将小昆虫开发成金昆虫，努力建设“种养转”相结合的农业发展新格局，助力农业绿色发展、乡村振兴战略、碳达峰和碳中和战略、生态文明和美丽中国建设。

2. 项目技术简述

该公司核心技术为环境昆虫生物转化有机废弃物产业化。项目可做到有机废弃物的日产日清，并创新开发昆虫（无脊椎动物）蛋白，缓解饲用蛋白压力和可规避脊椎动物同源性蛋白污染，形成“种养转”相结合的良性循环，可助力农业绿色发展、乡村振兴、生态文明战略、碳中和碳达峰战略。

技术优势主要包括 3 个方面：

（1）生态环保，昆虫具有独特的排泄系统，完全利用水分，不产生“二次污染”。

（2）节能减排，“变废为宝”，转化力是畜禽 2 倍以上，温室气体排放低于畜禽的 1/6。

（3）绿色发展，“种养转”三结合的良性循环，可培育健康土壤、健康动植物，减少化学品（化肥、农药、兽药）的使用。

3. 推广应用情况

该公司现已在新疆农业大学驻玛纳斯产学研实践育人创新创业基地建成新疆首家昆虫纽带生态循环农业示范场，3 种环境昆虫养殖面积 2 000 m^2，年可转化有机废弃物 300 t，直接带动 5 名农户就业增收，示范带动 6 名养殖户养殖生态虫子鸡，年出栏虫子鸡 1 万只，鲜虫销往乌鲁木齐等花鸟市场，虫砂生物肥销往吐鲁番等市场，产值已突破 200 万元，产品均处于供不应求的状态。引领环境昆虫转化有机废弃物向产业化发展迈进。

图 1 项目生产基地情况

（十）沃特净：全球领先的混合电容去离子海水淡化工艺装备（最佳创意奖）

1. 项目完成单位简介

沃特净团队是混合电容海水淡化技术的领航者。总经理丹媛媛是该项目产品研发负责人，2011 年获得吉林大学博士学位，2012 年在南京大学博士后流动站，长期从事电化学储能材料和器件研究，主持多项国家级、省级项目。

2. 项目技术简述

沃特净混合电容去离子海水淡化工艺装备设计特点包括液晶触摸屏，集成一体化机、体积紧凑，物理过滤前处理、紫外灭菌后处理。经该项目设备处理后出水符合国家饮用水标准；设备具有阳离子选择性的二维层状正极材料，出水仍保留对人体有益的 Mg^{2+}、Ca^{2+} 等矿物质元素，且设备具有阴离子选择性的活性炭负极材料，对 Cl^- 等阴离子有高去除率，提高装备使用寿命和除盐效率。产品处理效率见表 1。

表 1　产品处理效果

分析项目	计量单位	原海水检测结果	产品水检测结果	GB 5749—2006 标准要求	检测方法
pH	—	7.88	7.37	6.5～8.5	电极法（GB/T 5750.4—2006/5.1）
总硬度（以 $CaCO_3$ 计）	mg/L	5.5×10^3	52.3	≤ 450	容量法（GB/T 5750.4—2006/7.1）
溶解性总固体	mg/L	3.9×10^4	79.4	≤ 1 000	重量法（GB/T 5750.4—2006/8.1）
钠	mg/L	9.46×10^3	144	≤ 200	GB/T 5750.6—2006/22.3
硫酸盐（以 SO_4^{2-} 计）	mg/L	2.53×10^3	28.0	≤ 250	IC（GB/T 5750.5—2006/1.2）
氯化物（以 Cl^- 计）	mg/L	1.47×10^4	184	≤ 250	IC（GB/T 5750.5—2006/2.2）

3. 推广应用情况

该项目目前主要应用在船舶行业的海水淡化中，船舶市场容量约占 30 亿元。

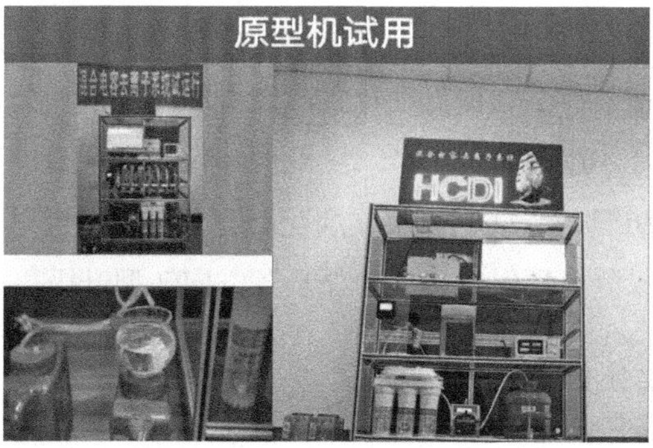

图 1　项目应用场景

（十一）国家战略 - 再生植物纤维环保产业（最佳创意奖）

1. 项目完成单位简介

湖南熙亚图环保科技有限公司（以下简称熙亚图环保）于 2020 年 2 月 25 日注册成立，是一家集科研、生产、销售于一体的再生植物纤维制品企业。公司坐落于世界“烟花之都”——浏阳市，位于浏阳市荷花街道的熙亚图环保产业园，占地面积 8 万 m^2，一期建设 2 万 m^2，2 条全自动再生植物纤维制品生产线，预计年产值 1 亿元左右。

2. 项目技术简述

（1）熙亚图再生植物纤维高抗管

开创性利用锯木屑、稻草、秸秆等植物性纤维，采用自主研发热压塑化无胶成型技术制造而成，具无缝高抗的显著特点。

（2）熙亚图再生植物纤维烟花中低抗管

利用芦苇、锯木屑、稻草、秸秆、麦秆、棉秆等植物性纤维，采用自主研发聚合膨化成型技术制造而成，具天然环保、可再生降解的显著特点。

（3）熙亚图再生植物纤维基座

利用芦苇、锯木屑、稻草、秸秆、棉秆等植物性纤维，采用自主研发热压聚合膨化成型技术制造而成，具重量轻、天然环保、可再生降解、回收造纸的显著特点。

（4）熙亚图再生植物纤维环保包材

利用芦苇、锯木屑、稻草、秸秆、棉秆等植物性纤维，采用自主研发热压塑化粉末成型技术制造而成，具天然环保、可再生降解的显著特点。

（5）熙亚图再生植物纤维环保建材

利用芦苇、锯木屑、稻草、秸秆、棉秆等植物性纤维，采用自主研发热压塑化粉末成型技术制造而成，具天然环保、可再生降解、防火的显著特点。

3. 推广应用情况

天然植物纤维是自然界中最为丰富的可再生资源，具有生物可降解性和环境友好性的特点，可制备出多种用途的功能性材料。熙亚图环保自立项至今，已有 8 年历史，前 6 年发展重点在产品、配方、工艺研发上，后 2 年重点在自动化生产设备的研发上。公司于 2020 年注册成立，系列产品于 2021 年 6 月才逐渐开始量产。熙亚图环保依托现有的高新设备、技术、工艺及人才优势，致力于为纺织、造纸、包装、烟花制造等行业提供可降解再生植物纤维管道，推动纸管制造业向“绿色、环保、再生、循环”方向转型升级。

（十二）复合高分子改性塑料建模（最佳创意奖）

1. 项目完成单位简介

深圳磐汩新能源有限公司（以下简称磐汩能源）于 2011 年成立，属光伏行业，注册资金3 000万元；2016年成立东莞磐汨新材料有限公司，注册资金1 000万元，研发生产塑料建筑模板；2018年以国家倡导的“节能环保，循环经济”号召为方向，进行不断研发创新，与中建科技、华南理工共同成立研发小组，研发出新型模架支撑体系；2019年扩大生产规模，搬迁至深汕特别合作区中建绿色产业园，规划产线20条，逐步投产后年产值超5亿元，该公司产品远销国内外，是国内塑料模板行业中的龙头企业，新型模架支撑体系在国内处于领先地位。

2. 项目技术简述

复合高分子改性塑料建模是一种划时代的建筑新材料，具有绿色、环保和可循环利用等特性。新型阵列式模架支撑体系是建筑施工技术之革命性创新，相比传统施工效率提高3倍，该体系获得深圳住房和城乡建设局工程建设新技术证书及中国建筑学会科技进步三等奖。

磐汨能源融合了塑料最新加工工艺——“植入增强”工艺，引进并消化了国内外新型环保异性混容复合材料开发技术，自主设计全国第一条不造粒直接成型板材生产线，自主研发全国第一套全自动化分割系统，自主研发全国第一套塑料建筑模板加增强材料模具设计。

新一代复合高分子改性塑料建模处于行业领先地位，未来“以塑代木”是建筑施工行业的潮流，磐汨能源研发的新型阵列式模架支撑体系是我国建筑施工技术史上颠覆性的技术创新，相比传统建筑施工支撑体系施工效率提高3倍。

3. 推广应用情况

模架支撑体系市场每年2万亿级，可替代建模市场容量巨大，预计可达5 000亿级，磐汨能源产品作为建筑新材料及新技术获准在央企中建科技系统中全面推广应用。

磐汨能源目前在手订单3.6亿余元，市场业务迅速发展，未来几年市场将呈高速发展行情，具有较强竞争力。该公司的深汕工厂辐射周边市场（珠港澳湘桂闽）有500亿～800亿元的模板市场、2 000亿元的模架支护体系安装市场。磐汨能源与中建集团合作在深圳市深汕合作区新建1.2万m^2厂房，可容纳20条生产线，产能约5亿元，产品主要供应中建集团、广东及福建等区域。

（十三）AES抗菌抗病毒空间健康新材料（最佳创意奖）

1. 项目完成单位简介

浙江枫翎新材料科技有限公司（以下简称枫翎科技）成立于2019年11月，是一家专注于AES抗菌抗病毒健康新材料研发与应用的科技型企业。公司自有实验室，拥有多名国内光催化技术领域的高级别专家学者，以及20多名博士及硕士学历高级研发人员，具备雄厚的技术研发能力。公司自主研发的AES技术可以实现高效、安全、长效、广谱的抗菌抗病毒功能，目前已成熟应用于公共空间防疫、健康灯具、宠物除臭、功能型纺织助剂、健康板材等多个领域。枫翎科技致力于做环境健康领域的引领者，服务于全人类健康。

2. 项目技术简述

枫翎科技 AES 技术是在传统光催化材料上做的改性研发，主要包括光催化技术、核壳技术、固液分离技术、稳定黏合技术、负载技术。

（1）光催化技术：基底技术

目前无专利保护，属于公开性技术。问题和危害：光腐蚀现象严重、稳定性差，解决光腐蚀问题是目前传统光触媒最需要解决的核心痛点。

（2）核壳技术：核心技术

专利保护，解决传统光催化、光腐蚀的难题。枫翎科技核壳技术是目前国内外唯一跑通实验室工艺，且能正式进行工业化生产和应用的技术。和核壳技术功能相似的还有磷灰石海胆结构技术，但只停留在实验室阶段，目前无法产业化应用。

（3）固液分离技术：核心技术

有专利保护，解决传统光催化纳米粒子团聚现象严重、催化效果变弱的难题。

（4）稳定黏合技术：核心技术

有专利保护，解决材料牢固度难题，长久不脱落（灯具实验达到最高等级 0 级牢度）。

（5）负载技术：核心技术

有专利保护，解决如何将材料附着到物体表面的难题。经历高温高压溢流缸负载工艺、开放式低温浸轧负载工艺、节能环保雾化复合工艺。

3. 推广应用情况

枫翎科技 AES 光催化技术主要应用在空间防疫、健康灯具、宠物除臭、功能助剂、健康板材等方面。

空间防疫：公共空间抗菌抗病毒环境消毒，公共交通枢纽、商场、银行；

健康灯具：LED 抗菌抗病毒健康灯具；

宠物除臭：抗菌除味自清洁宠物用品；

功能助剂：抗菌抗病毒专项助剂产品；

健康板材：抗菌抗病毒除味板材；

其他：湿纸巾、医疗包材、羽绒、净化器、功能性口罩、工业除臭。

（十四）煤气净化副产物（危废）资源化治理（最佳创意奖）

1. 项目完成单位简介

晋盛智能装备制造有限公司（以下简称晋盛智能）创立于 2016 年，专注于煤气净化副产物（危险废物）综合治理事业，用世界领先的专利技术将副产物（危废）转化为高附加值的精细化工产品，实现“变废为宝”。目前晋盛智能已在全国各地共实施了

15个项目，并与全国9个城市或园区签订了《危废集中治理协议》。

创立初期，晋盛智能投资2 000多万元从中试开始开发了基于煤气脱硫化氢产生的硫膏（危废名录：252-013-11）提纯硫黄产品工艺装置，目前正在云南曲靖形成日处理硫膏20 t的产业化规模。从而在业内率先实现了煤气脱硫化氢产生两种危废的同步资源化治理。

2. 项目技术简述

晋盛智能主要产品为基于煤气脱硫化氢产生的硫膏提纯硫黄产品工艺装置产出的纯度99.9%以上的一等品硫黄、硫氰酸铵（干基98%）、硫酸铵（含氮20.5%以上）等产品。晋盛智能从硫泡沫开始先提纯硫黄达99.9%一等品，再把脱硫废液提精盐硫氰酸铵与硫酸铵，产品包销，系统包运营。晋盛智能通过工艺优化，同时解决了硫膏与废液两种危险废物，可以实现投资比传统制酸工艺节省50%以上。项目投资回报期一般为2～3年。

3. 推广应用情况

煤气脱硫危险废物资源化治理项目分别在河南、山西产业项目投产运行成功。燃气锅炉烟气余热回收项目分别在北京和西安投产运行成功，技术列入国家发展改革委国家点节能技术目录；与政府合作的“BOO模式”，已经开始与河北唐山、山西长治、河津、陕西韩城、内蒙古乌海、宁夏银川、江苏徐州、重庆潼南政府合作，建设危废集中治理中心；与全国36个企业家联营成立当地子公司运营当地项目。目前有河南许昌、陕西西安、河北唐山等项目公司。

（十五）基于臭氧催化氧化的难降解有机废水深度处理技术研发及产业化（最佳创意奖）

1. 项目完成单位简介

江苏治水有数环保有限公司（以下简称治水有数环保公司）成立于2020年10月10日，注册资本1 000万元，登记于苏州工业园区市场监督管理局，属于科技推广和应用服务业。

2. 项目技术简述

治水有数环保公司的核心技术为臭氧催化氧化技术（有机废水降解），在定制化开发、催化剂耐卤机理解析、产品再生等方面具有优势。

（1）定制化开发：针对不同行业推出有机物处理效果＞70%去除率的产品。

（2）催化剂耐卤机理解析：突破TDS耐受性高达10万mg/L，克服市面产品仅适用于TDS＜5 000 mg/L的局限性。

（3）产品再生：部分产品已突破再生技术壁垒，使用寿命3～5年，提升2～3倍。

3. 推广应用情况

（1）以多级臭氧催化氧化工艺为核心的短流程纯物化处理工艺

案例：无锡某聚酰亚胺薄膜生产废水处理成本从 2 000 元 /t 降低至 89 元 /t。

（2）耐卤型臭氧催化氧化工艺对 NF 和 RO 浓水进行深度处理，辅助无机盐分盐回收利用

案例：长春某垃圾渗滤液 NF 浓水深度处理，处理成本从 150 元 /t 降低至 27.8 元 /t。

参考文献

班璇 . 中华鲟产卵栖息地的生态需水量［J］. 水利学报，2011，42（1）：47-55.

蔡露，金瑶，潘磊，等 . 过鱼设施设计中的鱼类行为研究与问题［J］. 生态学杂志，2018，37（11）：3458-3466.

曹庆磊，杨文俊，周良景 . 国内外过鱼设施研究综述［J］. 长江科学院院报，2010，27（5）：39-43.

曹润娟 . 水力条件对好氧颗粒污泥稳定性影响及其表面热力学机制研究［D］. 杭州：浙江大学，2021.

巢清尘，张永香，高翔，等 . 巴黎协定——全球气候治理的新起点［J］. 气候变化研究进展，2016（1）：61-67.

陈丙法，黄蔚，陈开宁，等 . 河道生态护岸的研究进展［J］. 环境工程，2018，36（3）：74-77，168.

陈鸿起 . 水安全及防汛减灾安全保障体系研究［D］. 西安：西安理工大学，2007.

陈凯麒，常仲农，曹晓红，等 . 我国鱼道的建设现状与展望［J］. 水利学报，2012，43（2）：182-188，197.

陈凯麒，葛怀凤，郭军，等 . 我国过鱼设施现状分析及鱼道适宜性管理的关键问题［J］. 水生态学杂志，2013（4）：1-6.

陈牧 . 浅谈城市滨水景观设计的发展方向［J］. 景观设计，2012（12）：130.

陈世杰 . 赤铁矿和生物炭对潜流人工湿地污水处理效果及 N2O 和 CH4 排放的影响［D］. 重庆：西南大学，2020.

陈为博，陈益民，潘益斌 . 白鹤滩水电站进水口分层取水方案选择分析［J］. 云南水力发电，2018，34（6）：92-94.

陈武，邹旭彤，郑海涛，等 . 深圳市茅洲河流域（宝安片区）黑臭水体治理研究［J］. 中国给水排水，2021，37（4）：1-4.

陈友林 . 绿化混凝土的新材料——棕榈石在防护工程中的应用［J］. 广东交通职业技术学院学报，2010，9（3）：22-26.

程桂 . 海绵城市水文水质过程模拟与关键技术研究［D］. 苏州：苏州科技大学，2017.

崔惠敏 . 基于多目标规划的城市水资源优化配置研究［D］. 西安：西安理工大学，2020.

代红炀 . 农村河湖污染与水生态环境保护研究［J］. 中国资源综合利用，2020，38（3）：131-133.

戴妍娇，焦胜，丁国胜，等．近十年海绵城市建设研究评述与展望［J］．现代城市研究，2018（8）：77-87.

党平，邹体峰．深入开展灌区水效领跑者引领行动促进农业用水效率不断提升［J］．中国水利，2021（17）：24-26.

董瑞华．中国绿色产业基金发展现状分析［J］．海南省绿色金融研究院．［2021-06-22］．https：//m.thepaper.cn/baijiahao_13263114

董玉兰，石祥增．传统护岸向生态护岸的过渡［J］．珠江水运，2015（20）：66-67.

董哲仁，张晶，赵进勇．生态流量的科学内涵［J］．中国水利，2020，（15）：15-19.

董哲仁．筑坝河流的生态补偿［J］．中国工程科学，2006，8（1）：5-10.

樊志红．浅析水利工程建设中生态护岸设计［J］．地下水，2018，40（1）：111-112.

方正，张磊，刘非．海绵城市建设及相关技术问题分析［J］．湖北理工学院学报，2016，32（3）：31-36，56.

冯浩源，石培基，周文霞，等．水资源管理“三条红线”约束下的城镇化水平阈值分析——以张掖市为例［J］．自然资源学报 2018，33（2）：287-301.

高锦芳，谭洪新，顾德平，等．利用好氧颗粒污泥处理水产循环养殖废水的研究［J］．环境污染与防治，2016，38（1）：47-52.

高丽君．经济学视角下农村水环境治理机制研究［J］．农业经济，2015（10）：91-92.

高山．大数据在水环境监测与管理的应用［A］．中国环境科学学会（Chinese Society for Environmental Sciences）．中国环境科学学会 2021 年科学技术年会论文集（三）［C］．中国环境科学学会（Chinese Society for Environmental Sciences）：中国环境科学学会，2021：3.

葛金金，彭文启，张汶海，等．确定河道内适宜生态流量的几种水文学方法［J］．南水北调与水利科技，2019，17（2）：75-80.

耿颖，李夏．农村黑臭水体治理与农村污水处理程度探讨［J］．科技创新与应用，2021，11（24）：3.

顾宇平．加快农村水利信息化建设提高管理水平和管理能力［J］．中国水利，2010（增刊）：1-2.

国家能源局．NB/T 35054—2015 水电工程过鱼设施设计规范［S］．北京：中国电力出版社．

何贞俊，莫伟均，杨聿，等．流溪河水厂坝丹尼尔式鱼道运行效果初探［J］．水生态学杂志，2019，40（1）：35-40.

侯林昌．城市水环境整治水体修复技术的发展与实践研究［J］．城市建筑，2021，18（3）：129-131.

胡国成，许木启，戴家银，等．我国外来水生生物入侵现状及其影响［J］．生物学通报，

2007（8）：1-3.
胡健．丹尼尔式鱼道水力特性及结构优化研究［D］．宜昌：三峡大学，2016.
胡学应，林壁润，陈永．广东农业面源污染治理的研究与实践［M］．北京：中国农业出版社，2019.
胡亚安，李中华，杨宇，等．水利工程鱼类保护技术［M］．北京：中国水利水电出版社，2016.
胡阳，钱明海，赵建军，等．建设“花盆式”河道生态护岸的新技术应用——以高邮市东部新城腰庄河治理为例［J］．江苏水利，2020（3）：10-13.
环境保护部科技标准司中国环境科学学会．湖泊水环境保护知识问答［M］．北京：中国环境科学出版社，2015.
黄杰，邢红霞，闫涛．城市黑臭水体污染治理现状及长效保持机制研究［A］．中国环境科学学会环境工程分会．中国环境科学学会2021年科学技术年会——环境工程技术创新与应用分会场论文集（一）［C］．中国环境科学学会环境工程分会：《环境工程》编辑部，2021：4.
黄旭．大连市水资源合理配置及其方案综合评价研究［D］．大连：大连理工大学，2008.
季永兴，韩非非，施震余，等．长三角一体化示范区水生态环境治理思考［J］．水资源保护，2021，37（1）：103-109.
姜晓明，王艳艳，向立云．我国防洪减灾体系建设与成就［J］．中国防汛抗旱，2019，29（10）：6-9，15.
蒋慧．生态护坡技术在河道治理中的运用研究［J］．资源节约与环保，2020（1）：23.
蒋涛，陈建国，李林，等．植生混凝土制备及性能研究进展［J］．新型建筑材料，2019，46（3）：5.
金菊良，郦建强，吴成国，等．水资源空间均衡研究进展［J］．华北水利水电大学学报（自然科学版），2019，40（6）：47-60.
金绍兵，黄祚继．美丽乡村建设中的水文化研究［J］．安徽农业大学学报（社会科学版），2014，23（5）：133-135.
景晓菊，黄志强，党祥，等．香溪河流域水资源配置研究［J］．人民珠江，2021，42（7）：75-81.
居治成，邹昊，李根．坝前库水温度预测方法研究进展［J］．科技创新与应用，2015（32）：234-235.
孔燕，余艳红，苏斌．云南九大高原湖泊流域现行管理体制及其完善建议［J］．水生态学杂志，2018，39（3）：67-75.
匡亮，张鹏，杨洪雨，等．梯级水库叠梁门分层取水水温改善效果的衰减［J］．长江流域资源与环境，2019，28（5）：1244-1251.

雷英杰．"双碳"时代，解码污水处理行业新路径［J］．产业观察，2021（303）：24-25.

李慧，丁跃元，李原园，等．新形势下我国节水现状及问题分析［J］．南水北调与水利科技 2019，17（1）：202-208.

李建，夏自强．基于物理栖息地模拟的长江中游生态流量研究［J］．水利学报，2011，42（6）：678-684.

李丽琴，潘兴瑶，杨勇，等．北京市水资源安全保障体系构建与建议［J］．北京水务，2021，（3）：27-31.

李梦娅，贺霄霞．从生态系统碳循环角度关注水利行业的碳达峰、碳中和［J］．水利发展研究，2021（5）：22-25.

李鹏辉．中国污水处理行业年碳排放可减少 39.4%［J］．绿色实践，2017（1）：84-85.

李普林，陈菁，孙炳香，等．基于连通性的城镇水系规划研究［J］．人民黄河，2018，40（1）：31-35.

李威，刘云华．系统发力解决城市防洪排涝问题实践及探讨［J］．给水排水，2020，56（S1）：256-258.

李心佩．政府战略管理视角下的流域水资源治理市场化转型研究［D］．北京：中央财经大学，2018.

李洋．筑坝河流鱼类产卵生态流量研究［D］．北京：中国水利水电科学研究院，2019.

李宗新，李贵宝．水文化大众读本［M］．北京：中国水利水电出版社，2015.

联合国粮食及农业组织．鱼道：生物学依据、设计标准及监测［M］．北京：中国农业出版社，2011.

梁开明，章家恩，赵本良，等．河流生态护岸研究进展综述［J］．热带地理，2014，34（1）：116-122，129.

廖文根，李翀，冯顺新，等．筑坝河流的生态效应与调度补偿［M］．北京：中国水利水电出版社，2013.

林育青，陈求稳．生态流量保障相关问题研究［J］．中国水利，2020，（15）：26-28，19.

刘昌明，张永勇，王中根，等．维护良性水循环的城镇化 LID 模式：海绵城市规划方法与技术初步探讨［J］．自然资源学报，2016，31（5）：719-731.

刘国民，姜翠玲，王维琳，等．基于栖息地模型的新安江坝下生态流量研究［J］．水资源与水工程学报，2016，27（4）：61-65.

刘宏斌，曲志明，武淑霞，等．中国农业面源污染防治战略研究［M］．北京：中国农业出版社．2019.

刘欢，李旭宁，骆灵喜，等．人工快渗污水处理系统的温室气体排放核算与对比［C］．中国环境科学学会学术年会论文集，2013：868-873.

刘剑．首批海绵城市试点建设存在的问题及建议［J］．低温建筑技术，2016，38（12）：

144-146.
刘莉，刘静，杨淇微 . 农村水污染治理现状、困境及对策思考［J］. 中华环境，2018（10）2-3.
刘明达，蒙吉军，刘碧寒 . 国内外碳排放核算方法研究进展［J］. 热带地理，2014，34（2）：248-258.
刘乃进 . 私募基金事务精要 2［M］. 北京：法律出版社，2018.
刘熙宇，隋吴原，姜明栋 . 河长制下江苏农村水生态文明建设探讨［J］. 人民珠江，2019，40（2）：70-74.
刘悦忆，朱金峰，赵建世 . 河流生态流量研究发展历程与前沿［J］. 水力发电学报，2016，35（12）：23-34.
刘振锋，蔡殿卿 . 北京城市副中心海绵城市试点建设成效与经验［J］. 北京水务，2020（3）：7-9，19.
楼少华，唐颖栋，陶明，等 . 深圳市茅洲河流域水环境综合治理方法与实践［J］. 中国给水排水，2020，36（10）：1-6.
栾丽，彭艳，何涛，等 . 不同类型过鱼设施特点及适应性研究［J］. 水力发电，2020，46（11）：11-14，28.
吕丰锦，陈奋飞，苏展，等 . 尾水人工湿地工程设计要点分析：以燕罗湿地公园为例［A］. 中国环境科学学会环境工程分会 . 中国环境科学学会 2021 年科学技术年会——环境工程技术创新与应用分会场论文集（四）［C］. 中国环境科学学会环境工程分会：《环境工程》编辑部，2021：5.
马小霞 . 新时代中国高原湖泊流域保护治理的几点思考［J］. 中国国土资源经济，2021，34（7）：14-19.
明瑞平 . 海绵城市建设的雨水径流控制效果评估［D］. 济南：山东大学，2019.
农村生活污水治理技术手册［M］. 北京：中国环境出版集团 . 2020.
庞庆华，杨晓卉，姜明栋 . 河长制下农村河道治理的多元利益主体演化博弈分析［J］. 水利经济，2019，37（5）：1-5.
彭俊杰，赵烁，彭海明 . 生态护坡技术在河流环境综合治理中的应用实践［J］. 水资源研究，2017（6）：48-49.
彭乐鑫 . 缺水型城市城镇化进程中的水资源优化配置研究——以萍乡市为例［D］. 南昌：南昌大学，2019.
蒲贵兵，古霞，蔡岚，等 ."十四五" 海绵城市建设发展策略［J］. 净水技术，2021，40（3）：1-8.
乔亮 . 关中地区干旱预警与应急水源配置研究［D］. 西安：长安大学，2015.
秦琳 . 德州市水利工程确权划界工作探讨［R］. 德州市水务局，2016：1-2.

任海，邬建国，彭少麟 . 生态系统健康的评估［J］. 热带地理，2000（4）：310-316.
任海静，马一祎 . 我国智慧水务的发展现状及前景［J］. 建设科技，2021（6）：60-63，67.
任甜 . 典型农村黑臭水体污染成因及治理对策［J］. 资源节约与环保，2021（10）：100-102.
任兴华 . 基于水资源管理“三条红线”的水资源配置模式研究［D］. 太原：太原理工大学，2015.
沙小玉，王丹，成苗，等 . 固体废弃物制备透水砖的研究进展［A］. 中国环境科学学会环境工程分会 . 中国环境科学学会 2021 年科学技术年会——环境工程技术创新与应用分会场论文集（二）［C］. 中国环境科学学会环境工程分会：《环境工程》编辑部，2021：6.
商放泽，黄跃飞，孙小玲，等 . 深圳市现状及未来水污染防治效果评价［J］. 环境科学与技术，2019，42（S2）：132-139.
生态环境部 . 重点流域水生生物多样性保护方案［A/OL］.（2018-04-03）. https：//www.mee.gov.cn/gkml/sthjbgw/sthjbwj/201804/t20180410_434172.htm.
生态环境部办公厅 . 关于发布《第二次全国污染源普查公报》的公告［EB/OL］.（2020-06-08）. https：//www.mee.gov.cn/xxgk2018/xxgk/xxgk01/202006/t20200610_783547.html.
石春力，孙事昊，黄海伟，等 . 我国城市黑臭水体治理技术发展历程［J］. 建设科技，2021（16）：39-43.
四川省人民政府 . 美丽四川 • 宜居乡村”推进方案（2018-2020 年）［A/OL］.（2018-11-16）. http：//www.sc.gov.cn/10462/10464/10797/2018/11/16/10463134.shtml.
宋文杰，何香建，刘军 . 河渠边坡植生型多孔混凝土防护技术的研究及应用［J］. 湖南水利水电，2017（6）：12-15.
孙楠，范肖予，郭梦京 . 基于 Mike Flood 模型的老旧小区海绵化改造研究［J］. 山西水利科技，2020（3）：1-5，10.
孙宁，徐怒潮，李静文，等 . 2020 年我国土壤修复行业发展概况及“十四五”时期行业发展态势展望［J］. 环境工程学报，2021，15（9）：2858-2867.
孙然好，魏琳沅，张海萍，等 . 河流生态系统健康研究现状与展望——基于文献计量研究［J］. 生态学报，2020，40（10）：3526-3536.
唐国滔，姚焕玫，胡湛波 . 生态护岸技术的研究及其发展趋势［J］. 水产科技情报，2010，37（4）：198-202.
唐利超 . 打造连通乡村振兴的“幸福水系”［J］. 中国水利访，2021（12）：13-14.
唐雨佳，黄竞争，刘锋，等 . 基于数据驱动模型的河流水温异变研究［J］. 水文，2019，

39（1）：50-55.

同琳静，李晓宇，王倩，等．中国退化河流生态系统修复的理论和实践［J］．环境科学与技术，2018（41）：235-240.

万玉媚，李萌．河道污染及治理技术［J］．天津科技，2010，37（2）：22-24.

汪青，王煜，彭秀华．高坝泄流溶解气体过饱和及其对鱼类影响探讨［C］．中国工程院2010流域水安全与重大工程安全高层论坛，2010.

王博璐，陈韵涵，张静依，等．"一带一路"绿色金融国别案例分析——蒙古国［J］．清华金融评论，2020（12）：71-74.

王博璐，张静依，陈韵涵，等．"一带一路"绿色金融国别案例分析——哈萨克斯坦［J］．清华金融评论，2021（4）页．

王充．基于IFMS的海绵城市雨洪模拟与LID减灾效益评估［D］．银川：宁夏大学，2020.

王登巍．国有单位参与私募基金法律问题：私募基金事务精要2［M］．北京：法律出版社，2018.

王建华，李海洪．用水效率控制红线管理的定位认知及制度内容解析［J］．中国水利2012（7）：15-18.

王建辉．基于共代谢作用微曝气SBR处理难降解有机废水研究［D］．哈尔滨：哈尔滨工业大学，2014.

王江波，陈敏，苟爱萍．荷兰多层级水安全治理策略研究［J］．城市建筑，2021，18（3）：32-34.

王娟．基于硫铁基质自养反硝化去除水中硝酸盐氮的研究［D］．大连：大连理工大学，2021.

王丽珍，王建华，李海红，等．我国节水技术创新发展的现状与建议［C］．2019中国水资源高效利用与节水技术论坛论文集，2019.

王龙华．河道清淤疏浚施工关键技术与相关问题的讨论［J］．河南水利与南水北调，2016（1）：73-77.

王猛，马卫忠，赵谊，等．集运鱼系统发展及相关技术问题探讨［J］．水力发电，2017，43（2）：6-9.

王民浩，孔德安，陈惠明，等．城市水环境综合治理理论与实践——六大技术系统［M］．北京：中国环境出版集团，2019.

王敏，谭娟，沙晨燕，等．生态系统健康评价及指示物种评价法研究进展［J］．中国人口•资源与环境，2012，5（22）：69-72.

王瑞玲，黄锦辉，葛雷，等．基于黄河鲤栖息地水文－生态响应关系的黄河下游生态流量研究［J］．水利学报，2020，51（9）：1175-1187.

王夏晖，王波，吕文魁．我国农村水环境管理体制机制改革创新的若干建议［J］．环境保护，2014，42（15）：20-24.

王向阳，刘然彬．研究综述 | 人工湿地是碳汇还是碳源？水业碳中和资讯［EB/OL］．［2021-05-28］．https：//huanbao.bjx.com.cn/news/20210528/1155081.shtml.

王亦宁．对健全农村水环境综合治理机制的思考和建议［J］．水利发展研究，2020（2）：21-39.

王正．自养与异养反硝化工艺处理硝酸盐微污染地表水研究［D］．上海：上海交通大学，2018.

魏娇娇，孟恬园，辛克刚，等．青岛海绵城市试点区的体制机制建设经验及思考［J］．中国给水排水，2020，36（16）：6-11.

魏俊，黄森军，唐颖栋，等．基于源—网—厂—河系统理念的流域生态修复：以广东省深圳市茅洲河（宝安片区）水环境综合治理工程为例［J］．景观设计学（中英文），2021，9（3）：74-85.

魏俊，黄森军，唐颖栋，等．基于源－网－厂－河系统理念的流域生态修复：以广东省深圳市茅洲河（宝安片区）水环境综合治理工程为例［J］．景观设计学（中英文），2021，9（3）：74-85.

温静雅，陈昂，曹娜，等．国内外过鱼设施运行效果评估与监测技术研究综述［J］．水利水电科技进展，2019，39（5）：49-55.

我国城市群建设“重经济、轻文化”倾向明显［N/OL］．经济参考报．2018-4-16. http：//www.xhyb.net.cn/housenews/2018/0416/38391.html.

吴海燕，徐芝亮，叶永钢．我国新农村建设中现代渔业存在的问题及其对策探讨［J］．江西省农业科学院，2014，33（4）：78.

吴隽宇，关洁茹．“海绵城市”概念及其理论研究进展述评［J］．南方建筑，2018（03）：34-39.

吴奇峰．大数据助力碳达峰碳中和［J］．软件和集成电路，2021（5）：42-43.

吴霜．农村生活污水处理现状与对策研究［J］．现代经济信息．2017（5），332-333.

夏军，石卫．变化环境下中国水安全问题研究与展望［J］．水利学报，2016，47（3）：292-301.

乡村动力．农村产业发展面临哪些问题？有什么解决措施？［EB/OL］．（2019-10-24）．http：//www.xiangcun.com/news/show-928.html.

肖风劲，欧阳华．生态系统健康及其评价指标和方法［J］．自然资源学报，2002（2）：203-209.

肖海斌，陈豪，王海龙，等．糯扎渡水电站水库坝前垂向水温预测与实测数据对比分析［J］．水力发电，2016，42（9）：87-92，119.

肖龙，方露萍，李雷婷 . 中国海绵城市建设理论研究进展［J］. 华中建筑，2021，39（1）：17-20.
谢军祥，姜滢，常尧枫，等 . 城镇生活污水厌氧氨氧化处理的研究进展［J］. 化工进展，2020，39（10）：4175-4184.
胥贤，黄晋，舒旗林，等 . 大渡河安谷水电站流域 4 种增殖放流鱼苗标记方法的初步研究［J］. 淡水渔业，2019，49（2）：59-65.
徐春晓，李云玲，孙素艳 . 节水型社会建设与用水效率控制［J］. 中国水利，2011（23）：64-72.
徐菲，王永刚，张楠，等 . 北京市白河和潮河流域生态健康评价［J］. 生态学报，2017，37（3）：932-942.
徐凯国 . 海绵城市与黑臭水体治理共同建设途径探讨［J］. 绿色环保建材，2021（8）：54-55.
许俊仪，顾佰和 . 水务行业如何应对碳中和带来的机遇与挑战？［J］. 中国环境报，2021（3）：1-2.
许杨，纪道斌，何金艳，等 . 基于生态修复治理下的茅洲河流域生态分区［J］. 三峡大学学报（自然科学版），2020，42（4）：8-15.
薛亮 . 各国推进实现碳中和的目标和进展［J］. 上海人大月刊，2021（7）：53-54.
亚布力论坛研究中心 . "一带一路" 沿线国家的环境状况与主要问题［J］.［2020-12-24］. https：//baijiahao.baidu.com/s?id=1685981875075025802&wfr=spider&for=pc
晏明 . 乡村振兴战略背景下上高县农村饮用水安全治理问题研究［D］. 南昌：江西财经大学，2019.
杨得瑞，刘小勇，刘定湘，等 . 我国水治理及水治理体制现状分析［J］. 水利发展研究，2015，15（8）：9-12.
杨育华，杨洪福，段燕楠，等 . 云南省水生态现状及其保护对策［J］. 环境科学导刊，2019，38（S1）：22-26.
杨志峰，于世伟，陈贺，等 . 基于栖息地突变分析的春汛期生态需水阈值模型［J］. 水科学进展，2010，21（4）：567-574.
杨宗澎，刘洋，周小韫，等 . 迁安市以海绵工程为抓手　节水型社会建设取得新突破［J］. 河北水利，2020（8）：36-37.
易雨君，张尚弘 . 水生生物栖息地模拟方法及模型综述［J］. 中国科学（技术科学），2019，49（4）：363-377.
英晓明，李凌 . 河道内流量增加方法 IFIM 研究及其应用［J］. 生态学报，2006，26（5）：1567-1573.
于博 . 中小河流清淤疏浚技术研究［J］. 黑龙江水利科技，2021，49（3）：117-120.

俞红俭 . 特大型城市供水水源安全保障体系构建——以上海为例［J］. 净水技术，2018，37（S2）：17-20.

张光生，谢锋，梁小虎 . 水生生态系统健康的评价指标和评价方法［J］. 中国农学通报，2010，26（24）：334-337.

张恒，吴萍，郑兵云，等 . 中国海绵城市研究现状评述及新兴趋势［J］. 建筑经济，2021，42（2）：99-103.

张金松，李旭，张炜博，等 . 智慧水务视角下水务数字化转型的挑战与实践［J］. 给水排水，2021，47（6）：1-8.

张军红 . 水资源规划与管理的成功经验——以色列［J］. 安徽农业科学，2014，42（26）：9193-9194.

张楠，孟伟，张远，等 . 辽河流域河流生态系统健康的多指标评价方法［J］. 环境科学研究，2009，22（2）：162-170.

张沙龙，张轶超，金弈，等 . 水利水电开发鱼类栖息地保护模式及案例解析［J］. 环境影响评价，2015，37（3）：9-12

张书函 . 北京：海绵城市建设的技术理论与实践［J］. 建设科技，2015（13）：13-15.

张雯 . 基于“美丽乡村”建设的庄河市水资源配置规划［D］. 大连：大连理工大学，2019.

张雪，郭艳娜，张虎成 . 水电站鱼类人工增殖放流标记方法研究概述［J］. 环境科学与管理，2013，38（12）：127-130.

张娅琳，吴伟强，赖靖豪 . 基于 Wi-Fi 的环境信息云平台监测系统设计［J］. 物联网技术，2021，11（10）：26-29.

张颖宇 . 基于“智慧城市”理论的智慧水利工程管理——以江西省新余市渝水区为例［D］. 南昌：南昌大学，2018.

章智勇，司马勤，聂俊英 . 海绵城市建设中的黑臭水体长效治理案例分析［J］. 净水技术，2021，40（9）：113-118.

赵航，方佳敏，付旭辉，等 . 河道生态护坡技术综述［J］. 中国水运，2020（11）：113-116.

赵羲月，邸苏闯，王俊文，等 . 北京市中心城区防洪排涝格局演变及优化建议［J］. 中国防汛抗旱，2021，31（3）：26-31，35.

赵艳娇，王汀汀 . 资本市场助推绿色产业发展［J］. 海南省绿色金融研究院 .［2021-08-16］. https：//m.thepaper.cn/baijiahao_14094439

郑丹，李久义，夏韵 . 城市景观水处理及其市场调研分析［J］. 给水排水，2012（Z1）：151.

郑欢，高云天，解梦怡，等 . 微生物修复技术在农村涝池黑臭水体治理中的应用研究

[J/OL] . 环境工程：1-5 [2021-1201] .
中华人民共和国国家市场监督管理总局，中国国家标准化管理委员会 . GB/T 37016—2018. 农村生活垃圾处理导则 [S] . 中国标准出版社 . 2018.
朱才荣，鲁锋 . 高坝泄流总溶解气体过饱和问题研究现状 [J] . 四川水利，2018，39 (2)：5-8.
朱党生，张建永，李杨，等 . 水生态保护与修复规划关键技术 [C] . 河湖水生态水环境专题论坛论文集，2011：1-10.
祝卓 . 植生型混凝土砌块在河道治理中的应用 [J] . 安徽农业科学，2014，42 (10)：3113-3115.
Delft3D-FLOW User Manual Version3.14.
Dempster T，Kingsford M J. Homing of Pelagic Fish to FishAggregation Devices (FADs)：The Role of Sensory Cues [J] . MarineEcology Progress Series，2003 (258) 213-222.
Dvwk F. Fish Passes：Design，Dimensions，and Monitoring [J] . Fish Passes Design Dimensions & Monitoring，2002.
EFDC_Explorer7 用户使用手册：环境流体动力学模型前 - 后处理系统 .
FLOW-3D User Manual Version9.4.
Hodges B R，DallimoreC.Estuary and lake computer model：ELCOM science manualcode [M] . Perth：Centre for Water Research.University of Western Australia，2001.
James A C. Feasibility of Reintroduction of Anadromous Fish Aboveor Within the Hells Canyon Complex [R] . Idaho：Idaho Power Company，2001.
Kai Yu，Yanhua Duan，Peng Liao，et al. Watershed-scale distributions of heavy metals in the hyporheic zones of a heavily polluted Maozhou River watershed，southern China [J] . Chemosphere，2020，239 (C)：
Katopodis C，Eng P. Introduction to Fishway Design [J] . 1992.
Khan Shamshad，Naushad Mu，Lima Eder C，Zhang Shengxin，Shaheen Sabry M.，Rinklebe Jörg. Global soil pollution by toxic elements：Current status and future perspectives on the risk assessment and remediation strategies – A review [J] . Journal of Hazardous Materials，2021，417：
Lu C，Christos K，David J，et al. Case study：Targeting species and applying swimming performance data to fish lift design for the Huangdeng Dam on the upper Mekong River [J] . Ecological Engineering，2018 (122)：32-38.
Mitson R B. Underwater Noise of Research Vessels：Review and Recommendations：ICES Cooperative Research Report [R] . Copenhagen：ICES，1995.
Norton B G.A new paradigm for environmental management [A] . In：Costanza R，Norton

B，Haskell B.Ecsystem Health-New Goals for Environmental Management［C］. Washington D C：Island Press，1992.

Open FOAM 用户指南 Version2.3.1.

Williams J G. Mitigating the effects the effects of high-head Damson the Columbia River，USA：Experience from the Trenches［J］. Hydrobiologia，2008，609（1）：241-251.